黄杏元 等 著

GIS
理论、技术与应用研究
——黄杏元学术论文选集

南京大学出版社

图书在版编目(CIP)数据

GIS 理论、技术与应用研究 : 黄杏元学术论文选集/
黄杏元等著. — 南京 : 南京大学出版社,2022.4
ISBN 978 - 7 - 305 - 25164 - 1

Ⅰ. ①G… Ⅱ. ①黄… Ⅲ. ①地理信息系统—文集
Ⅳ. ①P208 - 53

中国版本图书馆 CIP 数据核字(2021)第 243791 号

出版发行　南京大学出版社
社　　　址　南京市汉口路 22 号　　　　邮　编　210093
出 版 人　金鑫荣

书　　名　**GIS 理论、技术与应用研究——黄杏元学术论文选集**
著　　者　黄杏元　等
责任编辑　田　甜　　　　　　　　编辑热线　025 - 83593947

照　　排　南京南琳图文制作有限公司
印　　刷　徐州绪权印刷有限公司
开　　本　718 mm×1000 mm 1/16　印张 32.25　字数 526 千
版　　次　2022 年 4 月第 1 版　2022 年 4 月第 1 次印刷
ISBN 978 - 7 - 305 - 25164 - 1
定　　价　198.00 元

网址:http://www.njupco.com
官方微博:http://weibo.com/njupco
官方微信号:njupress
销售咨询热线:(025)83594756

序

在我看来，人生最美好的时节应是自己的健康晚年，此时我虽步入人生暮年，两鬓染霜，但正如春华秋实，各有风采！

这时节如同多彩的晚霞，绚丽而纯净；也像秋日的旷野，澄澈、宁静，充满丰收景象。

这时节，我已从家庭和社会中获得了自由，无琐事扰心，无杂声乱耳，与人无涉，回归自我，可以在无尽的时空中享受生命中最甜美的愉悦和快乐。

这时节，按照孔子将人的一生分为少年、壮年和老年，我当属老年了。老年"血气既衰，戒之在得"，即不应该再去索取了，包括物质、财富和不想做的事。该舍弃的都应予舍弃，摆脱物质的奴役，使自己回归平和、恬淡、安宁和不惑。

这时节，生活从容，可以让自己沉湎于对过去的回忆，包括经历和经验、奋斗和拼搏、失败和成功、痛楚和欣喜、感恩和感动等。在回忆中体会其中真谛和滋味，如同品嚼茶中真味，正本清源，其乐无穷！

这时节，该让自己沉下心来，总结一下自己的工作。虽然从地球科学的时间和空间尺度来看，一个人的任何生命活动都是微不足道的，但是雪泥鸿爪，只要你涉猎和从事过的活动，就一定会留下历史踪迹，其中多少隐含着个人认知、体验、经验和果实，值得将它们俯拾、整理和汇编，这对我的家庭读者，也许具有一些故事意味，或者具有某些点拨作用，我也就心满意足了。

这本书称为《选集》，是它收录了我部分发表的文章，这是《选集》的主体。此外，它也涵盖了我的简历简况、生活轶事、业绩信息，以及从事教学和科研活动所留下的一些个人认知和历史踪迹等。

这本书的面世,我要特别感谢南京大学出版社的田甜等编辑,他们对《选集》进行了创新设计和精心编辑,付出了智慧和辛勤劳动。同时,我也要真诚感谢院系领导李满春教授和鹿化煜教授等,还有我的老师陈丙咸教授、韩同春教授和金瑾乐教授,以及我的研究生马劲松、蒲英霞、孙在宏、马荣华、孙毅中、沈婕、储征伟、陈泽民、王山东等,他们在我岗位期间给予大力支持和团结合作,在此一并表示衷心的感谢。最后,在本《选集》即将出版之际,对凡收入本《选集》的论文合作者,在此均表示诚挚的谢意!

黄杏元

2021 年 10 月于南京大学

目录

序 / 001

一、基础理论 / 001

1. GIS 的内涵和发展 / 003

2. GIS 的构成和设计 / 009

3. GIS 的功能和操作 / 017

4. GIS 的现状和展望 / 025

5. GIS 内涵的发展 / 030

6. GIS 理论的发展 / 035

7. 我国地理信息系统建设及进展(1) / 045

8. 我国地理信息系统建设及进展(2) / 053

9. 我国地理信息系统建设及进展(3) / 058

10. 地理信息系统发展趋势 / 068

11. 省、市、县区域规划与管理信息系统规范化研究 / 076

12. 数字地球时代"3S"集成的发展 / 087

13. GIS 认知与数据组织研究初步 / 099

14. 省、市、县区域规划与管理信息系统规范化研究(英文版) / 108

二、技术方法 / 121

1. 用行式打印机自动绘制地图的方法 / 123

2. 用晕线自动绘制分级统计图的方法 / 132

3. 机助专题制图中面向多边形地理要素的数据结构 / 142

4. 计算机制图的空间数据结构 / 154

5. 土地资源图的机助制图方法 / 158

6. 点值图的机助制图方法 / 170

7. 栅格数据的四叉树编码方法及其应用 / 182

8. 计算机辅助地图集设计的内容和方法 / 191

9. 地理信息系统图形编辑功能与软件设计 / 205

10. GIS 动态缓冲带分折模型及其应用 / 215

11. 基于 GIS 的缓冲区生成模型理论和方法 / 221

12. XML——WebGIS 发展的解决之道 / 228

13. GIS 互操作性初探 / 236

14. 地理信息系统支持区域土地利用决策的研究 / 243

15. 地理信息系统支持的城市土地定级方法研究 / 253

16. 基于 ArcInfo 的开放式组件 GIS 的开发探讨 / 263

17. 多边形图形信息有效提取和制图的链式数据结构(英文版) / 275

三、应用试验 / 285

1. 土地资源信息系统及其应用的试验研究 / 287

2. 栅格数据的组织与地学分析模式初探 / 299

3. 基于 GIS 的流域洪涝数字模拟和灾情损失评估的研究 / 313

4. 小流域管理与规划信息系统研制 / 321

5. 微机局域网络上的 GIS 客户/服务器模式 / 328

6. 基于 Internet 的旅游信息系统研究 / 334

7. 城市绿地监测遥感应用 / 344

8. 鄯善县管理与规划信息系统的设计 / 352

9. 溧阳区域规划与管理信息系统研究 / 357

10. 新一代土地资源信息系统的开发与设计研究 / 376

11. GIS 在土地适应性评价中的应用（英文版）/ 384

12. 自动制图的栅格—矢量转换方法及在多边形制图与特征分析中的应用
（英文版）/ 389

13. 土地资源信息系统及其在土地评价中应用的初步研究（英文版）/ 402

14. 栅格数据结构及地学分析模式的初步研究（英文版）/ 416

15. GIS 技术在区域多目标土地适宜性评价中的应用（英文版）/ 431

四、GIS 教育与人才培养 / 441

1. 泰国北部安康山地研究站访问记 / 443

2. 地理信息系统的发展与人才培养对策 / 451

3. 高校 GIS 专业人才培养若干问题的探讨 / 456

4. 建立各省地理信息库和地理信息系统 / 464

5. 计算机大百科全书有关词目 / 467

附　录 / 475

（一）学术年表 / 477

（二）教学科研成果 / 484

1. 出版著作与教材 / 484

2. 科技论文目录 / 484

3. 承担的教学科研项目 / 491

（三）业绩总结 / 493

（四）生活轶事 / 502

后　记 / 506

基础理论

PART 1

GIS 的内涵和发展

黄杏元

一、什么是 GIS

　　GIS 是地理信息系统的简称,关于它确切的全称,多数人认为是 Geographical Information System,也有人认为是 Geo-information System。国际上现发行的两种主要的专业杂志,就是各自采用不同的全称。前者是英国出版的季刊的全称;后者是德国出版的季刊的全称。在加拿大和澳大利亚,则称为"土地信息系统"(Land Information System)。在我国,通常称为"资源与环境信息系统"(Resources and Environmental Information Systems)。名称虽各有出入,内容则大同小异。

　　那么,什么是 GIS 呢? 对于不同的部门和不同的应用目的,其定义也不尽相同。例如,美国学者 Parker 认为"GIS 是一种存储、分析和显示空间信息和非空间信息的信息技术"。Goodchild 把 GIS 定义为"采集、存储、管理、分析和显示有关地理现象信息的综合系统"。加拿大的 Tomlinson 认为"GIS 是全方位分析和操作地理数据的数字系统"。Barrough 认为"GIS 是具有从现实世界中采集、存储、提取、转换和显示空间数据的一种工具"。俄罗斯学者也把 GIS 定义为"一种解决各种复杂的地理相关问题,具有内部联系的工具集合"。纵观这些定义,有的侧重于 GIS 的运作过程,有的则是强调 GIS 的基本功能。为了能更具体地认识和真正了解 GIS 的内涵,笔者推荐美国联邦数字地图协调委员会(FICCDC)关于 GIS 的定义及概念框架(图 1)。该定义认为"GIS 是由计算机硬件、软件和不同的方法组成的系统,该系统设计用来支持空间数据的获取、管理、处理、分析、建模和显示,以便解决复杂的规划和管理问题"。根据这个定义以及它的概念框架,我们得出 GIS 的如下基本认识:

　　(1) GIS 的物理外壳是计算机化的技术系统。该系统是由若干相互关联的子系统所组成的,包括数据采集子系统、数据管理子系统、数据处理和分析子系统以及数据产品输出子系统等,它直接影响着地理信息系统的硬件平台、功能、效率、数据处理的方式和产品输出的类型。

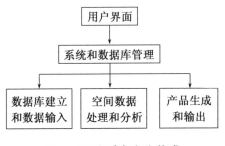

图 1　GIS 概念框架和构成

（2）GIS 的操作对象是空间数据。所谓空间数据，是指点、线、面或三维要素等地理实体的位置及相关的属性数据。空间数据最根本的特点是每一个数据都按统一的地理坐标来编码，即首先是定位，然后才是定性和定量。地理信息系统处理和操作空间数据，这是它区别于其他类型信息系统的根本标志，同时也是它最大特点和技术的难点之所在。

（3）GIS 的技术优势在于它的数据综合、模拟与分析的能力。它不但集空间数据的获取、管理、处理、分析、建模和显示于共同的数据流程，而且可以通过地理空间分析产生常规方法难以得到的重要信息，以及实现在系统支持下的空间过程演化模拟和预测，这既是 GIS 的研究核心，也是 GIS 的重要贡献。

（4）GIS 与地理学有着密切的关系。地理学是地理信息系统的理论依托，而地理信息系统是以一种全新的思想和手段来解决复杂的规划、管理和地理相关问题，例如设施布局、用地选址、灾害监测、全球变化，甚至在现代企业中作为制定科学经营战略的一种重要手段，因为企业对外界的认知能力和信息处理能力提高了，就能创造空间上的竞争优势。解决这些复杂的空间问题，这是 GIS 应用的主要目标。

二、GIS 的产生

GIS 技术是 20 世纪 60 年代初期以后逐渐发展起来的，作为专门的科学术语最早出现于 1963 年，但是 GIS 的前身可以追溯到早期的由模拟地图、读图人员和一些简单的工具（例如立体镜、求积仪等）组成的简易系统，称为人工地理信息系统或模拟地理信息系统。这种早期的 GIS 虽然功能很有限，使用不方便，但是在当时的资源管理和规划中却发挥了很大的作用。

随着 20 世纪 50 年代电子计算机科学和航测技术的发展以及政府部门对土地利用规划与资源管理的需求,逐渐产生利用计算机汇总和存储各种来源的数据,借助计算机处理和分析这些数据,最后输出规划与管理所需的信息,这就促成了计算机化地理信息系统的问世。例如,1956 年奥地利测绘部门首先建立了地籍数据库,1963 年加拿大开始建立世界上第一个地理信息系统(CGIS),1968 年国际地理联合会设立了地理数据收集和处理委员会(CGDSP)。这一时期 GIS 发展的特点表现为:计算机化 GIS 技术处于萌芽阶段,系统应用主要是基于栅格的操作方法,机助制图功能较强,空间分析能力较弱,数据存储和处理的能力也较为有限,但是数据获取和编辑方法取得了突破,一些全国与国际组织或机构的建立也为 GIS 知识的传播和 GIS 技术的发展起了重要的推动作用。

20 世纪 70 年代是 GIS 发展的巩固阶段。这时,计算机发展到了第三代,尤其是大容量随机存取设备——磁盘的使用,为地理数据的录入、存储、检索和输出提供了强有力的手段。人机对话的使用,可以由屏幕直接监视数字化的操作和进行图形的实时编辑。一些发达国家先后建立了专题性的 GIS,据统计,在 20 世纪 70 年代有 300 多个系统投入使用,软件在市场上受到欢迎。1980 年美国地质调查局出版了《空间数据处理计算机软件》三卷一套的报告,基本总结了 1979 年以前世界各国 GIS 发展的概貌。与此同时,D. F. Marble 等拟定了处理空间数据的计算机软件登录的标准格式,对全部软件进行了系统的分类,提出 GIS 今后发展应着重研究空间数据处理的算法、数据结构和数据库管理系统三个方面。这期间许多大学和研究机构开始注意 GIS 人才的培养和 GIS 的应用。例如,美国纽约州立大学布法罗校区创建了 GIS 实验室,后来在 1988 年发展成为包括加州大学和缅因州大学在内的由美国国家科学基金支持的国家地理信息和分析中心(NCGIA)。说明在这一时期,GIS 技术已经受到了政府部门、商业公司和大学的普遍重视,成为一个引人注目的领域。

国际著名的 GIS 专家 R. F. Tomlinson 认为,如果 20 世纪 70 年代是这个领域发展的巩固时期,那么 20 世纪 80 年代则是 GIS 发展具有突破性的年代。主要特点是:随着计算机技术的迅速发展和普及,GIS 技术已在世界范围内进入推广应用阶段;由于 GIS 系统软件和应用软件的发展,使得它的应用从解决基础设施的规划转向解决更加复杂的区域开发问题,例如土地的多目标规划、城市发展战略研究及投资环境决策研究等;计算机网络的建立,地理信息传输时效性获得极大的提高,使 GIS 由单功能和单用户发展成为多功能和用户共享的重要工具;与卫星遥感技术相结合,GIS 开始用于解决全球性的难题,例如全球沙漠化、全球可居住区的评价、厄尔尼诺现象及酸雨、核扩散及核废料以及全球海面变化与监测等;涌现了不少有代表性的 GIS 软件,例如 ARC/INFO、TIGER、GENAMAP等,使 GIS 在国际上已成为一个大型的工业部门,并拥有自己广阔的市场。

进入 20 世纪 90 年代,由于高性能低价格的工作站和微机充斥市场,计算机网络技术的推广应用,以及 UNIX 操作系统、X-Window 和并行处理机技术的不断发展,使GIS 技术的应用领域更加扩大,社会对 GIS 的认识更加广泛,多层次的 GIS 系统不断投入运行,国际上以 GIS 为主题的学术讨论会十分活跃。1990 年北京第二届国际 GIS会议上,日本科学家在谈到 GIS 的特殊意义时意味深长地提出"博大·智能·微笑"(GentlemenLike · Intelligence · Smile),这三个名词的第一个字母的缩写也为 GIS,说明 GIS 技术与 GIS 工作者业务素质之间的相关关系,其意味发人深思!

在我国,GIS 研究与应用起步于 20 世纪 80 年代初,经历了准备、起步和初步发展三个阶段,目前在 GIS 的理论、技术、方法、应用模式、地理模型、软件开发和专家系统的建立等方面取得了重要进展,许多大学和研究生院开设了 GIS 课程,一个发展和推广 GIS 的新高潮正在我国掀起。1994 年春,中国 GIS 协会将正式成立,这个协会将指导、协调和推动我国 GIS 技术和事业的全面发展。

三、GIS 的相关学科和技术

GIS 是传统科学与现代技术相结合的边缘科学(图 2),因此它明显地体现出多学科交叉的特征,这些学科包括地理学、地图学、计算机科学、摄影测量学、遥感技术、数学和统计学以及一切与处理和分析空间数据有关的学科和技术。

前面已经提到,在 GIS 的相关学科中首先是地理学。地理学是以地域为单元研究人类环境的结构、功能、演化以及人地相互关系。它广泛涉及人类居住的地球和世界,这与 GIS 的研究对象是一致的。地理学中的空间分析历史悠久,而空间分析正是 GIS的核心,地理学作为 GIS 的理论依托,为 GIS 提供引导空间分析的方法和观点。因此美国学者把地理学称为 GIS 之父,这是不为过的。

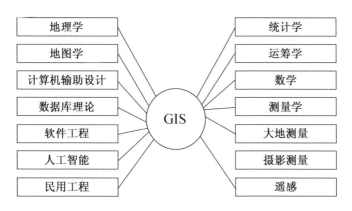

图 2　GIS 的相关学科技术

其次,测绘学和遥感与 GIS 的关系也十分密切。因为 GIS 的主要操作对象是空间信息,而测绘学和遥感不但为 GIS 提供快速、可靠和廉价的信息源,而且它们中的许多算法可直接用于空间数据的处理。同样,GIS 的发展将有力地推进数字化测绘生产体系的建立,进一步支持遥感信息的综合开发与利用。

还有,既然 GIS 是计算机技术与空间数据相结合的产物,那么 GIS 与计算机科学、数学、运筹学和统计学之间也具有密不可分的关系。例如,计算机辅助设计提供了 GIS 数据输入和图形显示的基础软件;数据库管理系统为 GIS 数据库的设计和大量数据的处理,特别是有关数据的表示、存取和更新等,提供了方法论的依据。数学的许多分支学科,尤其是几何学和图论,已经广泛地应用于 GIS 空间数据的分析,例如路径和网络分析等。此外,GIS 应用模型和决策优化方法也离不开与数学、统计学和运筹学等学科之间的交叉和渗透。总之,GIS 与上述学科之间,不但有联系,更有挑战,它们相互推动,共同发展。

四、GIS 技术的主要应用领域

由于 GIS 具有数据存储、空间分析和地理建模等功能,使它具有广泛的用途,可用于任何涉及空间数据分析处理的领域,包括资源管理、区域策划、国土监测和环境评价等。

(1)资源管理。资源的清查、管理和分析是 GIS 应用最广泛的领域,包括土地和森林资源的管理、野生动物的保护、土地资源潜力的评价和土地利用规划等,系统的主要任务是将各种来源的数据和信息有机地汇集在一起,并通过系统的统计和叠置分析等功能,按多种边界和属性条件,提供区域多种条件组合形式的资源统计和资源状况分析,以便为资源的合理利用、开发和规划提供依据。

(2)区域规划。城市与区域规划具有高度的综合性,涉及资源、环境、人口、交通、经济、教育、文化和金融等因素,GIS的数据库有利于对这些复杂的因素进行统一的管理。GIS的空间搜索算法、多种信息的叠置处理、设施管理方法和网络分析功能,可以完成街道地址的匹配、道路交通的规划、公共设施的配置、城市建设用地的适宜性评价、商业布局、区位分析和地址选择等。因此,利用GIS作为区域规划的工具,是实现区域规划科学化的重要保证。

(3)国土监测。GIS方法和多时相的遥感数据,可以有效地用于森林火灾的预测预报、洪水灾情监测和淹没损失的估算。例如黄河三角洲地区的防洪减灾研究表明,在ARC/INFO地理信息系统的支持下,通过建立大比例尺数字高程模型和获取有关的信息,包括土地利用、水系、居民点、油井、工厂、工程设施和有关的社会经济统计信息等,利用GIS的叠置操作和空间分析等功能,可以计算出若干个泄洪区域内的土地利用及其面积,比较不同泄洪区内房屋和财产损失等,可以确定最佳的泄洪区域,以及制定出泄洪区内人员撤退、财产转移和救灾物资供应的最佳路线等。

(4)环境评价。为保护和优化人类生存的环境,需要对环境状况进行调查、监测、统计、评价、预测和规划管理,其中应用GIS技术是最有效的方法。应用GIS开展环境评价的内容包括:环境监测和数据收集;建立基础数据库和环境动态数据库;提供环境管理的数据统计和报表输出;建立环境污染的有关模型,为环境管理决策提供支持;环境作用分析和质量评价;环境信息传输和制图等。

(5)宏观决策。GIS利用拥有的数据库,通过一系列决策模型的构建和比较分析,为国家宏观决策提供科学依据。例如系统支持下的土地承载力研究,可以解决土地资源潜力与人口容量的规划等。

总之,建立在系统论、信息论与控制论这些现代化科学理论方法基础上的GIS,通过充分发挥它自身具有的理论、技术与应用三结合的优势,已经跻身于世界高新技术领域,独立形成自己的学科——地学信息工程学(Geoinformatics)。目前,人们议论的不再是是否要GIS,而是如何使它发挥最大的效益,如何使这门新学科更快地茁壮成长,为人类造福。

GIS 的构成和设计

黄杏元

一、概述

从"GIS 的内涵和发展"一文,已经认识到 GIS 既是一门新兴的高技术,又是一门集多学科于一体的新兴边缘科学。目前在全球范围内,GIS 的应用已经渗入各行各业,参与 GIS 开发和研究的人员遍及各部门,从事 GIS 产品经销的厂家已超过 300 个,GIS 市场的年增长率达 35％以上等。GIS 之所以具有如此广泛的市场和吸引力,其中一个很重要的原因在于 GIS 技术的进步,具体表现在:GIS 由优良的硬件环境、多功能的软件模块、能准确地描绘地理空间的数据模型和便于沟通人机联系的用户界面组成,使系统具有结构、功能和效率的高度统一,这就是 GIS 的构成(图 1)。

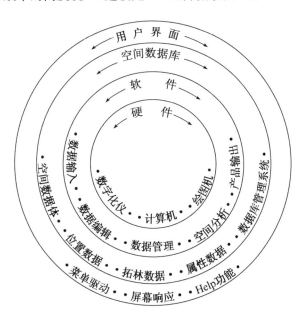

图 1 GIS 的构成示意图

从用户角度看,硬件是 GIS 的主体,硬件的平均寿命为 3～5 年,对于不同的用户和任务,如何选择具有最高性能价格比的设备,关系到系统的投资和效益;在软件方面,它是 GIS 的核心,但是用户必须清楚地看到,目前市场上出售的 GIS 软件都是针对某一特定机型及其操作系统设计的,如何使选择的软件既适合应用,又便于操作,而且又具备二次开发能力;数据(空间数据)是 GIS 的血液,但是数据模型的选择、数据结构的确定,以及数据质量和精度的可靠性分析,不但关系到软件运行的可行性,而且关系到数据处理效率和能否支持空间定位的大事;最后,用户界面是用户与系统沟通的工具,是否具有一个友好的用户界面,关系到用户的操作及系统功能的有效响应和发挥等。所有这些问题,属于 GIS 的设计,以下分别予以介绍。

二、GIS 的构成

(一) 硬件设备

地理信息系统的硬件设备是用于存储、处理和显示地理信息或数据的,其基本类型如图 2 所示。作为主机的计算机包括图形工作站、PC 微机和小型机,它用作数据的管理、处理和分析,还可以与磁盘驱动器连接在一起提供存储数据和程序的空间;数字化仪将地图和图像转换成数字形式输入计算机;绘图仪或其他显示装置用来生成可视化的 GIS 产品等;磁盘是 GIS 必备的存储设备,分硬盘和软盘两种,硬盘的存取速度和容量要比软盘大得多,近年来,具有很大容量和传输速度的光盘也已开始得到应用。

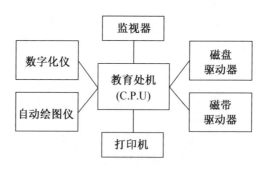

图 2　地理信息系统的主要硬件设备

（二）软件模块

软件模块的作用是执行 GIS 的一系列操作，按照 GIS 对空间数据进行采集、管理、处理、分析、建模和显示等不同功能，可将 GIS 软件系统中与用户有关的软件分为五大模块(图 3)，具体如下。

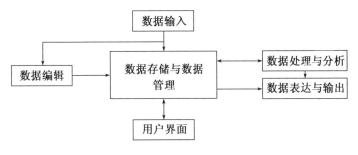

图 3　GIS 的主要软件模块

（1）数据输入。数据输入包括将现有地图、测量成果、遥感图像和文本资料等转换为计算机兼容的数字形式的各种转换软件，这些软件必须分别与不同的输入设备匹配使用。

（2）数据编辑。数据编辑包括图形及文本的编辑，其功能是提供对已拾取的空间数据进行错误自检、窗口变换操作、点线的添加与删除、线段的分割、链与区码的修改、结点匹配以及图形拓扑关系的自动建立等，以便将经编辑后的数据送入数据库中。

（3）数据存储与数据库管理。数据存储与数据库管理的任务是保证系统的几何数据、拓扑数据和属性数据的合理组织及空间与属性数据的连接，以便于计算机处理和系统用户的查询、更新和理解。用于组织数据库的计算机软件称为数据库管理系统（DBMS）。

（4）数据处理与分析。数据处理与分析是地理信息系统功能的主要体现，包括对原有信息形式的加工和转换，以及空间查询和空间分析，例如数字地形模型分析、网络分析、叠置分析和缓冲带分析等。

（5）数据表达与输出。指系统将分析和处理的结果或产品传输给用户，其形式可以是地图、表格、图表或文字等。

(三)数据结构

GIS的操作对象是空间数据,因此设计和使用GIS的第一步工作就是建立地理或空间数据库(图4)。空间数据在GIS中不但被访问、操作和变换处理,而且是研究环境过程、分析发展趋势和预估规划决策的重要基础,因此有人将空间数据比喻为GIS的血液,这是不过分的。保证系统原始数据的精度和现势程度,特别是支持空间定位的基础数据,要认真研究其采用坐标系统、比例尺、分辨力、投影类型和成图方法等,是至为重要的。否则,输入GIS的数据是"垃圾",这是有深刻的国际教训的,必须予以充分的注意。

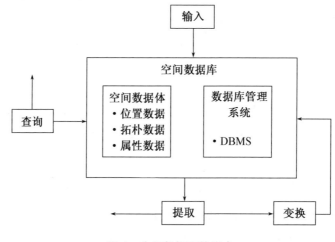

图4 空间数据库的组成

一般地,表示地理现象的空间数据可以分为七种不同的类型。

① 类型数据:例如考古地点、道路线和土壤类型的分布等;

② 面域数据:例如随机多边形的中心点、行政区域界线和行政单元等;

③ 网络数据:例如道路交点、街道和街区等;

④ 样本数据:例如气象站点、航线和野外样方分布区等;

⑤ 曲面数据:例如高程点、等高线和等值区域等;

⑥ 文本数据:例如地名、河流名称和区域名称等;

⑦ 符号数据:例如点状符号、线状符号和面状符号(晕线)等。

所有这些不同类型的数据都可以分为点、线、面三种不同的图形,并可以分别采用

x、y 平面坐标,地理经纬度 λ、ψ,或者栅格法表示。凡利用离散的线或点的 x、y 坐标确定实体的位置,描述地理现象和现象特征的,称为矢量数据结构(图 5);凡以一定尺寸的栅格单元及其对应的值来描述实体空间变化特征的,称为栅格数据结构(图 6)。两种数据结构的优缺点如表 1 所示。

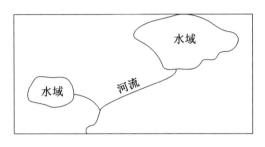

图 5　矢量数据结构

0	0	0	0	0	0	0	1	1	1	0	0
0	0	0	0	0	0	1	1	1	1	1	0
0	0	0	0	0	0	1	1	1	0	0	
0	1	1	0	0	0	2	2	0	0	0	0
0	1	1	2	2	2	0	0	0	0	0	0
0	0	0	2	0	0	0	0	0	0	0	0

图 6　栅格数据结构(1 表示水域,2 表示河流)

表 1　矢量与栅格数据结构的比较

	优点	缺点
矢量数据结构	1. 便于面向现象(土壤类型等)的数据表示; 2. 数据结构紧凑、冗余度低; 3. 有利于网络分析应用; 4. 图形显示质量好、精度高。	1. 数据结构复杂; 2. 对软硬件的技术要求较高; 3. 多边形叠置分析较困难; 4. 图形输出的成本高。
栅格数据结构	1. 数据结构简单; 2. 空间分析和现象模拟均较容易; 3. 有利于与遥感数据匹配应用; 4. 图形输出的成本低、速度快。	1. 数据冗余度大; 2. 投影转换较困难; 3. 图形视觉效果较差; 4. 难以建立网络连接关系。

在地理信息系统中,为了真实地反映地理实体,输入的数据要包括实体的几何位置、属性特征及实体间的拓扑关系等信息,因此建立数据库时需要考虑的一个非常重要的问题是数据如何结构和组织。目前许多 GIS 对图形数据和属性数据采取分别管理的办法,即图形数据采用拓扑数据模型,而属性数据则采用关系数据模型。最近兴起的面向对象的数据模型,是采用统一的数据库管理系统同时管理图形数据和属性数据。数据结构和组织方式的不同,不但关系到系统软硬件的选择和系统功能,而且关系到系统数据处理的方式及产品输出的类型,系统设计人员应根据用户需求、硬件性能、数据类型和相应的数据处理算法加以认真研究和选择。一般的看法是,矢量和栅格数据结构是 GIS 的两种互补形式,可选其中一种作为主要形式,而另一种作为辅助形式,这称为混合数据结构。

(四) 用户界面

友好的用户界面和训练有素的管理人员是 GIS 不可忽视的重要组成部分。由于 GIS 系统复杂,功能繁多,且用户又往往为非计算机专业人员,因此,作为用户与系统交互工具的界面设计,就成为系统非常重要的组成部分。

三、GIS 的设计

通过前面对现代地理信息系统技术结构的介绍,我们发现计算机技术与空间数据相结合,为用户提供了空间分析的有效手段,但是要真正建立一个使用可靠和有效运行的 GIS 系统却不是一件容易的事。GIS 用户绝对不可盲目认为购置了 GIS 软硬件就算大功告成了,实际经验表明:在投资方面,用于 GIS 硬件、软件和空间数据库的比例为 1∶5∶10,这意味着购置了 GIS 软硬件只是完成了总工作量的 1/3。GIS 工程的成败及效益将取决于 GIS 工程的组织水平,包括技术力量的协调、工程建设的管理及数据源和数据流程的组织等重要问题。

有效的 GIS 设计一般分为可行性研究、系统设计、方案实施和组装运行四个阶段(图 7)。

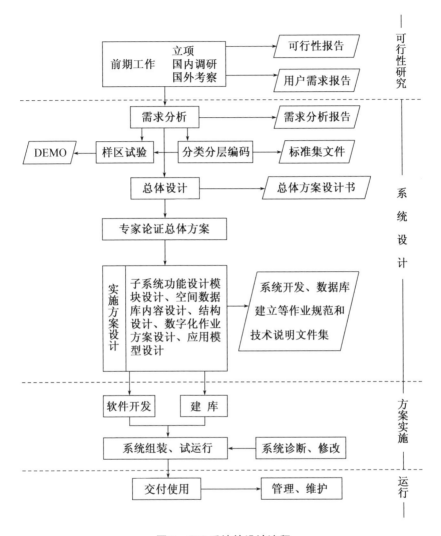

图 7　GIS 系统的设计流程

（一）可行性研究

可行性研究的基本思想是从系统观点出发，进行大量的现状调查，以明确系统的轮廓、目标、用户结构、数据源和基本功能等。现状调查的内容包括用户需求、数据源和类型、软硬件市场、技术力量和投资环境评估等，最后形成用户需求报告和可行性报告，并经上级部门批准后便可立项。

（二）系统设计

在调查分析的基础上，明确系统的目标，弄清用户要解决什么问题，确定系统建设的目的、环境和原则，确定系统的软硬件配置、数据结构和数据库管理系统，建立系统运行管理及更新手段，制定各类标准和规范，提出经费预算和实施计划等，并进行典型样区(4～8 平方公里)试验，最后以此为基础完成总体方案的设计。总体方案经过专家评议和论证后，作为系统建设中最重要的总控文件。

在总控文件的规划下，为了使系统目标得以付诸实施，必须拟定实施方案。实施方案的设计内容包括：各个子系统功能设计、模块设计、空间数据库的内容及结构设计、数字化作业方案设计、应用模型设计等。如果选择现有的软硬件和空间数据库管理系统，则必须提出测试指标和要求，从而产生一系列的作业流程规范和技术指标说明文件，以指导 GIS 工程的建设。

（三）方案实施

方案实施的任务包括软硬件的安装和调试，按照模块编写程序和程序调试，建立数据库，以及子系统应用模型的开发等。方案实施阶段要着重坚持采用系统工程的管理机制，严格质量检查和精度控制措施，要确保系统之间数据传送性能和处理速度等。

（四）组装运行

组装运行包括建立一个交付使用的系统实体及系统实体的评价、管理和维护等。

GIS 的功能和操作

黄杏元

从"GIS 的构成和设计"一文,已经提到 GIS 具有结构、功能和效率的高度统一,那么 GIS 能干什么,一个运行的 GIS 系统都有哪些基本操作,这就是本文所要介绍的内容。

一、数据获取功能和操作

地理信息系统的数据通常抽象为不同的专题或层(图 1)。数据采集与编辑功能是保证各层实体的定位数据和属性数据的获取,并为了消除数据获取过程中的错误,需要对定位(图形)及属性(文本)数据进行编辑和修改。

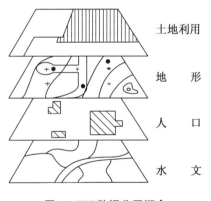

图 1　GIS 数据分层概念

数据获取通过手扶跟踪或扫描地图图形要素(图 2),得到图形的基本元素,然后通过图形编辑系统的拓扑组织功能形成 GIS 的点、线、面以及复杂实体,如果在拓扑组织中发现错误,则转入相应的编辑操作。GIS 的编辑操作功能包括:修改、删除、添加、分割和结点匹配等。由于数据采集常常占去系统投资的很大比重,为了减少数据的重复获取和拓宽数据源,系统一般都具有综合来自不同机构数据的格式转换功能,这些不同机构的数据包括:USGS 的 DLG 格式数据、美国人口统计局的 DBF-DIME 格式数据、

ERDAS 的图像数据、Integraph 的 SIF 格式数据及 AutoCAD 数据等。

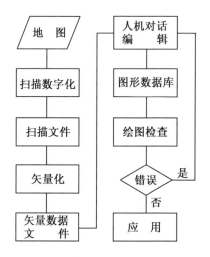

图 2　扫描数字化及处理过程结构图

二、数据库管理功能和操作

数据库是数据管理的最新技术，是一种先进的软件工程。GIS 数据库是区域内一定地理要素特征以一定的组织方式存储在一起的相关数据的集合，主要涉及对空间位置、拓扑关系和属性数据的管理和组织。由于地理数据库具有数据量大、空间数据与属性数据不可分割的联系，以及空间数据之间具有显著的拓扑结构等特点，因此 GIS 数据库管理功能除了具有非空间 DBMS 的一般管理功能外，还具有空间数据的专门管理功能。这些功能是：

（1）数据库定义。包括规定数据库的逻辑结构，定义存储结构，确定数据项名称，建立记录类型，以及规定记录间的联系和保密法则等。

（2）数据库操作。通过利用数据库操作语言，实现对数据的存储、查询、修改和删除等，其中查询能力是通过利用关系操作和空域操作，从数据库的任意区域提取满足条件的数据子集，它的使用频率很高。数据查询功能包括由空间坐标查询目标的属性和由属性查询坐标等。

（3）数据库例行管理。包括保密控制、编辑处理、完整性控制、通讯控制和输出打印等功能。因为数据库是共享的,除了本系统的专业用户能使用外,还必须能与其他数据库系统通讯,以便发送或接收其他系统的数据,因此数据库管理系统需要有通讯功能和前述的数据格式转换功能等。

(4) 数据库维护。数据库建立以后,需要维护和更新,以确保数据库的安全和改善数据库的运行效率,包括能自动实施一致性维护、受损后的复原、信息格式维护、用户应用管理和版本控制等。

数据库管理系统中,主要部分的相互关系如图 3 所示。

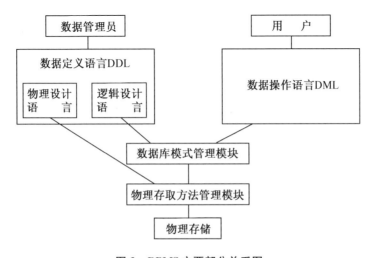

图 3　DBMS 主要部分关系图

三、数据处理功能和操作

数据处理是指对数据本身进行的有关操作,而与数据的内容和分析无关。由于 GIS 涉及的数据类型多种多样,同一种类型数据所包含的控制基础和数据结构也可能有很大的差异。为了保证系统数据的规范和统一,建立满足用户需求和用途的数据文件,数据处理是 GIS 的基础功能之一。数据处理的任务和操作内容有:

(1) 数据变换。指对数据从一种数学状态转换到另一种数学状态,包括投影变换、辐射纠正、比例尺缩放、误差改正和编辑处理等。

(2) 数据重构。指对数据从一种几何形态转换为另一种几何形态,包括数据拼接、数据截取(图4)、数据压缩、数据转储、结构转换、类型替换和边沿匹配等。

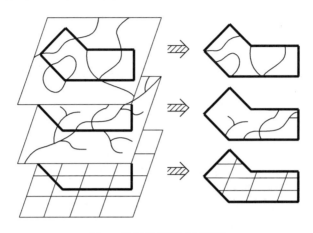

图4　数据分层截取示意图

（3）数据抽取。指对数据从全集合到子集的限定性提取，包括类型选择、窗口提取、布尔提取、名称提取、相片解译和空间内插等。

四、空间分析功能和操作

空间分析功能是 GIS 的一个独立研究领域，它的主要特点是帮助确定地理要素之间的新的空间关系，它已经不仅成为区别于其他类型系统的一个重要标志，而且为用户提供了灵活解决各类专门问题的有效工具。

（1）拓扑叠加。通过将两个图层的特征相叠加(图5)，不仅建立新的空间特征，而且能将输入的特征属性予以合并，以实现数据更新、特征提取、图幅合并和空间联结等，包括多边形与多边形的叠加、多边形与线的叠加及多边形与点的叠加。

（2）缓冲区建立。它是研究根据数据库的点、线、面实体，自动建立其周围一定宽度范围内的缓冲区多边形(图6)，它是 GIS 重要且基本的空间分析功能之一。例如，规划建设一个开发区，需要周围一定范围内的居民动迁；在林业规划中，需要按照距河流一定纵深的范围来确定森林的砍伐区，以防止水土流失；在城市研究中，需要以一定的扩散半径，沿道路网建立缓冲带，以确定各级道路的通达程度及噪音影响等。

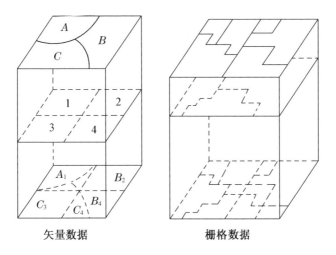

图 5 空间数据的拓扑叠加分析

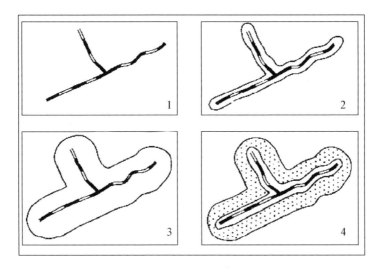

图 6 缓冲区分析示意图

（3）数字高程模型分析。数字高程模型是定义于二维区域上的一个有限项的向量序列，它以离散分布的平面点（格网点或三角网点）上的高程值来模拟连续变化的地形起伏。GIS 提供了构造数字高程模型及其有关地形分析的功能模块，包括坡度、坡向、地表粗糙度、山谷线、山脊线、日照强度、库容量、表面积、立体图、剖面图和通视图分析等，为地学研究、工程设计和辅助决策提供重要的基础性数据。

（4）空间集合分析。空间集合分析是按照两个逻辑子集给定的条件进行布尔逻辑运算,其算子及其运算结果如表 1 所示。

表1

A	B	NOT A	A AND B	A OR B	A XOR B	A NOT B
1	1	0	1	1	0	1
1	0	0	0	1	1	0
0	1	1	0	1	1	1
0	0	1	0	0	0	0

注:1表示"真",0表示"假"。

五、模型建造功能和操作

如前所述,GIS 不同于一般的信息系统和 CAD 系统之处在于其空间关系的表达以及一系列的空间运算,利用这些空间运算,再加上发展一种专门适用于地理空间分析的计算机语言——地理模型语言,就能很好地解决某种复杂的应用目的和产品开发。

(1) GIS 环境内的模型建造。指应用者利用 GIS 软件的宏语言(如 ARC/INFO 的 AML 和 System9 的 ATP 等)发展各自所需的空间分析模型。这种构模法是将由 GIS 软件支持的功能看作模型部件,按照分析目的和标准,对部件进行有机地组合。因此,这种构模法能充分地利用 GIS 软件本身所具有的资源,模型建造和开发的效率比较高。以下,以洪灾损失评估模型为例,说明模型建造的过程及相关的操作(图7)。

(2) GIS 外部的模型构造。这种方法是基于应用 GIS 的空间数据库和输出功能,而模型分析

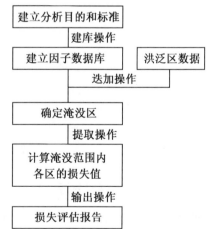

图7 洪灾损失评估模型的构模示意图

功能则主要是利用其他应用领域的软件。这种构模法虽然运行效率受到很大影响,但实现了软件的嫁接,无须在 GIS 环境中重编分析软件,并具有广泛的适用性。

（3）混合型的模型建造。这是上述两种建模法的结合，即尽可能利用 GIS 提供的功能，最大限度地减少用户自行开发的压力，又不失具有外部建模法的灵活效果，例如自然语言命令或地图代数法就属于这类方法。

混合型的模型建造方法最常用的自然语言命令，例如：

① AVERAGE EXPOSURE TIMES 2 PLUS STEEPNESS TIMES 3 FOR COSTANALYSIS（益本分析）；

② SUBTRACT V MINUS U FOR CHANGE ANALYSIS（动态分析）；

③ RENUMBER LANDUSE FOR WATER ASSIGING O TO 1—3，5—6，AND 1TO 4（聚合分析）；

④ ADD OVERLAY1 TO OVERLAY2 FOR OVERLAY3（叠加分析）；

⑤ SPREAD ROADS TO X METERS（缓冲区分析）。

六、产品输出功能和操作

GIS 产品是指经由系统处理和分析，产生具有新的概念和内容，可以直接输出供专业规划和决策人员使用的各种地图、图像、图表或文字说明，其中地图图形输出是地理信息系统产品的主要表现形式，包括各种类型的点位符号图、动线图、点值图、晕线图、等值线图、三维立体图、晕渲图，以及行式打印机地图等。

一个运行的 GIS，其产品输出的操作内容包括图形选择、原点设置、窗口缩放、比例尺变换、颜色选择、符号选择、绘线变换、图形显示、注记编辑、文本命令和图面整饰等。

总之，GIS 是一个具有广泛功能和多种操作能力的系统，它可以将各种不规范的资料变为规范统一的数字格式，以便输入电子计算机；大量数据由空间数据库系统管理，便于查询、提取和维护；GIS 广泛的数据处理功能，能有效地解决数据内部的变换和重构及数据之间的匹配和组织；根据目标之间的空间关系，系统能有效地通过空间分析和模型建造方法生成用常规方法无法取得的信息；系统可以将数据收集、空间分析和模型建造纳入统一的数据流程，解决诸如复杂的空间规划、位址选择、过程模拟和全球变化的重大课题；系统的交互图像设计和自动制图功能，为丰富多彩的可视化产品的输出提供了有效的工具。因此，对空间数据的获取、管理、处理、分析、建模和输出，这就是 GIS

的基本功能,每种功能由一组操作来完成,空间数据与这些操作的结合,及时而准确地向地学工作者、各级管理和生产部门提供有关区域综合、方案优选和战略决策等方面可靠的地理或空间信息,这应是 GIS 的主要贡献。

GIS 的现状和展望

黄杏元

一、引言

自 20 世纪 60 年代初世界上诞生了第一个地理信息系统(CGIS)以来,GIS 的研究已有近 30 年的历史,经历了发展、巩固和突破三个阶段。目前,GIS 进入了全面蓬勃发展的新阶段,已成为一种包括硬件生产、软件研制、数据产品开发、空间分析及咨询服务的新兴信息产业,并开始为政府的职能转变提供宏观调控的现代化工具,在国际上显示出它的巨大市场和强劲的生命力。以下分别介绍 GIS 的发展现状和未来展望,供讨论参考。

二、GIS 的发展现状

由于 GIS 是计算机和相关学科的空间数据相结合而发展起来的一门边缘学科,因此计算机软硬件技术的进步为 GIS 的发展提供了必要的技术基础。而且随着遥感技术和空间定位技术的出现,为 GIS 提供了丰富的信息源和数据更新的手段;以及由于地理学的发展,地理学从传统的定位描述走向定性和定量分析相结合,日益需要 GIS 这一现代化工具为解决地球与环境等许多复杂问题做出贡献。这样,有力推动了 GIS 的迅速发展。以下从 4 个方面大体概括 GIS 的发展现状:

(1) GIS 技术和软件的开发已取得重要的进展。GIS 的研究任务包括理论、技术和应用三个方面,理论的研究指导开发新一代 GIS,不断拓宽 GIS 的应用领域,而 GIS 的应用又促进理论的研究,并对 GIS 技术提出更高的要求。目前,GIS 技术上的进步,可以在不同的硬件平台上完成实用系统的建设,并且已经形成以矢量数据结构为主的 GIS 软件市场。例如,ACR/INFO 软件首次将关系数据库管理系统与图形拓扑信息的管理有机地结合起来,解决了矢量数据处理的许多关键技术,其中 7.0 版本已经集矢量数据、栅格数据和游程编码数据于一体,利用面向对象的思想形成了 ARCSTONE 模块,利用扫描输入方法形成新的 ARCSCAN 模块等。System-9 软件已将面向对象的最新技术引入 GIS 领域,提出了把空间数据和属性数据融入一个关系数据库管理系统进行统一管理的思想,成功地开发了面向对象的分析工具箱(ATB)。Intergraph 将图像处理、CAD 技术和 GIS 技术有机地结合在一起。Genamap 软件完成了空间分析功能的模块化和友好用户界面的开发等,使各自系统的技术更加先进,功能更加完善,应用更加方便。

(2) GIS 作为管理、规划和辅助决策的现代化手段已产生了显著的效益。用户的需求是推动 GIS 发展的重要因素之一,目前 GIS 的应用已遍及地理、环境、资源、石油、电力、地籍、交通、公安、急救、市政管理、城市规划、市场营销、经济咨询、投资评价、灾害监测、政府管理和军事应用等众多领域,并已取得显著的经济、社会和环境效益,日益受到广泛的重视。以 GIS 在城市管理中的应用为例,许多城市已建立了各种类型的城市信息系统,例如美国、澳大利亚、法国和新加坡等国家已将城市信息系统作为城市建设的一项基本工程。法国巴黎的旧市区,历史悠久,地下管网如织,但是在该市城市信息系统的计算机终端上却可以清楚地显示出任何一条用户感兴趣的管线,并能很快查出其管径和安装日期。我国深圳市,已完成了以规划为龙头,以土地为中心,包含计划、市政、管线、房地产等多项业务管理和办公自动化的地理信息系统总体设计方案。它的建成将为政府各级管理部门提供城市规划、房产管理、综合管线和土地管理等重要信息,而且直接提高各处室职能部门的工作效率、业务水平和效益。

(3) GIS 规范化和标准化工作的重要性已获得共识。因为 GIS 的规范化和标准化关系到信息的共享和系统的兼容,其重要意义已获得普遍的共识。例如加拿大早在 1978 年就开始了这项工作的研究,成立了专门机构和特别委员会,是国际上信息规范化和标准化研究卓有成效的国家之一。美国吸收了早期缺乏规范和标准造成的数据不能共享的严重教训,从 20 世纪 80 年代开始,先后成立了国家数字制图数据标准委员会和特别工作组,于 1992 年完成了空间数据交换标准。英国、法国、荷兰、瑞典、澳大利亚和日本等国也展开和完成了全国数据标准化的研究和制定工作。国际标准化组织(ISO)也正在酝酿和发起制定国际 GIS 标准,并准备成立适当的国际协调和研究机构。我国 GIS 规范化和标准的研究是与 GIS 实验研究同步进行的,先后提出关于资源与环境信息标准的规范方案 30 多种,包括地理格网标准、国土基础分类编码标准、全国河流分级分类标准、林业资源分类编码标准、城市地理要素编码结构标准等,其中地理格网、国家标准(GB12409—90)已颁布执行,标志着我国 GIS 的标准化和规范化工作已从研究开始进入了逐步实施的阶段。

(4) GIS 人才的培养和 GIS 的普及教育正在蓬勃开展。随着 GIS 的发展及应用的日益广泛,GIS 作为一门新兴的信息产业已经深入各行各业,一个接踵而来的紧迫问题是 GIS 的管理及人才的培养。美国早在 20 世纪 70 年代就注意到,为了有效地发展 GIS,迫切需要在地理学和计算机科学两个领域同时受到良好训练的专门人才。当时 GIS 的发展还处于巩固时期,就已经预见到这个领域的理论研究和技术发展将十分迅速,因此 D. F. Marble 教授指出:"GIS 人才的培养不仅为了今天的急需,更是为了明天的需要。"这是非常有远见的,并提出了关于"机助制图与 GIS 综合教育"的思想。目前,在全球范围内已有 2 000 多所高等学校计划或已经开设了 GIS 的有关课程,特别是在欧美各大学地理系,GIS 的教学已相当普及。例如美国纽约州立大学布法罗校区地理系设有"GIS 与地图学"专业,其附属的地理信息与分析实验室是全美第一个用 GIS 命名的实验室。与此同时,世界各国高等院校中的许多测绘类学科也纷纷设立了 GIS 专业或开设了 GIS 的有关课程。我国许多大学的地理信息系统教育从无到有,不仅开设了 GIS 课程,而且设立了相应的专业,例如南京大学和武汉测绘科技大学已设立了"GIS 与地图学"专业,军事测绘学院正在筹备成立"军事空间信息工程"专业等,不同层次的 GIS 培训班也如雨后春笋般蓬勃开展,这一切有力地促进了 GIS 人才的培养和 GIS 的普及教育。

三、GIS 的未来展望

目前在全球范围内,GIS 以前所未有的发展速度在科学界、技术界和商业界推广应用,展望跨世纪的未来几年,也将是 GIS 技术研究和应用继续全面增长的时代,并将具有跨世纪的一些时代特点如下:

(1) GIS 的应用功能将从规划管理向决策方向延伸。目前,GIS 的应用虽然取得重要进展,但是正如"GIS 的功能和操作"一文所介绍的,它的功能主要包括输入、存储与管理、处理与分析、输出等,对于地学分析和模拟、辅助决策等功能十分薄弱。在标准的 GIS 中,其分析方法主要包括多边形叠加分析、缓冲带生成、点多边形包含分析、数字高程模型分析和空间实体(点、线、面、体)属性的布尔逻辑操作等,即使在流行的 ARC/INFO 系统中也只能构建结构化模型,这远远不能满足广泛领域的半结构化或非结构化等规划与决策问题的需要。因此,GIS 要想取得实际的应用效益和社会的普遍承认,必须使之从只能做结构化分析的数据级支持进而发展成为空间决策支持系统(Spatial Decision Support System,SDSS)。这种系统综合应用空间规划决策理论、人工智能技术和系统分析方法,实现数据库、模型库和知识库之间的通讯,能创建和运行决策模型,收集和维护模型运行所需的数据,定义和维护模型运行的结果输出,以及提供多种类型的分析手段,最后产生多种备选方案,并为决策者及时选取执行方案。这就是空间信息系统的智能化问题,这种以模拟和决策支持为特点的 GIS 将具有广阔的研究和应用前景。

(2)高度集成的 GIS 是今后主要的发展方向。随着 GIS 技术的进步和用户对信息需求的增大,要求 GIS 与遥感(RS)和全球定位系统(GPS)结合的呼声越来越高。航空和航天遥感作为一种高效能的语义和非语义信息的采集手段,为 GIS 的数据采集和更新提供了丰富的数据源,反过来,GIS 作为支持遥感信息提取的平台,实现图形与图像数据的叠加,为遥感的综合开发和应用提供理想的环境。但是目前市场上大多数地理信息系统都有其主要的数据格式和应用范围,如 ARC/INFO、System-9 是矢量数据起主导作用的系统,而 ERDAS、ERMSPPER 则是以栅格为主导的系统。这样,尽管大多数系统都在不断地扩展,但大部分系统还是缺乏集成化的数据模型及完善的数据处理环境,许多数据处理任务不得不在各自的系统中进行。例如,图像处理系统被用来进行图像增强、滤波、特征提取和分类、网格数据到矢量数据的转换,而 GIS 用来存储和管理空间数据,执行各种专题询问和空间分析等。这样,各种数据不得不在不同的系统中进行变换、处理和传输,以致使数据处理复杂化,容易产生误差,同时许多有用的辅助数据不能得到有效的利用。因此建立点、线、面、栅格、图像、字符串和 DTM 等与空间有关的数据集成化的数据结构和处理模式,已是势在必行。同样道理,GPS 可以直接测定地面上任一点的三维坐标,这种动态 GPS 技术的引进,不仅为 GIS 和 RS 提供瞬间高精度的空间定位和数据的实时更新,而且为 GIS 和 RS 推向工程化和实用化创造条件,可以直接应用于包括安全防范、紧急救援、交通管理和环境保护等快速反应的应用领域。因此利用 GIS、RS 和 GPS 作为技术支撑来建立集成化的系统,已成为当前国际上引人注目的 GIS 发展热点之一。当然,提高 GIS 系统的集成度也包括多媒体技术的引入,以发挥产品输出的声、像、图的综合效能。

(3) 时空复合的操作将成为新一代 GIS 的重要标志。随着 GIS 的普及,人们对 GIS 的要求也逐步增多,其中一个重要的问题便是"如何将时间变量加入 GIS 空间分析过程中去?",因为现有的 GIS 系统都是建立在二维空间参考系统与关系数据库结合的基础上,未能对地理现象或事件随时间变化的特征和规律的认识提供有效的分析方法,这无疑限制了 GIS 向更广泛应用领域的渗透。例如,生态学家对生态系统发展过程的分析需要考虑事件和空间两方面的变化;在研究全球变化问题时,科学家也需要以不同的事件尺度来研究自然现象所传递的信息……因此,如何将空间分析的问题进一步拓展为时空分析的范畴,将成为新一代 GIS 的重要标志。目前,美国地理信息和分析国家中心(NCGIA)已将时空推理列为第 10 号研究课题,正式开展有组织的研究活动。可以预见,未来的 GIS 将具有四维系统(X、Y、Z、T)的功能,其中(X、Y、Z)表示空间系统,(T)表示时间,这种具有空间复合分析功能和多维信息视觉化的环境,将成为新一代 GIS 的重要特征。

(4) GIS 将形成一门独立的学科。如前所述,GIS 既是一门新兴的高技术,又是一门集多学科于一体的新兴边缘科学。它既依赖于地理学、测绘学、统计学等这样一些基础学科,又取决于计算机软硬件技术、航天技术、遥感技术、人工智能技术以及新近发展起来的虚拟现实技术等。这就是说它位于地学与技术科学的边缘,正在形成一门新的学科,例如荷兰称它为"Geo-informatics",加拿大称之为"Geomatics Engineering",美国著名的 GIS 专家(Goodchild)则建议取名为地理信息科学(Science of Geographic Information)。这就必须博采相关学科的精华,认真研究本学科的基础理论、学科内容体系,描述现实世界空间信息的产生过程,分析地理系统和信息理论,研究空间信息的形式化表达与时空变化的数据组织,以及空间信息的有效范围与误差传播理论等,以推动学科自身的发展,这将是 21 世纪 GIS 研究面临的新课题和新任务。

总之,GIS 成为空间科学、地球科学最活跃的分支,前景宽阔,方兴未艾!

GIS 内涵的发展

黄杏元　黄平

摘　要:根据 GIS 30 多年的发展历程,总结了 GIS 的三个主要发展阶段及其内涵特点,说明了 GISystem、GIScience 和 GIService 的主要研究内容,最后提出了基于 GIS 内涵的三点初步认识。

关键词:GIS;内涵;发展

一、引言

GIS 既是管理和分析空间数据的应用工程技术,又是跨越地球科学、信息科学和空间科学的应用基础学科。它在我国已有 20 多年的发展历史,从试验研究到技术开发,从实际应用到理论建设,取得了长足的进步,并已发展成为一门成熟的技术、具有生命力的学科和欣欣向荣的产业。

国际上,GIS 从 20 世纪 60 年代发展至今,其内涵已发生很大的变化,从地理信息系统(GISystem)到地理信息科学(GIScience)。20 世纪 90 年代以后,特别是进入 21 世纪以来,随着 GIS 与主流 IT 技术及无线电通信技术的加速融合,GIS 内涵又拓展为地理信息服务(GIService)。

GIS 内涵的发展是现代科学技术发展及社会需求增长的反映。反过来,了解 GIS 内涵的变化,又有助于凝聚力量促进 GIS 学科的发展和更好地满足社会对 GIS 应用的需求。

二、地理信息系统（20 世纪 60 年代以来）

GIS 萌发于 20 世纪 60 年代初,1960 年加拿大的 R. F. Tomlinson 提出"将地图变为数字形式,以便于计算机处理和分析"的思想,很快被加拿大土地调查局用于土地资源调查,于 1963 年开始加拿大地理信息系统(CGIS)的开发和应用。CGIS 的建设目的很明确,是将其作为土地资源调查的工具,用于分析加拿大的土地资源总量和各类土地利用数据，其建设任务是根据系统开发的需求进行的，内容包括如下。

（1）系统分析：系统需求和可行性分析。

（2）系统结构：数据输入、数据处理和信息输出等功能。

（3）系统数据库：数据分类、编码、存储和管理。

（4）数据结构：基于图幅和多边形图层的数据组织。

（5）硬件和软件研制。

（6）图形数据和属性数据文件的建立与匹配。

（7）空间分析和统计指令设计。

（8）空间查询和检索指令设计等。

这时期，除了 CGIS（又称为加拿大土地数据系统），还包括于 20 世纪 80 年代初，由 ESRI 推出的第一个微机上运行的 PC-ARC/INFO GIS 系统，其他以微机和工作站为平台的 GIS 系统及商品化的 GIS 软件也取得很大的发展，直到 1987 年国际地理信息系统期刊（International Journal of Geographic Information Systems）的诞生，明显反映这一时期 GIS 内涵的工具或系统特征。

作为技术工具的 GIS，十分重视系统性能和工作量（Work-load）的评估，产品精度和可靠性的分析，系统功能运行时间和成本估算，并不断予以改进，使系统性能最优、工作负载合理、效率最好。

三、地理信息科学（20 世纪 80 年代以来）

GIS 系统的设计和实现涉及许多学科领域，例如计算机科学、地学和空间科学、地图学、统计学、数学、人工智能等，但是据 D. R. Monsebroten 调查，直到 1984 年美国大学只有 4 个系开设有关 GIS 课程。相反，据统计，北美 1983 年就已经有 GIS 系统和自动制图系统 1 000 个以上，而且据当时推测，到 1990 年 GIS 系统的数量将呈 4 倍增长。显然，系统数量的增长与学术研究之间呈极大的反差，出现了系统开发越多，"数字混沌"（digitalchaos）也越甚的现象，GIS 的基础理论和应用基础理论研究急待建立和加强，以应对 GIS 技术应用中提出和产生的问题。

20 世纪 80 年代末以来，国际学术界加强了对 GIS 的理论研究，例如，美国于 1987

年成立了国家地理信息与分析研究中心（National Center for Geographic Information and Analysis，NCGIA）、国际地理联合会下设了地理信息理论委员会等；1992 年美国加州大学 M. F. Goodchild 教授提出地理信息科学（Geographic Information Science，GIS）的概念；1994 年加拿大矿产资源能源部成立加拿大地理信息署（Geomatics Canada），以引导地理信息学（Geomatics）的发展；1995 年美国大学地理信息科学协会提出地理信息科学的十大优先研究课题；1997 年国际 GIS 期刊更名为"International Journal of Geographic Information Science"……这一切表明旨在加强 GIS 的学科内涵。

作为学科内涵的 GIS，十分重视其基础理论和应用基础理论的研究。具体的研究内容包括在对空间数据管理、处理、分析和应用过程中提出的一系列基本问题，如空间实体表达和建模、空间关系和空间认知、空间推理和人工智能、空间数据处理和转换、空间信息查询和分析算法、GIS 应用模型构建、GIS 系统设计与评价、空间数据标准化研究、空间信息基础设施建设、GIS 产品可视化、地学信息传输机理、空间数据不确定性研究等。

四、地理信息服务（进入 21 世纪以来）

随着 GIS 应用和研究的广泛开展，在过去的 30 多年中，GIS 技术、理论和应用一直在不断发展和进步，今天的 GIS 已经为人类解决与地理分布有关的问题提供了成熟的技术平台：它可以使人们方便地获取地球上与人类生存和发展有关的基于地理坐标作为参照的地学信息；可以将各类信息以一种通用的一体化的可视化的空间语言加以存储和表达，提供一致性的地理数据空间框架；可以真实地用图形展现地球表面事物或现象的现状、联系及动态变化的规律；它与互联网结合，实现了人类对社会巨大资源的共享和利用；它与 GPS 和电信公司结合，开创了基于 LBS（移动位置服务）的个体客户服务业新时代。

这一切表明：随着科学技术的发展和人类对信息的需求，GIS 正在开始走进千家万户，GIS 提供的功能和服务已经从早期的数据存储管理和查询检索，演进到区域系统空间分析、动态模拟和辅助决策，正在向着个人生活化服务和以地理信息服务为中心的发展新阶段。近年来频频出现的地理信息服务（GIService）这一词，正反映 GIS 内涵的这种拓展趋势。

GIS 内涵向着服务化方向的延伸，体现了 GIS 的人文关怀，就必须通过构建地理信息服务体系和地理信息服务平台来加以保障。地理信息服务体系包括建立基于网络的基础数据和专题信息、采用基于 JAVA 的 J2EE 作为应用服务器架构、采用基于数据库（Oracle 9i）和 SDE 连接的空间数据存储和管理模式、建立基于 C/S 体系结构的信息数据管理与维护平台和具有 B/S 体系结构的信息数据发布与服务平台，以及其他相应的标准、政策、法规、安全保障、软硬件设施、服务项目设置、导航引擎和信息产品制作等。

五、结束语

通过以上对 GIS 内涵发展历程的追踪和分析，可以得出以下几点初步认识：

（1）GIS 的萌生和发展首先是社会需求的推动，这个社会需求最初来自加拿大国土资源部门，然后在社会需求增长和科学技术进步的共同促进下，GIS 取得日新月异的进步，形成一门成熟的应用工程技术，受到政府部门、科技界和企业界的广泛重视，以致逐渐走进全社会，构成目前社会化 GIS 的发展态势。

（2）GISystem、GIScience 和 GIService 的发展变化，体现了 GIS 内涵的发展过程，也反映了 GIS 的实用化、科学化和人性化的演变。目前它们之间的交融和发展，共同促进了 GIS 的进步和走向市场。

（3）了解 GIS 的内涵，还必须关注相关任务的协调发展，例如，对目前我国现有大量运行 GIS 系统的调查、分析和评估；GIS 中还有许多关键技术问题需要攻关，特别是多维数据模型的研究；GIS 的基本问题的创新性探索等有待加强；GIS 服务体系和相关政策法规的建设有待完善；GIS 人才培养和教学改革还有许多问题有待解决等。因此，GIS 发展既方兴未艾，又任重道远。

参考文献

[1] Goodchild M. F. , Rizzo B. R. Performance evaluation and work-load estimation for geographic information systems[J]. International Journal of Geographical Information Systems，1987，1(1)：

67 - 76.

[2] 陈军. 论中国地理信息系统的发展方向[J]. 地理信息世界,2003,1(1):6 - 11.

[3] 池天河. 中国可持续发展信息共享服务系统的研究与实现[C]//全国地图学与GIS学术会议论文集. 北京:中国地理信息系统协会,2004.

Development of the Meaning of GIS

HUANG Xing-yuan　　HUANG Ping

Abstract：This paper summarized the three main developing phases and the meaning and characteristics of GIS based on more than 30 years' development course of GIS. Then it introduced the main research contents of GISystem, GIScience and GIService. Finally, it put forward the primary understanding of the meaning of GIS in three aspects.

Key words：GIS；meaning；development

GIS 理论的发展

黄杏元

摘　要: 从 GIS 研究理论的发展,介绍了空间数据及融合理论、空间曲面理论、空间认知理论、地图可视化理论、空间数据建模理论的研讨成果,为 GIS 研究和应用提供极好的参考。

关键词: GIS;理论框架;发展进程

GIS 是管理和分析空间数据的科学技术,是集地理学、计算机科学、测绘学、空间科学、信息科学和管理科学等学科为一体的新兴边缘学科,因此它的发展和应用具有多学科交叉的显著特征,也体现当代科学技术发展的一个明显特点。

李德仁院士指出,由于 GIS 带有十分明显的面向应用和技术导引的特点,实际上,在没有形成地理信息理论之前就已广为应用并蓬勃发展。国际 GIS 知名学者,美国加州大学 Goodchild 教授在 Towards a Science of Geographic Information 一文中也曾指出,GIS 的"技术导引"和"应用导引"两大特点丝毫不影响 GIS 的研究特性和逐步形成它作为一门科学的作用。实际上,正是由于 GIS 的广泛应用和大量实践的结果,逐步导致 GIS 理论框架的形成(图 1)。

本文拟在该理论框架的基础上,就其中的空间数据及其融合理论、空

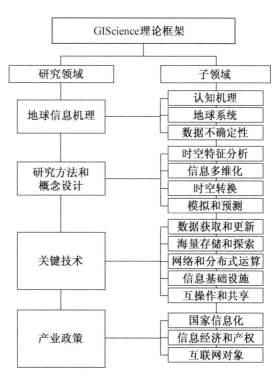

图 1　地理信息科学的理论框架(据陈述彭,1997)

间曲面理论、空间认知理论、地图可视化理论、GIS 理论的进一步发展等内容、内涵及意义进行讨论，以期集思广益，进一步推进地理信息科学的发展。

一、空间数据及其融合理论

GIS 研究和解决的是空间问题，空间数据是 GIS 的核心概念。从 GIS 的数据输入、空间实体的表达、空间事物和现象的特征描述，直到 GIS 分析和运算结果的输出，无不与空间数据紧密关联。空间数据是地球表层所有涉及地理位置的事物或现象的数字表达，数字化和这些数字为所有地理事物输入计算机提供了可能性。这一伟大变格的创始人正是加拿大学者诺基尔·汤姆林逊博士，他于 1962 年提出了"把地图变成数字形式，以便于计算机处理和分析"的新思路。

空间数据从最初的数据生产已经发展到构成地理信息科学原理的重要组成部分，例如空间数据对实体的表达，从矢量和栅格进展到两者的相互转换和一体化；空间数据对实体的特征描述，从定位和定性延伸到时空一体化；空间数据的组织，从图层和图幅发展到面向对象的整体数据模型；空间数据的管理，从 20 世纪 70 年代中期的文件管理、80 年代中期的混合数据管理，已经发展到 80 年代末期的全数据库管理的新阶段。

空间数据融合理论是研究如何将不同来源、不同尺度、不同格式、不同时态和不同精度的数据进行集成和融合，以便充分利用多源数据的有用信息，减少数据采集的高额开销，提高数据的复用度和共享度。数据融合需要研究不同空间数据的转换，包括比例尺缩放、图形平移和旋转等，特别是与地图投影变换关系最为密切。GIS 不但继承了测绘学及其分支科学的有关理论，例如误差理论、地图投影理论、图形理论及其相关的算法等，而且大大拓展了传统的空间数据变换算法，提出了基于 GIS 的数据集成技术框架和方法以及基于语义层次的数据转换共享模型。这种模型的转换特点是既有数据结构的转换，又有语义数据的操作和转换，提供了崭新的数据互操作模式，其最终目的是使数据客户能读取任意数据服务器提供的空间数据，实现数据的共享。这是开放 GIS 的概念，也是当前 GIS 的研究热点。

从 20 世纪 60 年代初诞生的 GIS 空间数据概念，从最初关于地理要素的位置、形状及要素间关系等信息的载体，已经发展到空间元数据、空间数据库、空间数据基础设施、空间数据转换标准、空间参照、空间联结、空间建模、空间分析、空间查询、空间统计等，其内涵和功能已得到极大地提高。空间数据对 GIS 的意义，过去只认为它是 GIS 的操作对象，现在感悟到它永远是 GIS 的"根"，GIS 一切的发展都是基于这个"根"，它是 GIS 理论的重要基础。

二、空间曲面理论

空间曲面是地理空间（Geo-spatial）的组成部分。研究地理空间，除了建立地理空间的定位参考框架，还必须分析地理空间特征实体的几何形态、时空分布及相互关系。地理空间特征实体指具有形状、属性和时序特征的空间对象或地理实体，包括点、线、面、曲面和体，也是 GIS 表示、空间数据处理和空间分析的主要对象。其中，曲面有连续曲面和梯状曲面之分（图 2）。

如图 2（a）所示，连续曲面是指其上的空间对象（如地势、气温、降雨等）是呈连续方式分布和变化的，他们对应的空间模型是连续曲面，该曲面上各点对应的特征值可以通

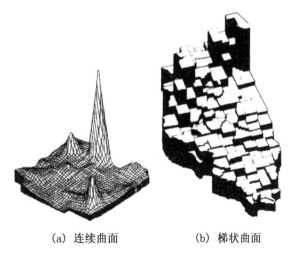

(a) 连续曲面　　　　(b) 梯状曲面

图 2　空间曲面的类型

过数学插值法求取，例如无偏估计和方差最小原理等，内插出所需要点的数值，曲面上的空间实体可以用等值线法表示。如图 2（b）所示，梯状曲面的情况则不相同，其上的空间对象（如耕地、街坊、产值等）是呈非连续分布和变化的，它们对应的空间模型是梯状曲面，梯状曲面又称为统计曲面，该曲面上各点对应的特征值是由对应的统计单元确定的，因此，曲面上的空间对象常常是经济或社会现象，只能采用分级统计图的制图方法表示。

空间曲面理论是由美国地理学家 G. F. Jenks 教授于 20 世纪 70 年代提出的，他在关于现代统计地图制作方法的论述中指出，有人对空间与图形关系存在着错误的认知，混淆了连续曲面与梯状曲面的不同概念，常常造成了实际应用上的错误。事实上，这种

错误情况目前也还存在。例如有人在基于 GIS 技术和方法的应用中,常常对空间曲面的类型和性质不加区分,对一些经济或统计现象也照搬常用的空间内插方法,甚至将梯状曲面上的社会经济现象也搬到连续的三维立体图上,造成对读者的误导,确实有必要重新提起警示。

显然,空间曲面理论关系到 GIS 数据建库策略的选择、空间内插方法的选择、空间分析方法和空间表示方法的确定等,对 GIS 应用具有重要的指导意义。

三、空间认知理论

空间认知(Spatial Cognition)是人们获取和利用知识以及关于空间环境信念的思维过程,是对事物和现象的发生、影响、因果进行分析研究的基础,是地理学和心理学的交叉研究领域(图 3)。

人类对空间实体或现象的认识是一个复杂的过程,鲁学军等对这个过程进行了描述和表达(图 4)。

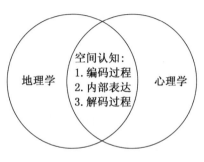

图 3　空间认知概念(据邬伦等,2001)

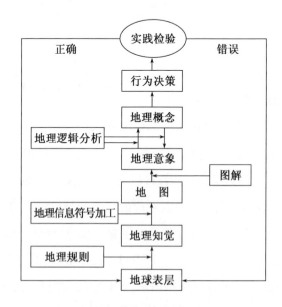

图 4　空间认知图示(据鲁学军等,1998)

从这个图示可以看出,空间认知从地球表层的地理对象开始,经过知觉、注意、表象、记忆、学习、思维、语言、概念形成,直至问题求解和行为决策等有机联系的信息处理流程,其中的地理规则包含着地理学的基本理论和知识结构,它对空间认知的规范和指导具有首要的意义。

地理学对促进地理信息科学理论发展的意义,从美国 NCGIA 对 GISystem 和 GIScience 核心课程的不同规划可以看出来。例如,GISystem 核心课程包括 GIS 导论、GIS 技术和 GIS 应用三门课程,而 GIScience 核心课程包括 GIS 的基本地理概念、GIS 地理概念的实现和社会中的地理信息技术三门课程,可见地理信息科学与地理学之间的关联性何等密切。

那么,空间认知理论对 GIS 都有哪些重要意义?以下,就笔者的初步认识做出归纳。

(1)根据王家耀教授对地理环境信息流在人脑中的处理过程和同样的信息流在 GIS 中处理过程的比较研究表明,在 GIS 引入空间认知理论,具体包括人的思维、智力干预和质量评定等,对于提高 GIS 产品质量、实现 GIS 的智能决策目标等,具有重要意义。

(2)根据马荣华博士对空间认知与 GIS 空间数据组织的研究表明,在 GIS 空间数据及数据组织中引入空间认知理论,能很顺畅地解决现实世界的抽象,最终建立基于特征的时空一体化数据组织框架和分布式的 GIS 数据组织框架,空间认知理论提供了从真实世界到 GIS 数据库映射的具体解决方案。

(3)空间分析是 GIS 的核心,空间分析的原理是基于地学的理解、知识和经验。空间认知理论恰好为地学知识的获取、凝练、融合、推理,以及揭示隐藏在知识中的内涵和规律等提供了理论依托和认知引导。

(4)应用模型是 GIS 系统应用和取得效益的重要保证,而 GIS 应用模型的构建涉及人们对客观世界的认知分析、概念映射、行为决策和实践检验等,这与图 4 所示的空间认知图示的思路是相一致的。因此,空间认知理论是构建 GIS 应用模型的直接依据。

(5)如前所述,GIS 是表达空间的系统,而系统设计者与系统用户的认知模型是不一致的,前者以抽象思维为主,后者以形象思维为主。如何将两者统一起来,包括从系统需求分析直至系统用户界面的设计,都必须始终以空间认知理论为指导,做到系统设计的各个环节都能贯彻以人为本的认知原则,这是非常重要的。

四、地图可视化理论

国际地图学协会（ICA）于 1995 年成立可视化委员会（Commission on Visualization）,1996 年可视化委员会与美国计算机协会图形学专业组进行跨学科合作,探讨科学计算机可视化与地图可视化的连接与交流。1999 年 ICA 可视化委员会重新组合为现在的可视化和虚拟环境委员会。从此,对于地图可视化理论的研究,受到了广泛的关注。

地图可视化理论从最早的空间数据图形化概念,已经扩展到初步形成可视化的理论框架(图 5)。

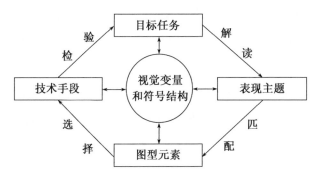

图 5　地图可视化理论框架

如图 5 所示,地图可视化理论框架由视觉变量和符号结构及四个理论模块组成。任何地图和图形都是由基本图形要素组成的,基本图形要素又称为视觉变量和图形变量,它们包括颜色、亮度、尺寸、形状、密度、方向和位置,它们构成无限种组合方式,为地图可视化提供了丰富多彩的表现形式。随着多媒体计算机技术和虚拟现实技术的发展,地图可视化变量已经由静态视觉变量扩展到动态视觉变量(时间)、听觉变量(声音)、嗅觉和触觉变量等,它们的组合和应用大大提高了人对所表达的地理现象的感知和理解。

四个可视化理论模块包括目标任务、表现主题、图型元素和技术手段。目标任务是指可视化所针对的目标和任务。地图可视化的早期目标任务只是现实世界或静态空间数据的直观显示,即用户在确定空间数据和选择视觉变量的基础上,进行全要素、分图层或分区域的图形显示,不同属性的数据能用不同的尺寸、颜色和纹理来区分,并配以相应的图示图例,便可以将地理数据搬上屏幕或得到一幅简单的电子地图。但是随着地学研究的深入和可视化应用领域的拓展,目前可视化的目标任务已延伸到地学模拟、动态演变、预测预报和规划决策等。这时,目标任务的实现与表现主题、图型元素和技术手段结合,有了十分紧密的联系。

表现主题是指直观显示、交互操作、动态演示或者多维展示等。表现主题的选择是根据可视化的目标任务来确定的,一般常规的表现是指直观显示;对于宏大数据或规划决策信息的可视化,需要交互操作,实现信息查询检索和方案比较研究;对于具有时间维的动态空间信息,需要采用动态演示,表示某一时段内某种现象的移动与变迁过程;对于空间环境信息,则需要采用多维展示,并调用多种技术工具和虚拟现实技术,才能有效表达纷繁复杂的客观世界。

图型元素指地图可视化产品的时空元素和类型,包括 0 维空间、1 维空间、2 维空间、2 维空间+时间、3 维空间、3 维空间+时间等。其中,2 维空间图型是地图可视化的一种重要和基本的图型,也包括显示在屏幕上的数字地图,以及基于计算机数字处理和屏幕显示的交互式数字地图等。3 维空间图型是以真三维或动画形式来表达地理环境信息,不但具有真实的立体效果,还具有用户观察和量测等功能。3 维空间+时间图型可以提供空间实体或现象的立体感和随时间而变化的动态效果及沉浸感。

根据图型元素选择表达和演绎的技术方法,包括信息表示和传输的载体,如数字、文字、声音、图形、图像等;多媒体技术,如音频、视频、动画等;以及超文本、超媒体、网络和虚拟现实技术等。这些传统的和先进的技术手段对地图可视化的信息表示、组织、管理和传输不但提供了有效的方法,而且为地图可视化理论奠定了重要基础。

可视化对 GIS 的重要意义在于,在 GIS 系统分析阶段,可视化是 GIS 用户与设计人员交流和合作的媒介;在 GIS 系统设计阶段,可视化是各项技术方案论证的工具;在 GIS 系统运行阶段,可视化就是系统演示的对象,特别是 GIS 产品的制作,地图可视化直接为产品制作提供理论依据。因此,地图可视化理论是 GIS 理论的重要组成部分。

五、GIS 理论的进一步发展

20 世纪 80 年代以来，国际学术界加强了对 GIS 基础理论和应用基础理论的研究，尤其是 1995 年美国大学地理信息科学协会（UCGIS）提出地理信息科学的十大优先研究课题，已经取得了很大的进展，其中有些已经取得了令人激动的成果，例如 GIS 空间数据建模理论。空间数据建模理论是研究地理空间的现实世界到计算机信息世界的抽象，为最后建立空间数据库提供逻辑框架，也称为空间数据模型。这是 GIS 理论的一个黄金研究课题，从第一代的拓扑结构数据模型（Coverage）、第二代的空间实体数据模型（Shapefile）、第三代的面向对象的关系数据模型（Geodatabase），到第四代目前正在研究的面向对象的整体数据模型，表明这是一个永不褪色的研究课题。第四代数据模型的研究内容包括地球表层的目标集、地理空间三维特征、地理空间多尺度特征及其互动、地理实体时态特征、地理空间多尺度特征及其互动、地理实体时态特征、地理实体复合图层构建和管理、空间数据融合和基于位置的信息集成等，可见这是一个目标宏大的研究课题。

空间数据挖掘与知识获取理论，这是随着 GIS 空间数据库的积累、国内外各类语料库建设以及以文本为载体的大量文献存储而提出的一项新的研究课题。它旨在研究从空间数据库中发现和提取隐性知识与特征，或从文本中发现和提取显性知识与特征；将大量非结构化数据转换为结构化的计算机可理解的数据格式；通过与本体（Ontology）理论的结合，构建多级语义网络，解决更深层次的数据共享、互操作、分类框架和服务框架构建；以及将这些数据、信息或知识应用于解决某项特定任务，如数据库更新、知识库与规则库构建、GIS 空间查询、空间方位关系构建与分析、领域空间知识获取、图形和情景重建等。在这些方面，以闾国年教授领衔的研究团队已获得了成果，并且充分展示了该理论领域的发展潜力和应用前景。

GIS 理论进一步发展的另一值得关注的方向是空间数据不确定性理论的研究，该项研究关乎 GIS 空间数据及其产品质量的可用性。空间数据的不确定性是指空间数据中存在的位置不确定性、属性不确定性、时域不确定性、拓扑关系不一致性及数据本身的不完整性。位置不确定性指 GIS 中某一被描述实体与其地面上真实实体位置上存在差别;属性不确定性指某一实体被描述的属性与其实际属性之差异;时域不确定性指某一实体在时间描述上存在差错;拓扑关系不一致性指数据结构内部存在不一致性;数据的不完整性指对于给定的空间实体,GIS 没有完整地给出该实体的语义特征等。空间数据不确定性产生的原因如图 6 所示。

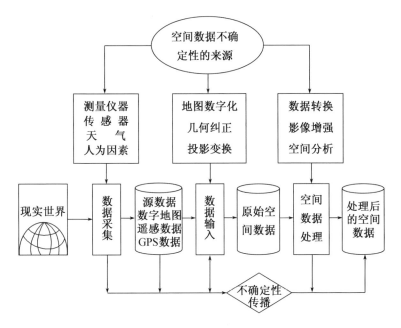

图 6　空间数据不确定性来源及其传播(据何彬彬等,2004)

根据空间数据不确定性来源,其研究内容包括:由于空间数据不确定性存在于 GIS 数据处理的各个环节,并相互传递和扩散,应研究其不同来源的性质和类型,建立度量指标和表达式,以便不确定性分析和误差控制;对数字化误差的模拟研究,利用各种不同分布的随机变量的抽样序列,模拟实际系统的概率统计模拟模型,并给出问题解的统计估计值;研究数据库中元数据包含的有关数据质量信息,了解和跟踪空间数据质量状况和变化,及时做出质量评定;研究利用地理相关分析法、基于知识的属性规则分析法,以及图形和属性数据中的质量元素,进行数据不确定性检查和评价,并提出数据质量控制的解决方案。

参考文献

[1] 黄杏元,马劲松.高校 GIS 专业人才培养若干问题的探讨[J].国土资源遥感,2002(3).

[2] 李德仁.关于地理信息理论的若干思考[J].地理信息世界,1996(4).

[3] Goodchild M. F. Towards a science of geographic information[M]//Geographic Information 1991: the Yearbook of the Association for Geographic Information. Talor & Francis, London, 1991.

[4] 陈述彭.地理信息系统的应用基础研究[J].地球信息,1997(4).

[5] Jenks G. F. Contemporary statistical maps-evidence of spatial and graphic Ignorance[J]. The American Cartographer,1976(3):11-18.

[6] 邬伦,刘瑜,张晶,等.地理信息系统——原理、方法和应用[M].北京:科学出版社,2001.

[7] 鲁学军,承继成.地理认知理论内涵分析[J].地理学报,1998,53(2).

[8] 王家耀,陈毓芬.理论地图学[M].北京:解放军出版社,2000.

[9] 马荣华.地理空间认知与 GIS 空间数据组织研究[D].南京:南京大学,2002.

[10] 罗宾逊 A. H.,赛尔 R. D.,莫里逊 J. L.,等.地图学原理[M].6 版,李道义,等译.北京:测绘出版社,1989.

[11] 方裕.新一代 GIS 软件技术研究[C]// 中国遥感奋进创新二十年学术讨论会.北京:中国气象学会,2001.

[12] 舒飞跃.基于文本的土地管理领域空间知识获取与应用研究[D].南京:南京师范大学,2009.

[13] 蒋文明.面向中文文本的空间方位关系抽取方法研究[D].南京:南京师范大学,2010.

GIS Theory's Development

HUANG Xing-yuan

Abstract: The discussed result of the theories of spatial data and fusion, space surface, space cognition, map visualization as well as spatial data modeling which based on the development of GIS research theory is offer a good reference for GIS study and application

Key words: GIS; theoretical framework; development process

我国地理信息系统建设及进展（1）

黄杏元

摘　要：介绍了 GIS 的基础背景和发展阶段与 GIS 业务化应用系统的建设两个部分，着重叙述了 GIS 建设的探索过程和发展思路，指出 GIS 建设从初步发展时期的研究实验、局部应用向着实用化、集成化和产业化方向发展，成为国民经济和社会发展普遍使用的工具，在各行各业发挥着重要作用，同时用实例说明 GIS 业务化应用系统，在我国大体经历的四个发展阶段。

关键词：GIS；实验研究；实际应用；发展；产业化

一、引言

地理信息系统(GIS)既是管理和分析空间数据的应用工程技术，又是跨越地球科学、信息科学和空间科学的应用基础学科，国际 GIS 的发展萌发于 20 世纪 60 年代，中国 GIS 的建设起步较晚，从 20 世纪 80 年代初开始，至今已走过了 23 个春秋，从无到有，从试验研究到实际应用，从技术开发到理论建设，取得了长足的进步。以下，就中国地理信息系统建设的基础背景和发展阶段、业务化 GIS 应用系统、城市 GIS、国家空间数据基础设施、GIS 产业发展和基础软件的研制以及地理信息科学的发展六个方面，分别介绍其建设概况及所取得的进展。

二、GIS 建设的基础背景和发展阶段

如前所述，中国 GIS 建设起步于 20 世纪 80 年代初。这个时期正是国际 GIS 技术大发展的时期，其显著特点是 GIS 的应用领域迅速扩大、商业化的 GIS 系统进入市场、许多国家制定了本国的 GIS 发展规划以及国际合作日益加强等。

我国最早主张将地理信息系统作为一个新学科和技术领域的是中国科学院院士陈述彭教授，他于 1978 年在杭州遥感学术讨论会上提出了这一主张，陈述彭院士不但最

早提出这一大胆的设想,而且身体力行,于 1980 年在中国科学院遥感应用研究所成立了我国第一个地理信息系统研究室,并"开始呼吁,几经周折,于 1983 年组织调研,提出国家规范化与标准化的研究报告,剖析国际经验,针对我国国情,倡导共建共享的原则"。1985 年,中国科学院筹建资源与环境信息系统国家重点开放实验室,纳入国家攻关计划,争取国际研究合作,积极开展应用系统示范的研究。针对"三北"防护林生态效益评价,黄土高原重沙区水土流失分析,长江中游、黄河上游洪水灾情预警,黄河新三角洲湿地开发,京津唐城市生态环境评估等,分别建立了地形数学模型和多种地理要素的数据库,并设计了一批分析软件系统。

20 世纪 80 年代以来,我国 GIS 的建设在新中国系列制图、机助制图和遥感制图的基础上,在老一辈科学家的提携和带领下,经过全国 GIS 单位和科学工作人员的共同努力,大体经过准备、起步、发展和产业化发展阶段。

1. 准备阶段(1978—1980)

它的标志是我国正式提出地理信息系统领域,开始进行舆论准备、组建队伍以及进行探索性试验工作。例如,1978 年中国科学院等全国 10 多个部委的有关科学工作者联合开展的腾冲航空遥感试验,第一次建立了地理信息分析学科组,以统计、地图和航天遥感为信息源,编制了 1∶10 万系列专题地图(25 种),探讨统计自动制图、数字地面模型(DTM)建立和数字遥感图像处理分析等联合地理信息分析工作。1979 年,山西省和有关高等学校(例如北京大学、南京大学等)在太原盆地,以陆地卫星影像为基础,编制了农业自然条件系列专题地图,当时按照陈述彭教授的学术思路,从统一的遥感资料,按照地理单位分解来编制系列地图,这是信息的分解,而建立地理信息的处理是信息的叠加,这一分一合,对于空间信息的处理是相辅相成的,这也就是地理信息的地学基础,具有 GIS 启蒙性研究的示范功能和意义。

2. 起步阶段(1980—1985)

该阶段以 1980 年 1 月 19 日在中国科学院遥感应用研究所成立我国第一个 GIS 研究室为标志。五年中,中国 GIS 在理论探索、硬件配置、软件研制、规范制定、区域试验研究、局部系统建立、初步应用试验和技术队伍培训等方面开展了工作,取得了进步和经验,为在全国范围内展开地理信息系统的研究和应用奠定了基础。

根据何建邦和蒋景瞳的调查和分析,这时期具体进行了五方面比较系统的研究:

(1) 数据采集的预研究。例如 1981 年结合腾冲联合航空遥感试验,探讨空间信息存储单元,包括多边形和网格设计单元的分析和数字化处理等。

(2) 区域信息系统模型试验。例如 1981—1983 年结合二滩水利工程前期研究,开展了建立二滩和渡口区域的地理信息系统模型试验。

(3) 空间数据库研究。例如 1983 年国家计委提出要开展国土资源数据库的研究和建立,并选择西南地区(云、贵、川)作为试点,于 1985 年建成了西南国土资源数据库,研制了一套国土资源数据库微机软件系统,为建立区域性国土资源数据库积累了经验。

(4) GIS 软件研制。武汉测绘学院、中国科学院地理研究所、遥感应用研究所、南京大学、国家测绘局测绘科学研究所等单位,开始研制 GIS 基本功能软件,包括数据采集与编辑、数据存储与管理、数据处理和变换、空间分析和统计、产品制作与显示软件等。

(5) GIS 规范与标准研究。例如 1983 年国家科委新技术局约请有关单位从事这一领域工作的专家和技术人员组成了"资源与环境信息系统国家规范研究组",着手开展"资源与环境信息系统国家规范"的研究工作,并于 1984 年出版了"资源与环境信息系统国家规范"研究报告。这是我国第一个有关 GIS 的国家级规范与标准研究成果,对于促进我国 GIS 的健康发展和专业性规范与标准的进一步建设都起到了重要的作用。

3. 发展阶段(1986—1995)

我国 GIS 处于蓬勃发展阶段的主要标志是从 1986—1990 年,国家正式将 GIS 领域列入了"七五"国家科技攻关计划,以及从 1991—1995 年国家再次正式将 GIS 领域列入"八五"国家科技攻关计划。GIS 开始作为一个全国性的攻关、研究和应用领域,进行了有组织、有计划、有目标的科技攻关、实验研究和工程建设,取得了重要的技术进展和应用效益。

这时期我国在 GIS 领域开展的主要工作和取得的成果有:开展了多层次 GIS 规范与标准的研究,制定了有关地理信息的国家标准和行业标准;研制和开发了 GIS 基础软件和专题应用软件,推出了一批具有一定规模的基础 GIS 软件系统和微机 GIS 软件等;设计和建立了多尺度、多类型的地理空间数据库和 GIS 技术系统,成功地解决了建立大数据量空间数据库和多类型 GIS 技术系统的关键技术;城市地理信息系统(UGIS)

获得快速的发展,全国 20 多个城市先后立项调研和开发 UGIS;"八五"期间执行 GIS 和遥感联合科技攻关计划,建立了重大自然灾害监测与评估系统及重点产粮区主要农作物的估评系统等;全国建立了 GIS 研究基地,扩大了 GIS 技术队伍,推动了 GIS 学科的发展。具体内容将在以后的章节中做详细介绍。

4. 产业化阶段(1996 至今)

1996 年以来,我国 GIS 在技术研究、产品开发、成果应用和人才培养等方面都取得了快速的进展,已经从初步发展时期的研究实验、局部应用向着实用化、集成化和产业化方向发展,成为国民经济和社会发展普遍使用的工具,在各行各业发挥着重要的作用。这时期,我国 GIS 的发展呈现以下主要特点:

(1) GIS 与多种技术相结合,构成综合的信息技术。近年来,随着我国 GIS 技术的发展、社会需求的增大和解决日益复杂应用问题的需要,GIS 不但与遥感(RS)和全球定位系统(GPS)相结合,构成"3S"集成系统,而且与 CAD、多媒体、通信、因特网、办公自动化、工作流、数据仓库、神经网络和虚拟地理环境等多种技术相结合,构成综合的信息技术,用以解决多用户、多维空间、多因素、动态和非线性变化的复杂地学问题。

(2) 国家信息化发展战略有力推动了业务化 GIS 应用系统的发展。随着数字地球和国家信息化战略目标的提出,我国在"八五"期间许多部门和地区纷纷提出发展政府电子政务系统、基于 GIS 的专题应用系统、部门业务规划管理信息系统及社会化服务网络系统等的发展规划和项目实施计划,形成"数字省区""数字城市""数字国土""数字流域"等的发展热潮,政府部门成为 GIS 的重要用户,有力推动了业务化 GIS 应用系统的开发。

(3) 具有自主产权的国家 GIS 软件产品的相继推出。由于"九五"期间,国家科技部实施了国产 GIS 软件开发和应用示范工程,并由科技部高新技术与产业化推进司和国家遥感中心组织,成立了 GIS 技术测评中心,投入了数千万元经费,培育了 15 个同类型的 GIS 软件产品,推出了 VirtureZo、JX4、MapGIS、GeoStar、SuperMap、GROW-BASE、MapCAD、GeoBeens、GeoWay 等具有自主产权的国产 GIS 软件,使我国不但已经拥有一批有影响的 GIS 软件产品,而且形成了一批有一定实力的 GIS 软件企业,并正在加强企业之间的合作与联合,研究新一代地理信息系统软件技术,加快研发大型

GIS平台软件的进程,加速推进GIS的产业化。

(4) GIS人才培养呈现空前活跃的局面。随着GIS在我国经济建设、社会发展和人民生活中的应用日益普及和深入,近几年来社会对GIS专业人才需求的空间显著增大,GIS人才培养也逐步呈现多元化、层次化和规模化的发展格局。据初步统计,目前我国设置GIS专业的一级学科包括地理学、测绘学和计算机科学,约有60多所高等学校设立了地理信息系统本科专业,有近40多所高等学校设有测绘工程本科专业,大批相关的硕士点和博士点正在建立,不少地方和单位举办了形式多样的GIS培训、讲座等,展示中国GIS教育和人才培养正与GIS产业化保持协调发展的良好态势。

三、GIS业务化应用系统的建设

GIS业务化应用系统,又称为应用型GIS,它在我国大体经历了四个发展阶段。在20世纪80年代中期,人们主要是针对实际工作中某一具体项目,利用GIS来采集和管理空间数据以及分析和显示结果,称为"项目型GIS"阶段。在这一阶段,用户更多关心的是GIS的基本原理,特别是GIS的数据采集、数据库建立和图形表达等功能,不关心系统数据的维护,而且一旦项目完成,系统也不再保留。例如,在研究机构或大学环境中,开展诸如土地利用适宜性评价、环境质量分析等项目研究,一般都是在这一水平上使用GIS和建设GIS的。

当GIS进入日常办事机构和政府部门时,要求将分散的空间数据集成到信息中心,用户由分散操作到信息中心操作,称为"集中型GIS"。这一阶段的GIS通常由系统开发人员按照常用的GIS项目任务(表1)进行开发,而且对建立的数据库实现了高效管理和不断维护,保证部门的用户能够随时利用最新的数据进行事务处理和辅助决策。例如,我国建立的国务院政策综合国情地理信息系统、海南省国土资源信息系统、天津市资源与环境系统、北京市公路局的公路管理信息系统等。

表 1　常用的 GIS 项目任务[宫鹏]

项目规划	5. 数据转换	1. 系统的用户需求分析
1. 可行性分析	6. 数据编辑	2. 系统的设计
2. 市场调查	7. 数据质量控制	3. 系统设计报告起草
3. 技术调查和评价	8. 数据修改	4. 系统编程
4. 起草报告	9. 自动化编程	5. 系统测试
试点项目	**数据输出**	6. 系统运行报告和安装
1. 数据收集	1. 制图	7. 系统培训
2. 数据数字化	2. 数据制表	8. 系统的用户报告
3. 数据转换	3. 自动化编程	9. 系统维护报告
4. 数据质量控制	**GIS 分析**	10. 系统维护的技术服务
5. 制图	1. 分析模型定义	**其他**
6. 设备购买	2. 分析模型的过程设计	1. 人员技术培训
7. 设备安装	3. 分析模型实施	2. 项目管理
数据库生成	4. 分析制图	3. 系统维护
1. 数据库概念设计	5. 分析制表	4. 数据安全备案
2. 数据库详细设计	6. 分析自动化编程	5. 项目技术会议
3. 数据收集	7. 分析报告生成	6. 项目中期报告
4. 数据数字化	**应用系统开发**	7. 项目终期报告

　　自 20 世纪 90 年代中期起，特别是随着数字地球和国家信息化战略目标的提出，GIS 的应用迅速地向同一机构的多个部门延伸和扩展，GIS 成为整个机构的多部门业务管理和决策系统，称之为"多部门 GIS"或"企业型 GIS"。企业型 GIS 的主要特点是，机构内的多个部门共享一个 GIS 系统，系统通过网络通信和分布式计算实现数据资源的共享，克服地域的阻隔，保证信息的及时沟通和各类业务工作的统一协调，从整体上提高政府职能和业务管理水平，这是 GIS 应用发展的主要趋势。例如，城市规划、国土管理、市政建设、测绘、交通、电力、环境等部门都在应用和开发这种基于网络的 GIS 业务系统。深圳市规划国土局从 1992 年开始建立深圳市规划国土信息系统（简称SUPLIS)，该系统以规划为龙头，以土地为中心，包含该局的计划、市政、报建、房地产、测绘等多项业务管理和办公自动化的综合性、空间型信息系统。

　　该系统的主要三个子系统为规划管理子系统、土地管理子系统和地籍测绘子系统，分别服务于规划管理、地政管理和地籍测绘管理等部门，形成在深圳市规划国土局范围内以计算机和 GIS 技术支持的、以全局业务所包含的空间数据和与之相关的非空间数据为基础的面向业务管理的高效运作体系。系统的主要特点：(1) 系统功能的设计以实用为原则。所用到的技术、软件和硬件是较为成熟的,功能设计是在做充分用户调查和规范某些非规范性业务工作流程的基础上进行的。(2)GIS与办公自动化系统功能互为补充,形成统一的办公体系。例如大型关系数据库管理系统 Oracle 对于非空间数据的管理功能、安全机制、分布式处理的能力等方面远远强于现有的 GIS 基础软件,因此对于偏重绝大部分非空间数据管理的系统,如办公自动化系统、房地产权管理系统、公文督办系统等均采用了 Oracle 数据库管理系统,而对于处理空间数据的部分,则采用基础 GIS 软件 ARC/INFO。再如在土地管理系统中,划地部分由 ARC/INFO 处理图形数据,而在用地批约管理中则使用 Oracle 软件,完成 GIS 系统与办公自动化系统的功能互补。(3)系统设计中考虑了分布式的数据管理技术和网络技术,实现全局协同办公,例如在办公自动化系统设计中,充分考虑了数据的分布式管理,利用 Oracle 的DBLink 来实现,对于空间数据而言,由于其数据量大、结构复杂,实现完全分布式处理还有困难,因此在设计中考虑针对不同类型的空间数据采用不同的方法。网络方面,市局与分局和局部国土所利用了 DDN 数据专线,对于未联网的国土所则考虑通过WebGIS 用电话线实现图形查询。(4)实施有效的海量空间数据的管理模式。系统的数据库包括地形数据库、用地数据库、地籍数据库、规划数据库、路网数据库以及与办公业务有关的数据库,其中大比例尺地形图数据量非常庞大,因此在选择 GIS 基础软件时必须进行市场调查,最后确定 ARC/INFO 的 MAPLIBRARY 作为系统空间数据的管理软件。(5)Internet 与 GIS 技术的结合。利用 AutoDesk 公司的 MapGuide 作为基本平台,成功开发了具有图形查询能力的房地产信息发布系统,该系统以房地产企业为应用对象,面向全社会服务的房地产信息管理系统和信息网,该网于 1997 年 12 月开通,并与 1998 年 10 月与因特网连接,普通市民利用该网可以了解与购房有关的知识,并对具体楼盘进行信息查询等。

"十五"期间,我国许多部门和地区相继提出了"数字行业""数字省区"等发展规划,例如江苏省国土资源信息系统也属于这种多部门的 GIS。该系统以地政管理、矿政管理、统计分析、综合事务管理、信息发布、信息查询及决策支持等管理和服务子系统为核心,以土地基础信息、地矿基础信息、基础地理信息及其他相关领域的基础信息为数据源,以统一的信息化为标准,相关政策法规与管理制度、独立的信息化机构为保障,构成省、市、县三级系统,各级系统通过国土资源信息网络达成彼此间以及与国家级系统的连接,实现信息的远程交换和共享,具有多层次、多平台、多功能和网络化的明显特征,代表了我国发展基于 GIS 专题应用系统的新阶段。

与此同时,近年来兴起的众多 WebGIS 和基于 PDA 的服务系统,代表了 GIS 应用于社会,即"社会型 GIS"的发展阶段,这个阶段正在成为热点,将为我国广大公众造福。

Construction and Development of Geographic Information System in China(1)

Huang Xing-yuan

Abstract：The exploring and developing of GIS are mainly introduced in the both parts of basic background and developing stage of GIS. GIS construction is developed from experimentation and local application of preliminary developing stage to practicability，integration and industrialization. GIS is becoming the tools of national economy and society development and plays a important function in all trades. The four stages of GIS industrialization application system in our country are declared through practical examples.

Key words：GIS；experimentation study；practical application；developing；industrialization

我国地理信息系统建设及进展（2）

黄杏元

摘　要：着重叙述了目前城市 GIS 的建设与应用和国家空间数据基础设施的建设与应用，指出建设数字城市和 UGIS 的框架体系结构在 GIS 建设中的重要作用，同时指出国家空间数据基础设施（NSDI）为各领域 GIS 建设提供统一、规范的地理空间基础平台和基础地理数据，对于最大限度地实现各领域的信息共享和加速推进我国 GIS 建设等，都具有重要的理论和实际意义。

关键词：GIS；空间数据；体系结构；规范化

四、城市 GIS 的建设与应用

城市地理信息系统（UGIS）是城市重要的基础设施和实现城市现代化管理的主要技术手段，是 GIS 的一个重要分支，一直受到我国政府部门和许多专家学者的广泛关注。早在 20 世纪 80 年代，上海市开始开发城市建设信息系统，接着由世界银行贷款的沙市、洛阳和常州三市展开了城市地理信息系统的研究，以及北京市综合管网信息系统开始立项调研，还有广州市信息中心建立了广州市 1∶500 地形图数据库，向社会提供数据和输出绘图服务等。1992 年 10 月联合国城市信息系统及其在发展中国家的应用研讨会在北京召开，对我国 UGIS 发展起到了推波助澜的作用，掀起了我国 UGIS 开发的热潮，先后有海口、深圳、珠海、中山、北海、天津、厦门、昆明、贵阳、济南、淄博、重庆、十堰、南京、宁波等城市相继进行 UGIS 的设计和建设。

纵观这时期 UGIS 的建设一般都有明确的用户需求，强调以应用为导向，重视规范、标准和统一的地理空间基础框架的建设等，但是对构建 UGIS 的总体战略目标尚不明确，UGIS 的框架体系结构不完善，对建设 UGIS 的发展思路也不够清晰，缺乏整体规划和指导，阻碍了我国 UGIS 建设的进程。

2000 年 10 月中共中央十五届五中全会通过的《中共中央关于制定国民经济和社会发展第十五个五年计划的建设》中，明确提出要加快国民经济和社会信息化的步伐，把推进国民经济和社会信息化放在优先位置。显然,国民经济和社会信息化的关键环节是城市信息化,而城市信息化为数字城市和城市地理信息系统的建设提供了崭新的发展阶段和动力,其主要表现如下:

(1) 国家从数字地球的战略目标出发,将数字城市和城市地理信息系统的建设纳入统一规划的轨道。例如,国家将"城市规划、建设、管理与服务的数字化工程(简称城市数字化工程)"列入国家"十五"重大科技项目。该项目的总体目标是,建设适合我国城市规划、建设与管理实践的数字化系统,实现全国范围内城市规划、建设与管理工作的信息共享和业务应用,大力提高城市信息化水平和城市管理的现代化水平;为国家及各级行政主管部门的科学管理与决策提供及时、准确和权威的信息支持;为各类企业和广大公众提供方便、有效和权威的信息服务;通过数字化工程的实施,改造传统产业,推动技术进步,保证城市经济、社会、环境和科技的协调发展。显然,该项目的立项和实施反映 UGIS 已经纳入国家统一规划的轨道,政府将加强对 UGIS 建设的指导,有利于推进我国 UGIS 的建设和发展。

(2) 建设部组织的专家组给出了数字城市和 UGIS 的框架体系结构。该框架体系由系统主体、关键技术和系统用户三部分组成。系统主体包括技术平台、应用系统、网络和网站、政策法规与保障体系;关键技术包括 GIS、RS、GPS、多元数据融合与挖掘、三维信息表现、多种软件技术一体化、数据库、元数据和宽带网络技术等;系统用户包括政府、企业、社区和公众四大类。该框架体系比较完整地描绘了为满足 21 世纪城市发展需求的数字城市和 UGIS 建设的总体思路,这就是:利用现代高科技手段,充分采集、整合和挖掘城市各种信息资源(特别是空间信息资源),建立面向政府、企业、社区和公众服务的信息平台、信息应用系统以及政策法规保障体系。因此,数字城市的框架体系对数字城市和城市地理系统的建设具有重要的指导意义。

(3) 在数字城市框架体系中,明确地提出了以空间信息为核心的城市信息系统体系,这些信息系统体系作为数字城市和 UGIS 的核心应用系统,它们包括城市空间基础信息管理系统、城市规划管理信息系统、城市房产管理信息系统、城市综合管网管理信息系统、城市交通管理信息系统和城市可视化电子政务系统等。目前,在全国660 多个城市中,已有 120 多个城市建设了城市规划管理信息系统,400 多个城市建立了房产管理信息系统,100 多个城市建设了综合或专业管网管理系统,200 多个城市不同程度地建设了空间基础信息系统和综合管网管理系统,100 多个城市的建设主管部门建立了办公自动化系统,一些城市也建立了城市交通管理信息系统等。因此,这些行业应用系统的建成和运行,为数字城市和 UGIS 的建设和发展奠定了坚实的技术和数据基础。

(4) 通过在全国范围内"城市规划、建设、管理与服务的数字化工程"的启动和引导下,已初步形成符合我国国情和发展战略的城市信息化和 UGIS 建设的新阶段和热点,例如,"数字北京"建设已被列入"首都二四八重大创新工程",包括 3 项信息基础设施建设、3 项软环境建设、4 个区域示范应用及 40 个单项应用。上海市率先在全国提出了"信息港"的概念,开发建设了由大量数据库及城市基础地理、城市规划设计、城市规划实施管理、城市建设档案、城市地名管理、城市规划展示和区县规划管理等一系列独立系统构成的一个分布式一体化的专业地理信息系统。广州市有关部门已经开始了"数字广州"或"数码广州"建设的调研准备工作。厦门市根据厦门信息港建设"十五"规划和 2010 年远景目标纲要,由厦门市信息投资有限公司等 8 家单位共同投入人民币 1 亿元,成立了厦门信息港建设发展股份有限公司。其他一些城市,如重庆、武汉、深圳、中山等,也都有建设数字城市的计划,将形成在政府规划指导下的宏大的数字城市和UGIS 的建设工程。

五、国家空间数据基础设施的建设与应用

国家空间数据基础设施(NSDI)是指一个国家内描述地球上地理要素和现象的分布及其属性的所有地理信息的组合。就内涵而言,它包括空间数据框架、空间数据交换网络体系、数据标准和空间数据协调管理机构四大组成部分。它为各领域 GIS 建设提供统一、规范的地理空间基础平台和基础地理数据。对最大限度地实现各领域的信息共享和加速推进我国 GIS 建设等,都具有重要的理论和实际意义。

目前,我国 NSDI 的建设包括空间信息的收集、管理、协调和分发的体系和结构,基础空间框架数据,空间信息交换网络服务体系,法规、政策和数据标准体系,以及技术支撑体系建设等。

组织保障体系建设包括地理空间信息协调机制和管理机制的建设,其任务是制定

国家空间信息设施的规划、政策、标准和法规,协调各部门的协作和权益,研究相关技术和进行项目管理等。我国负责这项工作的机构是国家测绘局,它于1984年开始建设国家基础地理信息系统。2000年5月开始构建"地理空间基础框架",并将其列入了国家测绘事业发展第十五个五年计划纲要,其中包括要通过5至15年时间的艰苦努力,建立起国家、省区和城市三级现代化测绘基准和基础地理信息空间数据体系、数据交换网络服务体系、政策法规与标准体系和组织机构等。

基础空间框架数据建设的主要内容包括地理空间基准和多尺度、多类型的地理空间数据库的建设与更新,地理空间基准为统一采用1980西安坐标系和1989国家高程基准。目前国家测绘局已完成的基础空间框架数据的输入和建库工作有:全国1∶100万地形矢量数据库、全国1∶100万数字高程模型库、全国1∶100万地名数据库、全国1∶400万地形矢量数据库、全国1∶400万重力数据库、全国1∶25万地形矢量数据库、全国1∶25万地名数据库、全国1∶25万数字高程模型库、部分地区1∶5万4D产品系列、全国七大江河1∶1万4D产品系列等。其中1∶25万数据库建设是一项列入国民经济和社会发展年度计划的重大工程项目,于1993年4月开始立项,1996年4月正式开始建设,工程由国家基础地理信息中心总负责并完成建库,16家省、市测绘局参加了数据采集,数据库内容由地形数据库、数字高程模型和地名数据库构成,数据覆盖了全国范围,数据总量达到13.2 GB。其中,地形数据库高斯投影坐标系统和经纬度坐标系统各一套,分别为5.0 GB和4.5 GB,数字高程模型格网间隔100 m×100 m和3″×3″各一套,分别为20.0 GB和1.5 GB;地名数据库一套,包含80多万条地名,共200 MB。数据具有较好的现实性,是目前我国空前规模的数字化测绘产品,是国家空间数据基础设施的重要组成部分,为国民经济信息化提供了数字化空间平台,具有广阔的应用前景。

在国家空间数据基础设施建设的基础上,各省主要建设1∶1万基础地理信息数据库,包括DLG数据库、DRG数据库、DEM数据库、DOM数据库、地名数据库、控制点数据库和元数据库等。

空间信息交换网络服务体系建设的内容包括地理空间数据网络交换系统、空间数据网络安全系统、空间数据交换格式和空间信息分发中心等。目前,空间信息交换网络主要利用了国家信息基础设施,包括中国公用分组交换数据网(CHINAENT)、中国互联网、金桥网(CHINAGBN)和中国科研网等。

法规、政策和数据标准体系建设的内容包括国家基础测绘管理法规、地理空间信息共享法规、空间信息安全保密政策、测绘工程产品和地理空间数据价格政策等。由于地理信息是诸信息源中最基础的信息,地理信息平台是各类信息系统最基础的平台,从国务院、中央各部门到各省市都十分重视地理信息平台和国家空间数据基础设施的建设,先后制定了一系列相关的法规、政策和发展规划,具体内容详见(《地理信息世界》,第 1卷第 1 期,2003 年 2 月,第 41~43 页)。有关数据标准体系的具体内容详见其他章节。

Construction and Development of Geographic Information System in China(2)

Huang Xing-yuan

Abstract：This paper emphatically narrated the building and application of present urban GIS and national spatial data infrastructure. This paper pointed out that the building of digital city and UGIS frame system structure were vital role in GIS building. Meanwhile this paper pointed out that national space data intrastructure (NSDI)provided unification, standard geographic foundation platform and foundation geographic data for various domains. NSDI is of momentous theoretical and practical signiffcance for realizing various domains information sharing and the advancing our country GIS building.

Key words：GIS; spatial data; system structure; normalization

我国地理信息系统建设及进展（3）

黄杏元

摘　要:介绍了 GIS 产业发展和基础软件研制的历程和现状,提出目前地理信息科学发展的阶段性成果、技术体系、目前学术研究和发展的趋势,以实现地理空间信息在自动化、时效性、可靠性方面满足社会的需要。

关键词:GIS;产业;技术体系;研究方向

六、GIS 产业的发展和基础软件的研制

如前所述,我国 GIS 发展到 20 世纪 90 年代中期,特别是进入 21 世纪以来,随着信息技术本身的发展和社会信息化的深入,社会对地理信息的需求不断增加,特别是在解决资源环境、人口、灾害等全球和区域关心的重大问题中,迫切需要国家的、区域的和局部的地理信息系统作为规划、监测、管理和决策的依据,并且通过应用和实践,GIS 技术已逐步被市场所认识和接受,已在我国拓展到许多行业和领域,形成一门新兴的独立产业。

GIS 作为一门独立的产业,根据国际权威信息评估机构的认定,其产业对象主要包括软件、硬件与网络、数据采集与处理、电子数据、遥感信息获取与处理、系统开发与集成、培训与咨询服务七大部分。其中,软件是 GIS 产业的核心,是各种系统建设的技术支撑,对产业发展具有很大的带动作用;数据,特别是关于地球表面的地理数据,具有区域性、多维性和时序性,是连接各种信息形成一个时空连续分布的综合信息的基础框架。在 GIS 产业中,对于系统建设所广泛涉及的基础性空间数据和属性数据,如数字正射影像、数字高程模型、行政边界、地名、道路、水系以及大地控制点数据等,它们是构成 GIS 产业稳步发展的基础;培训与咨询服务,它贯穿于系统建设和系统应用的整个过程,是保证 GIS 产业可持续发展的重要组成部分,特别是当 GIS 产业进入一个以服务为主体的阶段时,服务在 GIS 产业中的作用就更加突出和重要。

我国 GIS 产业的形成与发展是市场需求的必然结果。然而,政府有关部门对 GIS 产业的高度重视,以及出台一系列鼓励高新技术的政策,对于发展我国 GIS 产业起到了至关重要的作用。早在 20 世纪 90 年代初期,国家测绘局将 GIS 列为行业的支柱性技术,全面推动传统测绘的数字化。20 世纪 90 年代中期,国家计委和国家科委等有关部门启动了数项大型信息工程建设"国家环境保护网络和信息系统"等,GIS 的投入高达数百万美元。同期,国家计委、国家科委和国家测绘局联合召开了"地理信息产业发展战略国际研讨会",会后几个部门联合向国务院提交了有关的建议报告。1997 年 12 月,国家科技部在北京召开了全国 GIS 产业化工作会议,来自全国科技、测绘部门和产业部门的代表数百人参加了会议,探讨我国 GIS 产业的发展战略、相关政策和具体措施。这次会议是我国 GIS 产业真正形成的重要标志,并对进一步推动我国 GIS 产业的健康和快速发展具有重要的意义。这里特别值得提出的是,1995 年科技部决定,通过从 1996 年开始的国家"九五"科技攻关计划,推动我国 GIS 技术的研究与产品开发,进而形成和发展我国的 GIS 软件产业。其中,"九五"期间,在科技攻关计划中安排了近 2 000 万元的项目经费,在"十五"的头两年,科技部在"863"计划和科技攻关计划中又安排支持 GIS 有关的技术创新研究和产品开发经费超过了 4 000 万元,为推进我国 GIS 产业和软件开发创造了良好的环境和条件。

目前,我国 GIS 市场与产业现状。首先,在 GIS 技术的应用方面,据不完全统计,已经在城市、土地、交通、国防、设施管理、电力、水利、农业、林业等众多行业得到成功的应用,并已进入电信、商业旅游以及大众信息服务业等领域。其中,城市方面的 GIS 应用系统约占全国的 70%,全国约有 100 个以上的城市已经或正在建立各种类型的 GIS 应用系统。在 GIS 产业的三大市场主体中,政府部门(包括军事和安全部门)是 GIS 的重要用户,企业是正在发展的 GIS 用户(如商业、设施管理、交通、电力、电信等行业),大众信息服务是目前刚刚启动的具有应用前景的用户(如教育、娱乐、咨询等)。其次,在 GIS 软件产业方面,我国的 GIS 软件产业已经初步形成,国产 GIS 软件的市场业已初具规模。自 20 世纪 80 年代初开始,国内有相当多的大学和研究所着手进行 GIS 软件的开发,但是早期开发的 GIS 软件比较注重其基本功能。20 世纪 80 年代末掌握了 GIS 核心以后,开始注重软件的基本性能,力求软件功能通用、性能稳定、操作简单,并开始逐步进入商品化阶段。从我国完成的 4 次 GIS 软件测评中,可以大致看出我国的

GIS 发展水平(测评结果略)。

中国 GIS 软件测评从 1996 年开始走过了 7 年的历程,每次测评都是对我国 GIS 软件产业发展的有力推动,已经形成我国国产中小型 GIS 平台软件产品的技术水平与国外同类软件基本相当的发展格局,这些具有相当实力的平台及 GIS 软件产品有 MAPGIS、GeoStar、Supermap、GROWS-BASE 等。与此同时,国内也出现了一批高水平的 GIS 专项软件,例如 GeoWay、FiberStar、Miragepro、MapCAD、SuperMap IS、Geo-Beens、GeoSurf、灵图 GPS 等,国家科技部遥感中心曾经对我国 GIS 产业进行评估,认为我国主要国产 GIS 软件销售和技术服务产值在 2000 年为 2.5 亿元,带动产业达 13 亿元,更加可喜的是,国产 GIS 软件正在走出国门、走向世界。根据中国软件行业协会 2000 年资料,我国 GIS 软件市场占整个软件业的 2.2%,GIS 软件服务业为 2.7%,大体反映了我国 GIS 软件市场的总体规模。在从事 GIS 的企业方面,我国 GIS 公司发展迅速,根据中国科学院地理信息产业发展中心的调查和分析,估计我国提供 GIS 开发服务的单位有数千家之多,以 GIS 为主业的公司不少于 1 000 家。我国早期 GIS 软件的研发主要是以科研院所和高等学校为主体,如中国科学院遥感应用研究所开发的 GIS 软件系统,中国林业科学院资源信息研究所开发的 ViewGIS,中国科学院地理研究所重点实验室的 GIS 软件系统,北京大学研制的 Spaceman,南京大学研制的统计制图系统,武汉测绘科技大学研制的 Mapkey,中国地质大学的 MAPCAD 等。20 世纪 90 年代末期,我国 GIS 软件开发开始走向市场化,以公司为主体进行组织与运作。在 GIS 软件国际化方面,随着我国加入 WTO,我国的 GIS 软件国际化也已起步,如武汉适普公司的 VirtuoZo 等产品已推向日本和美国等国际市场,北京超图公司的 SuperMap 系列产品已进入日本和中国香港及中国台湾等地区,为我国 GIS 软件走向国际市场奠定了初步的基础。

但是,必须看到,我国 GIS 产业虽然取得了突破性的进展,但如果与世界上 GIS 产业发达的国家相比较,无论产业规模或软件业的比重,我们还有很大的差距。现有的 GIS 产业也还存在着诸如数据资源不足、标准不全、专业应用模型缺乏和市场不规范等问题。因此,全面规范市场、加快 GIS 标准和地理信息共享法的制定,推动以市场为主导的 GIS 技术的开发,进一步拓展新的 GIS 应用领域(例如 LBS-Location Based Services),积极参与国际 GIS 市场的竞争等,是加快我国今后 GIS 产业发展、缩短与世界发达国家 GIS 产业差距的重要举措。

七、地理信息科学的发展

以上介绍了 GIS 各个分支在我国所取得的进展,这些进展体现了在 GIS 这一现代空间信息技术领域所开展的一系列实际工作和所取得的成果,这些实际工作和成果同时促进了 GIS 基础理论的研究和地理信息科学的发展,具体表现在:地理信息科学的理论框架初步形成、技术体系逐步完善、研究方向进一步明确以及 GIS 学术研究和学术活动日益活跃等,以下分别作介绍。

1. 地理信息科学的理论框架

GIS 是管理和分析空间数据的科学技术,是集地理学、计算机科学、测绘学、空间科学、信息科学和管理科学等学科为一体的新兴边缘学科,因此,它的发展和应用具有多学科交叉的显著特征,也体现当代科学发展的一个明显特点。

李德仁院士指出,由于 GIS 带有十分明显的面向应用和技术导引的特点,实际上在没有形成地理信息理论之前就广为应用和蓬勃发展起来。国际 GIS 知名学者、美国加州大学(Santa Barbara 分校)教授 Goodchild 在谈"地理信息科学发展"一文中也曾指出,GIS 的技术导引(Technology-Driven)和应用导引(Application-Driven)两大特点丝毫不影响 GIS 的研究特性和逐步形成它作为一门科学的作用。实际上,正是由于 GIS 的广泛应用和大量实践的结果,才逐步导致 GIS 理论框架的形成。

对我国科学家和美国 UCGIS 所提出的地理信息科学理论框架的方案比较可以看出,这些基础理论问题的提出是地理信息系统技术及应用发展到一定阶段的实际经验的总结,将有力支持地理信息技术的开发和进一步推动地理信息科学的发展。

2. 地理信息科学的技术体系

地理信息科学的技术体系是指贯穿于 GIS 空间信息采集、处理、管理、分析、表达、传播和应用的一组相关技术方法的总和。它是实现地理空间信息从采集到应用的技术保证,并能在自动化、时效性、详细程度、可靠性等方面满足人们的需要。地理信息科学的技术体系是其学科的重要组成部分,它的建立又依赖于其学科的基础理论及其相关科学技术的发展。我国科学家开展了以下相关技术领域的研究。

(1) 软硬件技术。软件和硬件是 GIS 的核心组成部分。近年来,计算机及其各种输入和输出设备飞速发展,特别是软件技术的发展,促使 GIS 技术发生了很大的变化。从 20 世纪 60 年代中期开始的第一代 GIS 软件,目前我国科学家正在研讨和设计第四代 GIS 软件,旨在解决以数据为中心、面向空间实体及其时空关系处理、多维处理和分析决策型的新的设计技术。

(2) 空间数据库技术。GIS 的操作对象是空间数据,因此空间数据的组织、管理和数据库的建立,不但关系到现实世界的表达,而且关系到系统的功能和效率。空间数据库技术包括数据模型的设计、数据结构的确定和空间数据管理系统实现方法的研究等。空间数据模型是关于现实世界中空间实体及其相互间关系的描述,它为空间数据组织和空间数据库模式设计提供基本的方法。我国先后采用的空间数据模型有拓扑数据模型、空间实体数据模型和面向对象数据模型等。目前正在研讨和设计基于地球(即使是一部分)的空间与非空间数据一体化存储和处理的新的数据模型,包括真三维空间数据模型组织方案等。

(3) 航空航天遥感技术。当代遥感的发展主要表现在它的多传感器、高分倍率和多时相特征,是 GIS 的一种重要数据源和数据更新手段。同时,GIS 的应用也提高了遥感的数据提取和分析能力,进一步拓展了 GIS 的应用领域。

(4) 空间定位(GPS)的技术。用 GPS 同时测定三维坐标的方法将测绘定位技术从静态扩展到动态,为 GIS 的路政巡查管理、车辆全程定位监控、智能交通系统建设和基于定位的服务(Location-Based Service)等,提供了巨大的商机,成为当前 GIS 应用的新热点。

(5) 数据融合技术。包括多源空间数据融合和多尺度空间数据融合。前者是利用计算机技术及不同来源、不同表达方式、不同内容主题的多源信息和数据在一定准则下加以自动综合、处理、分析,从而获取所需信息;后者是针对不同的地学问题,按照一定的标准进行时间优化与空间尺度的结合,即对空间多尺度和时间多尺度的地理空间数据进行融合处理,可以更好地反映地学规律。

(6) 数据挖掘技术。空间数据挖掘(Spatial Data Mining, SDM),或称从空间数据库中发现知识(Knowledge Discovery from Spatial Databases),是指从空间数据库中提取用户感兴趣的空间模式与特征、空间与非空间数据的普遍关系及其他一些隐含在数据库中的普遍的数据特征。这些关系和特征可提供 GIS 的智能化分析,也是构成 GIS 专家系统和决策支持系统的重要工具,以及促进遥感与 GIS 的智能化集成。

(7) 数据仓库技术。数据仓库概念始于 20 世纪 80 年代中期,它存储供查询和知识分析用的集成信息仓库,其信息源具有分布和异构的特点。它具有两个主要功能:一是从各信息源提取出所需要的数据,经加工处理后存储起来;二是能直接在数据仓库上处理用户的查询和决策分析请求,为 GIS 的联机分析和决策支持应用服务。

(8) 宽带网络技术。宽带网络技术是信息基础设施最重要的组成部分。GIS 研究者利用该技术可以实施空间数据的发布、GIS 软件的下载、网络远程教育和提供公共信息服务平台等,使 GIS 进入千家万户和实现社会信息化成为可能。

(9) 虚拟现实技术。又称灵境技术,是指通过头盔式的三维立体显示器、数据手套、三维鼠标、立体声耳机等,能使人完全沉浸于某种计算机三维场景中,并且人可以操作控制三维图形环境,实现对虚拟世界的体验和交互作用,对地学研究、模拟实验、GIS 空间分析和可视化等具有重要的意义。目前这项研究和应用正在我国全面展开。

3. 地理信息科学的研究方向

根据我国科学家和国际 GIS 科学家提出的地理信息科学理论框架清楚地看出,地理信息科学主要研究在地理学和地球系统科学理论支持下,应用计算机技术对空间数据进行处理、存储、提取以及分析和应用过程中提出的一系列基本问题,如空间实体的表达和建模、空间数据的获取和管理、空间数据的处理和转换、空间信息的查询和分析、GIS 应用模型的建构、GIS 的系统设计与评价、地理信息标准化研究、空间信息设施基础建设、GIS 产品的可视化方法以及地学信息传输机理与空间数据不确定性的研究等。当前的几个热门研究领域如下:

(1) 真三维 GIS 研究。传统的 GIS 只能处理二维或 2.5 维的数据,但是许多地学问题或空间实体是三维的,例如建筑物、采矿区、海洋资源、地质构造等,因此如何表达、描述和分析这些三维实体的几何特征和属性特征,成为当前的研究热点之一。真三维 GIS 的研究内容包括三维数据结构、三维数据的拓扑描述、三维数据的空间操作和分析、可视化表达等。

(2) 时空数据模型的设计。GIS 中的空间、时间和属性是公认的地理数据和空间分析的三个基本要素,但传统 GIS 只考虑地理实体的空间特性和属性特性,而将时态特性作为属性信息的一部分而不是作为一个独立的维来表示,难以解决与时态跟踪有关的应用领域,例如资源动态管理、环境监测研究、灾情预报分析等。在现有时空数据模型的基础上,需要进一步进行时空数据模型的形式化定义、时空数据库管理系统和时空数据的可视化研究等。

(3) GIS的网络化与组件化。近年来,随着网络技术的发展以及为了减少网络传输的负担,提高GIS应用软件开发的效率,形成了GIS的网络化(WebGIS)和组件化(COM GIS)的发展趋势。WebGIS是GIS在万维网(WWW)上的实现,由Web服务器、浏览器、页面描述语言(HTML\VRML)、Web交互程序(Java\CGI\ActiveX)和GIS数据库管理器组成。它的出现和发展,将为GIS走进全社会、将空间等重要信息通过网络传至千家万户、为人类造福提供机会。COM GIS的基本思想是把GIS的各大功能模块划分为几个控件,每个控件完成不同的功能,各个GIS控件之间以及GIS控件与其他非GIS控件之间,可以方便地通过可视化软件开发工具集成起来,形成新的应用系统。它与传统的GIS相比较,具有高效无缝的系统集成、跨语言、跨平台、系统容易维护、成本低和大众化等特点。

(4) 开放式地理信息系统的建立。开放式地理信息系统(Open GIS),是指在计算机网络环境下,根据行业标准和接口所建立起来的GIS,是为了使不同的地理信息系统之间具有良好的互操作性,以及实现在异构分布式数据库中的信息共享,克服传统GIS软件之间的相互封闭性,开放式地理信息系统的实现技术是将GIS技术、分布式处理技术、面向对象方法、数据库设计等有效地结合起来,这是当前GIS发展的一个重要任务。

(5) GIS与虚拟现实的结合。如前所述,虚拟现实是地理信息科学技术体系的重要组成之一。有人预测虚拟现实可能成为未来最重要的技术之一,其最终目的是让人们超越真实世界的约束,发挥最大的想象力,创造更加美好的新天地、新境界。因此,美国总统信息技术顾问委员会于1998年8月建议建立"迈向21世纪的虚拟中心"。这里,将虚拟现实技术引入GIS,使GIS用户在客观世界的虚拟环境下将更有效地观察和分析地理实体,进行虚拟地理环境演进中的现象与规律的研究,以及建立虚拟地理信息系统等。

4. 地理信息科学的学术研究和学术活动

GIS 的发展离不开对自身理论和技术问题的不断研究和探索,以及 GIS 与相关学科专家之间经常的学术交流。在过去的 30 多年中,我们的 GIS 专家和科技人员不但在 GIS 的系统建设、产品开发和应用上取得了丰硕成果,而且在 GIS 学术研究和学术活动上同样为我国地理信息科学的发展做出了重要的贡献。

(1) 在中国 GIS 学术论文方面,根据清华大学主办的《中国学术期刊》,使用"GIS"和"地理信息系统"检索 1987 年到 1991 年文献的题目和关键词,共获得 779 篇有效的文章记录。按文章的侧重点划分,171 篇(21.9%)侧重于技术;411 篇(52.8%)侧重于应用;163 篇(20.9%)侧重于理论;34 篇(4.4%)侧重于其他,如标准问题、法律问题、政策问题、产业问题等。这里统计的时段虽然很短,但是可以看出 GIS 学术研究内容的广泛性。

(2) 在中国 GIS 学位论文方面,根据《中国学位论文库》,收集了从 1987 年至 1998 年中国自然科学领域的博士、博士后及重点高等院校的硕士研究生论文摘要 21 万多条,约占同期全国毕业研究生的 50%。使用"GIS"和"地理信息系统"检索,自 1988 年至 1998 年共有 564 篇完成的学位论文,其中博士论文 69 篇,硕士论文 495 篇。按年份统计可以明显地看出,1994 年以后,论文数量增长很快。如果按照空间上的分布统计,北京、湖北和江苏占有明显的数量优势,分别约占总数量的 30.3%、16.8% 和 9.7%。如果按照研究主题划分,有 165 篇(29.2%)论文侧重于研究 GIS 技术问题,包括软件设计与开发、系统设计、数据库设计、系统集成等;306 篇(54.3%)侧重 GIS 应用,即 GIS 技术与各个专业应用领域的结合;84 篇(14.9%)属于 GIS 理论性的研究,包括各种空间数据模型和算法、空间误差传播、空间数据语言、人工智能等应用基础理论的研究。

(3) 在 GIS 学术著作出版方面,GIS 学术著作的出版与 GIS 学术论文的发表一样,也呈逐年增长的态势,不但数量大,而且种类多,大致可按类别分为规范研究报告类、标准化指南类、GIS 应用工程类、GIS 专题研究著作类、数字地球基础丛书、当代科学前沿丛书、地理信息系统科学基础丛书、3S 丛书、高等学校各类教材、各大学地理教学丛书、研究生教学丛书、各类技术咨询与培训教程、国家重点实验室年报、中国地理信息系统协会论文集、中国海外地理信息系统协会论文集、各类研讨会论文集、各类工具书和词典等。

（4）在中国 GIS 学术活动方面，中国的 GIS 学术活动，正如王之卓教授 1992 年所指出的"如果谁想要参加研讨 GIS 的学术讨论会，那么每个星期总可以找到一个地方去参加"，这反映 GIS 不但是国际有关科技界研讨的热门话题，同时也是中国有关科技界研讨的热门话题。在中国开展 GIS 学术活动的主要主持单位有中国 GIS 协会及其 7 个专业委员会、中国海外 GIS 协会、中国地理学会地图学与 GIS 专业委员会、中国测绘学会地图学与 GIS 专业委员会及地籍信息系统专业委员会等。除了国内组织的各类 GIS 学术会议，还积极开展对外学术交流，以及专业科技期刊《地理信息世界》《地球信息科学》《地理与地理信息科学》的发行工作等，充分展示中国 GIS 学术活动的蓬勃生机和繁荣景象。

参考文献

[1] 何建邦，蒋景瞳.我国 GIS 事业的回顾和当前发展的若干问题.地理学报[J]，1995,50(S).

[2] 陈述彭.地学的探索（第四卷）[M].北京：科学出版社，1992.

[3] 何建邦，蒋景瞳.我国 GIS 发展 15 年和当前存在的若干问题[J].地理信息世界，1996.

[4] 孙九林，熊利亚.国土资源信息科学管理概论[S].自然资源综合考察委员会，1986.

[5] Chen Jun Li Jian, He Jianxun, Li Zhihao. Development of geographic information systems(GIS) in China：A overview[J]. Photogrammetric Engineering and Remote Sensing, 2002，68(4)：325 - 332.

[6] 彭子风.深圳市规划国土局 GIS 应用综述[J].地理信息世界，2001(3).

[7]《数字城市导论》编委会.数字城市导论[M].北京：中国建筑工业出版社，2001.

[8] 承继成，李琦，易善桢.国家空间信息基础设施与数字地球[M].北京：清华大学出版社，1999.

[9] 李根洪，陈常松.我国地理信息相关的政策法规[J].地理信息世界，2003(1).

[10] 钟耳顺.我国地理信息系统产业发展与前景[J].地理信息世界，2003(1).

[11] 方裕，景贵飞.GIS 软件测评推动了技术与产品的发展[J].地理信息世界，2003(1).

[12] 黄杏元，马劲松.高校 GIS 专业人才培养若干问题的探讨.国土资源遥感，2002(3).

[13] 李德仁.关于地理信息理论的若干思考[J].地理信息世界 1996(4).

[14] Goodchild M. Towards a science of geographic information[M]// Geographic information 1991：The Yearboos of the Association for Geographic Information. Talor & francis London，1991.

[15] 陈述彭.地理信息系统的应用基础研究[J].地球信息，1997(4).

[16] 地理信息科学研究会. 地理信息科学的优先研究领域[J]. 地球信息,1997,23(3).

[17] 李德仁,关泽群. 空间信息系统的集成与实现[M]. 武汉:武汉测绘科技大学出版社,2000.

[18] 闵连权. 地理信息系统的发展动态[J]. 地理学与国土研究,2002,18(4)

[19] 孙云峰,林晖. 中国地理信息系统 GIS 发展状况的初步调查[J]. 地球信息科学,2000(2).

Construction and Development of Geographic Information System in China(3)

Huang Xing-yuan

Abstract：This paper introduced the development of GIS and the history and current situation of its basic software. The author showed current development results of geography information science and discussed its current research direction in order to make geography space information to meet the society needs of automatic, effective, and velialle aspects.

Key words：GIS；property；technical system；study direction

地理信息系统发展趋势

黄杏元　陈丙咸

摘　要:本文根据国内外在地理信息系统方面的进展,就地理信息系统的科学概念、基本构成和它的以下一些发展趋势做了讨论:(1)地理信息系统是构成地理学日臻完善的技术体系的重要部分;(2)空间分析功能是系统研究和应用的主要目标;(3)系统最重要的技术问题是管理和存储大量空间数据结构;(4)综合性的发展特色日益明显;(5)标准化和智能型的发展方向已引起关注。

关键词:地理信息系统;地理信息系统的发展;地理信息系统的构成;空间数据处理和分析

地理信息系统是 20 世纪 60 年代中期开始逐渐发展起来的一门新的技术工具。由于 20 世纪 40 年代和 20 世纪 50 年代计算机科学、地图学和航空摄影测量技术的进展,逐渐产生利用计算机汇总各种来源的数据,借助计算机处理和分析这些数据,最后通过计算机输出一系列结果,作为决策过程的有用信息,这就是最早产生的地理信息系统的基本框架。随着地理信息系统作用的日益增加,系统设计和研究工作的不断深入已经导致新一代地理信息系统的建立。由于人类对资源与环境研究的深入以及国际间信息交流的需要,建立国际间或全球的地理信息系统已经引起许多国际性组织的注意,例如欧洲经济共同体于 1985 年正式宣布联合设计提供全欧环境信息的地理信息系统CORINE(Coordinated Information on the European Environment),联合国环境计划署(UNEP)已经建立了全球环境监测系统 GEMS 和全球资源信息数据库 GRID,国际科学联合会(ICSU)也正在考虑提出建立监测生物圈和地球空间变化的地理信息系统。本文就地理信息系统的一些基本问题和它的发展,提出些粗浅的看法。

一、地理信息系统的定义和构成

所谓地理信息系统,简称 GIS,是在计算机软硬件的支持下,运用系统工程和信息科学的理论,科学管理和综合分析具有空间内涵的地理数据,以提供对规划、管理、决策和研究所需信息的技术工具。或者简单地说,地理信息系统就是综合处理和分析空间数据的一种技术工具,例如加拿大的 CGIS 和美国的 ARC/INFO 等都是这种典型的处理和分析空间数据的技术工具。它一般由以下四部分组成(图1)。

(1) 地理要素的编码和输入。按照地理坐标或特定的地理范围,采集地理要素的点、线、面信息,通过量化和编辑处理,然后将数据输入系统。

(2) 数据管理和检索。利用存储设备建立数据库。数据库是地理信息系统的关键之一,它保证系统数据的有效提取、检索、更新和共享。数据管理和检索的有效性取决于所采用的数据编码方法和文件结构的设计。

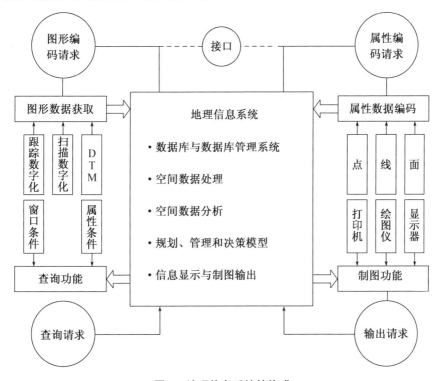

图1 地理信息系统的构成

Fig. 1 Basic components of a GIS

(3) 数据的处理和分析。数据处理和分析是地理信息系统功能的主要体现,也是系统应用数字方法的主要动力,其目的是为了取得系统应用所需要的信息,或对原有信息结构形式的转换。

(4) 数据传输与显示。系统将分析和处理的结果传输给用户,它以各种恰当的形式(报表、统计分析、查询应答或地图)显示在屏幕上,或输出在硬拷贝上,提供应用。

现有运行中的地理信息系统,据 1980 年统计将近 100 个,1983 年在北美连自动制图系统在内共有 1 000 多个,据估计到 20 世纪 80 年代末光北美一个地区可能增至 4 000 多个。它们广泛应用于自然资源的清查评价,土地潜力与适宜性分析,环境动态监测与预报,作物播种面积估算与大型工程的有效分析,人口预测,区位分析,以及市场、交通和城市的规划与管理等,充分展示了地理信息系统广阔的应用前景与技术潜力。

二、地理信息系统发展的主要趋势

如前所述,地理信息系统从最早的基本框架到成为一门独立发展的新领域,经历过二十个年头。目前它明显地体现出多学科交叉的技术特征,这些交叉的学科包括地理学、地图学、计算机科学、摄影测量学、遥感技术、数学和统计科学,以及一切与处理和分析空间数据有关的学科;它具有自己独立的研究任务,这就是以数字形式综合或分析空间信息;它拥有自己专门的学术刊物(International Journal of Geographical Information System)、领导机构(Commission on Geographical Data Sensing and Processing,IGU)和实验室(例如陈述彭教授领导和组建的中国科学院资源与环境信息系统实验室,以及美国纽约州立大学布法罗校区地理系地理信息系统实验室等)。地理信息系统既是综合性的技术方法,其本身又是研究实体和应用工具。它的发展,具有下述主要的趋势。

(1) 构成地理学日臻完善的技术体系。近三十年来,以信息论、控制论和系统论为先导,加之耗散结构、突变理论和协同学理论的引用,使地理学以一种前所未有的崭新面貌出现。如果新理论造就地理学向上的跃迁,则地理信息系统技术的兴起,使地理学逐步跻身精密科学的行列。地理信息系统、遥感技术和自动制图技术三者有机结合,构成科学地理学日臻完善的技术体系,引起世界各国的普遍重视。信息作为一种资源,在国家经济开发和建设中起着日益重要的作用,地理信息系统既提供信息服务(查询、检索),又提供综合分析(空间分析、系统分析),它的博才(资源和技术)取胜和运筹帷幄的优势,是遥感技术和自动制图技术所不及的。遥感技术可以为资源开发和环境监测提供丰富的宏观信息,并为信息系统和制图系统的数据更新提供可靠的数据源,但是对浩如烟海的社会经济统计数据、人类活动的信息和各级行政边界信息,遥感技术却无法解决;自动制图技术为地理信息的时空分布和产品输出提供先进的手段,但是涉及区域综合、方案优选和战略决策等重大目标的管理,只有依靠信息系统才能解决。因此,只有信息系统、遥感技术和自动制图技术的结合,才能"不仅使遥感所获取的瞬时信息,经过积累和延伸,具备反映自然历史过程和人为影响的趋势,而且使信息处理所需要的时间,压缩到自然灾害形成过程之内,去赢得预测预报的时间"。例如,1979 年 3 月发生美国三里岛核电站事故,由于当时美国已经建成地理信息提取与分析系统 GIRAS,很快向政府和决策者提供不同受害圈内的土地性质、人口密度、地形和气象条件等,不但快速显示灾变范围和位置,而且准确地指出人员和物资疏散的安全通路,使决策过程控制在 24 小时之内。可见,信息系统对于灾害防治的重要意义。信息系统、遥感技术和自动制图之间的关系如图 2 所示。

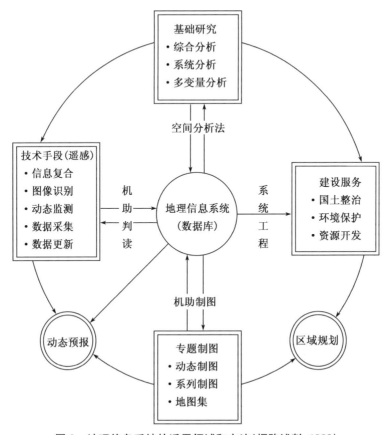

图 2 地理信息系统的适用领域和方法(据陈述彭,1983)

Fig. 2 Comprehensive utilization and methodlogy of a GIS

（2）空间分析功能日趋加强。空间分析功能的完善已成为地理信息系统应用和研究的主要目标。早期的地理信息系统一般缺乏分析功能，常常发生与机助制图和机助设计相混淆的现象，随着地理信息系统在数量、规模、复杂性和应用深度的提高，空间分析和空间统计已成为地理信息系统独立的研究领域，成为区别于其他类型的空间系统（例如自动制图系统）的主要标志。这些分析功能（图 3）给用户提供了解决各种专业问题的有效途径。例如多边形叠置分析，通过逐次给出两个变量子集之间的"交""补""并"的运算，可以解决土地潜力与适宜性的分类、土地资源评价、土地利用规划，以及区域内各类用地面积的统计计算。每一种空间分析方法，分别对应着各自独特的功能，通过这些不同功能的顺序组合，如同建立代数方程，可以完成各种复杂的运算，进行综合地理研究，开展区域系统分析，解决较为复杂的研究和应用课题，直接为规划和建设服务。

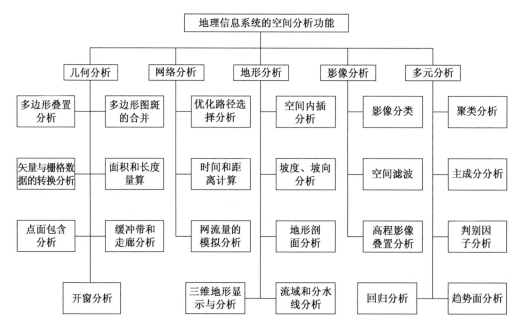

图 3 地理信息系统的空间分析系统

Fig. 3 Spatial analysis functions of a GIS

（3）数据结构的研究更加深入。在地理信息系统技术中，数据结构是最活跃的研究领域，因为它是系统的物理基础，不仅决定了系统数据管理的有效性，而且是系统灵活性的关键。由于地理信息系统研究的是空间实体，这些实体包含着点线面和连续分布等多种类型,实体之间既有纵横的外部联系,又有图形和属性的内在连接。正确地反映实体的这些复杂的关系,有效地解决庞大的信息量和检索速度之间的统一,这是数据结构设计要研究的重要课题。R. F. Tomlinson 指出,"数据结构和算法是地理信息系统今后主要的研究任务。"

目前地理信息系统的数据结构有两种主要的发展趋势。一是空间数据库文件结构:包括点记录文件结构、多边形结构、栅格结构,及其组成的系统。这类系统有 DIME (双重独立地图编码)、POLYVERT(多变形转换编码)和在 DIME 基础上发展的 TIGER(地理属性和空间坐标的拓扑连接编码)等。TIGER 于 1988 年完成人口统计数据与数字地图的自动连接,构成世界上最大的地理数据库。二是关系数据库管理结构:它将几何数据与属性数据分别管理,关系数据库管理非图形的数据,然后通过公共数据项,实现两种数据的自动连接。ARC/INFO 是这类数据结构的代表(图 4),它的最大优点是提高了属性数据的管理效能,更便于多种地理要素的输入和存储,更有利于数据文件的叠加分析。

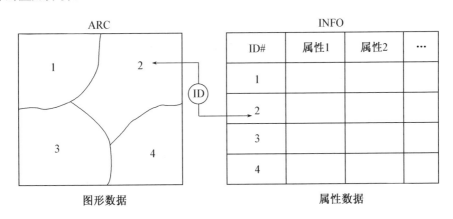

图 4 ARC/INFO 数据结构

Fig. 4 An example of ARC/INFO data structure

无论上述哪一种结构形式,都利用拓扑学原理来描述地理实体的空间位置之间的逻辑关系,而且其编码的空间目标包括点、线、链、多边形、覆盖层、包络区和图幅。这标志着地理信息系统的数据结构,在保持空间数据的拓扑性质的同时,进一步扩充了空间数据的层次和分块的性质,以提高空间数据的检索速度和处理效率。

(4)综合性的发展特色日益明显。现代地理信息系统的设计日益表现出明显的综合性特色,这是由它的多元性学科的性质和应用功能的要求所决定的。信息系统的综合性首先包括系统输入数据的完整性、系统的遥感影像数据与地图矢量数据的结合(称为综合地理信息系统 IGIS),以及系统使用的矢量数据与栅格数据的相互兼容。综合地理信息系统已成为许多研究中心的主要研究方向,因为遥感数据在环境动态监测、自然灾害防治以及土地利用分类等方面,具有其他类型数据无法代替的优越性。这类系统一般以功能较强的图像处理系统为基础,通过对遥感影像进行专题分类,然后对分类后的栅格影像(像元)进行矢量化(多边形),最后以弧段格式存入数据库,以便与其他来源的数据进行匹配,提供分析应用。地理信息系统综合性特色的另一个显著表现,是综合应用各学科开发的方法,这些方法从面向独立工具的设计原则,逐渐转向面向产品的设计原则,即对工具进行综合管理,为系统用户提供了方便。

(5) 标准化和智能型的发展方向已引起关注。制定统一的规范和标准是信息资源共享的基础。日本、法国和加拿大等国家都十分注意全国性的统一规划和标准。我国吸取国际的教训,国家科委组织专门的研究组,开展关于资源与环境信息系统国家规范的研究,以便科学而准确地规定系统中普遍涉及的内容分类、数据格式、控制体系、精度标准和技术名词等,以保证不同系统数据之间的交换。许多国家开始注意应用软件工程作为统一开发系统软件的工具,以提高系统设计的合格率、灵活性和运行效能。20世纪 80 年代开始的以知识为对象的信息处理,注意利用人工智能(AI)的方法,通过 LISP 语言及专家知识的规则,建立知识库,发展专家系统,例如美国加州大学圣巴巴拉分校研制的智能型地理信息系统 KBGIS-Ⅱ就是其中的代表。利用这种智能型的地理信息系统来解决不能用算法处理的复杂问题,将使地理信息系统的应用领域获得更大的拓宽。

参考文献

[1] Tomlinson R F. Proceedings of International Workshop on Geographic Information System, BEIJING'7. 1987.

[2] Coppock J T, Anderson E K. Editiovial Review, International Journal of Geographical Information Systems, 1987,1(1).

[3] Tomlinson R F. The Development of Geographic Information Systems[C]// the Canada-China

Bilateral Symposium on Territorial Development and Management. Beijing, China, 1996.

[4] 陈述彭. 地理信息系统的探索与试验,地理科学,1983,3(4):287 - 302.

A Discussion on Some Trends of Geographic Information Systems

Huang Xing-yuan   Chen Bing-xian

Abstract: Based on the progress of geographic information systems (GIS) in different countries, the difinition and basic components of a GIS were involved, and five trends relating to the development of GIS were discussed. These trends are as follows:

(1) The GIS has become an important component of a being perfected technical system applied to geography;

(2) Performing various types of spatial analysis represents a major aim in applications and research of GIS;

(3) The most important technical topic within the field of GIS concerns the spatial data structures;

(4) The integration of approaches and procedures within a single system is becoming increasingly evident;

(5) A great attention has been paid to the research on the standardization and artificial intelligence techniques.

Key words: geographic information system (GIS); development of GIS; basic components of a GIS; spatial data manipulation and analysis

省、市、县区域规划与管理信息系统规范化研究

黄杏元　陈丙咸　姚绪荣

摘　要:本文根据区域地理信息系统的发展和应用趋势,就建立省、市、县三级区域地理信息系统的若干技术和规范问题,提出了一些看法。这些看法包括以省、市、县三级行政管理单元命名的自动化信息系统、它的建设目标和任务;系统软件和硬件的基本配置;系统规范与标准研究的主要内容;系统应用实例等。

关键词:地理信息系统;区域规划与管理;系统规范化研究

"省、市、县区域规划与管理信息系统规范化研究"是资源与环境信息系统国家规范和标准研究的组成部分,是国家"七五"攻关课题之一,其研究的任务是通过具体系统的试点与应用,提出我国行政区域三个层次的系统建设方案、系统数据的质量控制和系统软件开发的规范设计等与规范、标准有关的基础文本和典型例证,这不仅为国家标准的制定提供依据,而且为其他行政区域建设类似的系统提供有益的经验。

一、系统建设的目标和任务

以省、市、县三级行政管理单元命名的自动化信息系统,究竟它的目标与任务如何,曾引起争论。在进行系统总体设计的过程中,通过用户需求的调查和分析,结合现实的技术和经济条件,对系统的目标概括为:通过不断地获取信息、加工信息和使用信息,使人们认识省、市、县辖区范围内的"人口—资源—经济—环境",认识各级行政区域的初始运行状态和方式,研究人、地、物和信息之间的相互关系和相互作用的规律,进而利用再生信息或分析结果去调节和控制行政辖区内的物质流、能量流和信息流,使整个辖区系统转移到期望的状态和方式,实现动态平衡和协调发展。具体任务为:

(1)以行政区域宏观管理为目的,为区域的重大发展计划、生产战略研究和专题研究,提供可靠的和集成的基础数据和咨询服务,包括数据存储、查询检索、量算统计和图表输出。

（2）完成区域规划、管理和决策的某些单项或专题的研究，提高区域资源、经济、人口和环境管理的科学水平，包括资源评价、人口控制、经济预测、环境管理和土地利用监测等。

（3）为区域规划和治理的综合研究以及区域资源的合理利用提供有效的技术保证，如综合分析评价、区域经济结构优化、生产力合理布局研究、国民经济综合平衡优化分析，以及区域开发可行性的计算机辅助研究等。

省、市、县区域规划与管理信息系统的共性是系统建设的基本依据，但由于省、市、县辖区空间框架大小的不同，以及不同行政单元，需要解决的重点任务不同，因此系统软、硬件的配置具有不同的需求和特点。

（1）省级系统主要着眼于解决综合性、战略性和地域性的国土规划任务，主机内存一般要求在 8 兆以上，其软、硬件配置如图 1、2 所示。

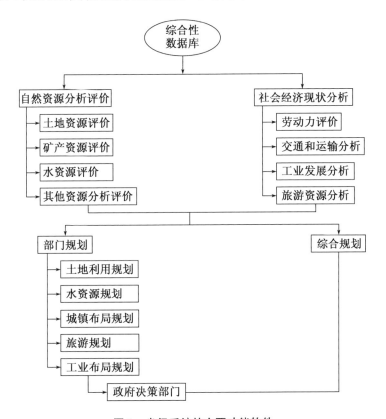

图 1　省级系统的主要功能软件

Fig. 1　Main software configuration of the system at provincial level

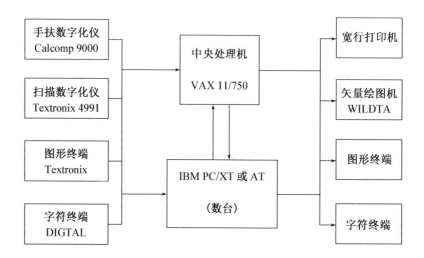

图 2　省级系统的硬件配置

Fig. 2　Hardware configuration of the system at provincial level

（2）市级系统主要保证城市总体规划和市政设施的布设等。设备宜选用优选的超小型机或高档微机，其系统的软、硬件配置如图 3、4 所示。

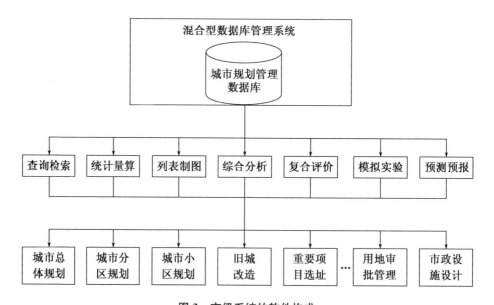

图 3　市级系统的软件构成

Fig. 3　Software configuration for an urban information sestem

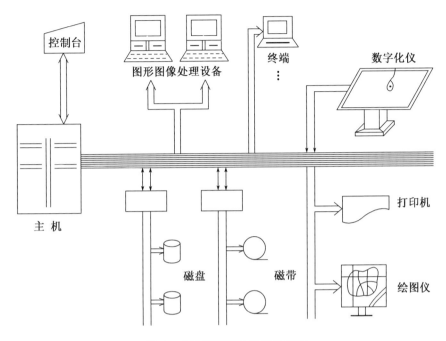

图 4　市级系统硬件配置示意图

Fig. 4　Hardware configuration for an urban information sestem

（3）县级系统主要完成县区资源清查、土地资源管理和土地利用规划。主要设备宜选用长城机或其他兼容的微机，其系统的软、硬件配置如图 5、6 所示。

二、系统规范与标准的设计

1. 系统数据层次的拟定

应用和建立地理信息系统，首先要建造数字地图数据库，而建造数字地图数据库的一个非常重要的任务，就是根据系统的使用目的，确定所需的数据类型，而且要把这些数据类型从逻辑上组织成一组数据层，而数据层的划分和所包括的内容则完全取决于系统的功能。表 1 是省、市、县系统的数据层次及其属性的一个实例。

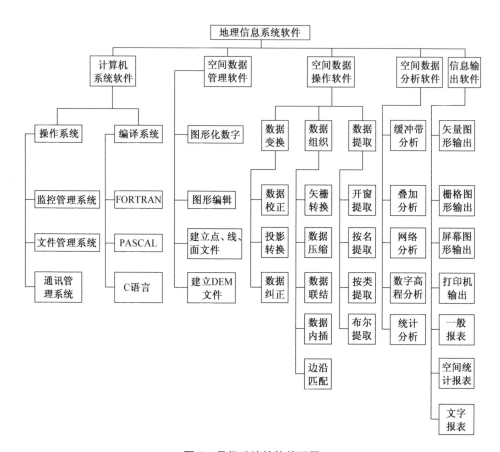

图 5 县级系统的软件配置

Fig. 5 Software configuration of the system at county level

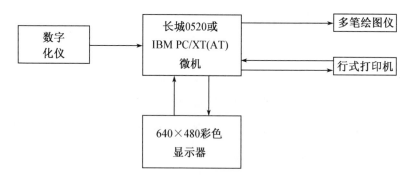

图 6 县级系统的硬件配置

Fig. 6 Hardware configuration of the system at county level

表 1　系统的数据层次及其属性

Tab. 1　Information layers in data base of the system and its attributes

系统类型	数据类型	层次	层名	属性
县级系统	空间数据	1	土壤	类型、质地、厚度、有机质、PH、孔隙度、氟磷钾、部位、面积、含水量
		2	地形	类型、高程、相对高程
		3	坡度—坡向	坡度、坡向、分级、表面积、隐蔽特征
		4	土地利用	类型、面积、周长、相邻特征
		5	行政单元	名称、类别、人口、面积、周长
		6	居民地—道路	类型、分级、里程、流量、路宽、路面质量
	统计数据	1	土地资源	乡镇一级和二级分类土地面积,主要用地变化,产值、产量和构成
		2	人口资源	总人口、分乡人口、年龄、性别、职业、文化和民族构成、收入、生育、劳动力
		3	水气资源	气温、降雨、日照、风向、灾害气候、水体类型、面积、总水量、需求量
市级系统	空间数据	1	地块	土地勘界、土地属性和编号、权属、名称
		2	街道网	分级、地址、宽度、质量、通行能力、流量、街区代码
		3	公用设施网	类型、高压或低压、能力、建造和维修时间
		4	分区图	人口统计、土地利用类型、分区代码、分区类型
		5	地形	类型、高程、坡度
		6	工程	建筑类型、密度
		7	环境	类型、地耐力、组团紧凑度、大气、噪声和水污染
	统计数据	1	交通	人流和货流特征
		2	人口	人口密度、年龄、性别和职业构成
		3	工业经济	类型、产值、效益
省级系统	空间数据	1	地形(1:25万)	高程、类型
		2	分区图	行政分级
		3	自然要素	土地利用、土壤、植被的类型
		4	科学测站	编号、观测内容、级别、建立时间
		5	土壤侵蚀	分级、敏感区治理措施
		6	水文地质	分区代码、主要特征
		7	环境保护	名称、性质
		8	矿产分布	分区代码、数量和质量特征
	统计数据	1	水、气资源	水文特征、气温及变率
		2	人口	人口构成特征
		3	旅游资源	分类、意义
		4	工业、农业	构成、产值、产量等

2. 系统数据分类体系及代码结构

数据分类的目的是为了计算机存储、编码和检索等的需要。分类体系和分类标准是否合理，直接影响到系统数据的组织、系统间数据的连接，以及信息处理的深度与广度。省、市、县各级系统根据近年来的研究实践和国内这方面研究工作的进展，分别提出了数据的五级分类体系，如图 7 所示，并拟定了相应的数据分类代码结构，如图 8 所示。

Ⅰ级	Ⅱ级	Ⅲ级	Ⅳ级	Ⅴ级	Ⅵ级	Ⅶ级
			·	·	·	
			·	·	·	
自然资源	·	·	·	·	·	
	·	·	·	·	·	
	·	土地资源	·	·	·	
	土地资源	土地利用	·	·	·	
			耕地	·	·	
				·		
			水田	水稻田	高圩田	
					低圩田	
			旱地	平旱地	台旱地	
					原旱地	
				超旱地	沟旱地	
		城市用地	·	·	·	
			·	·	·	
			居住用地	住宅地	·	
				服务设施地	·	
			·	居住道路地		
			绿地	公共绿地	公园绿地	
			·	·	街头绿地	
				生产防护绿地	生产绿地	
			·		防护绿地	

省级（Ⅰ—Ⅴ级）
市级（Ⅱ—Ⅳ）
县级（Ⅲ—Ⅶ级）

图 7　系统数据的分类体系

Fig. 7　Data classiffication system and the range of different level

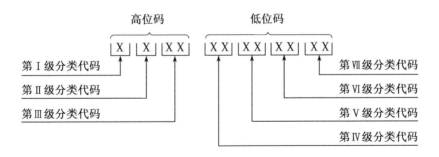

图 8　数据分类的代码结构

Fig. 8　Code structure of data classification

3. 系统信息流程的构筑

系统数据流的调查、分析和构筑是建立新系统逻辑模型的基础,是整个地理信息系统研制中最重要的阶段之一。通过数据流程的构筑,展示整个系统的逻辑结构,帮助建立可视的规范说明,为进行模块设计提供指导和依据,是系统规范与标准要研究的重要内容之一。省、市、县区域规划与管理信息系统的数据流程大体一致,以下是辽宁省系统信息流程的示例,如图 9 所示。

三、系统应用实例

由于本专题的主管部门主要是地方各级政府,为了争取地方的财力支持,本专题从一开始就十分注意系统在区域规划与管理中的实际应用。结合地方生产管理的急需,开展了土地利用评价与规划、防洪决策分析、土地资源清查与面积量算,以及计算机辅助城市总体规划等多项应用课题。通过这些应用,不但取得了良好的经济和社会效益,而且为地理信息系统这一新技术在地方的推广应用做了有力的宣传。

1. 辅助城市总体规划

利用地理信息系统辅助编制城市总体规划,其实质是一个对大量空间、社会、经济统计数据进行综合处理、分析和规划决策的过程,主要表现在对规划数据资料的存储、管理、查检、多因素综合评价和方案的优化比较。例如,根据黄石市区域规划的要求,进行了城市建设用地适宜性评价、城市建设开发次序评价、城市环境质量评价、城市综合评价,以及制定城市道路的规划方案。不同评价考虑的因子不同,如表 2 所示,但都以

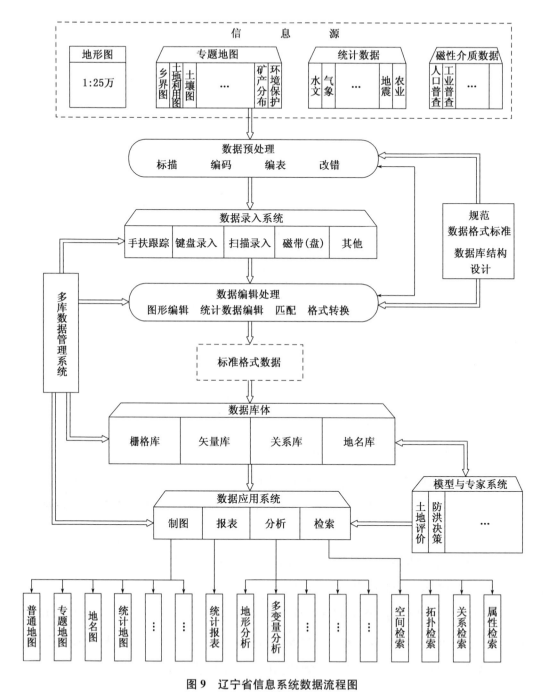

图 9　辽宁省信息系统数据流程图

Fig. 9　Data flow with Information system designed for Liaoning Province

地面 50 m×50 m 为基本评价单元,并采用模糊加权综合评价方法,取得了常规手段无法实现的规划分析深度和广度,提高了规划设计的质量和速度。

表 2　评价目标及评价因子表
Tab. 2　Evaluation objectives and factors

评价目标	评价因子
建设条件和时序的综合评价	高程、坡度、地耐力、土地利用、时距、三通条件、行政区划、组团紧凑度
建设用地适宜性评价	高程、坡度、地耐力
建设开发与次序评价	时距、三通条件、土地利用、行政区划、组团紧凑度
城市环境质量现状评价	大气、噪声、水污染
城市环境污染和空间开发综合评价	大气、噪声、水污染、人口密度、建筑质量、建筑密度、居住水平
制定道路规划方案	经济、人口、土地利用、交通、路网流量

2. 土地利用评价与规划

土地利用评价与规划是县级区域规划与管理信息系统开发的主要目标。随着系统论方法在土地利用规划中的应用,逐渐利用以计算机为中心的地理信息系统进行土地利用规划的研究。例如,溧阳市信息系统在区域自然、经济和环境等因素调查、分析和建立数据库的基础上,开展了土地资源的综合评价,结合现有土地利用状况,确定茶、桑、果种植布局方案和农业结构调整方案。对调整后的土地利用图,根据资金、劳力、交通运输条件、地区经济分工、生态环境效应及社会、经济效益等的综合分析,提出该县土地利用规划的实施方案,其技术路线如图 10 所示。

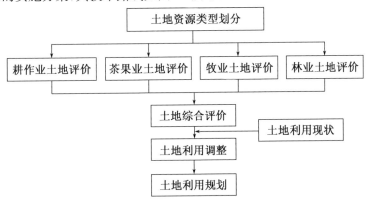

图 10　土地利用规划过程框图
Fig. 10　Proccdure of land use planning

参考文献

[1] 陈丙咸,等. 省、市、县区域规划与管理信息系统研究[M]. 北京:测绘出版社,1990.

[2] 何建邦,等. 我国资源与环境信息系统国家规范和标准的研究状况[M]. 中国科学院地理研究所资源与环境信息系统实验室年报,1986—1987.

Some Normalization Issues on the Regional Management and Planning Information System at Administrative Levels

Huang Xing-yuan   Chen Bing-xian   Yao Xu-rong

Abstract: This paper explores the substantical aspects of assuring the quality of design of regional management and planning information system at administrative levels in terms that are core trends in the development and application of systems. These primary aspects include the identification of system design objectives and functions, the determination of software needs and hardware configuration, and the constitution of system normalization and standardization. Finally, some application examples are illustrated to demonstrate the potential value of system in the regional management and planning.

Key words: geographic information system(GIS); regional planning and management; normalization and standardization of GIS

数字地球时代 "3S" 集成的发展

马荣华　黄杏元　蒲英霞

摘　要：本文指出了数字地球时代"3S"与数字地球的关系以及 GIS、GPS 和 RS 的本质，从其本质出发分析了"3S"两两结合的方式和关键技术，并指出了目前的发展现状。两两结合的缺陷和弱点导致了"3S"的完全集成，"3S"集成是当今空间科学领域的一个研究前沿，具有相当的难度，目前理论研究仍落后于实际应用。"3S"技术的迅猛发展，最终导致了地球信息科学的诞生。数字地球推动了"3S"技术向着更深更广的领域发展，"3S"技术成为数字地球的核心技术和基础技术之一。

关键词：数字地球；"3S"；地球信息科学

一、引　言

人们对新兴事物总是表现出极高的热情，记得 20 世纪 90 年代初"3S"刚提出的时候，杂志、图书等媒体引用之多、频次之高，实在引人注目。之后，也就在 1998 年 1 月，美国副总统戈尔提出了"数字地球"的概念，"数字地球"瞬间变成了耀眼的明星，数字地球时代到来了。相比之下，"3S"暗淡了许多。其实，片面强调"数字地球"而忽视"3S"集成的研究是"筑高楼而忽视地基"的表现。笔者认为，数字地球是"3S"的归宿，"3S"技术是数字地球的核心技术和基础技术之一，没有"3S"，或者说构建不好"3S"系统集成的基础，数字地球将是一句空话。我们应看清"3S"集成的发展过程，正确评价"3S"在数字地球中的作用以及对"地球信息科学"的产生所做的贡献，从基础抓起，继续关注"3S"，发展"3S"集成系统。

二、数字地球与 "3S"

1998 年 1 月 31 日，美国副总统戈尔在洛杉矶加利福尼亚科学中心举行的开放地理信息系统协会(OGC)年会上发表了题为《数字地球：理解 21 世纪我们这颗星球》的报告。之后,"数字地球"受到了各国各部门以及众多专家学者的极大关注。美国国家制图科学委员会主席 Goodchild 先生于 1998 年 12 月 15 日在武汉测绘科技大学做了有关数字地球的演讲;美国联邦地理数据委员会(FGDC)于 1999 年 2 月 2 日在美国地质调查局(USGS)召开了美国第四次数字地球研讨会。在我国,"数字地球"已引起了极大的关注和重视。中科院遥感所国家遥感中心建立了数字地球的互联网站;陈述彭、李德仁等院士都著文谈及数字地球;值得提及的是,1999 年 12 月 24 日在北京召开了国际数字地球研讨会,国务院总理李岚清到会祝贺并发表重要讲话,进一步推动了数字地球的发展;众多新闻媒体如《文汇报》《中国科学报》以及《科技日报》等都对数字地球做过报道。近期,中央电视台正在播放数字地球系列专题片。种种迹象表明:数字地球时代到来了。

1. "3S"技术是数字地球的核心技术和基础技术之一

戈尔认为数字地球是嵌入海量数据的多分辨率的真实地球的三维显示。众多专家学者对数字地球的理解不甚相同,许多问题如数字地球与 RS,GIS,GPS 等学科的关系等还需进一步探讨。但不管怎样理解,数字地球总需要现代空间技术的支撑,获取、处理和应用这些多分辨率的海量数据需要"3S"。离开了"3S",数字地球将是一个空的口号和目标;当然,没有"3S",也不可能提出数字地球。"3S"技术是数字地球的核心技术之一(图 1、2),一方面数字地球的研究为"3S"技术的发展创造了条件,另一方面"3S"技术的发展为数字地球的建设提供了技术支持,没有"3S"技术的发展,现实变化中的地球是不可能以数字的方式进入计算机网络系统。当然,数字地球也离不开互操作技术、网络技术以及现代通信等技术的支撑;没有它们,"3S"所包含的数据将无法有效地传递、交流和共享。

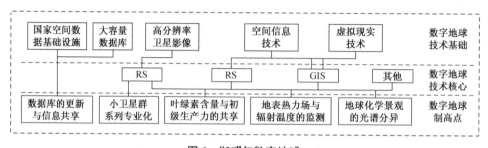

图 1 "3S"与数字地球
Fig. 1 "3S" and digital earth

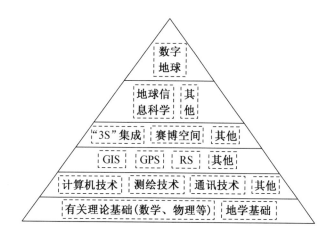

图 2 数字地球的体系结构
Fig. 2 Architecture of digital earth

2. 数字地球成为"3S"技术发展的强力推动剂和最终归宿

数字地球从一开始提出就引起了各个方面的注意,它实际上是其他技术发展的最高阶段,是"3S"发展的最终归宿(图 2)。要实现数字地球的战略目标,就必须从基础抓起,推动"3S"技术向纵深发展。数字地球加深了人们对"3S"集成的认识和理解,"3S"集成有了发展的具体方向和目标。

三、"3S"集成的发展现状

"3S"是 GPS(全球定位系统)、RS(遥感)和 GIS(地理信息系统)的简称,"3S"集成是指将遥感、空间定位系统和地理信息系统这三种对地观测新技术有机地集成在一起。但是,"3S"技术≠GPS+RS+GIS,有些专家学者认为还应有数字摄影测量系统 DPS和专家系统 ES,即"5S"。但不管是"3S"还是"5S",都应有现代通信技术和通信手段的参与。可见,"3S"技术应等于($p1$GPS+$p2$RS+$p3$GIS+…+piITS)(pi 为权),这已经取得了统一性认识。因此,有关专家认为"3S"这个称谓欠妥。为此,王之卓先生把"3S"及其与之相互联系的、服务目的相同的概括为一门新的学科。"3S"的英文名也几经易改,在 20 世纪 90 年代初叫作 Integration of GIS,RS and GPS,取"集成"之意;3、4 年后,又叫 Assembling of GIS,RS and GPS,取"融合"之意;

1998 年后，Digital Earth 即数字地球实际上成为"3S"的代名词，但"3S"不是 Digital Earth 的全部，而是其一部分。

"3S"集成是必要的，也是可能的。王之卓先生从学科发展的角度论述了"3S"集成的必然。刘震等认为：地理信息是一种信息流，遥感、地理信息系统和全球定位系统中的任意一个系统都是侧重了信息流的特征中的一个方面，而不能满足准确地、全面地描述地理信息流的要求，所以迫切需要一种全新的遥感、地理信息系统和全球定位系统的集成系统。总之，无论从物质的运动形式，地学信息本身特征还是从"3S"各自的技术特性出发，"3S"集成都是科技发展的必然结果。

1. GPS、RS 和 GIS 的本质

(1) GPS 的本质是利用空间三角测量的原理通过空中卫星和地面接收机获取经纬度坐标(ψ, λ)、高程(H)和时间(t)之间的关系，从而为测高、导航(定位)等服务。在一定的时间下，它们之间的关系可用式(1)表示：

$$H_j = f(\psi_j, \lambda_j) \tag{1}$$

式中：j 表示观测点；H_j 为一些离散值。

(2) RS 的本质是运用地物的光谱反射原理通过卫星传感器和地面接收系统获取地面坐标(x, y)、反射值(z)、波段(λ)和时间(t)之间的关系，从而得到所需地物的真实反映，所获得的信息可用式(2)表示：

$$I = f(x, y, z, \lambda, t) \tag{2}$$

当 $t = t_0$ 时获得的是静止图像，当 $\lambda = \lambda_0$ 时获得的是单波段图像。但不管怎样，最终都是为了获得 $z = f(x, y)$ 的关系。

(3) GIS 的本质就是对不同类的信息进行分析、处理和加工，可用式(3)表示：

$$I = I_1 + I_2 + \cdots + I_n \tag{3}$$

式中：I 表示源信息；I_1、I_2、$\cdots$、I_n 表示不同类的信息；"+"取数据融合之意，不是简单的数据叠加与合成。

2. 从本质看"3S"的两两结合

"3S"的两两结合即 GPS 与 RS 的结合、GPS 与 GIS 的结合和 RS 与 GIS 的结合。

两两结合是"3S"集成的低级和基础起步阶段,其中 RS 与 GIS 的结合是核心。

(1) GPS 与 RS 结合的关键在硬件,即 GPS 与 RS 传感器的结合;在软件上就是要解决 H_j 和 z 的关系。两者的结合就是要实现无地面控制点(GCP)的情况下空对地的直接定位。

(2) GPS 与 GIS 结合的关键在软件。GPS 作为 GIS 的数据源用于寻找目标,帮助 GIS 定位以及数据更新。两者的集成可利用地面与空间的 GPS 数据进行载波相位差分测量以满足 GIS 不同比例尺数据库的要求。两者集成的最成功的应用是车辆导航与监控,但此类应用只是 GPS、GIS 技术的一种初级水平的集成方式。

(3) RS 与 GIS 的结合中关于 RS 与 GIS 所发挥作用问题有两种不同的观点,一种认为两者不平衡,GIS 是 RS 的一个研究内容;另一种认为两者平衡,此时研究 GIS 要从地理信息、地球信息科学的角度去研究。但一般认为,RS 是 GIS 的信息源,GIS 是 RS 的分析工具,即同意前一种观点。RS 与 GIS 的结合有 3 种方式,即:① 分开但平行的结合(不同的用户界面,不同的工具库和不同的数据库);② 表面无缝的结合(同一用户界面,不同的工具库和不同的数据库);③ 整体的结合(同一用户界面,同一工具库和同一数据库)。目前,ESRI 公司与 ERDAS 公司的合并代表了 RS 与 GIS 软件结合的潮流,这主要是指两者数据结构和数据模型相互结合。两者数据库平台的结合的代表是 SDE(数据库引擎),其标志是空间数据与属性数据共存在于同一平台上。两者的集成就是把不同数据源的数据集成到统一的坐标环境下,实现多种信息的动态管理与空间分析。有关 RS 与 GIS 的结合的实际应用很多,由于篇幅关系,此处不再赘述。

"3S"两两结合比单独操作有更好的效果,但是仍有诸多缺陷。主要是缺乏统一的坐标空间、光谱数据和空间数据时间上的不一致,以及不具备封装独立的数据和方法能力的技术。因此,把三者结合起来形成一体化的信息技术体系是非常迫切的。这主要是指数据获取平台的革新和新的信息融合方法的应用。

3."3S"的集成

"3S"集成是当今空间科学领域的一个研究前沿,它的发展目标是"在线的连接、实时的处理"。"3S"集成是一项技术难度极高的高科技。为了实现"3S"技术集成,需要探索"3S"集成的有关理论,提高"3S"集成的技术方法和拓宽"3S"集成的应用范围。实际上,"3S"集成的发展正如 GIS 的发展一样,应用超前于理论。但目前应用水平的"3S"集成是肤浅的,仅是表面的集成,功能互补而已,还没有实现"3S"的真正集成,"3S"集成要解决数据存储、数据处理、数据传输以及数据可视化等问题。因此,"3S"集成的源泉是数据(信息),集成的归宿还是数据(信息)。刘震等认为,信息获取、信息处理和应用是一体的,不可分割的,并把信息流的描述列为"3S"集成的关键问题之一。基于此而提出了"3S"集成系统概念模型(图 3),认为"3S"的结合不是一种等结构的结合,而是有层次的有机的结合(图 4)。

图 3 "3S"集成系统的概念模型(据刘震等,1997)
Fig. 3 Concept model of "3S" integrating system (From Liu Zhen et al, 1997)

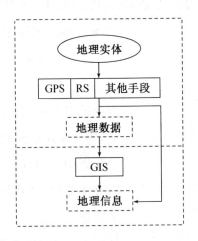

图 4 "3S"一体化模型(据刘震等,1997)
Fig. 4 Model of "3S" of integration (From Liu Zhen et al, 1997)

刘震等从地学信息的时间特征、光谱特征和几何特征等角度出发建立了"3S"集成的参数方程,认为具有同步的获取空间和波谱数据的高重复观测能力的平台,支持具有数据封装能力的地理信息系统是"3S"集成技术的关键。李树楷提出了"3S"技术的理论方法和技术系统,并指出了"3S"技术的特点。李德仁对"3S"技术集成中需要解决的理论问题和关键技术做了系统的论述。

"3S"集成包括空基"3S"集成和地基"3S"集成。直接空对地定位理论(无地面控制,简单影像相关的立体观测论和向量求端点坐标的理论)是"3S"技术的基本理论之一。尤红建等根据 GPS 定位的位置、激光测距以及姿态数据,采用几何三角关系推出了遥感象元的三维坐标,从而实现了三维遥感直接对地定位,但其中误差的影响和特征尚需进行深入的研究。WUMMS 是一个由武汉测绘科技大学设计的基于GPS、GIS 和 CCD 相机的多目的移动式测绘系统,其中解决了地基"3S"集成的一些技术难点问题。

目前状况下,图形处理系统和图像处理系统分别采用不同的数据结构和数据模型。而图形和图像是"3S"数据的最主要的两种表现形式,因此"3S"集成的软件方面,重点应放在图形和图像统一处理上,从建立统一的数据结构和数据模型的基点出发,探讨"3S"集成多维复合分析理论。市场流行软件中,ERDAS 无疑是这方面的优秀代表,它直接采用了 ARC/INFO 的数据结构,完全实现了图像数据和矢量数据的综合一体化处理。"3S"有两种方式三种模式。孙家柄等从应用的角度出发,认为不同的应用目的有不同的系统集成方案,并设计了一套主要用于遥感调查分析和导航的集成系统方案。"3S"集成要解决语义和非语义信息的提取问题,就必须利用专家系统 ES,涉及数字摄影测量系统 DPS,为此,李德仁提出了"3S"集成中以"3S"为主的"5S"的整体结合模式。

4. "3S"集成应用

在"3S"还没有实现真正集成之前,"3S"集成应用的各子系统(即 GPS 子系统、RS子系统和 GIS 子系统)应以系统论"系统总体最优"为原则确定技术路线。目前,"3S"已广泛应用于环境动态监测等领域。"3S"集成系统在新疆北部天然草地估产技术中的应用已取得了成功。有关"3S"集成的实际应用还有很多,此处不一一例举。

四、"3S"促进了地球信息科学的诞生

我们从有关刊物上经常看到 Geomatics，Geo-informatics，Iconic-informaics，Geographic Information Science 以及 Geo-information Science 等科学名词，它们之间究竟有什么区别，我们暂且不谈，但它们都与现代信息技术，如 GPS、RS、GIS 以及数字通讯网络等密切相关。地球系统科学要研究全球变化、区域模型以及区域之间的宏观调控，研究的内容具有全球性、宏观性、空间性和周期性。随着人类社会步入信息时代，传统的研究手段已不能适应新的社会生产力发展水平，地球科学急需其他技术领域的参与和加盟。20 世纪 70 年代初期，美国国防部为满足其军事部门海陆空高精度导航、定位和定时的需求而建立了 GPS。80 年代以来尤其 90 年代以来，GPS 卫星定位和导航技术与现代通讯技术相结合，在空间定位技术方面引起了革命性的变革。用 GPS 同时测定三维坐标的方法将测绘定位技术从陆地和近海扩展到整个海洋和外层空间，从静态扩展到动态，从事后处理扩展到实时（准实时）定位和导航，从而大大拓宽了它的应用范围和在各行各业中的作用。RS 技术经历了 30 多年的探索，已发展到相当成熟的阶段，它具有宏观性和周期性。GIS 是以采集、存储、管理、分析和描述整个或部分地球表面与空间和地理分布有关的数据和空间信息系统，因此它对空间数据管理是十分有效的。GPS、RS、GIS 三者各有优点，它们从不同侧面在加速或改变着地球系统内部的能量流动。在不断实践过程中，人们又认识到为了使这种能量流动实时、准确、合理、客观，仅靠这"3S"是不够的，还必须建立能量流动关系的数学模型，并需要通讯和网络等技术的帮助与参与。就这样，上述以"3S"为主的现代信息技术依靠其解决问题的实用性和有效性等特点受到了人们的普遍欢迎，掀起了人们学习"3S"、应用"3S"的热潮。解决现代地学问题的手段、技术方法改变了，进而推动了整个地球系统科学的发展。传统的地球系统科学已不能涵盖这些内容，最终促使了"地球信息科学"的诞生（图 5）。地球信息科学的诞生进一步确立了"3S"在相关领域中技术上的领导地位。作为一门新兴的交叉学科，人们对它的认识又各不相同，于是出现了文中提到的许多相互类似但又不相同的科学名词。

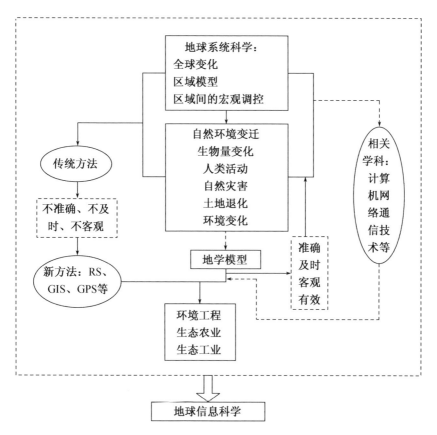

图5 "3S"促使"地球信息科学"诞生

Fig. 5 Birth of geo-information science advanced by "3S"

五、结论与展望

(1)"3S"的集成是GIS、GPS和RS三者发展的必然结果。三者最初独立发展,但各有优缺点,因此有了"3S"的两两结合,其中应用最广泛、技术最成熟的当属GIS与RS的结合,两者结合的关键在软件,即实现图形和图像的真正集成。后来,动态监测、作物估产等领域的应用又把"3S"的完全集成推上了历史舞台,从而揭开了地理学等学科发展的新篇章。

(2)"3S"的迅猛发展使得传统的地球系统科学所涵盖的内容发生了变化,最终促使"地球信息科学"的诞生。"地球信息科学"的诞生进一步确立了"3S"在技术上的领导地位。

(3) 数字地球的提出,得益于"3S"的迅猛发展和应用逐渐走向成熟,"3S"技术成为数字地球的核心技术和基础技术之一;数字地球的提出进一步推动了"3S"的发展。两者是相辅相成共同发展的。

参考文献

[1] 阿尔·戈尔.数字地球——认识21世纪我们这颗星球[N].中国科学报,1998-08-18.

[2] 李德仁,李青泉.论地球空间信息科学的形成[J].地球科学进展,1998,13(4):319-326.

[3] 杨崇俊."数字地球"周年综述[C]//数字地球.北京:中国环境科学出版社,1999:96-105.

[4] 李德仁.数字地球与"3S"[C]//中国地理信息系统协会1999年年会.1999:1-6.

[5] 刘晶."数字地球"的制高点——访陈述彭院士[J].中国国家地理杂志,2000(1):16-24.

[6] 李树楷.初论"3S"一体化技术水平[J].环境遥感,1995,10(1):76-80.

[7] 李德仁.论GPS、DPS、RS、GIS和ES的结合[C]//RS、GIS、GPS的集成和应用.北京:测绘出版社,1995:200-209.

[8] 李德仁.论RS、GPS与GIS集成的定义、理论与关键技术[J].遥感学报,1997,1(1):64-68.

[9] 王之卓.遥感、地理信息系统及全球定位系统的发展过程及其集成[C]//RS、GIS、GPS的集成和应用.北京:测绘出版社,1995:1-8.

[10] 刘震,李树楷.遥感、地理信息系统及全球定位系统集成的研究[J].遥感学报,1997,1(2):157-159.

[11] 刘震,李树楷."3S"一体化技术和方法的探讨[J].环境遥感,1995,10(2):152-160.

[12] 陈述彭,赵英时.遥感地学分析[M].北京:测绘出版社,1990:175-197.

[13] 尤红建,马景芝,刘彤,等.基于GPS、姿态和激光测距的三维遥感直接对地定位[J].遥感学报,1998,2(2):63-66.

[14] 王晓栋,崔伟宏.县级土地利用动态监测技术系统研究——以包头市郊县为例[J].自然资源学报,1999,14(3):74-79.

[15] 李建龙,蒋平,戴若兰.RS、GPS、GIS集成系统在新疆北部天然草地估产技术中的应用进展[J].生态学报,1998,18(5):504-508.

[16] 舒宁.新型传感器与3S集成[C]//RS、GIS、GPS的集成和应用.北京:测绘出版社,1995:195-199.

[17] 孙家柄,舒宁,林开愚,等. GIS、GPS、RS 集成系统及其应用[J]. 遥感信息,1995(2):27-31.

[18] 孙家柄. 3S 集成系统及其应用[C]//RS、GIS、GPS 的集成和应用. 北京:测绘出版社,1995:210
     -213.

[19] 陆锋,崔伟宏. 车辆导航与监控中 GPS/GIS 实时定位配准误差分析[J]. 遥感学报,1999,3(4):
     312-317.

[20] Goodchild M. Geographic information science [J]. International Journal of Geographical
     Information Science,1992,6(1):1-45.

[21] Gagon P,Coleman D T. Geomatics,an integrated systematic approach to meet the need for
     spatial information[J]. CISM Journal,1990,44(4):377-379.

[22] 陈述彭,曾杉. 地球系统科学与地球信息科学[J]. 地理研究,1996,15(2):1-10.

[23] 周成虎,鲁学军. 对地球信息科学的思考[J]. 地理学报,1998,53(4):372-379.

[24] Chen Shupeng,Zhou Chenghu. Geographic information science and digital Earth[EB/OL].
     http://159.226.117.45/towardsdigitalearth.htm,2000.

[25] 陈军. 建设中国 NSDI 推动数字地球发展[C]//中国地理信息系统协会 1999 年年会. 深圳,1999:
     7-13.

[26] 陈述彭,周成虎等. 信息时代的地理科学研究[C]//地理学发展与创新. 北京:科学出版社,1999:
     27-33.

[27] Goodchild M,Egenhofer M etal. Introduction to the varenius project[J]. International Journal of
     Geographical Information Science,1999,13(8):731-745.

[28] 李德仁,关泽群. 空间信息系统的集成与实现[M]. 武汉:武汉测绘科技大学出版社,2000.

Development on the Integrating of "3S" in the Era of Digital Earth

MA Rong-hua   HUANG Xing-yuan   PU Ying-xia

Abstract:The relationship between "3S" and digital earth as well as the essence of GIS,GPS and RS is discussed. Then we analyze the integrating between each of "3S" and their key technique based on their essence. What is more, the actual situation of development is also analyzed. The defect of the integrating between each other results in the full integrating of "3S". And the full integrating is one the front of study on the area of sptial science. As a result, it is very difficult to the study. At the present, the study on the theory is dropped behind the practice. After our analyzing by their development at present and the key technique of integrating of GIS, GPS and RS, the conclusions are drawn: (1) The integrating of "3S"is the essential result of development of GIS, GPS and RS, and the most extensive application and the most perfect technique is the integrating of GIS and RS. (2) The rapid development of "3S" makes the content of earth system science extend and result in the birth of Geo-informatics. (3) The birth of digital earth benefits from the rapid development of "3S" and the its extensive and successful application. "3S" technique is one of the basic and kernel technique of digital earth. Certainly, the birth of digital earth also pushes the development of "3S" more deeply and more extensively. The technique of "3S" is one of the key techniques of digital earth. And they are complemented each other. As a result, they must develop commonly.

Key words: digital earth; "3S"; geo-information science

GIS 认知与数据组织研究初步

马荣华　黄杏元

摘　要:GIS 数据组织是 GIS 的核心和关键问题之一,其对象来源于现实世界的地理现象或客观实体,必须对现实世界进行抽象和表达。因此,建立 GIS 的过程是以认知科学为基础、以计算机为手段,对地理空间数据进行有效组织的过程,这一过程是以地理空间认知为桥梁,对现实世界的地理现象进行逐步抽象,通过一层层具有不同抽象程度的空间概念来实现的。

关键词:GIS;认知;数据组织

随着人们认识水平的不断提高和计算机技术的迅猛发展,GIS 从开拓发展、巩固突破应用阶段进入了社会化阶段。GIS 和其他相关学科(如 RS、测绘学、地理学等)的共同发展,最终形成了地理信息科学和地球空间的信息科学。作为地图科学,GIS 是地理信息科学和地球信息科学的重要组成部分之一,GIS 为智能决策支持服务,决策支持的过程就是问题的求解过程,即认知操作过程,数据组织是问题求解过程的一个必要的基础组成部分,是 GIS 的重要研究内容。为了实现 GIS 智能决策的目标,理解人们某些特定方面的认知是必要的,但这个目标经常很难达到,主要是因为对 GIS 中认知问题的关注程度不够、理解不够。因此,目前对认知问题重视程度的不足是地理信息技术有效性的一个主要障碍。认知研究将直接导致 GIS 系统的改进,改进后的系统将充分体现人类的地理感知,因此,认知问题的研究对设计更有效的 GIS 是有帮助的。

一、GIS 认知

在这里沿用认知是研究知识的获得、储存、提取及运用的定义。发生在地理空间上的认知称为地理空间认知,它是对地理空间信息的表征,包括感知过程、表象过程、记忆过程和思维过程,实质是对地理现象或地理空间实体的编码、内部表达和解码的过程。

地理空间认知是地理学的一个重要研究领域,是地理认知理论之一和 GIS 数据表达与组织的桥梁和纽带,研究地理空间认知对 GIS 的建立具有重要作用。认知、空间认知、地理空间认知以及 GIS 之间的关系如图 1 所示。

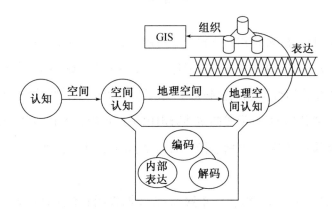

图 1　认知、空间认知和地理空间认知与 GIS 的关系
Fig. 1　Relationship between GIS and geographical spatial cognition, spatial cognition, cognition

随着地图应用的进一步深入以及计算机等技术的飞速发展,GIS 成为人们认识、理解世界的另一重要工具。目前,在现实生活中,地图是人们表达地理现象(事物)最常用的工具或方式之一,它是地表空间关系和空间形成的视觉图解表象。因此,地图是空间表达的一种普通方式。从概念上讲,它既可以看作一种图形图像,也可以看作一种图形几何结构。前者导致了栅格数据模型,其基本元素是栅格单元,用网格来表达,它是基于位置的,后者导致了矢量数据模型,基本元素是点线面,在拓扑结构中还包含拓扑关系,它是基于对象的。可见,GIS 的矢量模型和栅格模型实际上是一种基于地图的模型。因此,GIS 认知是以地理空间认知为基础,在相关理论(如地图认知、认知心理学)的指导和支持下,对 GIS 系统建设整个过程的描述和表达,并以此指导 GIS 系统建设,使所建立的 GIS 系统既符合人们的认知习惯,又符合计算机技术原理的基本要求,促进 GIS 系统的人性化、智能化。

地理空间认知的重要基础之一是认知心理学,目的是建立地理空间认知模型,利用它可以优化 GIS 数据组织模型,实现客观世界的计算机管理,并起到辅助决策的作用。因此,要建立符合人性思维的 GIS,实现海量地理空间数据的 GIS 辅助决策,必须重视空间认知心理学研究。在数据的处理过程中,应借鉴人脑对信息处理方式和思维过程。

人脑的地理思维（包括地理抽象思维、地理形象思维和地理创造性思维）形成了地理意象，地理意象有地理区域、综合体、地理景观和区域地理系统四种模式。GIS 对于地理现象或地理实体的表达与组织、处理与分析要遵循这四种模式以及其中的关系。目前 GIS 对于思维的模拟有两种典型的方法论——连接主义和符号主义，但要使其模拟人脑思维并实现人脑的某项功能，必须具备一定的条件，并发展相应的理论。

GIS 是对地理空间信息的描述、表达和运用，其初衷是用计算机模拟分析地表现象、地理时空过程，并为辅助决策服务，即 GIS 应该以认知科学为基础，以计算机为手段（工具），

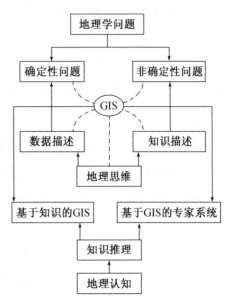

图 2 地理学问题的 GIS 回答
Fig. 2 Replying problem about geography with GIS

运用地理思维来模拟分析地理问题。用 GIS 可以解决的地理学问题如图 2 所示。

地理知识的描述需要地理思维，它们与 GIS 相结合会产生基于知识的 GIS 和基于 GIS 的专家系统两种结果。这两种系统都是以地理认知为基础的。地理认知、地理思维和 GIS 的关系可用图 3 来表示。

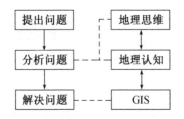

图 3 地理认知、地理思维与 GIS
Fig. 3 Geographic cognition，geographic thinking and GIS

二、GIS 数据组织

　　GIS 数据最终要存储在数据库中,因此,GIS 数据组织涉及计算机的有关知识。由于 GIS 与其他数据处理系统(如 CAD)的本质区别在于 GIS 的空间数据处理与分析(尤其体现在拓扑关系上),因此,GIS 空间数据的数据组织是整个系统能否有效运行的关键。应用认知理论对 GIS 数据组织进行认知分析,实质上就是利用信息流、知识流来分析和表达 GIS 的研究方法。GIS 数据库中,地理现象的组织和表达是地理信息科学最核心、最根本的内容之一,当然也是 GIS 的核心和关键问题之一。数据组织问题涉及 GIS 系统应用开发的成败。传统意义的数据组织只注重研究数据模型和数据结构,实际上 GIS 数据组织的内容非常广泛,涉及的理论是 GIS、地理信息科学或地球信息科学的基本理论。

　　GIS 空间数据组织的对象来源于现实世界的地理现象(客观实体),因此,必须对现实世界进行抽象和表达,以建立现实世界的 GIS 数据模型。抽象的过程是人们对现实世界进行认知的过程,表达的过程是人们对现实数据进行计算机再现的过程,如图 4 所示。

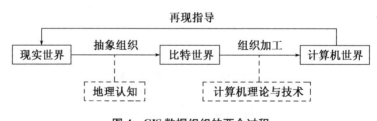

图 4　GIS 数据组织的两个过程
Fig. 4　Two processes of GIS data organization

　　顾及图形数据本身的特点,GIS 系统的数据组织与纯属性数据的组织有很大不同(无特别说明时文中的数据组织指 GIS 空间数据组织),包括微观数据组织和宏观数据组织两部分内容,两者之间既有区别又有联系。宏观数据组织具有大区域、大尺度的特点,是真正从地理空间的角度来研究地表现象的组织与表达方式,而微观数据组织具有抽象、具体的特点,它注重研究地表现象个体以及它们之间的内在联系,在此基础上建立地表现象的逻辑组成关系。前者以后者为基础,并为后者提供关系空间和实验空间,后者为前者提供逻辑基础，是前者研究的前提。两者均以地理认知或空间认知理论为基础，利用计算机技术来实现，两者的关系如图 5 所示。

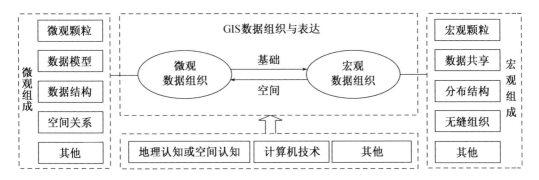

图 5　宏观数据组织与微观数据组织之间的关系及内容

Fig. 5　Relationship between micro-data organization and macro-data organization and Their contents

1. 微观数据组织

微观数据组织是指通过研究地表现象的微观抽象表达，进而研究它们的计算机存储、管理和分析，如通过地理认知，人们把地表现象抽象为点线面体四种类型，为了在计算机中再现这些地表现象，根据计算机科学有关理论（如计算机图形学、数据库、数据结构等），按照点线面体的组织方式选择合适的数据模型和数据结构，来实现地表现象的可视化表达。微观数据组织是从微观上研究 GIS 数据组织的一种方式，是建立任何GIS 系统的基础和前提，其内容包括微观颗粒、数据模型、数据结构、空间关系等。微观颗粒是指组成地表现象的基本元素，是 GIS 信息组织的基本单元，有坐标点、栅格像元、地理特征三类。

人们对现实世界的地理现象通过认知和抽象，把地理实体结构化为数学上的点线面以及栅格单元（格网），这种抽象与描述方法造就了基于分层的数据组织方法。实际上，点线面以及栅格单元是不存在的，这种抽象不是一种对真实地理空间的描述或表达方式。对地理实体属性和关系共性的认识是人们认知的开始点，可见，人们对客观世界的初识是基于地理特征的，这种认知方式造就了基于特征的数据组织方法。

基于分层的数据组织和基于特征的数据组织都以实体模型和场模型为基础，但基于特征的数据组织在面向对象数据模型的基础上使用面向对象的技术方法来组织数据，而基于分层的数据组织主要在矢量数据模型、栅格数据模型以及关系数据模型的基础上使用分层的方法来组织数据。虽然随着技术手段的不断发展和完善,分层的数据组织方法也渗入了面向对象技术,但这并没有构成真正的面向对象的数据模型。可见,两者存在根本的差别。

2. 宏观数据组织

宏观数据组织是以微观数据组织为基础,以数字地球为框架,研究大型 GIS 海量数据的存储、组织、管理与共享,其内容主要包括宏观颗粒、数据共享、分布式结构以及无缝数据组织等。宏观颗粒是指大型 GIS 中存储和管理数据的基本组成单位,如图幅、行政单元等。

在 GIS 建立之初,所应用的区域范围是比较小的,随着 GIS 应用领域的不断推广和深入,应用 GIS 研究的区域越来越大,区域性 GIS 越来越受到重视,这种类型的 GIS 具有大中小比例尺的要求,所面对的数据量越来越大,从最初的 MB 数量级已经发展到了现在的 GB 数量级甚至 TB 数量级,已经到了海量的程度。所有这些数据都一起推动着 GIS 向大型化方向发展。大型 GIS 有不同的表述方式,如企业 GIS、政府 GIS。另外,数字地球、数字中国、数字流域以及数字城市等都是大型 GIS 的一种表现形式。海量数据是它们的共同特征,海量空间数据的管理成了制约 GIS 发展的一个瓶颈。因而,解决大区域海量空间数据的统一管理成了 GIS 广泛应用面临的主要问题。从数据组织的角度在宏观上进行研究有助于这一问题的解决,它涉及认知理论。把认知理论应用到数据组织的应用研究中,使得数据组织既符合计算机技术原理的基本要求,又符合人们的思维习惯。可应用到海量数据组织管理的认知理论主要有:① 分级分类理论,主要指人们为了组织数据以及更有效地存储知识而使用的怎样把具有共同属性的实体组进行分类的方法。② where、what、when 的认知理论。where、what、when 三个知识系统之间的相互作用,使得人们能够正常行使职能,what 涉及实体的标志,where 涉及实体的相关空间关系,when 涉及实体的变化运动以及对过程的探测。由于使用上的根本差别,三个系统在性质上彼此区分,在人脑中独立编码,但它们相互交织,在空间上相互作用。③ 总体先于局部原理,即对于视知觉,总体特征先于局部特征被知觉,总体加工处于局部分析之前的一个必要的知觉阶段。

上述理论要根据 where、what、when 之间的相互关系,应用有关理论(如分级分类理论)对海量数据进行从粗到精的组织与管理。另外,由于 GIS 表现的是地理时空过程,因此其数据组织模式必须符合地理规律。地理时空等级组织体系对此做了简要概括,为实现具有不同时间和空间比例尺的海量空间数据的浏览提供了数据组织模式。海量数据的分布式存储组织符合地理信息分布的特点与要求,建立分布式地理数据库,实现 GIS 数据的分布式管理即分布式 GIS,是一种较实用的方法。有两个解决方案:基于元数据的异质数据获取方案;基于 FDBS 的异质数据库一体化方案。其中涉及的 GIS 无缝数据组织包含三个方面的内容,即同地数据库或异地数据库之间不同数据层的无缝组织、不同比例尺的无缝组织和不同时相的无缝组织。另外,从计算机的角度讲,还可以使用数据压缩的方法,把 GIS 海量数据变为非海量数据。目前,栅格数据的压缩和数据简化算法已经比较成熟,但在矢量数据压缩方面还很不完善,混沌理论、人工智能、专家系统、分形分析和模糊逻辑系统等都可以应用到 GIS 海量的矢量数据压缩和简化中。

三、结语

(1) 认知是 GIS 的基础理论之一,数据组织是 GIS 的重要研究内容之一,从认知的角度研究 GIS 的数据组织,可以丰富 GIS 的研究内涵、充实 GIS 基础理论、推动 GIS 自身的发展,还可以促进地理信息科学、地球空间信息科学的进步。

(2) 建立 GIS 的过程是以认知科学为基础,以计算机为手段,对地理空间数据进行有效组织的过程,这一过程是以地理空间认知为桥梁,对现实世界的地理现象进行逐步抽象,通过一层层具有不同抽象程度的空间概念来实现的。

参考文献

[1] 邬伦,刘瑜,张晶,等. 地理信息系统——原理、方法和应用[M]. 北京:科学出版社,2001.

[2] 李德仁,李清泉. 论地球空间信息科学的形成[J]. 地球科学进展,1998,13(4):319-326.

[3] 李德仁,李清泉. 地球空间信息学与数字地球[J]. 地球科学进展,1999,14(6):535-540.

[4] 李德仁. 论"GEOMATICS"的中译名[J]. 测绘学报,1998,27(2):95-98.

[5] Goodchild M. Geographic information science [J]. International Journal of Geographical Information Science,1992,6(1):31-45.

[6] 周成虎,鲁学军.对地球信息科学的思考[J].地理学报,1998,53(4):372-380.

[7] 胡鹏,杨传勇,李国建.GIS发展瓶颈、理论及万象GIS实践[J].武汉测绘科技大学学报,2000,25(3):212-215.

[8] UCGIS(University Consortium for Geographical Information Science). Research priorities for geographical information science[J]. Cartography and Geographical Information Systems, 1996, 23(3): 115-127.

[9] Peuquet D J. Representation of geographic space toward a conceptual synthesis[J]. Annals of the Association of American Geographers, 1988, 78(3): 375-394.

[10] 鲁学军,周成虎,龚建华.论地理空间形象思维——空间意象的发展[J].地理学报,1999,54(5):401-409.

[11] 袁小红.关于图文理解的认知研究[D].北京:中国科学院自动化研究所,1997.

[12] Mennis J L, Peuquet D J, Qian L J. A conceptual framework for incorporating cognitive principles into geographical database representation[J]. International Journal of Geographical Information Science, 2000, 14(6): 501-520.

[13] Usery L. Category theory and the structure of features in eographic information system[J]. Cartography and Geographic Information Systems, 1993, 20(1):5-12.

[14] 陈常松.面向数据共享的GIS语义表达理论的初步研究[D].北京:中国科学院地理研究所,1999.

[15] 侯清波,梁红,温秋生.GIS的最新发展趋势[EB/OL]. http://geocom. hhcc. net. cn/magz/wk0003/wk1802. htm,2000.

[16] 董振宁.GIS应用新趋势[EB/OL]. http://www. sp. com. cn/html/xxhit/xinxihua10. htm,2001.

[17] 刘纪平.海量空间数据组织与管理初探[J].中国图象图形学报,1998,3(6):500-503.

[18] Mennis J L. Human cognition as a foundation for GIS database representation[EB/OL]. http://www. usgis. org/Oregon/papers/mennis. htm, 2001.

[19] 王更,汪安圣.认知心理学[M].北京:北京大学出版社,1992.

[20] 鲁学军,励惠国,陈述彭.地理时空等级组织体系初步研究[J].地理信息科学,2000(1):60-66.

[21] 马荣华,黄杏元.大型GIS海量数据分布式组织与管理[J].南京大学学报(自然科学版),2003(6):836-843.

[22] 朱欣焰,张建超,李德仁,等.无缝空间数据库的概念[J].实现与问题研究(武汉大学学报信息科

学版),2002,27(4):382 – 386.

[23] 马荣华. 大型 GIS 海量数据的无缝组织初步研究[J]. 遥感信息,2003(3):44 – 48.

Preliminary Study on GIS Cogntion
and Data Organization

MA Rong-hua Huang Xing-yuan

Abstract：GIS cognition depends on people' understanding and cognition to map. GIS data organization, whose contents come from the real world, is one of the key and core problems on GIS. Therefore, it is necessary to abstract and describe the real world in order to make the real world expressed on the computer and to develop the practicable GIS. Certainly, geographic spatial cognition should be applied to the whole abstract course. Consequently, we must reasonably organize the data on computer based on the cognitive theory during developing GIS.

Key words：GIS；cognition；data organization

Normalization Aspects on the Information Systems for Regional Planning and Management at Province, City and County Levels

Huang Xing-yuan   Yao Xu-rong

Abstract

Considerations on the establishment of reginal GIS at province, city and county levels are given, based on the trend in the development and application of the systems. These are related to system design objectives and tasks, software and hardware configurations, normalization and standardization aspects of the systems. Also given in this paper are the examples of application of such systems.

1. Introduction

"The normalization study on information systems for reginal planning and management at province, city and county levels" as a part of the work on normalization and standardization of the information systems of resource and environment, was one of the subjects registered in the country' 7th 5-year key problem program. Its aim was, through trial use of certain systems, to put foreward programs for establis normalization program or standardization test concerning system design, data quality control and software development, and to provide typical examples so as to serve as a base for establishing national standard and to provide experiences for establishing similar system at other levels.

The study consisted of 7 sub-themes, concerning Liaoning province, Henan

Normalization Aspects on the Information Systems for Regional Planning and Management at Province, City and County Levels

109

province, the city of Tangshan and Suighou, the county of Liuhe, Kenli and Liyang, and we achieved remarkable progress over the past 3 years, with the support of the leadership and by the efforts of the scientific workers.

2. System Design and Tasks

Different opinions existed on the objectives and tasks of establishing automatic information systems named by their own administrative division names. So in overall design of the systems demands and requirements of the users were investigated and analysed and with the existing techniques and the financial condition also weighted, objectives of establishment were finalized as:

By continuous processing, aquiring and supplying information.

To make the people realise population, resource, economy, environment status in their own region.

To make the people known about the original state and way of development in their region.

To allow the study of the relationship between people, material, land information and the law of interaction, so that regulation and control of the material flow, energy flow and information flow within a region can be carried out by using the generated information of analysed results, in order to turn the whole region into a desired state or onto the right track, and realise the dynamic ballance and coordinate development. Thus, the basic tasks were:

1) To provide reliable, integrated, basic data and consulttative service for regional planning of great importance, strategy studying on production and thematic study for the purpose of macro-management of the region, which include data storage, enquiry, retrieval, measuration, statistics and output of graphics.

2) To accomplish the individual or thematic studies on regional planning, management, policy making and raise the management level of regional resource,

economy, population and environment, including resource evaluation, population control, economy prediction and land use mornitoring etc.

3) To provide technical evidence for comprehensive study on regional planning and management and for proper use of the resource in the region, such as comphensive evaluation area by area, optimization of regional economic structure, study on resonable deployment of production force, optimized, ballanced, comphensive analysis of the national economy, and computer assisted feasibility study on regional projects.

The general characters of the information systems for regional planning and management at the 3 levels should be considered as the base for establishing such systems; but owing to the different size of the spacial frame of a province, a city or county and the different tasks of the various administrative units, the software and hardware configurations of the systems should be also different.

1) A system at provincial level is mainly aimed for doing comprehensive, strategic, regional land planning tasks. So, a computer with a internal memory capacity of over 8 m is usually required together with its software and hardware which are shown in Figs. 1 and 2.

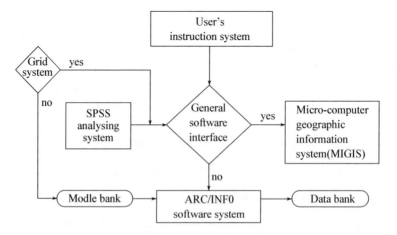

Fig. 1   Main software configuration of the system at provincial level

Normalization Aspects on the Information Systems for Regional Planning and Management at Province, City and County Levels

111

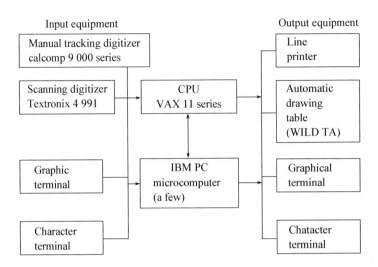

Fig. 2   Hardware configuration of the system at provincial level

2) A system at a city level is mainly intended for overall planning and layout of municipal facilities. Thus, the equipment suitable should be either a fine superminicomputer or a micro-computer of high quality. The configurations of the software and hardware of the system are shown in Figs. 3 and 4.

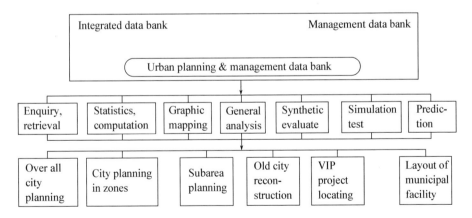

Fig. 3   Software configuration for an urban information system of space type

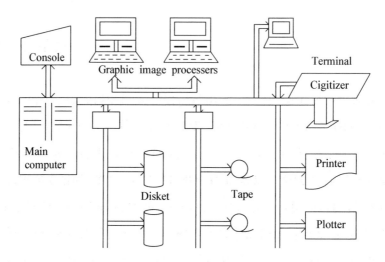

Fig. 4　Hardware configuration of the system at city level

3）A system at county level will take resource inventory, land use planning & management of the county as its main task.

Therefore, it would be suitable to make the Great Wall computer or other compatable micro-computer as its main equipment. The hardware and software configurations of the system are shown in Figs. 5 and 6.

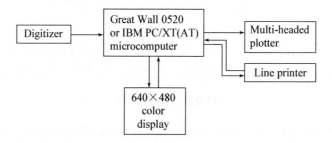

Fig. 5　Hardware configuration of a system at county level

Normalization Aspects on the Information Systems for Regional Planning and Management at Province, City and County Levels

113

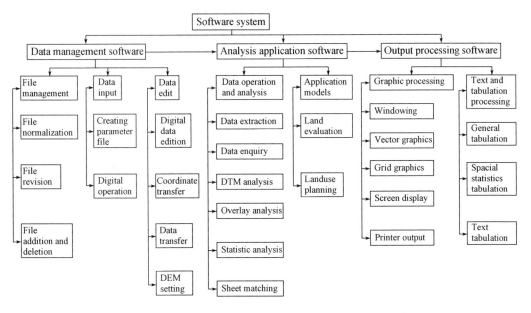

Fig. 6   Software configuation of the system at county level

3. Nomalised and Standardised Designs of Systems

1) Determination of data levels of the system

The application of a GIS requires a digital map data base be established first, and the establishment of the base requires necessary data types be determined in accordance with the application purpose of the system. The types of data should be orgnised logically into groups of data levels. The division of data level and the contents belonging to a level depend fully on the function of the system. Following are the tabulations showing the data levels and attributes concerning the systems at province, city and county levels, respectively.

Table 1   Information layers in data base

System type	Data type	Level	Name of level	Attribute
System at city level	Spacial data	1	Soil	type, quality, thickness, oranic substance, PH, looseness, potas, nitrogen, phosphorous, location, area, moisture
		2	topograph	type, height, relative elevation
		3	slope & direction	slope, direction, grading, surface area, hidden characteristics
		4	land use	type, area, perimeter, adjecent, feature
		5	administration unit	name, type, population, area, perimter
		6	living area & road	type, grading, mileage, traffic flow, width & quality of road
	Statistical data	1	land resource	land area of 1st & 2nd class in rural area, change in main fields, yield & value of production, production item
		2	population resource	total population, population in villages, age, sex, occupation, education, nationality income, child birth, labour force
		3	water resource & weather	temperature, rainfall, sunlight, wind, disasterous weater, type of water body, area, total amount of water, required amount of water
System at province level	Spacial data	1	place of land	surveyed Boundary, attribute, number.
		2	streets	grading, location, width, quality, traffic capacity & capacity of flow, code of a street
		3	public facility	type, high or low pressure, capability date of construction & service
		4	sheets of sub-areas	population statistics, landuse type, codes of subareas, type of a subarea
		5	topography	type, elevation, slope
		6	projects	type of building & density
		7	environment	type, endurance, compactness, noise, and water polution

Normalization Aspects on the Information Systems for Regional Planning and Management at Province, City and County Levels

115

(**Continued**)

System type	Data type	Level	Name of level	Attribute
System at county level	Statistical data	1	transport	flow conditions of people & vehical
		2	population	density, age, sex and occupation
		3	industry	type, output value, profit or gains
	Spacial data	1	topography (1 : 250 000)	elevation, type
		2	sheets in areas	admistration division
		3	natural feature	type of landuse, soil and vegetation
		4	scientific observatory	No. , objects observed, grade, date of establishment
		5	soil erresion	grading, susception area, controlling
		6	hydrogeology	No. or code of areas divided, main features
		7	environment protection	name, nature
		8	mineral distribution	code or No. of the areas, quantity & quality features
	Statistical Data	1	water resource & weather	hydrographic feature, temperature, changes
		2	population	feature of population composition
		3	tourism resource	classification, significance
		4	industry, farming	composition, output & output value

2) Data classification system and code structure

To statisfy the needs of storage, encoding and retrieval with the computer classification of the data should be done. A sound classification system and classification standard mean for the orgnization of the data, the link of data and the processing of the data. Based on years of studies regarding the systems, a 5-level classification system has been proposed for each case (Fig. 6) together with corresponding data classification code strutures (Fig. 7).

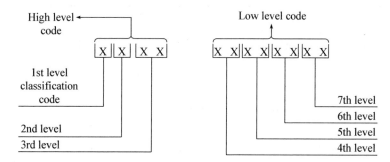

Fig. 7   Code structure of data classification

3) Structure of system's information flow

The investigation, analysis and structure of the system's data flow is the base for establishing a new logic model of the system and is one of the important stages in developing a complete GIS. One of the most important aspects concerning the study of norm and standard for the system is to reveal the complete logic structure of the system through constructing the data flow and set up readable specifications and descriptions so as to provide instruction and base for modular design. With the information systems for regional planning and management at province, city and county level, the data flows are basically the same. The data classification and low process designed for the system of Liaoning province are shown in Fig. 8 and Fig. 9.

4. Examples of Application of the System

As the study was mainly funded by the local governments at the three levels, full attention was paid from the very beginning to the practical application capability of the system in regional planning and management. In conbination with the local needs for production and management, a number of application subjects were carried out on land use evaluation and planning, flood control measure analysis, land resource inventory and area measuration, and computer-assisted overall planning for cities. Through the application practices good result have been achieved economiclly cities. Through the

Normalization Aspects on the Information Systems for Regional Planning and Management at Province, City and County Levels

117

application practices good result have been achieved economiclly and socially, very helpful for popularisation of the new technology GIS in the local areas.

I	II	III	IV	V	VI	VII
national resource	land resource	landuse	farmland	paddy field	paddy field	high banked field low banked field
				dry land	flat dry land	terraced dry land ordinary dry land
			land for urban construction		slope dry land	gully dry land
					land for house, land for service facility,	park lawn, street lawn
				living	land for road in living area	green cover for production, for pretection
				quarter greencover	public lawn greens for production & protection	

(1st—5th for provincal system)
(2nd—6th for county system)
(3rd—7th for county system)

Fig. 8　Data classification system and range of suitability

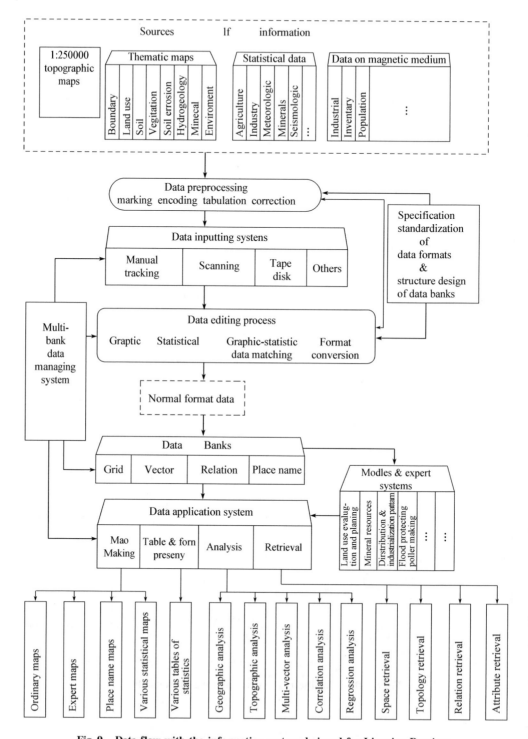

Fig. 9   Data flow with the information system designed for Liaoning Province

Normalization Aspects on the Information Systems for Regional Planning and Management at Province, City and County Levels

119

1) Assisting overall city planning

The overall city planning with the help of GIS is actually a process covering comprehensive processing and analysis of the large amount of spacial, social, economic and statistic data, planning and decision-making, because it involves storage, management, enquiry and retrieval of the planning data, the generalised assessment of the multifactors and the comparison between schemes. In accordance with the requirment of the city of Huangshi for regional planning, for example, we have evaluated the land on suitablity for construction, the development sequence of construction, the environment quality, the complete city, and worked out a planning scheme for the city's roads. With the different factors (Table 2) taken into consideration in each case, the same basic unit of 50 m×50 m adopted and the general evaluation method involving fuzzy weight used, planning analysis has gone into the depth and width unreachable by the conventional methods, increasing the quality and speed of the planning.

Table 2. Evaluation objectives and Factors

Objectives of evaluation	Evaluation factors
Construction condition & sequence	elevation, slope, wearness of land, land use time internal, the three conditions, administract, division, compactness
Suitability of land for construction	elevation, slope, wearness of land
Sequence for construction	time internal, three conditions, land use administract division, compactness
Urban environment quality	atmosphere, noise, water pollution
Urban environment pollution & space development	population density, construction quality & density, living standard
Road planning scheme	economy, population, land use, transportation, flow capacity of road network

2) Land use evaluation and planning

Land use evaluation and planning is the major goal for an information system at county level to seek. With the development of system theory, GIS with the computer as the core has gradually come into the area of land use planning and studying at county level. For instance, with the information system of Piaoyang county, land resource evaluation was carried out based on the analysis of the data on the region' natural, economic and environment factors, and schemes of growing tea, mulberry and fruits and program for farming structure adjustment were determined by taking the existing land use status into consideration. With the land use maps obtained after adjustment and the general analysis done about material, money, labor force, transportation condition, regional economic results etc, a feasible land use planning program of the county was put forward. The technical procedure is given in Fig. 10.

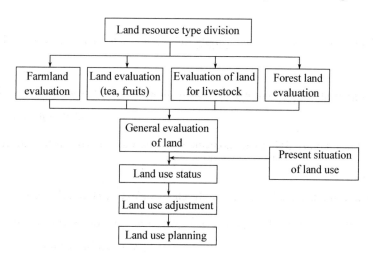

Fig. 10   Procedure of land use planning

References

[1] He Jianbang et al. The research report of normalization of national resource and environment information system, Annual of the State Key Laboratory at Resources and Environmental Intormation Syetem, Institute of Geographic Sciences and Natural Resources Reseach, CAS, Beijing 100101, China. 1984.

[2] Chen Bingxian et al. The research of information system for regional planning and management at province, city and county level[C]//The Serie of Preceedings of Resource and Environment Information System. The Publision House of S. & M, 1990, 10.

技术方法

PART 2

用行式打印机自动绘制地图的方法

黄杏元

目前计算机制图方法基本上分为宽行打印机制图与自动绘图机制图两大类。宽行打印机制图,设备简单,成图速度快,打印机符号规格化,打印出的地图美观,易读性强,已成为一种重要的自动制图方法。

一、编图准备工作

行式打印机可以绘制的图型主要分两类,即等值线图与分级统计图。地图上有的内容要素(如地势、气压等)是按连续方式变化的,对应的空间模型是连续曲面(图 1),将这种三度空间的连续曲面表示在二维平面上,一般是选择等值线图的制图方法。相反,地图上有的内容要素是非连续分布的,它们对应的空间模型是梯状曲面(图 2),表示梯状曲面只能采用分级统计图的制图方法。但是,地图上有的内容要素(如人口密度),常常既可作为连续曲面处理,也可作为梯状曲面处理。因此,制图前必须深入研究制图对象本身,研究制图资料的曲面性质,选择表示这个曲面的合理的制图方法。这是计算机制图的理论问题之一,它关系到计算机制图的整个过程。

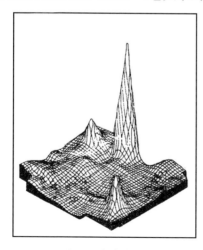

图 1　连续曲面

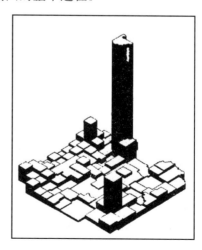

图 2　梯状曲面

(据 George F. Jenks,1963)

其次是准备底图。利用宽行打印机绘制地图之前，必须将制图区域的轮廓线，以点的坐标形式输入计算机。如果是分级统计图，还必须将各区的轮廓线同时输入计算机。这就需要一张和成图比例尺相同的底图，将底图上轮廓的特征点，按照在与宽行打印机的字符尺寸相一致的格网内的位置（原点取在制图区域的左上角），记录各点相对于原点的行和列，组成数据场，这就是底图轮廓的数字化（或者根据数字化的数据，经过简单的换算，例如3.18毫米为一行，2.54毫米为一列）。轮廓线最大的列编号不得超过行式打印机一行内的最大字符数。如果按130列计算，也就是成图的最大水平图廓线的尺寸为33.02厘米。而轮廓线的行编号理论上不受限制，可以根据制图的需要和计算机内存容量的大小来决定。

二、要素分类与分级界限的计算

计算机制图使用的资料，一种是实际观测数据，另一种是按区域单元统计的数据。使用这些数据时必须进行取舍和化简。计算机制图对内容要素进行取舍和化简主要表现在要素的分类与分级界限的计算上。计算机制图的优点之一也就在于能根据一组相同的数据，得出一组分类与分级界限不同的地图，使制图人员有可能从中选取最佳方案的地图。

分类数目和分级界限的大小，取决于原始数据的数量、制图资料的质量以及统计曲面相对起伏的大小，但是从地图的感受效果上看，专门内容的分类数目一般不要超过8~10级。分级界限的计算，必须根据不同的内容要素和它们的分布特点，选择不同的数学方法。通常用来计算专门内容要素的分级界限的数学方法有算术级数法、几何级数法、倒数法、分组平均法、等步长法、频率曲线法、累积曲线法等。

以绘制江苏县级人口密度图为例，利用计算机进行人口密度分级的过程可以用框图表示如图3所示。

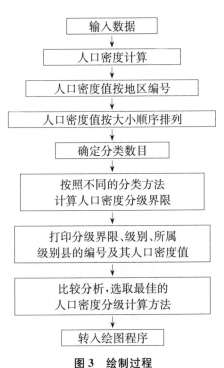

图3 绘制过程

虽然分类数目不变,但是由于计算分级界限所采用的数学方法不同,得出的分级界限就不同,最后绘出的地图也不相同,这一点必须特别加以注意。必须使得选取的方法是拟合这组数据最好的方法,这样才能使绘出来的地图科学性强,富有表现力。

三、拟定地图符号

一台宽行打印机通常有 48 个符号(包括字母、数字、数学符号和标点符号),每个符号的理论尺寸有两种规格,一种是 3.18×4.23(毫米),一种是 2.54×3.18(毫米)。通过符号与符号之间的重叠打印(通过托架控制格式语言来实现),如果重叠打印一次,可以得到 1 000 种以上的新符号,如果重叠打印多次,构成的新符号的数量是相当惊人的。这些图形各不相同的符号为计算机制图提供了丰富的灰度层次。

但是,当专门内容要素的分类与分级的数目确定以后,对这些符号的选择不应当是任意的,而应该根据分类的级别和读图效果,选取表示在图上的一种最佳的图例方案。

根据 Stanislaw Grzeda(1977)的研究,宽行打印机上的每一种符号都有相应的符号灰度百分比(图 4)。

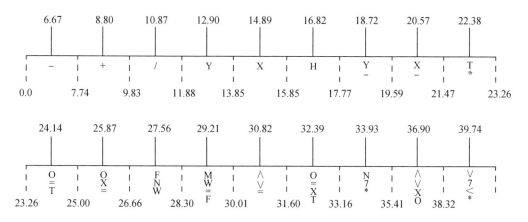

图 4 符号灰度百分比(据 Stanislaw Grzeda,1977)

为了使得由宽行打印机符号组成的图形,其灰度呈等梯度变化,以便感受效果最好,可以根据相应的灰度理论(图 5),选取不用灰度百分比的符号。

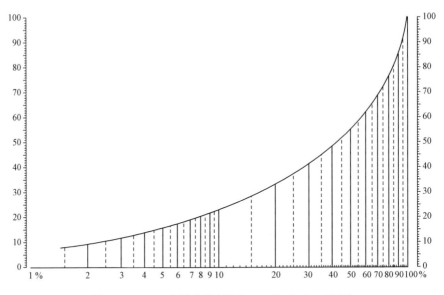

图 5　Williams 灰谱曲线（据 George F. Jenks，1963）

以采用 Williams 灰度理论为例，设定纵轴为符号分级数，横轴为符号对应级别的灰度值（％）。如果图上需要选取五种不同的符号，只要将 Williams 曲线的纵轴四等分，分别作平行线与曲线相交，再从曲线上引垂直线与横轴相交，最后根据交点的灰度读数去找相应灰度值的符号，于是由这些符号组成的图例，就是相应于这种灰度理论的最佳图例。

但是必须注意，宽行打印机重叠打印符号的速度是很慢的，因此对于简单的地图，可以使用如下几种符号：·，，，－，＝，＋，× 。

此外，尽管宽行打印机可以利用符号重叠打印的方法来扩大符号的灰度等级，但是，宽行打印机上的符号可用的灰度值仍然只能在一个较小的范围内变化。

最后，还可能有这样的情况，即灰度百分比相同的几个符号，在图上所得到的灰度效果可能不一样，这和这些符号本身的几何特征有关，例如结构集中的符号，在图上给人的灰度效果，要比结构松散的符号强。因此在选定符号时也要注意这一点。

四、程序设计

一张由宽行打印机自动绘制的地图的内容也包括：图名、图廓线、方位、比例尺、图示符号以及专题内容。其中,图示符号和专题内容属于计算型的内容,其他属于非计算型的内容。但是,不管计算型内容或非计算型内容,都必须通过程序设计,经由计算机处理,最后由宽行打印机自动绘制成图。

1. 数据的组织和输入

宽行打印机在打印字符或符号时,是从左至右、从上而下进行的。因此凡确定区域轮廓的原始数据,如前所述,必须以制图区域左上角为原点,然后逐点确定特征点的坐标。为了便于程序处理,根据轮廓线的特点,将数据分为两组:连贯轮廓线数据与非连贯轮廓线数据(图6)。

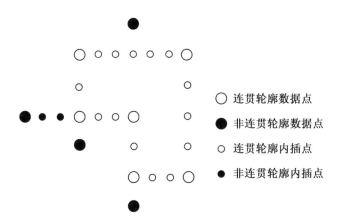

图 6   连贯轮廓线数据与非连贯轮廓线数据点

它们分别按照不同的格式进行组织:

	第 1 2 3 4 5 6 7 8 9 10 11 12 13 …			第 72 列
连贯轮廓 线数据	X_1	Y_1	X_2	Y_2 …
非连贯轮 廓线数据	X_1	行数	Y_1	列数 …

这样可以减少原始数据输入的数量,特别是对于卡片输入尤为有利。对图名、图例等原始数据可以按照非连贯轮廓线数据的方式进行组织,这有助于制图程序的简化和数据结构的紧凑。

2. 制图方法原理框图(图 7)

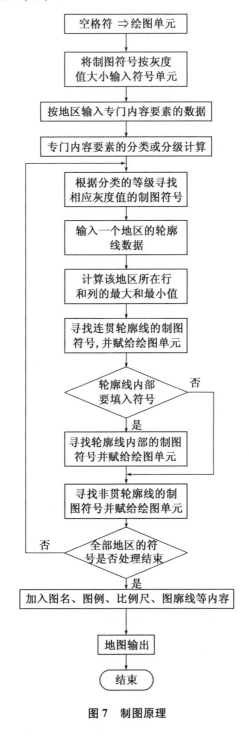

图 7　制图原理

3. 寻找轮廓线内部制图符号的方法

要寻找轮廓线内部的制图符号,按行和列的方向扫描,或者沿一定角度的方向扫描(图 8),都比较困难。R. Ramachandran(1975)提出将制图区域分割成许多大小不同的矩形块的方法(图 9),由许多矩形块的符号来组成一个制图区域轮廓线内部的符号,这种方法比较简单,但是预先用手工分割矩形块,比较费时,而且容易产生错误。本文采用先建立一个地区最小的矩形区域$[IQ, IQQ; JQ, JQQ]$(图 10),然后沿轮廓线向外,直到矩形$[IQ, IQQ; JQ, JQQ]$的边界,先充成一种符号,于是矩形$[IQ, IQQ; JQ, JQQ]$剩下的部分就是需要充成另一种符号的区域。利用这种方法在准备分区域轮廓线数据时比较简单,而且可以同时绘制两种地图:只有轮廓线的地图和轮廓线内部也填满符号的地图。实现的框图如图 11 所示。

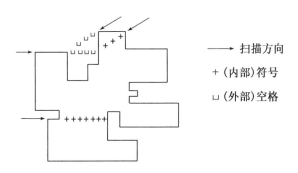

图 8　跟踪轮廓线内部的制图符号

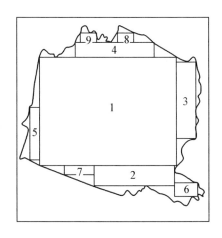

图 9　制图区域分割成矩形块

(据 R. Ramach and ran,1975)

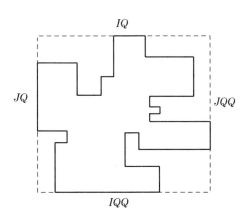

图 10　建立一个地区最小的矩形区域

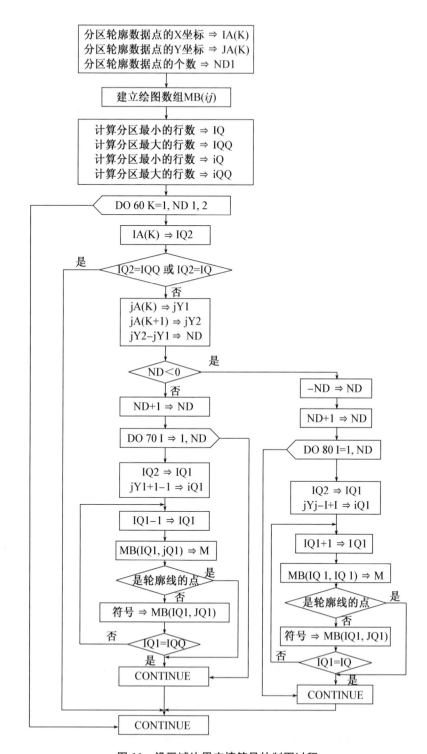

图 11　沿区域边界充填符号的制图过程

五、结语

　　利用宽行打印机自动绘制地图，是一种行之有效的制图方法。国外这种类型的地图以 SYMAP 为代表，从 1967 年形成系统以来，一直广泛使用着。

　　随着遥感资料的使用，获取空间信息的速度非常快，因此不但要研究卫星相片的自动图像处理，而且要同时将处理结果自动地、快速地以地图的形式表现出来。此外，大量的统计或观测资料，常常随时间而很快变化，要定时地、快速地将这些统计数据变成地图，只有借助于计算机的帮助，其中特别是利用计算机本身的功能，即利用宽行打印机制图，既解决了速度问题，又解决了成图问题。而且，由于在计算机处理过程中，既有计算的中间数据，又提供地图的形式，因此利用这种地图作为地理分析的工具，是非常有效的。这次试验工作是在西门子系列 4004 电子计算机上进行的，程序名为 CMAP（MB，KB，NY，NX，N，NBW），用 FORTRAN Ⅳ 语言写成，采用卡片读入方式，绘制一幅人口图共需要 4 分钟。这次试验由于时间仓促，尚存在几个问题：一是制图符号的重叠打印还没有进行，二是利用行式打印机制图还没有形成系统。

用晕线自动绘制分级统计图的方法

黄杏元

按照区域单元的统计资料,将专门内容划分成不同的等级,然后在图上相应的区域单元内绘以不同类型的晕线,以显示各区之间现象的差异及它们在区域上的分布趋势,这种类型的专题地图就叫作分级统计图。由于这种地图适于处理大量不同类型的数字统计资料,对于现象的分类分级可以采用比较严密的数学方法,以及对于图形的处理和绘制容易采用自动化的制图手段,因此目前被广泛地使用,在各类专题地图中占有较大的比重。

用晕线自动绘制分级统计图必须解决:区域单元的建立;内容分级的确定;晕线类型的计算。

一、区域单元的建立

在计算机制图应用中,经常要遇到确定和处理地理要素的空间位置。所谓区域单元的建立,就是确定分区界限一组有序的特征点的空间位置,即地理编码。由于将这些特征点连接起来就是一个多边形,因此按所采用的地理编码法的不同,又将计算机制图分为网格法制图与多边形法制图两大类。但是,为了提高地图的图解精度,保证图形质量,同时减少内存容量,本文以多边形法制图的线段编码法为例,来说明分级统计图区域单元建立的方法。

如图1所示,制图区域任何一个封闭的分区界线都是由若干个界线链(相邻两个主节点之间的一组线段)构成的,而且每个界线链都和相邻的区域发

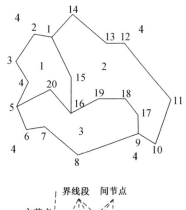

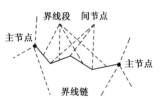

图1 用一组界线链确定分区界限

生关系。如果采用每个分区各自数字化一遍,就要造成相邻区域的同一个界线链的坐

标在数据文件中出现两次。如果采用按照界线链来单独组织坐标数据,则可以大大压缩信息容量。

根据界线链来组织分区界线的坐标数据,可以将这种数据组织的方法和以后的绘图要求结合起来。因为各个界线链之间除了主节点有重复以外,其余节点都是唯一的,只要通过对节点进行编号,然后按照绘图机笔头在绘制分区界线时的最佳移动顺序(以笔头空走的距离为最短作为依据)来组织节点的编排顺序,这样建立起来的节点顺序文件,就既可以用于分区界线的提取,又可以直接用于分区界线的绘制。例如,按照左区号—右区号—界线链—子文件分隔符的方式来组织每个界线链,则根据图 1 可以得到如图 2 的数据结构形式。

图 2 中右列的数据表示按照节点编号顺序递增或递减性质的不同,分别用一个加 1 的特征码(10000)或减 1 的特征码(20000)来对左列数据进行压缩的数据结构形式。这样,就构成整个制图区域的节点顺序文件 NQF。在将这个文件应用于制图目的时,每个子文件的开始是落笔,每个子文件的结束是抬笔。每个子文件中的区号用于计算晕线类型时分区界线的提取。根据加 1 或减 1 特征码,经由程序的简单处理,可以很容易重新获取各个节点的编号。

每个节点除了有一个唯一的编号以外,还必须有一个与这个编号相对应的坐标数据 $X(1)$, $Y(1)\cdots X(N),Y(N)$。它们可以通过图形数字转换装置来取得,以建立节点坐标文件 NCF。

在节点顺序号文件中,只有主节点的编号是重复的,但是在节点坐标文件中,各个节点的坐标是唯一的。有了这两个文件,便可以进行任意分区界线的提取。

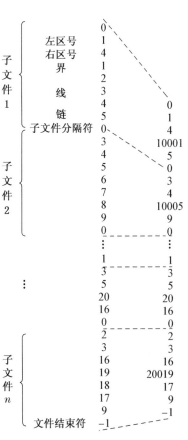

图 2　节点顺序文件的构成

(一) 分区界线的提取和综合

用晕线绘制分级统计图是按照区域单元进行的。为了保证一个区域单元内晕线图形的计算,必须将一个区域内的坐标数据整理成按顺时针或逆时针方向顺序排列。如果相邻几个区域同属于一种晕线类型(表示同一种分级),为了保证晕线图形的统一(图3),必须对相邻区域的界线进行综合,通过将它们合并成一个统一的晕线带,再提供晕线的计算。

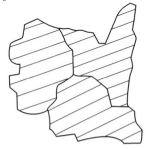 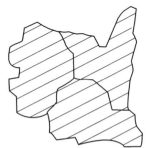

同一分级的相邻分区界线未经综合　　　　同一分级的相邻分区界线经过综合
成统一的晕线带,使绘出的晕线在　　　　成统一的晕线带,使绘出的晕线在
界线交接处不连续　　　　　　　　　　　界线交接处连成一体

图 3　晕线与区域界线的关系

图4是根据节点顺序号文件和节点坐标文件,提取分区界线和将相邻几个区域合并成一个统一的晕线带的界线的原理框图。

这种根据节点顺序号文件和节点坐标文件,提取分区界线的方法有以下一些优点:

(1) 对分区界线只要数字化一遍,减少数字化工作量,同时保证相邻分区界线的重合一致,特别是对于线条很多的晕线符号的表示,解决了相邻区域线族(一组同一类型的晕线)的统一。

(2) 节点顺序号文件就是绘制分区界线的绘图文件,由于在排列这个节点顺序号时,已经考虑到绘制各条线段的最好的顺序,因此可以最大限度地减少程序处理的时间和绘图机笔头空走的距离。

(3) 数字化顺序对照着节点编号进行,而且在数字化时不必考虑有关附加特征码信息的引进,这样便于操作和检查,同时可以减少数字化错误的可能性。

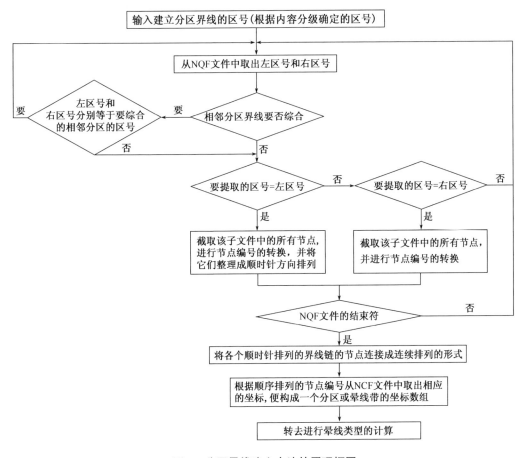

图 4　分区界线建立方法的原理框图

(二) 概略分区界线的建立方法

　　绘制晕线的区域有时不是根据原来精确的区域界线来建立的,而是根据各个测站点,将本来没有区域界线的要素观测值,变为按照分区统计的强度值来表示,即用分级统计图的方法来表示,这时就要根据现象的测站点来构成或重建概略的分区界线。这种概略界线的区域就叫作概区或者 Thiessen 多边形。SYMAP 程序系统中概略分级统计图的分区就是这种多边形,这种多边形建立的方法不但用于分级统计图的绘制,而且在计量地理学上还具有很重要的意义。例如,在某些点上通过观测或者统计所得到的人口数或者降水量,现在要作为一个区域范围内密度或强度的大小来表示,就常常要建立这种概略的分区界线。建立这种概区的方法比建立上述分区界线的方法简单,由于它属于随机多边形,因此只要提供各个测站点的位置,就能通过程序处理,自动建立分别包含各个测站点的分区界线。

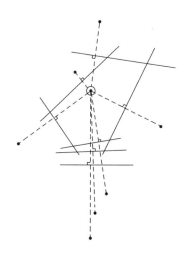

如图 5 所示,建立一个概略的分区界线,大体分为以下几个步骤:

(1) 从研究的那个测站点出发,找周围相邻的各个点,并予以连接。

(2) 依次作这个测站点和其他各个点连线的垂直平分线。

(3) 选择其中一条垂直平分线作为这个概略区

图 5　概略分区界线建立的方法

域单元的一条边,然后寻找相邻的垂直平分线和这条边的交点,便得到这个多边形的一个顶点。然后再按照规定的方向寻找这个多边形的其他顶点,一直到这个多边形自动闭合为止。这样就确定了包含这个点的一个概略分区界线,而且这个界线的每条边的直线方程及其交点的坐标都能计算出来。因此可以用于晕线类型的计算,以绘制分级统计图(图 6)。

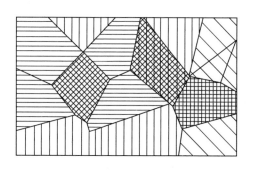

图 6　概略分级统计图

二、内容分级的确定

专门内容要素分级的确定是分级统计图的一项重要内容。分级数目的多少、分级界限的大小以及所采用的分级方法的不同,都大大地影响到地图的质量。关于这方面问题,有关文章叙述很多,这里不予赘述。以下仅以程序框图(图7)来具体说明内容分级确定的过程。

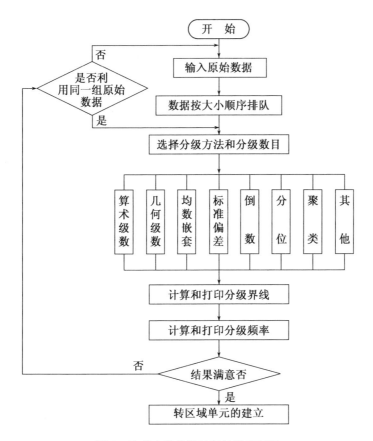

图7 确定内容分级过程的程序框图

三、晕线类型的计算

专门内容要素分级和分区界限确定以后,就可以在各个区域单元内按照级别的不同,分别绘以不同类型的晕线。确定晕线类型的指标包括晕线倾角和晕线的间隔。不同的晕线倾角和不同的晕线间隔相互组合以后,可以构成各种不同灰度层次(0~100)的图形。

这些不同类型的晕线用手工绘制是非常费时间的,现在可以由计算机处理,然后通过自动绘图机绘成很美观易读的地图(图 8)。

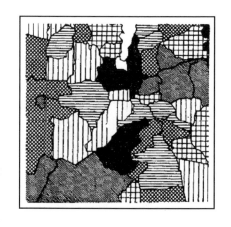

图 8　用晕线表示的分级统计图

(一)计算晕线的数学方法

计算晕线的任务在于确定晕线类型和晕线在区域内通过的位置。从图 9 可以看出,同一区域内的一组晕线都是互相平行的,可以用公式表示如下:

$$Y_i = B_i + K \times X_i, i = 1, 2, \cdots, L$$

其中:X_i,Y_i 为分区界线节点的坐标;K 为晕线斜率;B_i 为过节点的直线之纵截距;L 为分区界线的节点数。

因此,根据分区界线节点的 X_i、Y_i 和所绘制的晕线斜率的大小 K,可以求出一组截距 B_i,并且 $B_{max} > B_i > B_{min}$。

如果晕线的间隔为 H(必须是绘图机基本步距的整倍数),那么在该区内应绘制的晕线总条数:

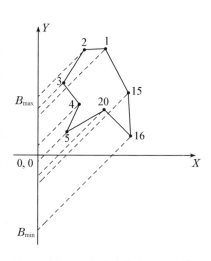

图 9　过分区界线节点的直线之纵截距

$$N = \left[\frac{D}{H} \right]$$

$$D = \frac{|B_{max} - B_{min}|}{\sqrt{K^2 + 1}}$$

其中每条晕线在区域内通过的位置,可以根据下面公式来确定:

$$X = \frac{B_{min} + J \times T - BB}{TG - K}$$

$$Y = B_{min} + J \times T + K \times X$$

其中:TG 为分区界线各条边的斜率;BB 为分区界线各条边的纵截距;J 为通过各条边

的晕线编号;T 为晕线间隔 H 在 Y 轴上之投影长度。

当所绘制的晕线是一组垂直线时,则上式改为以下的形式:

$$X=\frac{B_{\min}+J\times T+K\times BB}{1-K\times TG}$$

$$Y=BB+TG\times X$$

这样,就可以分别求出晕线与分区界线各条边相交的坐标,并将它们整理成符合绘图要求的数据排列形式,存入绘图数组,以便提供绘图使用。如果在联机情况下,当一条晕线的起讫点坐标算出以后,就可以提供绘图。

(二)计算晕线的程序框图

如图 10 所示,考虑到各种晕线类型中以 7、8、16 和 17 四种为基本晕线类型,其他各类晕线都是由这四种晕线类型组合而成的(类型中由点或虚线组成的符号是通过调用绘点或虚线的功能绘图子程序来实现的),而且这四种晕线类型要用到的常数可以直接赋值,因此本程序以这四种基本晕线类型为例来说明晕线的具体计算过程。程序主要由四部分功能组成;根据晕线类型,计算过分区界线各个节点的直线之截距和通过分区的晕线总条数;计算通过分区界线各条边的晕线编号(最大编号和最小编号);计算晕线和分区界线各条边相交的坐标位置;将交点坐标整理成符合绘图要求的数据排列格式。程序框图如图 11 所示。

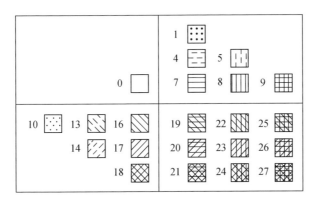

图 10 晕线图形的种类

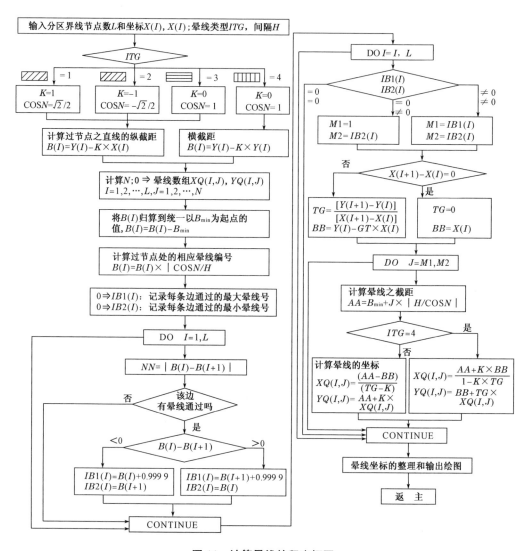

图 11   计算晕线的程序框图

最后,正式进行分级统计图的自动绘制时,先绘分区轮廓线(包括同一分级的相邻界线)和各个区域或带的不同类型的晕线。然后绘制图示符号、比例尺、方位、图廓线、图名以及其他内容。所有这些内容的绘制都是由各个子程序来实现的,这样可以保证程序功能的灵活性,以便满足不同用户的需要。

参考文献

[1] Monmonier M S. 利用小型计算机进行分级统计的绘图机制图[C]//Proceedings of the ACSM 37th Annual Metting. 1977.

[2] Dudycha D J. 米特罗-多伦多地区社会经济类型的计算机制图[J]. The Canadian Cartographer，1978(1).

[3] Dixon O M. 人口密度分级统计制图的方法和进展[J]. Cartographic Journal，1972(9).

机助专题制图中面向多边形地理要素的数据结构

黄杏元

摘 要:本文讨论一种可供制图和分析使用的链式数据结构。这种数据结构具有许多空间性质,而且便于用户组织数据。根据这种数据结构建立的分层数据表,在数据分类、内容分析和图形输出中都具有广泛的实际意义。

机助专题制图按照数据的组织形式,主要分为栅格数据制图和多边形数据制图两大类。栅格数据是一种按照矩阵形式排列的数据,不同的数据代表不同的地理属性,比较有规则,一般便于计算机的存储、提取和处理。多边形数据是一种矢量形式的数据,它是用一组(x,y)坐标数据来表示地面上各种点、线或面状地理要素的几何图形。这种多边形数据,无论在数据获取、数据输入、数据存储、数据处理和数据输出方面,都比栅格数据复杂。

但是在地理数据处理中,经常遇到的是面向多边形地理要素数据的处理。例如地貌类型、土地利用、流域分区、行政单元等,都属于多边形地理要素。如何根据这些多边形地理要素进行数据的获取,并且为了使这些数据在计算机条件下,既便于它们的存储和提取,又便于对这些多边形不同空间属性的分析和处理,这就取决于一种合理的空间数据结构的建立。

所谓空间数据结构,就是指地理数据在计算机内部的一种组织形式,这种组织形式既要表示地理要素的轮廓图形、属性特征及其联系,又便于系统的运算处理。多边形地理要素的轮廓图形包括点、线、面及其组合。属性特征分为定性与定量两种标志。它们的相互关系包括距离、方向、相邻、包含、相交和分离等各种空间性质。对合理的空间数据结构的要求是:正确表达图形,反映地图各要素相互关系之间的上述空间性质,以便进行区域空间的机助制图和区域地理的机助分析;数据结构的形式和内容必须便于由系统自动形成,同时便于对数据进行自动编辑和检查;数据结构必须便于根据指定的标志迅速提取所需要的信息,而且便于数据的即时更新和处理。本试验所采用的一种链式数据结构基本能满足这些要求,在机助制图和机助区域分析方面都具有广泛的用途。

一、多边形图形的编码要素

地理数据按照其特性可以分为几何和非几何两大类(图 1)。几何数据是构成空间图形的。多边形地理要素的空间图形包括点、线、面三类。点包括主节点和间节点,它是链式数据结构中最基本的编码要素,也是地理数据处理中的最小单位(称为原子),以坐标对表示,即:

$$PN_i = \{x_i, y_i\}, i = 1, 2, \cdots, N$$

两个主节点之间的一组线段构成链(弧线),链是本数据结构的基本结构单元,它由相邻区码 LR(左区码)、RR(右区码)和组成该链的一组节点所构成,即 $CC = \{LR/RR/PN_j (j \in i)\}$。由制图区域所有链的记录组成的文件是自动产生多边形和界线文件的依据。根据链文件,按照区码,由若干条线段链按照逆时针方向有序地连接在一起形成的一个闭合区域(LR 或 RR)称为多边形,即 $PL = \{LR$ 或 $RR, CC_K\}, K = 1, 2, \cdots, M$。由一条单独的链围成的闭合区域,而且该闭合区域被包含在某一个多边形范围之内,则这个被包含的闭合区域被称为洞或岛,设以 HO 表示。多边形界线是由一个多边形加上一个或几个洞所组成的,即 $BB = \{PL, HO_T\}, T = 1, 2, \cdots, L$,其中 HO_T 可能为空集。当 HO_T 为空集时,则 $BB = PL$。因此,节点、线段链、多边形、洞区和界线是构成本文所提出的一种数据结构的图形编码要素。

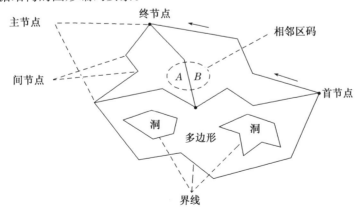

图 1　多边形的基本编码要素

二、链式数据结构

链式数据结构是以线段链作为数据记录单元,每个记录单元包括左区码(LR)、右区码(RR)、线段链序号(NC)、首主节点(HP)和节点数(NP)五个编码要素,或者左区码(LR)、右区码(RR)、首主节点(HP)、首间节点(SP)、终间节点(EP)和终主节点(TP)六个编码要素组成(图2,表2)。这些编码要素是一个线段链记录的最基本数据项。根据用于制图目的和分析目的的不同,可以延长这些数据项,直到包括地理属性特征、坐标极值(窗坐标)、弧线长度等。这种链式数据结构的特点是:以线段链作为数据记录单元,有利于多边形文件的快速建立,更便于多边形信息的提取,可以直接利用经过编辑或"净化"的链式数据输出多边形界线,并且有效地提高了数据更新的操作速度。

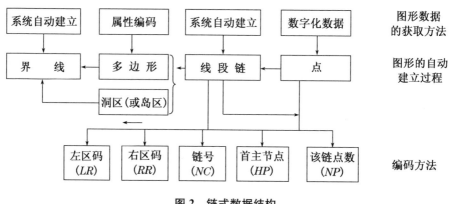

图2 链式数据结构

设研究地区是由某种专题内容构成的多边形区域(图3),为提供机助制图与机助区域地理分析的目的,必须将多边形图形数字化。为了便于根据数字化数据,直接由系统来自动建立图2所拟定的链式数据结构,数字化所使用的记录格式,以图3的部分数据为例,表示如下。

表1　数字化数据的记录格式

区域代码						节点坐标	
左区	右区						
1	2						
2787	7135	3005	6645	3275	6740	3392	6495

逻辑记录 { （左侧大括号括住以上记录）

−1（记录结束符）

3	2						
3392	6495	3145	6352	3157	6250	−1	
5	2						
3157	6250	2752	5490	1905	4880		
1535	4710	1310	4735	−1			
0	2						
1310	4735	1560	4898	1627	5300		
2230	5435	2655	5705	2648	6035		
2810	6392	2650	6667	2787	7135	−1	

⋮

5	5						
1505	4880	2015	4730	−1			
5	6						
2015	4730	2535	5052	2542	4837		
2120	4405	1805	3935	1367	3805		
1565	4323	2015	4730	−1			
0	5						
1470	2970	1307	3032	1405	3215		
0810	3665	0968	4030	0957	4443		
1310	4735	−1					

在进行数字化时,以线段链为单元进行,一条线段链构成一个记录,对于包含洞区的多边形,通过虚设一条弧线,这时 $LR=RR$,对于一般线段链数据 $LR \neq RR$,因此数字化数据中的区域代码信息既可以用来自动组织封闭多边形界线,又可用来指示某个多边形是否包含着洞区。各个线段链的数字化顺序以模拟人工绘图的顺序进行。每条线段链的坐标串都可以用编号来加以检索。这样,根据数字化数据可以由系统自动建立表2的链式编码数据。这些编码数据经过主节点(顶点)坐标

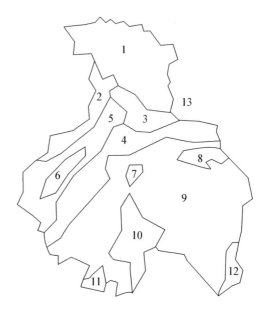

图3 多边形专题地图

统一匹配和编辑处理后,生成链式编码数据文件,提供绘制区域多边形轮廓界线,建立和提取封闭多边形的界线,判别和建立包含在多边形内部的洞区,进行多边形单元的统计分析和制图,定期进行数据的更新处理,实现数据的分离和综合,以及根据这种链式数据进一步进行数据的分层处理等,具有广泛的用途。

表2 由系统自动建立的链式编码数据

LR	RR	NC	HP	NP		LR	RR	HP	SP	EP	TP
1	2	1	1	4		1	2	1	2	3	4
3	2	2	5	8		3	2	5	6	6	7
5	2	3	8	5		5	2	8	9	11	12
0	2	4	13	9		0	2	13	14	20	21
*	*	*	*	*	或	*	*	*	*	*	*
*	*	*	*	*		*	*	*	*	*	*
*	*	*	*	*		*	*	*	*	*	*
5	5	31	120	2		5	5	120	0	0	121
5	6	32	122	8		5	6	122	123	128	129
0	5	33	130	7		0	5	130	131	135	136

三、分层数据表的建立

根据链式数据结构可以建立分层多边形数据表。所谓分层多边形数据,就是一种树形数据结构,它可以反映出地域分类系统的包含与被包含关系,可以代替人工的逐级编码,对于实现地理空间信息的逐级提取、分析和处理,以及在输出等高线加晕线的分级统计地图中,都具有一定的意义。

图4表示宁镇山区的地貌类型图,显然,根据地域的空间分布和从属关系,具有以下图示:

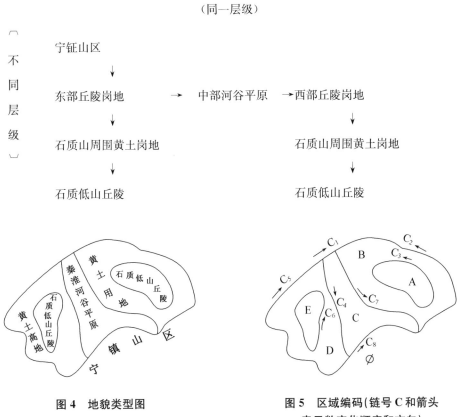

图 4 地貌类型图

图 5 区域编码(链号 C 和箭头
表示数字化顺序和方向)

链号	区码		坐标	
	内(左)	外(右)	起始坐标号	点数
C_1	$\varnothing$	C	1	4
C_2	B	¢	5	5
C_3	A	B	10	5
C_4	C	D	15	2
C_5	¢	D	17	7
C_6	E	D	24	4
C_7	B	C	28	2
C_8	C	¢	30	3

图 6　链式编码数据(∅表示区外)

　　而地域的这种分层关系可以根据以上链式数据结构自动形成。根据图 5 建立的链式编码数据(图 6),当按区域代码组织各区的封闭界线时,每个区域都由一组界线链组成,当内区按右码或外区按左码提取时,界线链方向要取反(用－C 表示)。设提取到的内区和外区分别用 I 和 E 表示,则得到如下的信息(图 7):

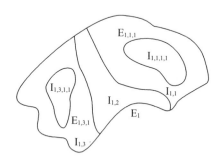

界线链检索序号	界线链	形成的多边形	区型(内区或外区)	该区起始链的检索号	组成该区的链数
1 2 3 4	C_2 C_8 $-C_5$ $-C_7$	¢	E_1	1	4

5 6	C_1 C_2	B	$I_{1,1}$	5	2
7 8 9 10	C_4 C_8 $-C_1$ $-C_7$	C	$I_{1,2}$	7	4
11 12	$-C_4$ $-C_5$	D	$I_{1,3}$	11	2
13	C_3	A	$I_{1,1,1,1}$	13	1
14	C_6	E	$I_{1,3,1,1}$	14	1
15	$-C_3$	A′	$E_{1,1,1}$	15	1
16	$-C_6$	E′	$E_{1,3,1}$	16	1

图 7   多边形线段链的形成

根据图 7 所提供的多边形区域及其所属的界线链(根据界线链可以寻找组成该段链的一组节点的坐标),通过调用包含分析程序[1],可以建立一个包含区域与被包含区域之配对表(图 8)。

序号	包含区域	被包含区域	包含区域在被包含区域中出现的次数	被包含区域本身重复出现的次数
1	E_1	$I_{1,1}$	0	1
2	E_1	$I_{1,2}$	0	1
3	E_1	$I_{1,3}$	0	1
4	$I_{1,1}$	$E_{1,1,1}$	1	1
5	$I_{1,3}$	$E_{1,3,1}$	1	1
6	$E_{1,1,1}$	$I_{1,1,1,1}$	1	2
7	$E_{1,3,1}$	$I_{1,3,1,1}$	1	2
8	E_1	$I_{1,1,1,1}$	0	2
9	E_1	$I_{1,3,1,1}$	0	2

图 8   包含区与被包含区配对表

---

[1] 包含分析程序的功能是每次测试一个点 $P(x,y)$,视其是否被包含在某多变形 $PL(x_i,y_i,i=1,N)$ 之内。当点 P 在 PL 之内时,结果为 1;当点在 PL 之外时,结果为 -1;当点位于 PL 的任一节点或边上时,结果为 0。

从这个配对表可以看出,E_1 没有在被包含区中出现过,但是在由它构成配对的被包含区出现的次数大于 1(例如本例的 E_1,$I_{1,1,1,1}$)和(E_1,$I_{1,3,1,1}$),所以对具有这种性质的配对应予消去,于是得到经压缩后的配对表如下:

    1. (E_1,$I_{1,1}$)   (0,1)

    2. (E_1,$I_{1,2}$)   (0,1)

    3. (E_1,$I_{1,3}$)   (0,1)

    4. ($I_{1,1}$,$E_{1,1,1}$)   (1,1)

    5. ($I_{1,3}$,$E_{1,3,1}$)   (1,1)

    6. ($E_{1,1,1}$,$I_{1,1,1,1}$)   (1,1)

    7. ($E_{1,3,1}$,$I_{1,3,1,1}$)   (1,1)

这个配对表按照一定的算法,就能得到最后所需要的结果,其算法步骤如下:

> 从配对表右面对子中找包含 0 的对子

> 选取和这个对子相对应的左面对子中的包含区和被包含区分别作为分层数据表的第一级和第二级数据

> 记录包含区,以供继续寻找同级区,并将该行从配对表中消去

> 从剩下的配对表中找它的包含区和分层数据表最近的一个被包含区相同的对子,将这个对子中的被包含区作为分层数据表的次一级(级数加 1)的数据,并同样记下它的包含区,同时将该行从配对表中消去

> 继续前一步骤,直到找不出这样的对子,再取出记录的包含区,与剩下配对表的包含区作比较,以建立分层数据表的同级区。直到配对表全部被消去,表示分层数据表建立结束

因此,就本例而言,最后得到的分层数据如下:

序号	区名 层级	同级区序号索引		
1	E_1	1		
2	$I_{1.1}$	2	7	8
3	$E_{1.1.1}$	3	6	
4	$I_{1.1.1.1}$	4	5	
5	$I_{1.3.1.1}$	4		
6	$E_{1.3.1}$	3		
7	$I_{1.2}$	2		
8	$I_{1.3}$	2		

或

1级　　E
　　　　↓
2级　　$I_{1.1} \rightarrow I_{1.2} \rightarrow I_{1.3}$
　　　　↓　　　　　　↓
3级　　$E_{1.1.1}$　　　$E_{1.3.1}$
　　　　↓　　　　　　↓
4级　　$I_{1.1.1.1}$　　　$I_{1.3.1.1}$

这个分层数据表正好和根据图4得到的地域空间分布的从属关系图式相对应。同样道理,对任何需要分层或分级的区域都可以根据这个模式来建立分层数据表。

四、结语

(1)根据本文拟定的链式数据结构,笔者曾进行了研究区域多边形信息的提取,并根据所提取的信息,采用机助制图方法绘制了一幅用晕线符号表示的专题图(图9)。由于这种数据结构具有许多可比条件,可以提供机助制图和机助区域地理分析使用。

(2)利用同样的数据结构自动建立分层数据表,提供了数据组织方法的相互补充,增强数据处理和数据分析的功能。但是,由于这种数据的分

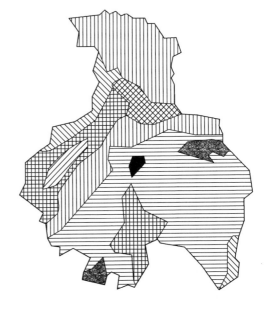

图9　根据链式数据结构自动绘制的晕线地图

层是纯空间性的,要与地域分级相参照,使建立的数据分层表真正符合实际情况。

（3）链式数据结构和数据分层的方法可以进一步扩充应用于等高线图形的处理,例如等高线面积的统计计算,等高线自动分层设色处理,以及等高线加晕线图形的输出。

（4）建立的这种数据结构方案,便于在系统上进行数字化的实际操作,便于系统进行数据的自动组织、编辑、检查和处理。

参考文献

［1］Peucker T K, Chrisman N R. Cartographic data structures[J]. American Cartongrapher, 1975, 2:55－69.

［2］Nyerges T L. A formal model of a csrtographic information base[D]. Auto-Carto IV, Reston, Va, 1979.

［3］Biggs R D. Cartographic data structures for thematic applications of automated cartography[D]. Harvard University, 1978.

［4］Haralick R M. A data structure for a spatisl information system[D]. Auto-Carto IV, Reston, Va, 1979.

［5］Robert G. Edwards, Richard C. Durfee, Phillip R. Coleman definition of a hierarchical polygonal data structure and the associated conversion of a geographic base file from boundary segment format[D]. Harvard Uuiversity, 1978.

A Spatial Data Structure for Computer-Assisted Thematic Mapping of Polygon Areas

Huang Xing-yuan

Abstract: A chained data structure and its applications for manipulating and analyzing digital outline of polygon are discussed in this paper. The structure gives consideration to both retaining the flexibility, comparability and topology, and allowing for simplifying the data organization by the user. The hierarchical definition of polygon data on the basis of the structure is anailable in the production of data classification, the analysis of some thematic information, and the display of shaded areal cover.

计算机制图的空间数据结构

黄杏元

　　计算机制图的主要过程包括数据获取、数据存储、数据处理与分析以及图形输出。计算机制图完成这些过程,不仅取决于软件的有效性,而且取决于数据结构的灵活性。因此,数据结构的研究已经成为计算机制图的重要研究课题之一。

一、数据结构的发展

　　(1) 从实体到位置和从位置到实体的发展。按地理实体独立编码,这是一种最简单的编码法。按照这种编码法,数据和实体是一一对应的。不仅数据量大,而且不能应用于分析的目的。1966 年美国人口统计局研制的 DIME 文件数据结构,实现了根据不重复的位置来建立全部实体的任务。1974 年美国哈佛大学提出的 POLYVRT(链式文件数据结构)是对 DIME 数据结构的一种改进。在 DIME 中,一个编码单元只有端点和其他元素,而在 POLYVRT 中,一个链名可以是由许多点组成的。这样,在寻找两个多边形之间的公共界线时,只要查询链名就行,与这条界线的长短和复杂程度无关。

　　(2) 从制图功能数据结构到分析功能数据结构的发展。分析功能的数据结构,这是建立地理信息系统所要求的。在这种数据结构内,不但包括有制图物体的拓扑学元素,而且包含着许多原始的或中间的统计数据,例如窗坐标、弧长、多边形面积、多边形周长、矩心坐标等。这些附属数据的存储是分析功能数据结构的特征。

　　(3) 从矢量数据结构到矢量—栅格相互转换数据结构的发展。这是为了系统的兼容应用,以及发挥数据最大效能的必然发展趋势。

二、GIRAS 数据结构

　　GIRAS 数据结构建立的目的是为存储美国全国的土地利用和土地覆盖,及其有关的地图和数字资料,作为广泛的分析和制图目的使用,并作为一种高价商品出售给用户。将建立的这个数据库和一组信息提取和分析软件总称为地理信息提取和分析系统,简称为 GIRAS。

建立该文件所根据的拓扑学元素包括节点、弧和多边形。数字化的顺序确定了这条弧的方向。共同的拓扑学元素在 GIRAS 数据结构中都不重复,但可以通过代码、标志符、计数器和指引元来建立图幅内拓扑学元素相互之间的联系。一个 GIRAS 文件逻辑上由 6 个或以上的子文件所组成,它包括一幅标准的 1：250 000 或 1：100 000 的矩形图幅的数据。每个逻辑记录为 32 个字节(每个字节占八位字长)。一个逻辑记录可以由 1～16 种不同的数据元素或数据项所组成。这些数据元素的存储形式可以是双字节的二进制整数,或者是 4 字节的二进制整数,或者是字符串(一个字符占一个字节),其文件的构成和内容如下：

(1) 地图头标。它由 6 个记录组成,存储着一幅地图的有关精度和控制内容提取方面的信息。在 GIRAS 文件结构中,地图头标是不重复出现的,其具体内容包括：组成该幅图的弧段和多边形记录的数目,图形特征点坐标数目,点和弧长的允许误差,图幅分块数目,地图类型、投影和比例尺代码,控制点和窗坐标,资料日期,图名和 FAP 文件长度等。

(2) 图块头标。由于地图信息量大,而计算机的容量又有限,为便于地图信息的存储和处理,常常需要将一幅地图分割成各个部分。一般地,当一幅地图的存储容量超过 20 万个字节时,就要作分块处理。这 20 万个字节相当于可以存储 32 000 个 x、y 坐标值,2 500 条弧,1 500 个多边形和一个 6 000 字节长度的 FAP 子文件。一个图块的头标只用一个记录表示,用以存储该图块的有关控制信息,例如：图块识别码,图块的弧、特征点坐标和多边形数目,最后一条弧识别码的存储位置(LFS),窗坐标,以及节点数目等。

(3) 弧记录子文件。弧记录子文件是存储该图块每条弧的有关信息的。该文件的一个记录存储着一条弧的有关信息,内容包括：弧的识别码,最后一个坐标值在坐标文件中的存储位置(PLC),相邻多边形的识别码和属性码,坐标极值,弧长,以及两个主节点的识别码等。

(4) 坐标数据子文件。坐标数据子文件系用来存储该图块所有弧段顺序排列的 x、y 坐标值。在坐标数据子文件中,坐标数据的存储顺序取决于数字化记录的顺序。

数字化时,可以采取任意顺序和方向,但是这个顺序和方向一旦决定,就确定了这个弧段的方向,即坐标数据子文件中某条弧的第一个坐标点是"From"节点,最后一个坐标点是"To"节点。坐标存储的位置和弧记录中的PLC值是对应的,例如某弧 i 的 PLC= 28,则坐标数据文件中的第28个位置一定是弧 i 的最后一个坐标值(y 值)。以此类推,该数据文件中的第29个位置一定是弧 $i+1$ 的第一个点的坐标值(x 值)。这使得 x、y 坐标的存储空间最为紧凑。

(5) 多边形记录子文件。该文件存储一个图块中每个多边形的有关信息。具体内容有:多边形识别码和属性码,组成该多边形的最后一个弧段在 FAP 子文件中的存储位置(PLA),一个任意内部点的坐标(C_x, C_y),面积,周长,极坐标,岛状区数目,包含该多边形的多边形识别码等。

(6) FAP 子文件。FAP 子文件系存储该图块自动形成的每个多边形的弧段识别码(包括弧的方向)。在自动构成每个多边形时,首先从属于该多边形的弧段中,找一个距该多边形的内部点 C_x、C_y 坐标值最近的节点作为起点,将各弧段按顺时针方向连接排列(如图1所示)。则多边形Ⅱ的 FAP 数据如图2所示。使用该子文件时,是通过利用多边形记录子文件中的 PLA 值来从 FAP 子文件中取出所需要的信息。根据 FAP 的值再查询相应的弧,通过弧再找坐标值等。FAP 子文件的总长度 LFS 值存储在图块头标中。

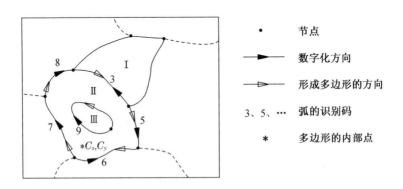

图1　根据文件自动建立多边形

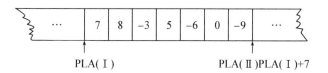

图 2　组成多边形的 FAP 数据

（7）GIRAS 文件的建立过程和应用实例（略）。

Spatial Data Structure for
Computer-Assisted Cartography

Huang Xing-yuan

Abstract：Efficient and flexible spatial data structures are important to the development of computer mapping. Three types of data structure were examined; these include systems of encoding from entity to location, of encoding for use from computer mapping to analysis purposes, and of encoding for conversion from polygon structure to grid cells of any specified size. In addition, this paper introduces newly devised GIRAS structure by USGS. Topologically the structure utilizes nodes, arcs and polygons. It was designed to accept input from land use and land cover data. The structure provide a wide range of retrieval and analysis of spatial data.

土地资源图的机助制图方法

黄杏元

土地资源是一种最基本的自然资源。土地资源图是综合地表示土地资源及其利用方向和改造措施的一种专题图。

本文提供的方法,是在各个单项要素专题图的基础上,通过两次机助多边形覆盖,建立土地类型,采用按面积加权提取土地类型单元的评价指数,进行土地潜力的综合评价和评级,最后输出土地资源专题图。整个过程将调查、分析和制图三者有机地结合起来,是探索用机助方法编制合成型专题图的一次尝试。

一、土地资源图与多边形数据结构

土地资源的评价是以土地类型为基础的。利用机助分析方法来建立土地类型,是根据各个单因素的多边形数据,包括地貌、地质、土壤、植被,以及水文、气候等,利用这些要素的多边形数据,通过多边形覆盖的方法(见本文第二部分),确定共同性质的地理单元来作为土地资源分析评价的基本空间单位,这个基本空间单位就是土地类型。这时在建立各个单因素的多边形数据时,是利用多边形数据结构的编码方法作为自动产生多边形和界线文件的依据(图1)。

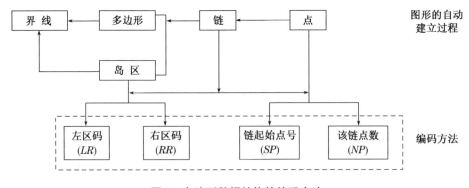

图1 多边形数据结构的编码方法

由于土地类型的划分具有级联制的性质,从较低级到较高级分别为:

地块→地段→地方

其中同一级土地是由具有相同主导因素的几个不同几何位置的土地单位组成的。高一级土地包含着几个有规律组合而成的低一级的土地类型。同一级土地类型之间在几何关系上常常具有相邻或分离的关系。不同级土地类型之间常常表现为包含与被包含的关系。

因此,土地类型划分上的这些特点,又决定了多边形数据结构的分层数据排列格式。为了建立级联制的土地类型分级系统,在多边形数据结构的基础上,再建立分层多边形数据。

图 2 表示根据地形和土壤两个单因素的多边形数据,通过多边形覆盖后得到的土地类型图。根据它们地域空间分布的从属关系(图 3),可以根据由图 1 的编码方法来自建立分层数据表(表 1)。

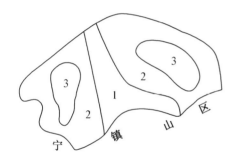

1—青泥土河谷平原;2—黄土岗地;
3—黄棕壤低丘陵

图 2 土地类型图

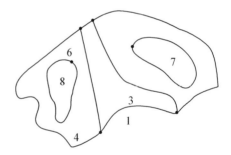

1—E_1;2—$I_{1.1}$;3—$I_{1.2}$;4—$I_{1.3}$;
5—$E_{1.1.1}$;6—$E_{1.3.1}$;7—$I_{1.1.1.1}$;
8—$I_{1.3.1.1}$(I 表示内层;E 表示外层)

图 3 土地类型分层图

表 1 多边形数据分层表

序号	区名	层级	同级区序号索引	
1	E_1	1		
2	$I_{1.1}$	2		
3	$E_{1.1.1}$	3	7	8
4	$I_{1.1.1.1}$	4	6	
5	$I_{1.3.1.1}$	4	5	
6	$E_{1.3.1}$	3		
7	$I_{1.2}$	2		
8	$I_{1.2}$	2		

其中:E_1 相应于宁镇山低山丘陵地方类,$I_{1.1}$ 相应于东部黄土岗地和黄棕壤低山丘陵型,$I_{1.2}$ 相应于中部青泥土河谷平原型,$I_{1.3}$ 相应于西部黄土岗地和黄棕壤低山丘陵型。然后将这个表按照一定的方式存储,可以实现土地类型数据逐层提取、分析、处理和图形显示。

二、土地类型的划分与多边形覆盖方法

为了进行土地资源的分析评价,首先必须将土地划分为地块(土地类型),每个地块都是一个性质相近的区域,这是产生土地资源评价图的基础。这项工作可以通过野外调查工作来完成,也可以利用自动制图的方法由计算机来实现。利用野外调查或者通过相片、地形图判读来建立地块的方法,是通过相邻地块的综合比较,需要有比较丰富的野外工作经验。它不是分别考虑引起地块差异的各个因素及其数量变化,这些因素包括土壤、地貌、土地利用等,因此很难进行定量的比较、分析和检查。相反,利用计算机来确定性质相近的地块,是分别考虑各个因素,而且引进考虑的因素越多,则建立的地块其内部相似性也越大。这样建立的地块与地块之间具有质量与数量上的明显差异。但是,当考虑的因素很多时,建立的性质相近的地块是非常复杂的,它相当于集合论中一个很复杂的文氏图,因为它是各个因素的类型数之乘积,因此确定性质相近的地块,一般以 2~4 种要素为宜。

利用机助分析方法来建立土地类型,是首先选取反映自然综合体在地域上差异性显著的几种要素;其次将这些要素的空间位置或形态特征,利用图 1 拟定的编码方法,分别建立它们的多边形数据;然后利用多边形覆盖方法建立一系列叠置多边形。具体进行多边形覆盖时,每次只能在两个多边形之间进行。设被覆盖的多边形为本底多边形,用来覆盖的多边形为上覆多边形,则它们之间的相交关系如图 4 所示。因为多边形相交的概率要比嵌套或不相交的概率大得多,因此当两个多边形进行覆盖时,首先进行相交可能性的检查,若可能相交,通过调用点面包含分析程序,判别上覆多边形的哪些顶点在本底多边形内部。点面包含分析技术是通过求角度和或交点数的方法,每次测试一个点 $P(x, y)$,视其是否被包含在某个多边形 $PL(x_i, y_i, i=1, N)$ 之内。当点 P 在 PL 之内时,记以特征标志 1;当点 P 在 PL 之外时,记以 -1;当点 P 位于 PL 的任一节

点或边上时,记以 0。以此确定多边形的相交关系,并求交点(图 5 的 a 和 b)和构成叠置多边形。这些叠置多边形各具有某种共同的地理属性,又叫作共同属性的地理单元或浮动多边形(指多边形界线随覆盖要素的类型和数目而变化),以此作为土地资源分析评价的基本空间单元。例如,表 2 列出的土地类型(用代码表示)是利用地貌和土壤两种多边形数据覆盖后得到的,它们相当于地段级,一共建立了二十四类区域。显然,如果用来建立土地类型的覆盖因素在两个以上时,则将第一次得到的叠置多边形作为新的本底多边形,将第三个因素的多边形数据作为新的上覆多边形数据进行覆盖,以此类推,直到最后得到所想要的叠置多边形,作为土地资源分析评价的基础。多边形覆盖的方法的程序框如图 6 所示。

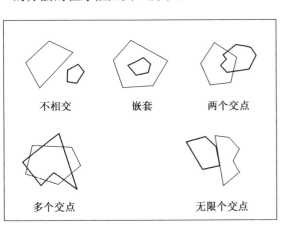

图 4　多边形的相交关系

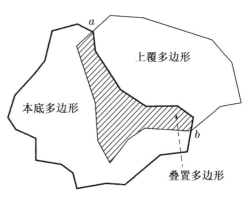

图 5　叠置多边形的构成

表 2　土地类型及其代码

土壤类型 / 地貌类型·土地类型	马肝土 1	淤泥土 2	灰潮土 3	青泥土 4	黄土 5	板浆土 6	黄棕壤 7
低地 I		I2	I3	I4			
河谷平原 II	II1	II2		II4		II6	
微缓岗 III				III4		III6	
缓岗 IV	IV1			IV4	IV5	IV6	
平岗 V	V1				V5	V6	V7
高岗 VI					VI5	VI6	VI7
丘陵山地 VII	VII1				VII5	VII6	VII7

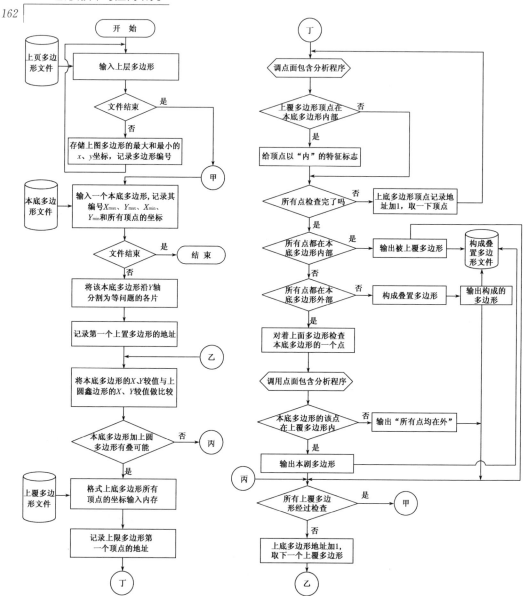

图6 多边形覆盖流程图

三、土地潜力评级和评价因素数据库

建立评价因素数据库的主要目的是为了提供地块与地块之间不同因素的分析评价，这是产生土地资源评价图的基本依据。这里的关键是如何选取评价因素，怎样确定各个因素的分级指标，最后根据评价因素数据库进行土地潜力的评级和输出土地资源图。

1. 评价因素数据库的建立

评价因素数据库就是根据所选取的制图区域土地资源的限制性因素，将这些限制性因素的调查资料进行数字化，存储在磁带或磁盘中，为土地资源的评级提供依据。

建立评价因素数据库，大致包括如下过程：选取土地资源评价因素，拟定因素的限制级别、评价指数及其评价指标，建立评价因素指标表（表3）；根据评价指标的分级确定其分布界线，并进行分布界线的图数转换；最后按照分因素的图形数据和属性数据的记录格式建立评价因素数据库。其中，图形数据记录的内容包括记录码、评价因素代码、左右区号、链起始点编号和该链点数。属性数据记录的内容包括记录码、评价因素代码、多边形索引码、多边形面积、矩心坐标和评价指数值。

表3 评价因素指标表

限制级别		0	1	2	3	4
评价指数		4	3	2	1	0
评价指标	坡度(P)	$0\sim3°$	$3°\sim5°$	$5°\sim7°$	$>7°$	
	水侵蚀(E)	侵蚀不明显	轻度面蚀，少量纹沟	中度面蚀，少量浅沟	强度面蚀，少量切沟	
	有效土层厚度(D)/cm	>50	$50\sim40$	$40\sim30$	$30\sim20$	<20
	土壤质地(T)/%	中壤	偏黏(含黏粒$20\sim30$)；偏砂(含砂粒$50\sim70$)	黏土(含黏粒$30\sim50$)；砂土(含砂粒>70)	重黏(含砂粒>50)；重砂(含砂粒>85)	含砾石，岩石裸露
	土壤肥力(F)/%	最高(有机质>10)	较高(有机质>-10)	中等(有机质$4.5\sim7$)	较低(有机质$3.5\sim4.5$)	低(有机质<3.5)
	土壤水分及地表积水(L)/%	适中(含水$25\sim30$)	偏干(含水$2\sim5$)；偏湿(含水$30\sim35$)	干(含水$15\sim20$)；湿(含水$35\sim40$)	过干(含水<15)；过湿(含水>40)	季节性积水
	障碍性土层(I)/cm	无	距地面深>50	$40\sim50$	$20\sim40$	<20
	沼泽化程度(B)/cm	距地面深>60	$50\sim60$	$40\sim50$	$30\sim40$	<30
	pH值(A)	$6.0\sim7.0$	$6.0\sim7.5$	$7.5\sim8.5$	>8.5	
	水源保证率(W)	稳定保证	一般保证	不足	严重不足	

2. 提取评价指数

为了对所建立的土地类型,按照它们的优劣水平建立土地等级系列,首先必须按照土地类型单元,根据所考虑的各个评价因素,从评价因素数据库中提取评价指数值。提取时,是采用多边形覆盖的方法,以各个评价因素的分布界线分别作为本底多边形,以土地类型作为上覆多边形,逐个提取上覆多边形范围内的评价指数值,这时将会遇到在同一个土地类型单元内,可能存在着同一种评价因素的不同评价指数值,但是由于同一个类型单元内只能允许有一个该评价因素的指数值,因此必须采用按面积加权的方法,来求取各个土地类型的指数值。

如图 7 所示,设 P 表示土地类型多边形,Q 表示某种评价因素多边形。

其中:

$$A = \{P_1, P_2, \cdots, P_m\}$$
$$B = \{Q_1, Q_2, \cdots, Q_m\}$$
$$P_i = \{p_1, p_2, \cdots, p_s\}$$
$$Q_i = \{q_1, q_2, \cdots, q_t\}$$
$$P_i \text{ 或 } q_i = (x_i, y_i)$$

当 A、B 进行覆盖时,如果下列条件不成立,则 P、Q 之间必不可以构成叠置多边形:

$$\bigwedge_{i \in [1, t]} \bigwedge_{k \in [1, t]} : \max(x_{P,i}) < \min(x_Q, K)$$

$$\text{或 } \max(x_{Q,K}) < \min(x_{P,i})$$

$$\text{或 } \max(y_{P,i}) < \min(y_{Q,K})$$

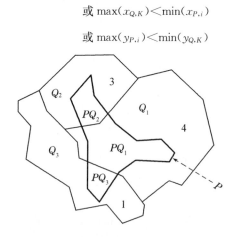

图 7   按土地类型单元提取评价指数或 $\max(y_{Q,k}) < \min(y_{P,i})$

对有重叠可能的多边形,根据本文第二部分提供的覆盖方法,可以建立图 7 的叠置多边形 PQ_1、PQ_2 和 PQ_3。于是:

(1) 计算叠置多边形面积

$$S_1 = -\mathrm{sign}(\Delta x_1)(y_1 + y_2)(x_1 - x_2)$$
$$\vdots$$
$$S_i = S_{i-1} - \mathrm{sign}(\Delta x_i(y_{i-1} + y_i)(x_{i-1} - x_i)$$
$$\vdots$$
$$S_k = S_{k-1} - \mathrm{sign}(\Delta x_k)(y_{k-1} + y_k)(x_{k-1} - x_k)$$

式中:$\Delta x_i = x_{i-1} - x_i$。当 (x_i, y_i) 为 PQ_1 的一组节点(顺时针方向排列,且 $i = 1, k$)时,则 $S(PQ_1) = S_k/2$(S 表示叠置多边形 PQ_1 的面积)。

同理可得

$$S(PQ_2) = S'_{k'}/2$$
$$S(PQ_3) = S''_{k''}/2$$

(2) 提取叠置多边形的评价指数

根据叠置多边形所属的本底多边形的类型,利用区域代码 Q_i,可以在评价因素数据文件记录的相应数据项中,提取到表示该本底多边形的属性的评价指数值。

$$\mathop{T(PQ_i)}_{i \in [1;n]} = \mathop{T(Q_i)}_{i \in [1;n]}$$

(3) 计算土地类型单元的评价指数和

$$\mathop{T(P_i)}_{i \in [1;n]} = \frac{\sum\limits_{t=1}^{r} \sum\limits_{j=1}^{k} W_{i,j} T(PQ_i)}{r} \times 10 \tag{1}$$

式中

$$W_{i,j} = \frac{S(PQ_i)}{\sum\limits_{i=1}^{k} S(PQ_i)}$$

其中:r 为评价因素数目;k 为一个土地类型每次与评价因素多边形覆盖后得到的叠置多边形块数。说明因素的最大限制强度值是指表 3 的最大限制级别所对应的指标值或等级尺度值(当为水蚀、地貌类型等因素时);因素的限制类型根据各因素对农林牧各业限制强度和改造的难易程度来确定。

3. 确定土地类型的资源负荷

土地类型单元的评价指数和只能反映某一土地类型所具有的土地一系列属性的一般特征,不能完全体现各限制因素的障碍程度,而土地资源是指土地所具有的生产能力,其中土地对农林牧生产的适宜性与限制性是土地生产能力的两个互为依存的主要特征,它决定了某一土地类型能否利用和改造的可能性。为了评定某块土地生产力的高低,这里用土地类型的资源负荷 U 来表示:

$$U(P_i) = T(P_i) + \frac{\sum_{i=1}^{k'} W_i' + \sum_{j=1}^{r-k'} K_i}{r} \times 10 \tag{2}$$

式中:$T(P_i)$ 表示土地类型单元的评价指数和;$\sum_{i=1}^{k'} W_i'$ 表示土地类型限制性因素指数和,各限制因素的评价指数根据 $\sum_{j=1}^{k} W_{i,j} T(PQ_i)$ 的值来确定(图 8)。其中:k 为限制因素的个数;K 为根据最高限制级别确定的常数。

4. 土地潜力评级

土地类型的资源负荷是土地等级划分的基本依据。将一组具有不同资源负荷值的土地类型归纳在一个等级系列中,是土地评价的最后结果。根据一组资源负荷值的变化情况,可以采用等差分级法、等比分级法、自然分级法等,直至获得比较满意的土地等级系列,这个土地等级系列基本反映土地系统质量的优劣和潜力的大小。

根据式(2)计算出的土地类型资源负荷来进行土地等级的划分,是将各个评价因素看成独立无关的,是一种线性组合法。实际上,很多因素相互之间密切相关,例如植被和土壤、坡度和侵蚀等,如果能知道它们之间的相关关系,可以建立它们之间的函数式,这叫作非线性组合。当参加评价的因素很多时,而且有许多因素相互之间具有密切的相关关系,这时可以使用分级组合的方法,例如根据植被、土壤和坡度,利用它们之间的非线性关系计算得出一个新的评价因素径流,再利用其他几个因素计算得出另一个新的评价因素,例如土壤流失,然后以一组新的评价因素进行重新组合,计算土地类型的总分,这种组合方法必须建立在对因素进行定量观测或分析的基础上,可以比较客观地反映评价因素与土地资源之间的本质联系,是一种比较好的组合方法。如果对各个因

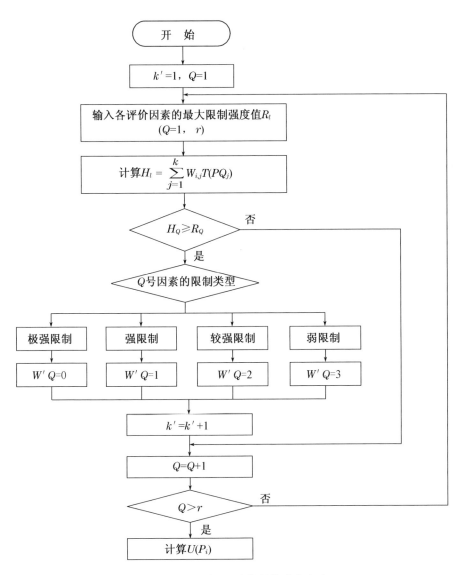

图8 限制因素,评价指数的确定方法

素之间很难找出函数关系,也可以按照土地对农林牧发展的适宜条件和限制条件,采用条件组合的方法,例如规定多少坡度,什么性质的土壤,何种水文条件为一级土地、二级土地等,然后计算机根据规定的条件,按照土地类型所具有的各个评价因素的指数值,进行自动判别分级,这种分级法是根据分指数,而不是根据总指数。这些不同的分级方法各具优缺点,如表4所示。利用这些方法可以将各个同类的区域划为同一级,得到一组反映不同质量的土地资源等级。最后用机助专题制图的多边形制图方法,采用面状符号表示法,可以在绘图机上自动输出既有土地资源"分等",又有限制因素"符号"的土地资源专题图。

表 4　各种分级方法比较表

分级方法	共同地理单元的明确划分	不同地理单元分级的明确性	解决因素之间的相关性	使用的难易程度
线性组合	是	是	否	易
非线性组合	是	是	是	难
聚类分析	是	否	是	易
分级组合	是	是	是	难
条件组合	是	是	否	易

这种制图方法的优点是将土地的定性分类、定量评价和图形表示加以计算机化,适合在制图区域多变量数据库建立的条件下进行。

参考文献

[1] Shapiro L G, Haralick R M. A spatial data structure[J]. Geo-Processing, 1981(1): 313 -337.

[2] Edwards R G. Definition of a hierarchical polygonal data structure and the associated conversion of a geographic base file from boundary segment format [C]// Advanced Study Symposium on Topological Data Structures for GIS. Cambridge, Mass, 1977.

[3] Tomlinson R F. Computer handling of geographical data: An examination of selected information systems[M]. Paris: UNESCO Press, 1976.

[4] 石玉林. 土地与土地评价[J]. 自然资源,1978(2).

A Digital Mapping Approach to Land Resources Data

Huang Xing-yuan

Abstract：A land resource map shows the characteristics of land, its suitsbility for specific uses. This article develops a method for generating land resource maps based on a set of maps now available for different factors(e. g, soil types, landform types, and land use types).

Three software packages being developed offer capabilities for encoding of polygon maps for each factor, define a hierarchical polygon data listing for efficient extract of mapping data, identify parcels of land that are homogeneous and referred to as land types by using polygon overlay and a point-in-polygon techniques, and determine a procedure for rating these parcels.

A composite map is thus obtained which gives the spatial pattern of levels of land resource and symbols of restrictive conditions for use.

点值图的机助制图方法

黄杏元　孙亚梅

点值图是指用一定大小和形状相同的点子,来表示分散分布现象的一种专题地图,例如农业人口图、作物播种面积分布图等。这种地图是以点的密度和位置来表示专题现象真实的分布特征,以点的数量来反映制图对象的数量特征,但是这种数量特征反映的是制图对象绝对的数量指标,而区域之间相对的数量差异只能从点的疏密上来加以区别。当采用定位布点时,这种地图还便于反映制图物体与其他要素之间的相互联系。因此,这种表示法广泛应用于表示人口、农业和畜牧业等内容的专题地图。

利用点值法来自动表示专题内容时,必须建立区域的统计单元,搜集专题内容的统计数据,合理考虑点的大小,一点所代表的数值(即点值),点与其他要素的关系,计算点子数,最后进行布点设计和绘制。因此是一个比较复杂的制图过程。

一、区域统计单元的建立

点值法的布点总是在一定的区域范围内进行的,这个区域范围可以是行政区划单元或其他的地理单元。采用哪一级的区域范围取决于地图的用途和比例尺。一般地,为了尽可能地使定位布点与实际情况相一致,总是采用较低一级的区域范围。一旦确定区域范围,则采用多边形制图方法的数据结构来建立点、线段和多边形界线文件。本文的方法是采用多边形的链式数据结构(图1)。点是多边形数据结构中最基本的编码数据,以坐标对表示,即 $PN_i = x_i, y_i, i = 1, 2, \cdots, N$;两个主节点之间的一组线段构成链,链是本数据结构的基本结构单元。它由相邻区码 LR 和 RR、构成该链的起始主节点的点号 SP 以及点数 NP 所组成,即 $CC = \{LR, RR, SP, NP\}$($SP \in i, 1 < NP < N$)。由制图区域所有链的记录组成的文件是自动产生多边形和界线文件的依据;根据链文件,按照区码,由若干条链的数据有序地连接在一起,组成的一个闭合区域叫作多边形(图2,表1),多边形记录的数据项包括区码 LR 或 RR,以及组成该闭合区域的一组链的编号,即 $PL = \{LR/RR, C_j\}, j = 1, 2, \cdots, M$;由一条单独的链围成的闭合区域,而且

该闭合区域被包含在某一个多边形范围之内,则这个被包含的闭合区域成为岛区,设以 HO 表示,这时界线可以用一个多边形加上一个或几个岛区来定义,即 $BB = \{PL, HO_k\}$,$k = 1, 2, \cdots, L$。显然,当 HO_k 为空集时,则多边形本身就是界线($PL = BB$)。一旦建立各个多边形区域单元,可以根据其区码来提取专题内容的统计数据。

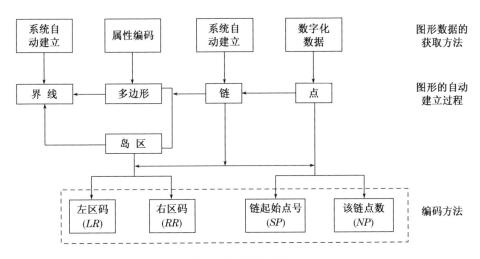

图 1 链式数据结构

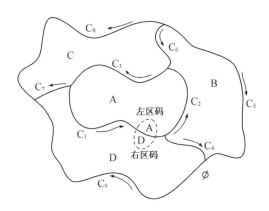

图 2 多边形编码(链号和箭头表示数字化的顺序和方向)

表 1　根据链式数据结构建立多边形

界线链检索序号	界线链	形成的多边形	区域起始链的检索号	组成该链的链数
1 2 3	C_1 C_2 C_3	A	1	3
4 5 6 7	C_4 $-C_5$ C_6 $-C_2$	B	4	4
8 9 10 11	$-C_3$ $-C_6$ C_8 $-C_7$	C	8	4
12 13 14 15	$-C_1$ C_7 $-C_9$ $-C_4$	D	12	4
16 17 18	$-C_5$ C_8 $-C_9$	F	16	3

二、点的大小和点值的确定

点的大小一般以图形不发生重叠为准,它与制图对象的密度和地图比例尺有关。确定的点子既不能太大,也不能太小。点子太大,引起数量特征的超额失真(图 3);点子太小,就会丧失地图的表现力(图 4)。同样,对一点所代表的数值(点值),也不能太大或太小。点值太小,使点符号太多太密(图 5);点值太大,则造成图上点子太少太稀(图 6)。图 7 所表示的点子大小和点值大小较为合适。

图 3　点符号太大,引起数量特征的超额失真

图 4　点符号太小,以致丧失地图的表现力

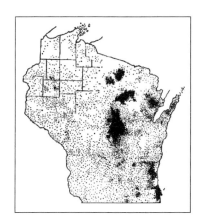

图 5　点值太小,使点符号太多太密

图 6　点值太大,使点符号太少太稀

图 7　点的大小和点值都比较合理

(图 3～7 均据 A. Robinson 等,1978)

一般地,点的最佳直径 d 在 $0.4\sim0.6$ mm 之间,点与点之间的最小距离 d' 在 $0.2\sim0.4$ mm 之间,则 1 cm^2 面积 P 内的点数 N,可以列表如下(表2):

表2 点的大小、距离及与点数的关系

$d/$mm	0.4	0.5	0.6
$d'/$mm	0.2	0.3	0.4
$N=P/(d+d')^2$	278	156	100

点值的确定方法如下:设区域范围的面积为 $P(\text{km}^2)$,专题内容的统计数据为 A,地图比例尺为 M,则按地图比例尺计算的制图范围的面积 $P'=10^{12}PM^2(\text{mm}^2)$,在 P' 内应放的点数 $N=P'/(d+d')^2$。所以,点值 $S=[A/N]$。

三、点与其他要素的关系

由于用点值法表示的专题要素与其他要素之间总存在着一定的相互关系,为了在布点时考虑这种联系,以便显示制图区域分布的疏密变化,因此将和制图物体密切度最大的要素挑选出来,建立滤波文件,这是在点值法机助制图中人工智能的一种模拟。

用来建立滤波文件的要素随制图对象而不同,例如作物分布与土地利用的关系,人口分布与地形和水源关系等。因此,当编制人口分布的点值图时,常常根据制图区域的地形类型来建立滤波文件。建立滤波文件时,一般采用格网文件的形式。因此,先要根据地图比例尺和用途,确定格网的分辨率,进行滤波要素类型的划分(图8),然后建立滤波要素的格网文件(表3)。如果原始资料上地形类型的界线是矢量数据的形式,根据从多边形数据转换为栅格数据的方法,可以建立滤波要素的网格文件(每个网格单元赋以一种地形类型的编码)。然后,将这种格网形式的滤波文件与区域

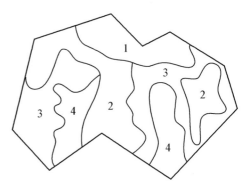

1—高阶地;2—河谷平原;3—缓丘;4—山地

图8 区域单元的地形类型

范围的扫描线(由与绘图坐标系的 z 轴相平行的晕线端点坐标组成的扫描线)进行覆盖,以建立地形类型扫描线文件,其过程见图9。

表3　地形类型滤波文件

M	0	0	0	0	0	0	0	0	0	0	0	0	0	0	0	0	0
	0	0	0	2	1	1	1	1	0	0	1	1	1	0	0	0	0
	0	2	2	2	2	1	1	1	1	1	1	1	3	3	0	0	0
	2	2	2	2	2	2	1	1	1	1	1	1	1	3	2	3	0
	3	2	2	2	3	3	2	2	3	3	3	3	3	3	2	3	3
	3	2	3	3	3	2	2	2	3	4	3	2	3	2	2	3	3
	3	3	3	4	4	4	2	2	3	4	3	4	3	2	2	2	3
	3	3	3	4	4	2	2	2	3	4	3	4	3	2	2	2	3
	3	3	3	3	3	2	2	2	2	2	2	4	3	3	0	0	0
	3	3	3	4	4	2	2	2	2	2	2	4	3	3	0	0	0
	0	3	3	4	4	0	0	0	0	3	4	4	4	3	0	0	0
$i=1$	0	0	3	4	0	0	0	0	0	0	0	4	4	0	0	0	0

$J=1$ 　　　　　　　　　　　　　　　　　　　　　　　　N

设统计单元的横向扫描线文件为 Shade,统计单元滤波要素的栅格文件为 Raster,将 Shade 文件与 Raster 文件覆盖后,建立的滤波要素扫描线文件为 SOR。图中 I 表示不同 Y 值的扫描线序号(最大值为 NN),K 表示同一 Y 值的扫描线的分段序号(最大值为 MM)。滤波要素栅格的边长分别为 D_x、D_y。$IC(i,j)$ 为栅格单元的特征值($i=1$,$M;j=1,N$)。KK 表示同一 Y 值滤波要素扫描线的分段数,ID 为滤波要素扫描线的特征码,(x_1,y_1) 和 (x_2,y_2) 分别表示滤波要素扫描线的起止点坐标。

当格网形式的滤波文件与区域范围的扫描文件(图 10)覆盖以后,则建立的地形类型扫描线如图 11 所示。所建立的这种地形类型扫描线文件是很有用的,它既用于点值图的布点设计,又可以根据该文件来精确地计算出各类地形的面积。

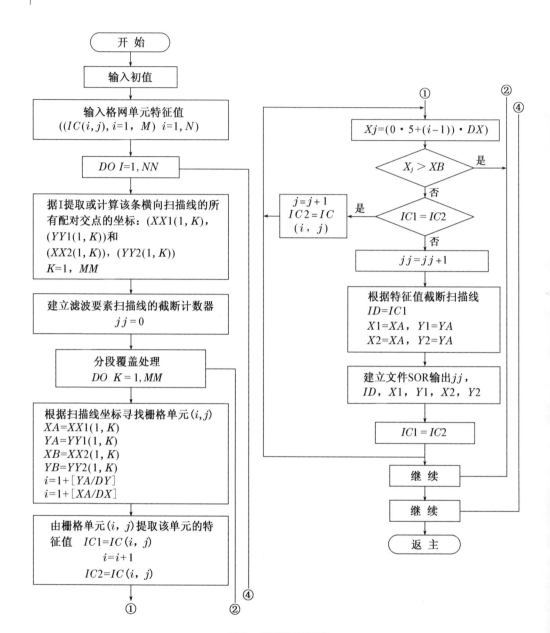

图9 覆盖程序框图

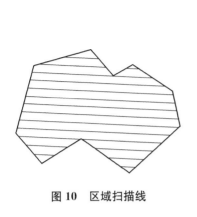

图 10　区域扫描线

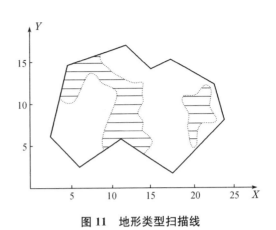

图 11　地形类型扫描线

四、计算点子数

在一个区域范围内不同地形类型区的点子数,是根据该区域范围内应放的点子数,通过针对不同的地形类型分别拟定的不同的加权因子来进行计算的。而加权因子的拟定决定着点值图的科学质量,要深入研究制图区域的地理特征,研究居民地和人口的分布规律,并在对居民地的分布进行定量化研究的基础上,找出它们和地形类型之间的相关关系,并考虑到各类地形所占的面积,从而拟定出不同地形类型的加权因子。

例如,根据图 8 拟定的加权因子如下:

56.5%	高阶地
23.4%	河谷平原
15.3%	缓丘
4.8%	山地

设该区范围内应放的点子数 $N=1\,000$,则该区域范围内各种地形类型区应放多少点,由上述确定的总点数和加权因子进行控制。根据计算分别得到的点子数见表 4。

表4 不同地形单元的点子数

地形类型	点子数	地形类型	点子数
高阶地	565	缓丘	153
河谷平原	234	山地	48

这些点子数是在一个区域范围内布点的定量依据,而地形类型扫描线文件则是在一个区域范围内布点的定位依据。

五、布点设计

布点设计即计算每个区域内点放置的位置。为了确定每个点在区域内的位置,是根据扫描线来控制的。如前所述,要使得在图上布设的点与点之间不发生重叠,因此在设计扫描线时,要使得两根线条之间的间隔大于等于点的直径,然后将区域范围内的一种地形类型的扫描线,按照表5的格式进行编排,并输入内存。

表5 地形类型的扫描线信息表

单位:厘米

扫描线段序号(M)	Y	起始 X	终止 X	Δx	$\Sigma \Delta x$
1	16	7.5	8.5	1.0	1.0
2	15	5.5	9.0	3.5	4.5
3	14	4.0	10.0	6.0	10.5
4	13	3.5	6.5	3.0	13.5
5	13	8.5	11.5	3.0	16.5
6	14	3.5	6.0	2.5	19.0
7	14	10.5	13.5	3.0	22.0
8	14	21.5	22.0	1.0	23.00
9	11	3.0	5.5	2.5	25.5
10	11	10.5	13.5	3.0	28.5
11	11	19.5	22.0	3.0	31.5
12	10	10.5	13.5	3.0	34.5
13	10	18.5	22.5	3.5	38.0
14	9	9.5	13.0	3.5	41.5

(续表)

扫描线段序号(M)	Y	起始 X	终止 X	Δx	$\Sigma\Delta x$
15	9	19.0	22.5	3.5	45.0
16	8	9.0	13.5	4.5	49.5
17	8	19.0	20.5	1.5	51.0
18	7	9.0	14.0	5.0	56.0
19	7	19.0	20.5	1.5	57.5
20	6	8.5	15.0	6.5	64.0
21	6	19.5	20.5	1.0	65.0
22	5	8.5	9.5	1.0	66.0
23	5	12.5	15.0	2.5	68.5

以图 11 为例,将提取出的本单元河谷平原的扫描线,通过程序的自动处理,建立该地形类型的扫描线信息表(表 5),算出该地形类型范围内应放的点子数是 234 个点,则每个点在该区域范围内的布设位置,通过利用该信息表,按照下述步骤进行计算。

(1) 计算随机数。它表示图上一个点占扫描线总长度的百分之几。例如本例为 $R=0.427\%$。

(2) 计算布点距离。本例为 $D=0.427\%\times68.5\approx0.292$。它表示沿扫描线方向每隔 0.292 单位长度布设一个点。

(3) 寻找扫描线段,即根据布点距离,从内存的扫描线信息表中寻找包含该点扫描线段的序号,例如设为第 M 条。

(4) 计算布点的坐标:

$$XX_I = I \times D - \sum_{j=1}^{M-1} \Delta X_j + X_M$$
$$YY_I = Y_M$$

式中:I 为点输出的顺序号;X_M, Y_M 为信息表中第 M 条扫描线起始点的坐标值。

(5) 绘图输出。命令绘图机输出该点,再重复步骤 3~5,直至输出 234 个点,再输入另一种地形类型的信息,直到绘完 1 000 个点,再转入其他区域单元点值图的绘制。这样,可以边计算边输出,最大限度地减少内存容量。

综合以上所述,点值图的自动绘制程序和文件见图 12。

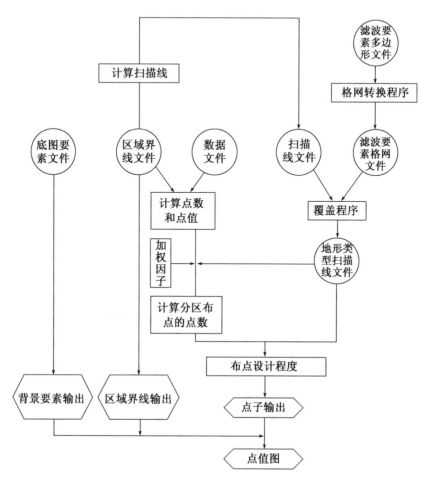

图 12　点值图机助制图的过程和软件

参考文献

[1] Shapirc L G，Haralick R M. A spatial data structure[J]. Geo-Processing,1981(1)：313 - 337.

[2] Broome F R. File structures and algorithms for the U. S. bureau of the census automated statisical mapping[C]// the Advanced Study Symposium on Topological Data Structures for GIS. Cambridge，Mass，1977.

[3] Robinson Arthur，Randall Sale，Joel Morrison. Elements of caetography[M]. 4th ed. New York：John Wiley，1978.

[4] K. A. 萨里谢夫. 地图制图学概论[M].廖克,等译. 北京:测绘出版社,1982.

A Method of Automated Dot Mapping

Huang Xing-yuan   Sun Ya-mei

Abstract: In this paper, a method for automated dot mapping is given for which five aspects are considered to explain the design procedure. They are as follows:

1. Establish areal units by applying the toplogical relationships to polygon boundaries.

2. Select the dot size and dot value which will affect the visual properties of computer-produced dot map.

3. Identify a filter by which the areal unit will be partitionged into sites of various types on the principle of correlation in geography, so that a truer picture of the data distribution may be made.

4. Compute the number of dots to be placed in each site that represents a special type of filter, based on the dot and weight value.

5. Place dots within a given sits of the areal unit.

栅格数据的四叉树编码方法及其应用

何隆华　黄杏元

　　大型地理信息系统的实施受到限制的一个主要原因是,空间数据量庞大,以致数据获取和存储的费用很高。近年来,由于数据获取技术的发展,能从陆地卫星和其他自动数据获取装置取得数据,又引起了数据处理上的危机,使人们对存储和表示空间数据的数据结构愈来愈关心。

　　栅格数据是地理信息系统中常用的一种数据类型,由于它数据获取的自动化程度高,便于检索,处理容易,日益成为机助制图和地理信息系统的一种重要数据类型。但是,用栅格数据表示空间实体的主要问题是,栅格的分辨率不能很高,因为分辨率高,数据量急剧增加,对计算机内存的需要量也成倍增加。例如,一幅 1 米×1 米的地图,若采用 1 毫米的栅格尺寸,就有 106 个栅格数据,而一幅陆地卫星 MSS 图像有 3 240×2 340≈7.58×10⁶ 个象元。因此,需要研究和选择一种合适的数据结构来存储栅格数据,使操作简便,又能压缩存储容量。本文探讨四叉树编码的两种存储方法:线性四叉树(LQT)和常规四叉树(CQT),分析其优缺点,并对其数据存储、查询检索、叠置分析和其他有关操作等进行了初步的实验。

一、四叉树编码方法的原理

　　通常的栅格数据是由扫描数字化仪产生的,是逐行的顺序存储文件。这种按照行列分割把整幅图分成许多大小相同的网格,不管图上内容分布情况如何,不可避免地会有较大量的冗余信息。四叉树编码法则不然,它随图上各部分地理现象分布的不同,其四叉树分块的大小也不同,具体的分割方法是:先将整个区域按四个象限分为四块,若四块的格网值全部相同,则整个区域同属一种类型,该图幅对应的四叉树就只有一个根结点;若四象限的格网值不是全部相同,则再进行四分块的递归分割,直到子象限数值单调为止。如图 1 所示,整个区域 P 的四个子象限 P_a、P_b、P_c、P_d 中 P_a、P_b 单调了,不需再分割;P_c、P_d 未单调,需要继续分割。这个过程可用四叉树表示,如图 2 中的图形,其对应的四叉树如图 3 所示。四叉树的树根代表整幅图,树的每个结点有或没有四个儿子,没有儿子的结点称叶结点;叶结点对应于图幅分割时数值单调的子象限。

因此,四叉树编码法的原理可表述为:它是将整幅图进行递归分割,在分割过程中每次要判别子象限是"有信息"或"无信息"。对于无信息(即单调)的子象限不再分割,而对有信息的子象限需要继续分割,直到子象限的数值呈单调为止。凡值呈单调的子象限,不论单元大小,均作为最后的存储单元(图 4)。

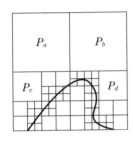

图 1　区域及其子象限

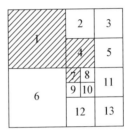

图 2　区域分割过程

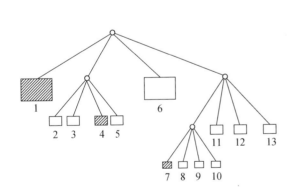

图 3　图 2 的四叉树表示法

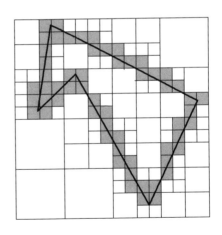

图 4　四叉树用于存储多边形

二、四叉树编码的存储算法

建立四叉树有两种方法,即自顶向下("Top-bottom")和自底向上("Bottom-up")。自顶向下是先检测整个区域,其值不单调时再四分割。然后检测各四分块,对不单调的区域继续分割。例如,一个 $n \times n (n = 2 \times K, K \geqslant 1)$ 的栅格方阵代表的图幅 P,其四个子象限分别为:

$$P_a = \left\{ P(i,j) : 1 < i \leqslant \frac{1}{2}n, 1 < j < \frac{1}{2}n \right\}$$

$$P_b = \left\{ P(i,j) : 1 < i < \frac{1}{2}n, \frac{n}{2} + 1 < j < n \right\}$$

$$P_c = \left\{ P(i,j) : \frac{n}{2} + 1 < i < n, 1 < j < \frac{1}{2}n \right\}$$

$$P_d = \left\{ P(i,j) : \frac{n}{2} + 1 < i < n, \frac{n}{2} + 1 < j < n \right\}$$

再下一层的子象限分别为:

$$P_{aa} = \left\{ P(i,j) : 1 < i \leqslant \frac{1}{4}n, 1 < j < \frac{1}{4}n \right\}$$

...

$$P_{ba} = \left\{ P(i,j) : 1 < i < \frac{1}{4}n, \frac{n}{2} + 1 \leqslant j \leqslant \frac{3}{4}n \right\}$$

...

$$P_{dd} = \left\{ P(i,j) : \frac{3}{4}n + 1 < i < n, \frac{3}{4}n + 1 < j < n \right\}$$

式中:a、b、c、d 标号分别表示西北(WN)、东北(EN)、西南(WS)和东南(ES)四个子象限。根据这些表达式,可求得任一层中某一子象限在整个区域中所占的行、列范围,并对这个范围内的网格值进行检测,若全部相等,则不再细分。这样递归下去,就可建立起整个区域的四叉树。这种方法在由粗到细的过程中,对那些内容还不单调的子象限内的格网值要重复检测。当 $n \times n$ 矩阵比较大、区域内要素分布较复杂时,用这种方法建立四叉树的速度比较慢。

自底向上是从最低一级开始,设栅格数为 $A(n,n),n=2\times K,K\geqslant1$,则检测顺序如下:

1	2	5	6	17	18	21	22
3	4	7	8	19	20	23	24
9	10	13	14	25	26	29	30
11	12	15	16	27	28	31	32
33	…	…					

即先检测 $A(1,1)$、$A(1,2)$、$A(2,1)$、$A(2,2)$、$A(1,3)$、$A(1,4)$、$A(2,3)$ 和 $A(2,4)$…若四块的值相同,则将其合并为一;否则,作为 4 个叶结点记录。依次逐层向上,直到最后生成根结点。

四叉树每个结点通常存储 6 个量:4 个子结点指针,一个父结点指针(根结点的父指针为空,叶结点的子指针为空)和一个结点值。这就是通常说的常规四叉树。另一种存储方法是每个结点只存储 3 个量:地址、深度和结点值,称为线性四叉树。以下详细讨论这两种四叉树的建立方法。

1. 线性四叉树的存储算法

线性四叉树的编码是先计算好每个格网单元的地址,其计算公式为:

$$ADDRESS(I,J)=2\times IB+JB$$

式中 IB、JB 分别为 I 行 J 列的二进制数形式。若图形数据为 $2K\times2K$ 的矩阵,生成的地址由 K 个数字组成。如 64×64 的图像,其地址是一个有 6 位数字的数,在计算机文件中一般要用 4 个字节存储。这样算出的地址按照由小到大的次序排列后,正是自底向上方法扫描检测的顺序。程序依次判别相邻 4 个网格值是否完全相同,若不完全相同,则作为 4 个叶结点记录;若完全相同,则将其合并为一,并将其中一个网格值赋予它。它的地址为原 4 个单元中第一个单元的地址,为节省存储量,中间节点不存储。

由于栅格数据常常不是恰好为 $2n\times2n$ 的方阵,为了能对不同行列数的栅格数据进行四叉树编码,设计程序时对不是 $2n\times2n$ 的部分以零补足(通过使 $2n$ 大于或等于行、列数中的大者,取合乎要求的最小自然数,即为 n 的值)。建树时,补足部分生成的叶结点可不存储,以减少存储量。考虑到许多栅格数据是用游程编码存储的,可直接应用游程数据建立四叉树,其程序框图参阅文献[1]。这种线性四叉树只存储3个值,比常规四叉树节省存储量。由于记录结点地址,既能直接找到其在四叉树中的走向路径,也可以换算出它在整个栅格区域内的行列位置。实验表明,一幅50×60的行政图,采用线性四叉树编码法与直接用栅格矩阵(二进制数)方法相比较,它们的存储量之比约为$3:4$。而同一幅图,当格网尺寸缩小一倍时,即矩阵大小为100×120时,其压缩比接近$1:2$。用线性四叉树存储栅格数据,数据量的压缩程度取决于图形复杂的程度。图形越复杂,需存储的叶结点越多,能节省的存储量就越少。

2. 常规四叉树的存储算法

常规四叉树也采用自底向上的方法建立,对象元按照一定的顺序检测。这种方法要记录叶结点和中间结点,并且每记录4个结点即生成其父结点。如果检测时不进行合并,建立所谓丰满四叉树,第K级有$4K$个方块,所以丰满四叉树结点共有:

$$\text{NUM} = \sum_{K=0}^{i} 4^K = \frac{4^{K+1} - 1}{3} \geqslant \frac{4}{3} \times 4^n \text{(个)}$$

即比栅格矩阵的像元数目多33.3%,但是通过合并,实际结点数远不会这么多,实验用的栅格数据有4 096个像元,生成常规四叉树结点只有1 285个。每个结点的6个值均用二进制文件存储,约需存储量15K。常规四叉树虽然增加一些存储量,但处理上简便、灵活。如果一个图像的栅格矩阵很大,存储和处理整幅图很困难,采用常规四叉树编码存储法,可根据需要将之分成4块、16块、64块等,每块分别进行四叉树编码存储。需要时可将其合并成一棵树,合并的方法对常规四叉树来说十分容易。例如,如果要将相邻4块的四叉树合并成一棵树,只要将4块的四叉树当作新树中的4颗子树,4颗子树的根指向一个共同的父亲,重新生成一个共同的根节点即可。

常规四叉树对于数据检索、多要素叠置分析和求物体间的空间关系等操作,都十分方便。下面给出常规四叉树编码存储的程序框图(图5)。其中,数组GRID存储栅格数据,数组Father存储结点的父指针,Son存储4个儿指针。

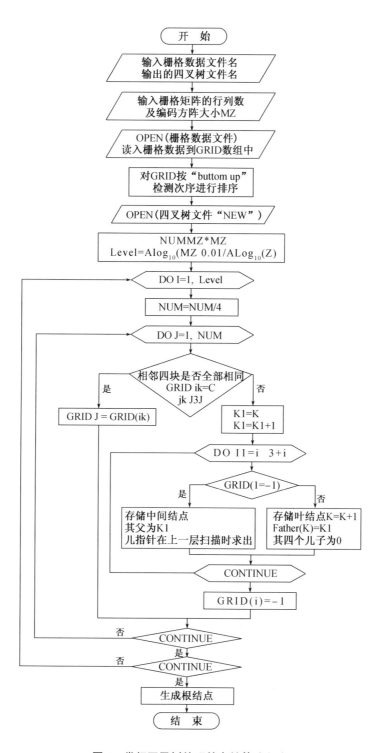

图 5　常规四叉树编码的存储算法程序

三、四叉树编码方法的应用试验

1. 查询检索

用线性四叉树进行内容检索十分方便，只要按顺序对四叉树存储文件进行搜索。为了提高检索速度，还可以建立指针链，即在每个结点记录中加一个指针指向下一个结点值和本结点值相同的记录。用线性四叉树进行位置检索也非常方便，位置检索即在整个区域内进行任意开窗，检索窗口内的内容，并对窗口的内容进行删除、修改和复制等操作。所谓删除，就是将窗口内的内容全部赋零。修改，指修改窗口内某些类型的值。复制，是把窗口内复制为一个新文件，并可对复制的窗口进行平移、旋转和缩放等操作。对线性四叉树进行内容检索和位置检索的程序框图参见文献[1]。由于线性四叉树对树的大部分结构信息没有存储，用其进行空间关系检索等操作有些不方便，但已经有人提出直接用线性四叉树提取空间信息的算法（见参考文献[4]）。

2. 统计计算

统计区域内某一要素或某一类型所占面积是一种常见的统计分析操作。应用常规四叉树的存储文件进行面积量算十分便捷，只要对四叉树遍历一次，就能求出所需面积。四叉树的根结点指针为已知，遍历方法采用先序遍历，因为遍历时过程要递归调用，程序用 PASCAL 语言编成，其程序框图如图 6 所示。其中，值 Grey 表示结点为非叶结点。

3. 叠置分析

D. J. Peuquet 等人把地理信息系统中空间数据的操作归结为三类：布尔集合操作（求并、求交和求补）、距离操作和方向操作。叠置分析是布尔集合操作的一种，其过程为对两幅图的四叉树平行地进行遍历（假设图幅内只有两种类型的格网值，即黑和白；多类型图的情况也一样）。在遍历过程中，若某一棵树的一个叶结点为黑，而另一棵树中对应的结点不是黑，则把不是黑的结点（或子树）作为新树中对应的部分；若某一棵树的一个叶结点为白，不管另一棵树中对应的结点为何种颜色，新树中的结点为白；当两棵树对应的结点均不是叶结点（灰色 Grey）时，则它们对应的 4 个儿子可用来进行同样的比较，这是一个递归过程，最后生成的新树即为叠置结果。

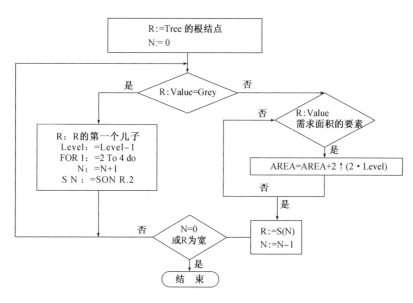

图6 常规四叉树的统计分析程序框图

若四叉树存储的是线状要素,运用该算法求出的是交点;若存储的是面状要素,叠置结果仍未面域。叠置分析的程序框图如图7所示。

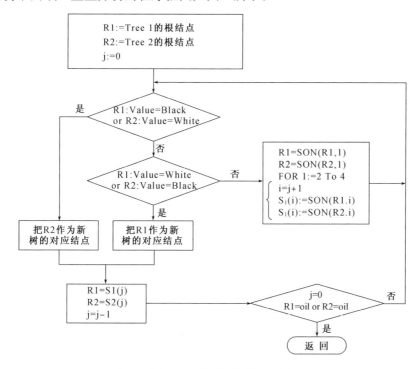

图7 常规四叉树的叠置分析程序框图

4. 常规四叉树的其他操作

常规四叉树的其他操作,例如求并、追踪边界等,在地理信息系统中也很常用。输出一幅多要素地图时,需要将几种单要素地图进行合并,其合并算法与上述叠置算法相似,也是对两棵树平行遍历。当遇到某棵树的黑色(Black)结点时,则不管另一棵树对应结点为何种颜色,新生成四叉树的对应结点为黑色;当遇到某一棵树的一个结点为白色(White)时,则把另一棵树的对应结点作为新树的结点。当两棵树对应的结点均不是叶子时,则继续利用它们的儿子进行同样的比较。此外,利用常规四叉树进行区域边界的追踪、求面域的周长等也很方便。

四、结语

综上所述,四叉树是一种十分有效的栅格数据编码存储法,由于其分辨率是可变的,且具有树结构的优点,大部分操作只要对树进行遍历即可完成。目前,四叉树被越来越多地用在计算机图形学、模式识别、数学图像处理、智能地理信息系统和计算机视觉等应用领域中;其主要缺点是,不能显著压缩存储量、分块太绝对、造成平移稳定性差等问题,因此还有待进一步研究和改进。

参考文献

[1] 徐永晶. 网络数据的四叉树管理方法和程序设计[C]//第二届计算机地图制图学术讨论会. 1987.

[2] Zhan Cixiang. Algorithms for spations between polygons in quad trees[C]// Proceedings of IWGIS. Beijing,1987.

[3] 严蔚敏,吴伟民. 数据结构[M]. 北京:清华大学出版社,1987.

计算机辅助地图集设计的内容和方法

黄杏元

计算机辅助方法在地图制图领域中的应用,不仅适应人类对地图的客观需要,而且最终改变了制图的性质和地图的面貌。机器逐步代替手工制图,可以绘制出各种类型的地图,包括地形图、土壤图、土地利用和土地类型图、道路和交通网图、公共设施布设图、统计地图、人口图、地形立体图和海图等,使制图人员大大减轻劳动强度,以节省更多的时间来考虑如何设计地图和怎样提高地图的科学质量;使用计算机制图,使过去手工方法很难解决的曲面内插、立体图形的表示和许多比较复杂的专题图表示方法,更容易使用数学方法,避免了制图过程中的主观因素,而且精度高,速度快;地图内容以数码形式存储在磁带或磁盘中,按照要素建立数据文件,便于保存和远程传输,可随时提取、更新、处理和应用;地图图形的数字处理使过去常规方法使用的内容转绘、投影变换和改变地图比例尺等编图技术方法更加容易。近年来,随着计算机辅助制图和设计技术的不断完善,已经涌现了许多直接由计算机控制绘出的专题图和地图集,例如各种类型的行式打印机地图、中国人口地图集、加拿大的海洋水文图集、民主德国的城市规划图集、瑞士的道路图集等,都是计算机辅助设计的佳作。

计算机辅助地图集设计,可以从功能设计、数据库设计和图幅设计三个方面进行介绍。

一、功能设计

编制地图集是一项复杂的系统工程。从选题设计、确定地图分幅、选择地图投影、规定地图表示方法,直至图示图例的设计、内容的分类分级和制印工艺等,编辑和设计的环节多。这些环节和联系光凭地图编辑和编绘人员的能力,难免有失误的可能。所谓功能设计,就是根据地图集设计的总目标,确定由计算机完成的具体任务。根据计算机在制图领域内的应用范围,功能设计的内容包括地图地理底图的设计、地图数学基础的设计、地图表示方法和图型的设计、地图内容分类分级的设计,以及地图集附图、附表和图例的设计等。

1. 地图地理底图的设计

地图集的地理底图,特别是专题地图集的地理底图是转绘专题内容的定位依据,并提供说明专题变量与周围地理环境之间的联系,底图的基础要素相对简化,但又要满足各类不同专题内容灵活选择的需要,因此最适合采用计算机辅助设计的方法。通过按要素进行分类编码,基础地图经过数字化,作为地理基础文件存储。由这种地理基础文件生成统一的地理基础底图,其显著的优点是:保证地图集地理基础底图的统一;便于提取和删除任何一幅或一组专题地图的一种或几种基础要素;自动完成任意图幅基础底图的套框分幅;容易实现基础要素与专题内容之间地理相关分析;大大加快地图集底图的编制速度,缩短地图集的成图周期。

2. 地图数学基础的设计

利用计算机进行地图集数学基础的设计,可以与地图分幅、地图图面配置和比例尺选择等同时进行,根据输出的不同结果加以比较,从中确定相互制约关系最佳方案,这是地图集常规设计方法所不及的。由于地图投影都有相应的数学模式,因此地图的数学基础最适合利用计算机来设计,其内容包括地图投影的分析和选择、地图集内各图经纬线网的自动绘制、具有矩形图廓经纬线网的自动绘制、不同地图投影的地图资料的自动变换以及图集内每幅地图图面配置线的自动绘制。以绘制一幅地图数学基础要素较复杂、整饰难度较大的海图经纬线、图廓线、公里尺、对数尺、方位圈及其有关的注记为例(图1),其程序构成和所需要的时间如表1所示。显然,计算机辅助建立地图数学基础与手工相比,可提高工效达14倍以上。

3. 地图表示方法图型的设计

地图集和单幅图不同,它是一部完整的地图作品,涉及的选题、结构、科学内容不同,表示方法和图型也有很大的变化。在各个专题制图领域中,根据不同的地图内容和制图要素的不同空间分布规律,一般选择的表示方法如图2所示。而所有这些表示方法,目前都可以根据相应的制图数据和算法,由计算机设计和输出(图3)。特别是在近代制图符号设计中,由于学科之间的相互渗透,开创了综合因素和系统化的符号设计方法(图4)。显然,要充分理解这些设计因素,达到以最优的符号结构,实现地图传输空间信息的理想效果,如果没有计算机辅助设计系统的支持,是很难实现的。

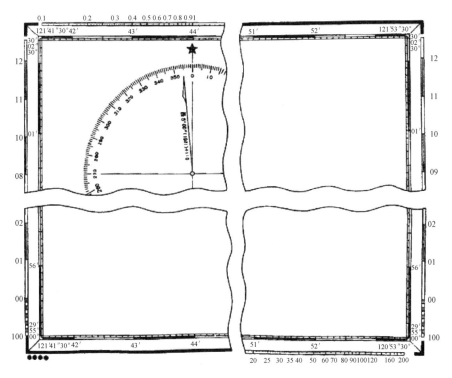

图1　地图数学基础的自动建立

表1　建立海图数学基础的程序及所需机时一览表

程序名	功　　　能	机时/min	工时/min
FRM	计算基准纬度的纬圈半径、南纬圈距赤道的子午线弧长和坐标		
INS	绘内图廓线	0.5	
TINY1	绘经线及其细分、经度注记	3	
TINY2	绘纬线及其细分、纬度注记	3	
LBN	图廓四角经纬度注记	0.5	
ANL	分解四角经纬度		
KM1	绘第一类公里尺	1.5	
KM2	绘第二类公里尺	1.5	
KMT	公里尺注记	1	
ALO	绘对数尺	5	
FRT	绘外图廓黑框	2	
DIR	绘方位圈	1.5	
ADB	绘加粗线	2.5	
NUB	字符串注记	3	
SYM	写字符		
		25	360

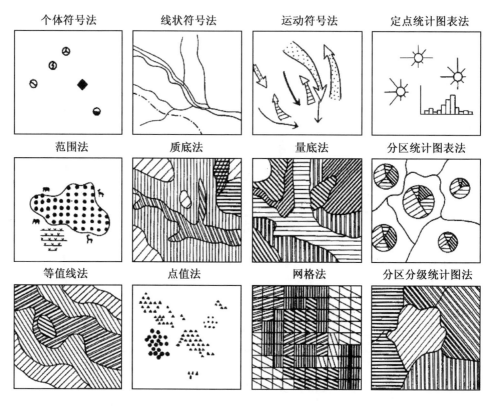

图 2　各种表示方法示意图(据廖克等,1985)

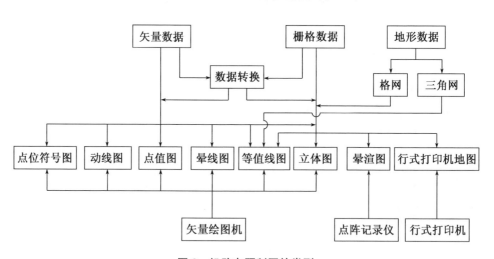

图 3　机助专题制图的类型

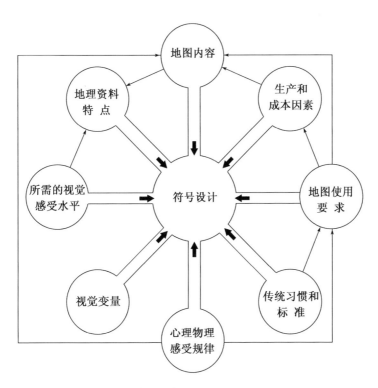

图4　符号设计的八点图(据 Edzard S. Bos, 1984)

4. 地图内容分类分级的设计

随着社会需求和资料的不断积累,以人口、经济、交通、气候、环境、旅游、农业、工业、海洋和疾病等为主题的地图集不断问世,并日益受到重视。而编制这些地图集所使用的资料,其中大部分是统计和观测资料。对于如何分析、综合、判读、处理和使用这些资料,进而拟定科学的分类分级方案,正是由计算机提供了有效的手段(图5)。以编制《中华人民共和国人口地图集》为例,全国 2 371 个县,共有 3 亿张人口统计报表和 100 盘磁带数据,对如此浩瀚的制图数据,不通过计算机处理是很难设想的。而该图集内容丰富多彩,资料翔实可靠,正是利用了新中国成立以来规模最大、项目众多的第三次全国人口普查数据,采用了一套科学的计算机辅助设计方法,利用了一套人口统计数据的自动处理软件,不但加快图集的编制速度,而且提高了图集的精确度,是计算机辅助设计技术应用于人口地图集编制的成功范例。

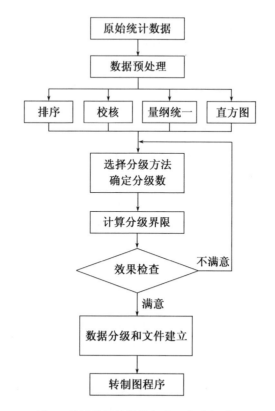

图 5　统计数据的计算机处理和分级过程

二、数据库设计

　　编制一本地图集,从某种意义上说,相当于建立一个地理信息系统。而地理信息系统的核心是数据库,不论哪种信息系统都需要建立相应的数据库,用以存储所需要的信息,提供分析、评价、预测、决策、管理和规划应用。计算机辅助地图集设计的核心也是数据库,即根据地图集的选题和内容结构,将编图资料(图形、图像等)数字化以后,按照一定的数据模型和结构组织起来,并以一定的物理布局存入计算机的外存介质(如磁盘、磁带等),通过软件进行控制管理。地图集设计人员可以随时迅速而准确地检索到所需要的信息,并按照功能设计的使用要求,对它们进行加工处理,最后完成图幅设计和输出。

计算机辅助地图集设计建立的数据库属于空间数据库。这种数据库的数据之间除了抽象的逻辑关系外,还具有严格的定位关系,即所有的地理要素除了存储其定性和定量等属性特征外,还要存储其空间位置,这种空间位置是按照确定的椭球体参数和投影类型建立的平面直角坐标来表示的。具体的数据组织方法,主要有以下两种:

1. 多边形数据结构

许多地理要素的分布形态呈不规则的多边形(例如土壤类型、土地利用、人口统计单元、区域界线等)。因此,地图集上凡内容选题与区域或类型单元有关的实体,都可以抽象为多边形,然后用多边形的数据结构来描述这些实体的特征和分布。多边形数据结构可以描述的实体包括点状、线状和面状要素。组成多边形数据结构的基本编码元素为结点、弧段、多边形、岛状区和属性码。构成该数据结构的基本信息有两类,即拓扑信息和位置信息。拓扑信息的基本记录为弧段,它由 5 个基本数据项描述:弧段号(ARC)、起始结点(FN)、终止结点(TN)、左边多边形(LP)、右边多边形(RP);位置信息的基本记录也为弧段,它以 x,y 坐标串及其功能码表示。

这种数据结构的最重要的技术贡献是拓扑编辑。下面以最简单的多边形图形为例,说明拓扑编辑的原理和方法。

(1)多边形连接编辑。多边形连接编辑是基本的拓扑编辑。它是顺序连接组成封闭多边形的一组弧段或线段,以检查拓扑信息记录的结构错误,同时以最少的冗余数据自动构成封闭的多边形,提供计算机辅助制图和分析应用。例如,设需要对多边形 105进行编辑(图 6),编辑该多边形所需的拓扑信息如表 2 所示,则编辑过程如下:

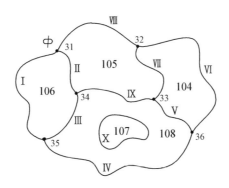

图 6　多边形的编码元素

表 2　弧段的拓扑信息

ARC	FN	TN	LP	RP
…				
Ⅶ	31	32	Φ	105
Ⅸ	34	33	105	108
Ⅱ	34	31	106	105
Ⅷ	33	32	105	104
…				

① 凡在当前编辑的子区内,从拓扑信息文件的记录中,将与105编辑多边形有关的全部弧段都检出来。

② 如果编辑多边形位于检出弧段记录的 LP 位置,将之做180°旋转,同时将结点的存放位置也做相应的交换,否则不做旋转和交换。

③ 当编辑多边形均位于有关记录的 RP 位置时,计算机顺序连接各个结点,必要时需要重新安排弧段的记录顺序。图7表示弧段排列的最后结果,其中虚线表示计算机如何进行弧段的自动连接。

显然,多边形连接编辑的目的在于检查第一个 FN 与最后一个 TN 的值是否一致。如果一致,表示编码数据正确,数据可以存入数据库。否则,如果出现多余的弧段,或者编辑的多边形不能自行闭合,表示编码数据有错(图8),须进行改正,直至得到净化的编码数据,才能存入外存介质。

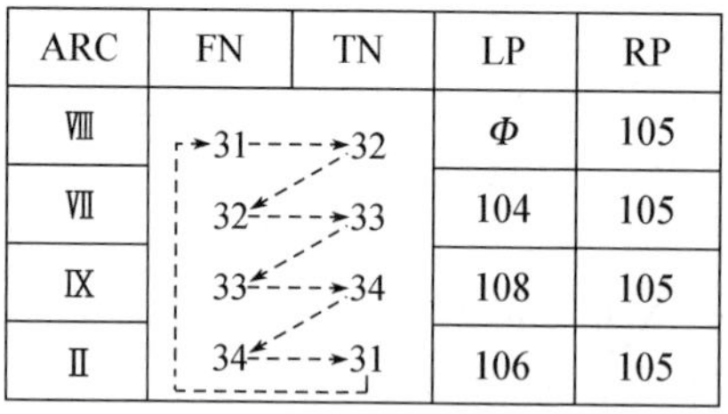

图7　弧段的自动连接 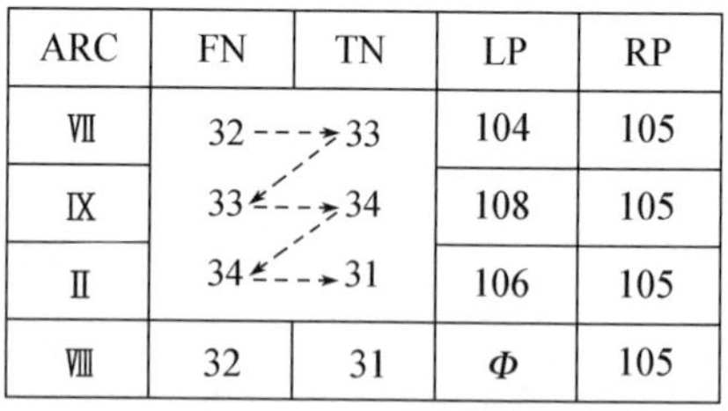　　　　图8　弧段错误信息的检出

(2)结点连接编辑。结点连接编辑是辅助的拓扑编辑。它是顺序连接环绕某个结点的多边形号,以检查第一个 LP 与最后一个 RP 的值是否一致。例如,设当前编辑的

结点为34(图6),编辑该结点所需要的拓扑信息如表3所示,则编辑过程如下:

表3　弧段的拓扑信息

ARC	FN	TN	LP	RP
…				
Ⅱ	31	34	105	106
Ⅸ	34	33	105	108
Ⅲ	35	34	106	108
…				

表4　编辑后弧段的拓扑信息

ARC	FN	TN	LP	RP
…				
Ⅱ	31	34	105	106
Ⅸ	33	34	105	108
Ⅲ	35	34	106	108
…				

① 凡在当前编辑的子区内,从拓扑信息文件的记录中,将与34编辑结点有关的所有弧段都检出来。

② 将当前编辑结点的存放位置全部转换到TN的位置(如原来在TN位置,不做改变),并将多边形的存放位置也做相应的变换(表4)。

③ 顺序连接环绕该编辑结点的多边形,必要时,须对检出的弧段重新排序,例如表4的最后一个弧段移到弧段Ⅲ与弧段Ⅸ之间,得到表5、图9中的虚线表示计算机自动连接多边形的过程。

表5　排序后弧段的拓扑信息

ARC	FN	TN	LP	RP
…				
Ⅱ	31	34	105	106
Ⅲ	35	34	106	108
Ⅸ	33	34	105	108
…				

ARC	FN	TN	LP	RP
…				
Ⅱ	31	34	→105 -- →106	
Ⅲ	35	34	106 ⟋ →108	
Ⅸ	33	34	108 →105	
…				

图9　多边形的自动连接

同理,通过结点连接编辑,如果第一个LP与最后一个RP的值一致,表示该结点的拓扑信息正确。如果有多余的弧段产生,或者多边形无法连接,则表示该结点的拓扑信息有错,需要进行改正,然后重新进行编辑。

以上多边形连接编辑和结点连接编辑称为拓扑一致性检验。只有经过拓扑一致性检验的数据才是净化的数据,可以存入数据库,提供应用。当全部数据通过拓扑一致性检验,才能关闭空间数据编辑站,转入地图集的图幅设计。图10就是根据这种多边形数据结构建立的数据库,通过数据提取,自动生成多边形,并调用功能设计中的晕线图形设计软件,由计算机输出的土地利用图。

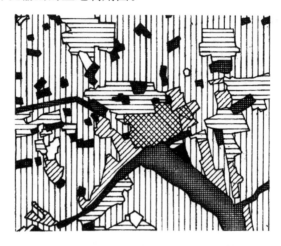

图 10   多边形数据结构及图形输出

2. 栅格数据结构

栅格数据结构是空间数据的组织方式之一。任何以面状分布的实体,例如地形、气候、土壤、环境因子等,都可以用栅格数据逼近,即将欲建库的区域划分成规则的梯形格网(按经纬线划分)或正方形格网(按公里划分),然后按格网或其结点作为存储信息的标志,记录各要素的编码或数值(图 11)。

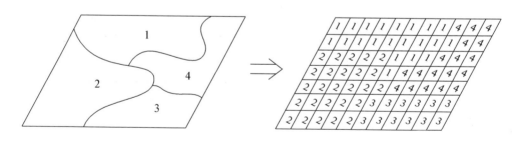

图 11   栅格数据结构

格网的大小取决于实体的特征和制图的精度。一般地,实体特征愈复杂,栅格尺寸愈小;栅格数据量愈大,分辨力愈高,则制图精度也愈高,但同时数据库所需要的存储空间也愈大,计算机处理成本也愈高。特别是对于地图集,涉及的选题广,需要处理的变量类型多,建立为地图集服务的数据库,必须使组织的栅格数据符合以下基本要求:

① 有效地逼近制图对象的分布特征;② 最大限度地压缩存储的数据量。

有效地逼近制图对象的分布特征,是指以保证最小图斑的制图精度标准来获取制图对象的空间数据。凡是用栅格来逼近空间实体,不论采用的栅格多细,与原实体比较,信息量都有丢失。这是由于复杂的实体采用统一的格网所造成的。但是可以用保证最小多边形的精度标准来确定栅格尺寸,使建立的栅格数据既有效地逼近实体不规则的轮廓特征,又能减少数据的冗余度。如图 12 所示,设制图区域最小图斑的面积为 A,当栅格边长为 H 时,该图斑可能丢失;当边长为 $H/2$ 时,该图斑得到最好的逼近。所以,合理的栅格尺寸为:

$$DS = \frac{1}{2}(\min\{A_i\})^{\frac{1}{2}} \qquad i = 1,2,\cdots,N(区域多边形数目)$$

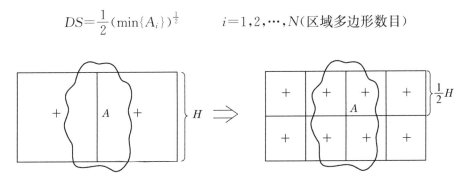

图 12 栅格大小的确定

通过有效地逼近制图对象的分布特征来确定栅格尺寸,这是建立栅格数据的首要条件。考虑到存储空间,还要顾及数据量的压缩。而且这种压缩应以不破坏实体的信息内容作为条件,这可以通过游程编码法来解决。因为栅格结构的数据库,其概念模式是一个矩阵,设该矩阵的元素为 R(行)×C(列)个,根据矩阵内相邻元素属性值变化的频率 Q,可以计算出该数字矩阵的冗余信息量:

$$E = R \times C / Q$$

E 愈大,表示该矩阵内数据的压缩潜力愈大。设原矩阵内一个扫描行的数据序列为 X_1、X_2、$\cdots$、X_m,将它映射成序列:

$$(A_i, P_i), i = 1,2,\cdots,K$$

式中:P 表示属性值连续相同的最右一个元素对应的列号;A 表示对应于上述元素的属性值;K 表示一个扫描行数据映射后得到的游程个数。

显然,经过这种游程编码处理后的数据量与原矩阵的数据量相比,大大地节省了数据库的存储空间,而且这种数据是数据串格式,便于进行各要素的叠置分析、统计分析、相关分析和图形的快速输出。图13就是根据这种栅格数据结构建立的数据库,通过数据提取,由计算机输出的图形,它与图10比较,具有很好的相似性,完全可以应用于地图集的图幅设计。

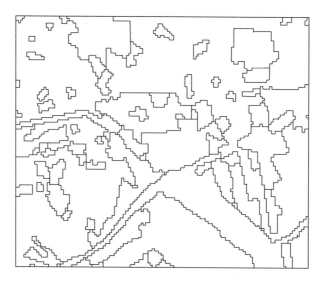

图13 栅格数据结构及图形输出

三、图幅设计

图幅设计是指在地图集总体设计思想的指导下,计算机完成分幅图专题内容的科学处理、分析和图形输出。计算机辅助图幅设计有其显著特点:

1. 地图信息的深加工和再建造

长期来,由于手工制图技术的限制,地图集内的多数图幅只能表示一次信息,结果地图集和数据库没有多大区别。实际上,成功的图幅设计应当体现出图幅内在质量上的建造。而这种内在质量是在综合指导下,地图信息的深度加工而取得的,例如预测预报图、环境对策图、土地承载力图、适宜性决策图以及城市地图集中的火警路径图等,绝不是依靠资料汇集所能完成的。它必须通过选题论证、因子分析、数据筛选、模式构造、运算加工、信息提取与再建造以及可靠性检验,最后才是图幅定型。这样制作出来的图幅,才能集科学性与实用性于一体,使地图作品产生更大的社会效益和经济效益。

2. 地图信息从二维向多维的传输

地图工作者常常满足于从文字符号到图形符号的变换,很多地图集从图到图,一些实用有效的图表寥寥无几。这固然与地图集传统的设计思想有关,但是和技术手段的限制也是分不开的。有些图幅手工编制容易,而有些具有多维信息的图表,包含着空间、时间和数量上的相关,则非人工处理、量算和分析所能完成。这种内容丰富的图表或者一些综合剖面图(图 14),也是直觉信息传输的范畴,它可以起到联结相邻图幅的作用,将区域概念与定量概念联系起来,使地图集不仅成为储藏信息和数据的宝库,而且是传输信息的有效工具。

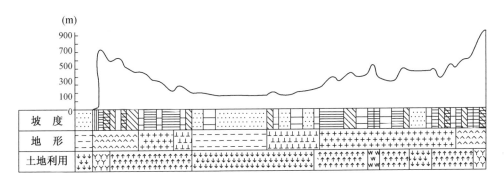

图 14　由多因素数据库输出的综合剖面图

3. 动感图形的设计

地图集的图幅设计和单幅图的图幅设计不同。地图集能从不同的角度,以多种形式完整和全面地反映特定的主题,其中动感图形的设计是多种形式的表示手段之一。这里的“动感”包含着表象空间的旋转(图 15)和制图对象的时间变化。要实现具有这种现象效果的图幅设计,也只有依靠计算机辅助设计才能完成。

总之,图幅设计是一个创造性的过程,是计算机辅助地图集设计最终产品质量的体现,是构成地图集具有不同风格和个性的重要设计步骤,具有深远的开拓潜力。

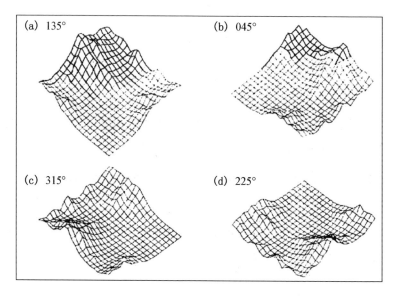

图 15　动感地形立体图

地理信息系统图形编辑功能与软件设计

徐寿成　黄杏元

关键词：地理信息系统；图形编辑；空间数据库

一、空间数据与图形编辑

空间数据是地理信息系统的核心部分，目前，虽然已经建成遥感和一些直接数据记录的数据采集系列，但是大部分系统仍旧是以手工数字化的地图数据作为系统数据的主要来源。手工数字化的地图数据，由于目前地图内容高密度的发展趋势，地图图形符号日趋复杂的设计倾向，以及手工操作技术的限制，因此在地图图形的数字化操作过程中极易引入错误。图形编辑系统就是用来对已拾取的空间数据提供错误自检和编辑操作，它是基本子程序和功能子程序的集合，通过调用这些子程序可以在显示器上产生图形，并能即时处理图形的交互作用。它由图形生成、人—机交互图形处理、图形修改三部分功能组成（图1）。图形生成是指对已拾取的空间数据和有关属性数据进行定义和生成、空间数据拓扑关系的自动建立和检查，以及图形的几何变换等。人—机交互图形处理是以图形显示器为中心，建立图形显示器与图形编辑程序之间的接口。图形修改是对图形文件进行添加、删除、修改等处理。这样，进入图形编辑系统，首先再现所拾取的图形，通过拓扑数据的建立，自动跟踪和显示错误的位置和数据，再经窗口变换，提高局部范围内的图形分辨率，以便使光标在指定的视屏区内实施准确地图形编辑操作。图形编辑操作的选择是通过菜单的形式进行的，这为图形编辑系统的用户提供了一个非常友好的图形编辑操作界面。原空间数据在进行图形编辑系统编辑操作时，只有当复杂的线段丢失等特殊情况，需要重新返回数字化拾取外，其他各种类型的错误都可以通过系统的光标操作和编辑功能选择来自动改正，并直接生成可以输入地理信息系统的空间数据文件，为地理信息系统的科学管理、综合分析和实际应用提供了基础信息。

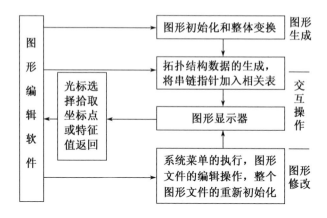

图 1   图形编辑系统的构成

Fig. 1   Structure of graphic data editing system

系统为 IBM-PC/286 机型的微型计算机为硬件基础,配以 VGA(影像图形阵列)图形卡和分辨率为 640×480 的显示器(16 色)。在 MS-DOS 3.00 操作系统的支持和管理下,运用模块化设计方法,充分开发计算机的软硬件功能,针对微机运行速度较慢、内存空间小的特点,选用高效的程序设计语言和算法,以提高系统数据的处理能力,设计冗余度小、结构形式统一的存储模式,提高数据的存取效率和简化数据的存储过程。运行系统可以处理 3.2 m×3.2 m 的图幅,其线段可达 32 700 余条,而坐标数据的容量近似于无限制。系统在运用的整个过程中,给予必要的提示信息,所有信息均实行汉字化。因此,该系统与其他图形编辑软件相比较,具有操作速度快、占用空间小、用户界面直观、操作灵活和可扩充等特点。

二、图形编辑的数据结构

本图形编辑系统用于地理信息系统的空间数据编辑,而空间数据具有位置信息、拓扑信息和属性信息等基本特征。因此,成功地构造有效的数据存储结构,是系统设计的先决条件。在既要保证图形的完整性,还必须压缩其存储容量、减少其冗余度、提高存取速度的前提下,确定以坐标数据作为基本单元,并辅之线段索引和面域索引的存储模型。通过在模型中设一标志字段,以保证空间数据与属性数据的连接依据,其中属性数据采用关系数据的文件形式存储。

该图形编辑系统的输入模块在图形数字化预处理时,只需顾及多边形的编码,在确定图幅控制参数后,按线段进行坐标数据的拾取操作,其拾取过程可通过显示器实时监控,最后由系统自行将拾取的地图数据按照层次结构分别建立点、线、面三个数据文件(图2)。这种结构反映了文件之间的相互连接关系。为确保被操作数据的完整性和简化操作过程,在图形编辑操作中确定以线段作为数据操作的单位。同时,为了提高图形编辑的响应速度,设计的数据结构不仅要反映出图形层次之间的连接关系,而且要以最快的速度进行图形的查找和修改。为此,在系统中增设了同层记录之间的关系指针数据,实施对指针数据的操作,这是提高图形编辑速度的有效方法,其引入关系指针后的数据结构如图3所示。

图2　图形的层次结构数据文件存储模式

Fig. 2　Storage mode for the file of hierarchical data structure

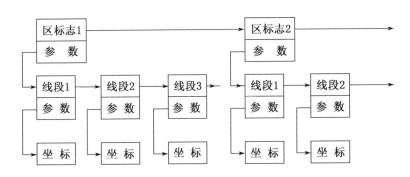

图3　加入同层指针的图形层次关系的数据结构

Fig. 3　Data structure of hierarchical graphic features associated with pointer to the same layer

为了加快结点匹配操作的速度和实现结点号与结点坐标之间的相互查找,将整个图幅按 X 方向分为若干区块,采用开散列的数据结构形式,将结点按其 X 坐标的位置,分置于各区块中,并按其先后顺序编号,然后运用指针将各区块内的结点分别串接在一起,其数据结构形式如图 4 所示。

　　窗口操作是使用户便于观察整幅图和局部图形,以便准确地对图形进行识别、修改和编辑质量的评价;其参数选用堆栈的结构形式存储,先进后出,利用外部空间存储窗口内的象元数据,从而使得窗口操作具有多级嵌套的功能(图 5),并可在窗口关闭时进行窗口内图形的快速恢复。

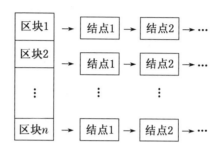

图 4　结点数据的存储结构
Fig. 4　Storage structure of node data

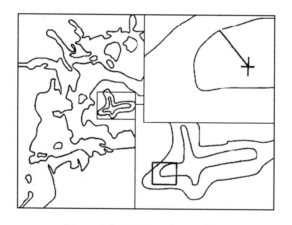

图 5　多级嵌套图形窗口的形式
Fig. 5　Graphic window produced on multi-nest form

三、图形编辑系统的设计

　　该图形编辑系统是地理信息系统的一个子系统。它采用基于功能分解的自顶向下的模块化方法,汇集地图编辑的所有功能(图 6),并遵照软件总体设计的指导原则进行设计。

该系统以图形显示器为中心,重点开发人—机交互界面功能,选用C语言作为程序设计的主语言,同时以少量的汇编语言作为补充,以提高系统的即时处理能力。为便于系统的操作使用,采用下拉式菜单作为功能的选择形式,参数输入采用对话框并给予提示。

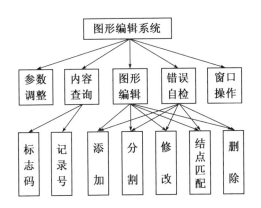

图 6 图形编辑系统的功能构成

Fig. 6 Function components of graphic editing system

1. 参数调整

对某些控制参数做适当的调整,调整过程采用编号选择输入内容,所有可供调整的参数项全部并同时显示在显示器上,以供用户查看、输入、修改,直至认可。

2. 内容查询

该功能将向用户提供两种方式的图形检索。按照用户定义的颜色,显示图形中的各标志区的位置和各线段的状况,并同时显示各种有关的记录参数。

(1)标志码查询。以标志码为依据,显示整个标志码区的边界线段,同时出现标志区记录。

(2)记录号查询。以数字化拾取时的先后线段记录顺序为依据,再现此线段记录的形状、位置和参数。

3. 图形编辑

图形编辑是最主要的操作内容,分别提供添加、分割、修改、结点匹配、删除五种操作,其操作的命令字符如表1所示。

表 1　图形编辑操作命令与字符对照表

Table 1　Comparison of operational orders and corresponding characters

图形编辑功能	坐标点操作命令							
	光标移动	插入	修改	删除	向前	向后	有效	无效
添　加	← ↑ ↓ →	↙					W	Q
分　割	← ↑ ↓ →	I	M		<	>	↙	Q
修　改	← ↑ ↓ →	I	M	D	<	>	W	Q
结点匹配	← ↑ ↓ →	↙					W	Q

（1）添加。采用光标对遗漏的线段进行坐标的拾取,经确认和结点匹配后,将显示器坐标映射为图形文件的坐标,其过程如图 7 所示。

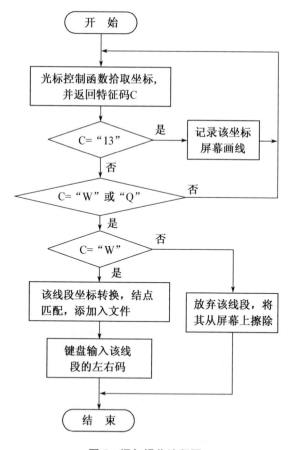

图 7　添加操作流程图

Fig. 7　Flowchart for addition operation

（2）分割。用于将一条线段在指定的坐标处分割为两条独立的线段，并分别写入它们的左右区标志码和进行结点匹配。

（3）修改。对一条坐标位置有偏差的线段进行各坐标的位置修正，并可反复进行。线段的左右区标志码也可以更正。

（4）结点匹配。将待匹配的结点放入匹配区内，经窗口放大，通过键盘操作，使之按照一定顺序显示线段及其参数。经确认后，拾取结点，然后通过光标移动自动修改结点的坐标，使同名结点的坐标得到统一，在进行结点匹配时，该线段的左右区标志码也可修正。

为了保证结点匹配半径的有效性，对需匹配结点的 X 坐标进行判别，若其落入区块的左半区，便连同左边区块内的结点一起参与匹配，否则，连同右边区块内的结点一起参与匹配，其匹配算法过程如图 8 所示。而对于一个新生成的结点，仍按其实际落入的区块存储。

（5）删除。将多余的线段从显示器和图形文件中删去。

在图形编辑过程中，运

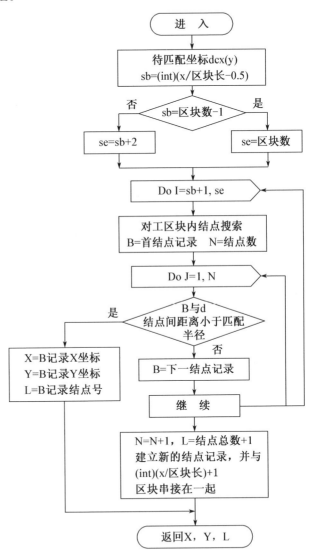

图 8　结点匹配操作流程图（se、sb 为参与匹配的区块范围参数）

Fig. 8　Flowchart for node match operation(Sb & se represent the parameter of matched region boundary)

用了动态定位、跟踪放大（即随时可按一特定键,来放大光标及其周围的图形）等技术手段,使操作更为清晰。此外,线段、结点的选取均采用光标在显示器上进行图形拾取。

4. 错误自检

错误自检是确定图形文件数据是否需要编辑的主要依据。自检采用的方法是依据拓扑一致性检验的原理,即如果图形文件数据有错误,则构成多边形边界的相邻结点不能完全串接,记下错误结点数和识别信息后自动返回(图9),然后可进行错误跟踪查询,一旦确认错误的线段和结点后,即可进入相应的编辑功能进行操作。

跟踪错误信息　错误结点号:51　错误数:4

添加　分割　修改　结点　删除　F_2:重检　文件名:abc

图9　错误自检信息返回示例

Fig. 9　Some examples of the return information from
the topological checking of the digitized data

5. 窗口操作

设置了开窗和关窗两种操作,它们的窗口选择是通过光标在显示器上直接进行的。

四、图形编辑系统的应用

该编辑系统是为了适应地理信息系统的工作环境而自行设计和开发的一个实用性系统。由于它具有错误自检和对图形进行增、删、改等交互处理功能,加上它和一般的CAD系统相比较,还具有简易性特点,已成为地理信息系统图形编辑的有效工具。

应用该系统的基本步骤如图10所示。数字化一幅地图的内容是以线段为单位进行的,线段进入的先后顺序无关紧要,可以按照任意顺序和方向进行数字化,但是要保证每个多边形均要有一个唯一的标志码,并且每次数字化时要注意首先拾取图幅四个图角点的坐标,以保证同一幅地图多次数字化数据的几何纠正和匹配一致,以及保证在图形编辑过程中对遗漏线段的添加。

在该系统的支持下,已先后完成研究区土地利用图、土壤图和行政区域图等不同类型专题图图形数字化数据的编辑任务。根据对所完成的 24 幅地图编辑质量的测试,证明该系统性能可靠、速度较快,编辑的数据完全满足地理信息系统数据库建立的需要。

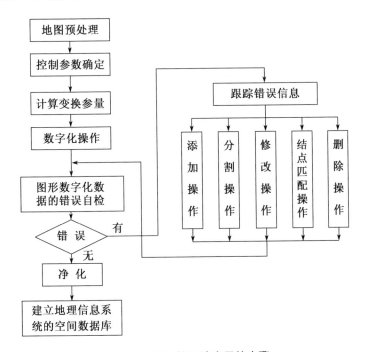

图 10　图形编辑系统应用的步骤

Fig. 10　Applied process of graphic editing system

参考文献

[1] Marble D F, Lauzon J P, Mcgranghan M. Development of a conceptual model of the manual digitizing process [C]// Proceedings of the First Internationgal Symposium on Spatial Data Handing. Zurich,1990:146 - 171.

[2] 孙家广,许隆文.计算机图形学[M].北京:清华大学出版社,1986:178 - 202.

[3] 阿霍 A V,翟普克罗夫特 J E,厄尔曼 J D. 数据结构与算法[M]. 唐守文,宋俊京,陈良,等译. 北京:北京科学出版社,1987:158 - 172.

[4] 马锦林. 软件工程引论[M]. 南京:南京大学出版社,1987:50 - 53.

Functions and Design of Graphic Data Editing Software Within a GIS Environment

Xu Shou-cheng   Huang Xing-yuan

Abstract: A maior technical problem in the graphic data processing of GIS is data editing. The paper develops a software system to transfer digital file and original source to a series of editing operations by using interactive graphics on the screen of micro-computer. These editing operations include topological error checks, window transformation, deletion of extralines, addition of missing lines, breakup of the chain, correction of dentification code, node matching and the creation of topological consistency. Finally, the system permits conversion from vector to raster data file and raster to run-length encode data file to support the entering map data into GIS.

Key words: geographical information system (GIS); graphic data editing; spatial database

GIS 动态缓冲带分析模型及其应用

黄杏元　　徐寿成

摘　要：根据 GIS 对地理实体进行缓冲带分析的不同，将缓冲带操作分为静态和动态 2 类。对动态缓冲带操作不是简单地设定距离参数的方法，而必须依据操作对象和要求，选择适用的分析模型，有时还需要对模型做变换。本文给出了不同的模型及变换公式，并通过实例具体介绍了动态缓冲带分析模型参数的确定方法和缓冲带的建立步骤。

关键词：地理信息系统；动态缓冲带；分析模型

一、引言

缓冲带（buffer）分析是 GIS 空间分析的重要功能之一，是对空间特性进行度量的一种重要方法。它是指在地理实体或空间物体周围建立一定距离的带状区，用以识别这些物体对其周围的邻近性或影响度，例如判断空间物体间是否相邻或某个污染源对周围环境的影响度等。

根据物体对周围空间作用性质的不同，一般分为静态缓冲带分析和动态缓冲带分析两种类型。当空间物体对邻近对象只呈单一的距离关系，例如以设计中的道路中心线为主体，建立与该中心线等距离的一条路宽带，可获得道路的用地范围及该段路宽内有关数据层的信息（土壤、土地利用、土地权属、地质条件和坡度特征等），称为静态缓冲带分析；当空间物体对邻近对象随距离变化而呈不同强度的扩散或衰减关系，例如污染源对周围环境的影响是随距离而呈梯度变化的，称为动态缓冲带分析。

二、动态缓冲带分析模型

动态缓冲带分析，根据物体对周围空间影响度的变化性质，分别采用以下三种不同的分析模型。

① 物体对周围空间的影响度 F_i 随距离 r_i 呈线性形式衰减(图1),其模型形式为:

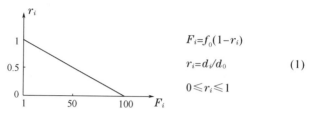

$$F_i=f_0(1-r_i)$$
$$r_i=d_i/d_0 \qquad (1)$$
$$0 \leqslant r_i \leqslant 1$$

图1　线性衰减模型

② 物体对周围空间的影响度 F_i 随距离 r_i 呈二次形式衰减(图2),其模型形式为:

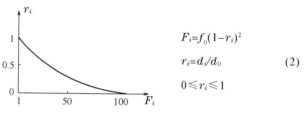

$$F_i=f_0(1-r_i)^2$$
$$r_i=d_i/d_0 \qquad (2)$$
$$0 \leqslant r_i \leqslant 1$$

图2　二次衰减模型

③ 物体对周围空间的影响度 F_i 随距离 r_i 呈指数形式衰减(图3),其模型形式为:

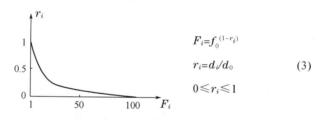

$$F_i=f_0^{(1-r_i)}$$
$$r_i=d_i/d_0 \qquad (3)$$
$$0 \leqslant r_i \leqslant 1$$

图3　指数衰减模型

式中:f_0 表示参与缓冲带分析的一组空间实体的综合规模指数,一般须经最大值标准化后参与运算;d_0 表示该物体的最大影响距离;d_i 表示在该物体最大影响距离内的某点距该物体的实际距离。

按照以上公式,将所设定的各点 d_i 代入公式,可算出各个等距离带内的 F_i 值,但这些值具有不可预测性,因此按 d_i 建立的缓冲带内的属性值是否满足用户的需求,难以控制。为此,建议做如下的变换。

以式(3)为例,将原算式变换为:

$$d_i = d_0 \left(1 - \frac{\ln F_i}{\ln f_0}\right) \tag{4}$$

这样可以根据需要来设定 F_i 值,再由 F_i 值求取相应的 d_i,根据 d_i 建立的缓冲带内的属性值便与事先设定的需求值相一致。

以下通过一个实例,具体说明动态缓冲带的操作过程。

三、应用实例

设某城市有 3 条道路,它们的名称及相关的几何数据和属性数据如表 1 所示。

表 1 道路数据

名称	坐标	路宽/ m	机动车流量 /(辆·h⁻¹)	非机动车流量 /(辆·h⁻¹)	人流量 (人·h⁻¹)
A	$x_1 y_1 \cdots x_m y_m$	40	182	2 070	2 772
B	$x_1 y_1 \cdots x_n y_n$	22	11	3 991	4 254
C	$x_1 y_1 \cdots x_l y_l$	10	5	725	1 026

在这一应用实例中,我们应用 GIS 的动态缓冲带分析方法,分析和确定研究区 10 km^2 面积(S)内,各不同距离上的各类道路通达度 F_i 值,其缓冲带的操作步骤如下:

1. 计算道路的综合规模标准化指数 f_0

对表 1 所列的各项统计数据采用最大值标准化方法,得到表 2 的标准化指数 f_0。

表 2 处理后的道理数据

名称	路宽	机动车流量	非机动车流量	人流量	综合规模指数	标准化指数(f_0)
A	1.00	1.00	0.52	0.65	3.17	100
B	0.55	0.06	1.00	1.00	2.61	82
C	0.25	0.03	0.18	0.24	0.70	22

2. 计算道路通达度的最大影响距离 d_0

道路通达度的最大影响距离 d_0 与该道路的级别标准和总长度有关,级别标准愈

高,则影响距离也愈大,一般按下式推算:

$$d_0 = S/2l \tag{5}$$

式中:S 为研究区面积,本例为 10 km² ; l 为各级道路的长度,$l_A = 10\ 000$ m,$l_B =$ 4 286 m,$l_C = 35\ 714$ m。则道路 A 的 $d_0 = S/2l_A = 500$ m,道路 B 的 $d_0 = S/2(l_A + l_B) =$ 350 m,道路 C 的 $d_0 = S/2(l_A + l_B + l_C) = 100$ m。

3. 实施缓冲带操作

道路通达度具有随着离开道路中心线呈迅速递减的特点,因此实施道路通达度的缓冲带操作适宜选择指数形式的分析模型。

为了建立动态缓冲带,并使各个缓冲带范围内的属性值能满足事先给定的特征值和级别数,根据某项应用的需要,首先设定 F_i 值,按照式(4),求出与各级道路对应的 d_i 值如表 3 所示。

表 3　由 F_i 值推求相应的 d_i 值

F_i		1	10	20	30	45	65	85	100
d_i	A	500	250	175	130	87	47	18	0
	B	350	167	112	80	48	18	0	
	C	100	25	0					

于是,提取道路中心线坐标数据,输出各级道路路线图,然后以道路中心线为主体,按照表 3 所列的 d_i 值,依次建立各级道路中心线两侧的等距线,并在等距线范围内赋以对应的 F_i 值,即完成动态缓冲带的操作,其建立的缓冲带图如图 4 所示。同理,可以建立点状实体的动态缓冲带图(图 5)和面状实体的动态缓冲带图(图 6)。

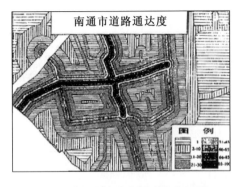 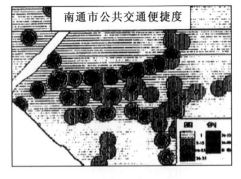

图 4　线状实体动态缓冲带分析图　　图 5　点状实体动态缓冲带分析图

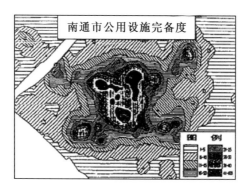

图 6　面状实体动态缓冲带分析图

四、结束语

本文根据缓冲带操作的不同性质,将缓冲带操作分为静态和动态两类。对动态缓冲带操作不是简单地设定距离参数的方法,而必须依据操作对象和要求,选择适用的分析模型。考虑到某些应用须事先设定特征值,因此建立了由影响度 F_i 推求距离 d_i 的计算公式,使缓冲带操作具有更广泛的实用性。

参考文献

[1] 国家土地管理局. 城镇土地定级规程(试行)[M]. 北京:农业出版社,1990.

[2] 宋小冬,叶嘉安. 地理信息系统及其在城市规划与管理中心的应用[M]. 北京:科学出版社,1995.

[3] 黄杏元,汤勤. 地理信息系统概论[M]. 北京:高等教育出版社,1990.

GIS-based Dyamic Buffer Zone Anlysis Model and Its Applications

Huang Xing-yuan　Xu Shou-cheng

Abstract：The operational model for creating buffer zone under the environment of GIS can be classified into dynamic and static according to the geographic entities and analysis requirements. In the light of dynamic model, the buffer zones are produced not by giving a fixed radius around existing geographic entities, but by using the matching algorithm with entities and requirements. At times, the model must be transformed to achieve some given attribute values for the feature. This paper gives different models and transform algorithms for dynamic buffer analysis, describes the method for generating parameters used in models, and presents the processes of creating buffer zones by examples.

Key words: GIS; dynamic buffer zones; analysis models

基于 GIS 的缓冲区生成模型理论和方法

吕妙儿　　黄杏元

摘　要：缓冲区可分为空间物体与邻近对象只呈单一距离关系的静态缓冲区和空间物体对邻近对象的影响速度随距离变化而呈不同强度的扩散或衰减的动态缓冲区,缓冲区的生成包括单个目标缓冲区生成和多个目标重叠缓冲区多边形间的合并,静态缓冲区生成是在空间物体周围建立一定宽度的带状区;动态缓冲区的生成则根据空间物体对周围对象的影响度随距离变化而变化的性质选择线性模型、二次模型和指数模型。缓冲区的重叠合并有数学运算法、矢量栅格转换法和混合运算法。混合运算法分别吸收了前两种方法的优点,对重叠缓冲区先由矢量转换成栅格,扫描栅格边界,提取扫描线上有效矢量边界弧段,再对它们进行求交运算,删除无效弧段,保留有效弧段,最后将它们根据结点连接信息进行连接,形成合并后的封闭缓冲区多边形。

关键词：缓冲区;静态缓冲区;动态缓冲区;四弧段结点;非缓冲区岛

一、引言

缓冲区是指为了识别某地理实体或空间物体对其周围的邻近性或影响度而在其周围建立的一定宽度的带状区[1]。缓冲区分析是 GIS 的空间分析功能之一。目标缓冲区的生成总体上分为两个阶段:单个目标缓冲区多边形的独立生成过程和多个目标缓冲区多边形间的重叠合并过程。

二、单个目标缓冲区多边形的独立生成

缓冲区分为静态缓冲区和动态缓冲区。静态缓冲区是指空间物体与邻近对象只呈单一的距离关系,缓冲区内各点地位相等,其所受影响度并不随距离空间物体的远近而

有所改变。例如,工业区选址时,为减少水质污染必须远离某一湖泊 2 km,则为此湖泊建立一个宽度为 2 km 的缓冲区,在此缓冲区内的各点都不能作为工业区选址。动态缓冲区是指空间物体对邻近对象的影响度随距离变化而呈不同强度的扩散或衰减。例如,要分析某一湖泊周围农田的灌溉便捷度,就需要对此湖泊建立动态缓冲区,缓冲区内与空间物体距离不同的地方,灌溉便捷度不同,离湖泊越远,便捷度越差。

对于静态缓冲区,只要根据实际情况确定缓冲区宽度,在目标对象周围建立特定宽度的带状区,则区内任何一点都具有相同的固定影响度:$F_i = f_0$。对于动态缓冲区,可根据物体对周围空间影响度的变化性质采用不同的分析模型[2]:当缓冲区内各处随距离变化影响度变化速度相等时,用线性模型 $F_i = f_0(1 - d_i/d_0)$;当离空间物体近的地方比离空间物体远的地方影响度变化快时,用二次模型 $F_i = f_0(1 - d_i/d_0)^2$;当离空间物体近的地方比离空间物体远的地方影响度变化更快时,用指数模型 $F_i = f_0^{(1 - d_i/d_0)}$。

在动态缓冲区生成模型中,影响度随距离的变化而连续变化,对每一个距离值 d_i 都有一个不同的 F_i,这在实际应用中是不现实的,往往把 F_i 根据实际情况分成几个典型等级,并根据 F_i 确定 d_i 的等级,也就是把连续变化的缓冲区转化成阶段性变化的缓冲区,在每一个等级取一个平均影响度。

三、多个目标缓冲区多边形间的重叠合并

不管是静态缓冲区还是动态缓冲区,都不可能是孤立存在的,经常有多个空间物体的缓冲区相互重叠。一方面,同一影响度等级的缓冲区可能存在重叠;另一方面,动态缓冲区不同影响度等级的缓冲区也可能存在重叠。这就要求对两个或多个、同一影响度等级或不同影响度等级的重叠缓冲区进行合并。

对于栅格数据格式,把缓冲区内的栅格附上一个与其影响度值唯一对应的值,若两重叠缓冲区具有相同的影响度,则取任一值;若影响度值不同,则影响度小的服从影响度大的。

对于矢量数据格式,有多种算法:

1. 数学运算法

矢量数据格式的缓冲区多边形均由边界弧段组成,由于缓冲区重叠,缓冲区多边形

的边界线段必然相交,求它们的最直观的方法就是进行所有多边形的所有边界线段之间两两求交运算,生成所有可能的多边形,再根据多边形之间的拓扑关系和属性关系,去除某些多余的多边形[3]。这种数学运算法计算量大,效率低。并且由于存在不同影响度等级,如果分开合并,则合并后不同影响度等级之间还可能存在重叠;若统一合并,则不同影响度等级的缓冲区可能被合并在一起,所以这种方法很难解决问题。

2. 矢栅转换法

考虑到矢量数据格式的缓冲区合并比较困难,栅格数据格式的缓冲区合并比较容易,而矢量栅格两种数据结构之间转换的理论基础比较完善,于是想到先把矢量数据格式转换成栅格数据格式,合并缓冲区后,再把栅格的合并结果转换成矢量数据格式。

在进行缓冲区生成之前,开一块存放栅格矩阵的内存,将其所有成员赋值为零,生成缓冲区后,给缓冲区内的每个栅格赋上与缓冲区影响度唯一对应的值,若有不同影响度的缓冲区重叠,则影响度小的服从影响度大的,然后应用栅格数据转矢量数据的算法分别提取各影响度等级的缓冲区边界[3]。这种矢栅转换法原理比较简单,但是经过两次数据转换,精度低,造成缓冲区变形大。

3. 混合算法

对矢量数据进行数学运算结果比较精确,但运算量大;采用栅格法精度又太低。如果把这两种算法结合起来,各取所长,可以得到一种比较合理的算法,这里把各等级缓冲区分开合并。

把缓冲区的矢量数据转换成栅格数据,形成合并后的含有多个等级的动态缓冲区,再对各个等级缓冲区的栅格边界分别进行扫描,在扫描的过程中,提取扫描线上缓冲区边界的矢量数据,也就是提取所有构成最后缓冲区多边形的必要线段,然后再对它们进行求交运算,这样所有的数学都是必要的、有效的,并且是基于矢量的算法,结果也比较精确[3]。

四、混合运算法的缓冲区重叠合并

提取有效边界线段及求交运算只是缓冲区生成的前提,接着还必须舍去某些弧段、保留某些弧段,以形成封闭的缓冲区多边形。

1. 弧段取舍规则

边界线段求交运算的结果是形成一系列四弧段结点。所谓四弧段结点,是指两条边界线段相交得出一个交点,此交点把这两条边界线段断开成为四条线段,则交点与四条弧段相连接就成为四弧段结点[4]。有时有三条或三条以上的边界线段交于一点,还是把它看成是多个四弧段结点的重叠,只是每个结点必须由来自两个不同的多边形的两条弧相交而得到。

接下来要判断四条弧的取舍与保留,规定每个缓冲区多边形边界都顺时针存储,其各弧段方向都是顺时针的,而缓冲区内的非缓冲区岛的边界是逆时针的,每个四弧段结点上都有两条指向结点弧和两条背向结点弧,指向结点弧是指弧的方向指向结点,而背向结点弧是指弧的方向背向结点,把它们称为弧的方向性质。如图 1 中的 1、4 是指向结点弧,2、3 是背向结点弧。

对于每条弧,在它的方向上,如果它左边的弧与它反向,它右边的弧与它同向,则保留此弧,否则,删除此弧。

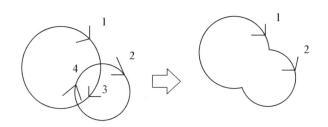

图 1　两个简单缓冲区多边形的合并

2. 弧段取舍具体方法

(1) 最简单的两个缓冲区多边形的合并如图 1 所示,对弧 1 来说,其左边的弧 2 与它反向,它右边的弧 4 与它同向,则保留弧 1;而对于弧 3,在它的方向上,它左边的弧 2 与它同向,它右边的弧 4 与它反向,删除此弧。弧 2、4 同理。然后将各条保留弧根据结点连接信息进行连接,形成合并后的封闭缓冲区多边形。

(2) 当缓冲区内有非缓冲区岛时,非缓冲区岛是逆时针存储的,按上述方法仍能得到预定结果,如图 2 所示。对于 1、4 来说,在它们各自的方向上,其左边的弧与它反向,右边的弧与它同向,要保留;而 2、3 相反,要删除,结果得到一个顺时针方向的缓冲区外边界和一个逆时针方向的缓冲区内边界。

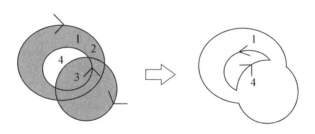

图 2　简单缓冲区多边形与含有非缓冲区岛的缓冲区多边形的合并

（3）当两个缓冲区都有岛时,可能有两个逆时针方向的多边形相交,同样可应用上述方法进行取舍,如图 3 所示。对于 2、3 来说,在它们各自的方向上,其左边的弧与它反向,右边的弧与它同向,要保留;而 1、4 相反,要删除。

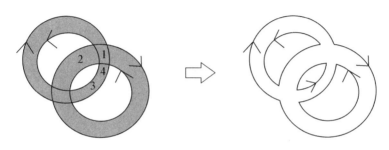

图 3　两个都含有非缓冲区岛的缓冲区多边形合并

（4）对于线性目标的缓冲区,是一个矩形,仍然按顺时针方向存储。但有时线性目标无限延伸,在局部缓冲区边界表现为两条平行线,则根据顺时针存储原理,平行线方向应该是左边向上、右边向下、上边向右、下边向左(图 4)。

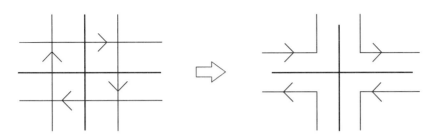

图 4　线性目标的缓冲区合并

3. 不同等级缓冲区的重叠处理

由于缓冲区存在多个等级,等级低的必须服从等级高的,如图 2 中的非缓冲区岛可能是一个更高级的缓冲区,则结果应该如图 5 所示。

图 5　不同等级缓冲区多边形的重叠处理

五、结论

缓冲区生成模型的具体过程是:

(1) 对所有目标生成静态或动态缓冲区多边形;

(2) 把矢量数据格式的缓冲区多边形转换成栅格数据格式,等级小的服从等级大的;

(3) 扫描各等级缓冲区栅格边界,按次序提取有效矢量边界线段;

(4) 对有效多边形边界进行求交运算,得到一系列四弧段结点;

(5) 在四弧段结点上删除无效弧段,保留有效弧段,根据结点连接信息进行连接,形成合并后的封闭缓冲区多边形。

参考文献

[1] 黄杏元,汤勤. 地理信息系统概论[M]. 北京:高等教育出版社,1990:130 - 133.

[2] 黄杏元,徐寿成. GIS 动态缓冲带模型及其应用[C]//中国地理信息系统协会第三届年会. 北京:测绘出版社,1997:116 - 118.

[3] 乔彦友. 缓冲区生成的一种新算法[C]//中国地理信息系统协会第三届年会. 北京:测绘出版社,1997:123.

[4] 孙立新,黄明,任美睿. GIS 缓冲区重叠合并的一种新算法[J]. 遥感信息,1998(3):12 - 14.

Theory and Methodology of
Buffer-Creation Model Based on GIS

LYu Miao-er   Huang Xing-yuan

Abstract：Buffer is a zone around a geographic entity to find out to what extent it influences the other objects around it. Static buffer is only a simple zone around the entity，but in dynamic buffer，the influence is changed alone with the distance between the entity and the around objects. It also needs to merge overlapping parts of several buffers. The mixing method first completes the changing from vector data to raster data，and then scans the border of the raster zone and extracts the vector arcs on the scan way which are necessary for the finally buffer polygon. Then put these vector arcs into a mathematics intersect operation，at last form a close buffer polygon with the rule of four-arcs node.

Key words：buffer；static buffer；dynamic buffer；four-arcs node；nonbuffer-island

XML —— WebGIS 发展的解决之道

朱渭宁　黄杏元　马劲松

摘　要:本文论述了 WebGIS 当前面临的技术难点以及 Web 的新兴语言——XML 的概念和特征,旨在说明在 WebGIS 中应用 XML 的优势和良好的发展前景,并以 WebGIS 的三层结构解决方案为例,简述了 XML 在 WebGIS 中的应用概要。

关键词:XML；WebGIS;地理信息系统

一、引言

随着 Internet 应用的迅速普及和技术的日益发展,特别是国际上"数字地球"研究的兴起,以及建立"国家空间数据基础设施"方案的提出,原先基于 Client/Server 结构的地理信息系统(GIS)面临着丰富的、富有无限潜力的崭新空间。顺应这一趋势的 WebGIS 必然是 GIS 能充分施展才能、提供更为有效服务的发展方向。以现有的 Internet/Intranet 为架构基础,建立基于 Browser/Servers 的 WebGIS 服务能够充分利用大量的 Web 资源,合纵连横,向更为广大的 GIS 用户提供更为广泛的地理空间信息服务,这已经成为目前国际 GIS 发展的主要趋势。尤其针对现有网络的不足而提出的 XML,已被包括 ESRI、Intergraph 和 Mapinfo 等在内的主要 GIS 软件提供商所普遍接受,并正作为新一代 GIS 的关键技术加以试验。之所以要在 WebGIS 中使用 XML,与 Internet 和 WebGIS 面临的一些技术难点有关。

二、WebGIS 的技术难点与 XML 的提出

WebGIS 是指利用 World Wide Web 向各种类型的用户提供地理空间信息服务的地理信息系统,是 Internet 与 GIS 结合的产物。但 Internet 毕竟不是 GIS 的专用网,GIS 最初的应用也不是以 Internet 为网络基础,所以,新旧事物在结合时必然面临着一

些困难。

1. WebGIS 技术难点

传统的 Web 语言是被广泛使用的 HTML(Hyper Text Markup Language,超文本标志语言),其实质是一种文本显示语言。随着 Web 上信息类型的日益增多,其不利于表现地理空间数据的弊端也逐渐暴露出来。WebGIS 由此而面临的一些技术难点也不易解决。

(1) 由于 HTML 页面仅仅擅长于数据表现,缺乏描述数据的内部结构和联系,故不利于结构复杂的空间地理信息数据的查询和整合。

(2) 组成数字地球的数据将由数以千计的不同组织来维护,要对传统 GIS 数据库中大量的地理信息数据进行适应于 Web 表达的高效率、低成本的转换,各个 WebGIS 需要资源和信息的共享,真正地做到 GIS 数据的物理分散而逻辑集中。

(3) 按照数字地球的要求,WebGIS 需要一定层次上的互操作性,使得 GIS 数据参与多方面的应用,但 HTML 页面一旦生成,信息便处于静态,不能根据客户端的实际情况进行动态变化。

(4) 由于 GIS 处理海量的数据,而又受 Internet 的网络宽带以及其他路由限制,因此要建立快速的响应和传输机制,在满足用户交互操作需求的基础上,向 WebGIS 用户提供快速的地理信息服务。

(5) WebGIS 需要向用户提供多样化的、直观易懂的图形用户界面,预测客户的请求,动态地、客户化地表现数据。

面对上述技术难点和国际信息化融合的潮流,XML 将是 WebGIS 适应数字地球的发展和要求、提高自身实际应用能力的解决之道。

2. XML 概述与特点

XML(eXtensible Markup Language,可扩展标志语言)是 W3C(World Wide Web Consortium)为适应 Internet 的发展,解决上述技术难点而推出的新型 Web 语言,是 ISO(国际标准化组织)所制定的 SGML(Standard Generalized Markup Language,通用语言标志标准)的一个精简集。它并不是类似于 HTML 的预定义的标志语言,而是用于定义其他标志语言的一种元语言。与 HTML 中固定数量的标志不同,XML 用于描述信息的各种标志都可以由设计者自行建立,以强化特定专业数据的结构和关联。

在 WebGIS 中引进 XML,其优越性和作用是十分巨大的:

(1) 有助于实现地理空间数据的标准化、结构化。地理数据可被 XML 唯一地标志,便于网上查询和搜索,便于信息参与数字地球的资源共享,提高 WebGIS 服务的互操作性,减少了服务器和客户之间的频繁交互,从而提高 GIS 用户的互操作速度。

(2) XML 具有数据来源的多样性和多种应用的灵活性、柔韧性和适应性。XML 可以将不同来源的结构化的 GIS 数据进行合并、集成,客户获得 XML 数据后,可以用以开发多种形式的 WebGIS 应用软件,也可以用于测量、制图、空间分析和地理建模等本地地理计算和二次处理,扩展 XML 与 GIS 数据的多方面应用。

(3) 由于内容与形式的分离,XML 只描述 GIS 数据本身,数据的具体表现形式可利用样式表语言进行转换,使地理信息能够根据客户的配置和实际情况动态地表现。

(4) 用 XML 在现有的 Web 上传输 GIS 数据具有可行性,不需要改变网络基础,利用原有的 HTTP 协议,成本低。

(5) XML 具有开放的标准和众多软件公司的支持。由 W3C 制定的 XML1.0 版已经发布,与处理 XML 相关的语言、接口等部件也由 W3C 统一提供标准。微软、网景和众多数据库软件国际企业已经并将继续为 XML 提供支持和服务。OGC 也制定了用于 WebGIS 的一个基于 XML 的语言:GML(Geography Markup Language,地理标志语言)。

三、XML 在 WebGIS 中的应用

XML 是针对数据内容和结构的分析和描述,所以 XML 原则上可以被应用于任何 WebGIS 的解决方案。由于 XML 功能强大,故其实现和被利用的过程也就比 HTML 复杂。现以建立 WebGIS 的比较普遍的三层服务解决方案为例,简要叙述 XML 的具体应用。

三层服务结构即以 GIS 基础数据库、中间层、Web 客户端浏览器为架构基础的 WebGIS 解决方案。无论这三层结构如何具体实施,XML 都可以在其中发挥数据存储、交换和表现的重要作用,见图 1。

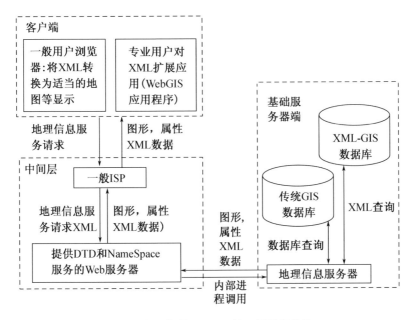

图 1   XML 实现 WebGIS 的三层服务结构

1. 基础服务器端

底端的地理信息服务器和基础数据库是 WebGIS 的数据源,存储着原始的大量非 XML 的 GIS 数据,这些数据要么被全部转换并存储为 XML 格式的数据,要么保持原有的数据形态,通过中间层根据客户请求而将之转换为 XML 数据供 Web 使用。随着众多数据库提供商增强了对 XML 的支持,未来的主流数据库可以直接存储和交互查询 XML 数据。在数据服务器端使用 XML 数据应注意以下几个方面:

确保 XML 文件的结构良好性和合法性。按照 W3C 制定的 XML 标准和 OGC 的规范严谨地书写和交换 XML 文件,用 DTD(Document Type Definition,文件类型定义)或 Schema 描述和定义 XML 中使用的所有标志符,使得处理器获知 XML 的来源以及其中的空间数据类型、属性和相互关系等有关地理信息。

保持 GIS 数据格式的统一。尽管 XML 允许设计者自行定义自己的 XML 标志,但保持 WebGIS-XML 定义的一致性是有利于数据处理和交互的。以 OGC 的 GML 语言为例,其中定义了以点、线、多边形为基础地理模式的简单几何特征集的关系(图 2)以及与之关联的三种 SRS(Spatial Reference System,空间参照系)的 DTD 定义,下面是几何集的定义:

<! ENTITY ％ Geometry" (Geometry collection/Point/LineString/Polygon/Multipoint/Multiline/MultiPolygon)">

几何特征的最底层描述为以<Clist></Clist>标志的空间坐标点集,随后的扩充集以 XML 的元素值表示特征集的特征数值,以 XML 元素的属性值表示特征集和 SRS 集的名称和地理信息的非空间属性,下面是一个多边形的 XML 表示:

<Polygon name="extent" srsName="epsg:4367">

　　　→名称与属性值

　　　<LineString name="ring" srsName="epsg:4367">

　　　<CList>0.0,0.01.123,1.56 2.34,4.5 0.0, 0.0</CList>→特征数值

　　　</LineString>

</Polygon>

虽然 GML 还处于 OGC 所推荐的草案阶段,但如果每个 WebGIS 都以此为参考应是明智的选择。

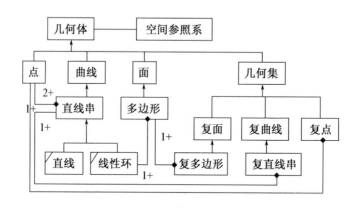

图 2　OGC 的简单几何特征集关系

2. 中间层

WebGIS 的中间层用于响应客户端的请求,进行 XML 数据的识别和转换工作,它从底层数据库中申请空间和属性数据,与用户直接进行对话。如果从底层数据库申请到的是 GIS 的矢量和栅格数据,就需要将其转换为符合规范的 XML 格式;如果底层支持 XML 的存储和查询,中间层就需要向底层递交从客户端发送来的数据申请,归纳和

整理数据库的响应数据,统一地向客户端浏览器进行数据调度和分配。

对于以 XML 格式存储的数据,如果数据库不支持 XML,就可以在中间层直接进行 XML 数据的查询。W3C 建议了 XML 的查询语言——XML-QL,其返回值具有灵活多样的特点,可以返回 XML 的结果树和图表,直接向客户提交。可以使用 DOM (Document Object Model,文档对象模型),为 WebGIS 的专用程序提供访问 XML 文档中 GIS 数据的机制,这些方法通过 XML 的解析器实现,为每个 WebGIS 服务商进行程序化的 XML 数据访问提供了接口。许多解析器,包括 Microsoft 和 Netscape 的解析器都提供 DOM 功能,W3C 的 DOM Level 1 标准定义了 DOM 结构如何实现属性、方法、事件等。以 Microsoft 的 VBScript 和 IE 为例,只要在程序中通过 Msxml. dll 创建一个解析器的实例:

Set objWebGISParser＝CreateObject("Microsoft. XMLDOM")

就可以通过包含的类型库和代码访问、处理 XML 的各个地理信息节点,存取 XML 文档,获得节点的特征值、数据类型和空间属性等。

中间层还需向 XML 文件提供名域(Name Space)服务,用以解决不同的 XML 在具体应用时出现的标志冲突。例如,当来源于不同的 WebGIS 服务提供商的 XML 文件进行合并时,为避免同样的地理信息标志发生混淆,可使用其各自的 Web-URL 路径和共用 DTD 文件的地址为统一的标志前缀,确保标志的唯一性。

3. 客户端

WebGIS 服务在客户端需要根据客户实际的网络处境,对响应的数据进行个性化和多样化的展示。XML 具备这样的能力。显示 XML 数据的主要工作由 XML 解析器来完成,Microsoft 的 IE5、Netscape 的 Navigator6. 0 等浏览器已经可以对 XML 进行解析。随着 XML 的发展,更多的网络应用软件支持 XML 将是必然的趋势。

由于 XML 的内容和表现分离,XML 在 WebGIS 客户端的具体展现形态由 Style Sheet(样式表)来决定。XSL(eXtensible Stylesheet Language,可扩展式语言)是 XML 的样式表语言,用以将 XML 转换成网络可识别的各种语言页面,例如 HTML 页面。由于 GIS 数据的图形特征,可在 WebGIS 应用中将其转换为多种 Web 图形语言(例如 PGML/SVG/VML 等),一些此类的转换引擎也将会陆续出现。XSL 还便利于客户的交互查询,缩短响应时间。例如当游客寻求目的地的最短路径和最经济路径时,XSL能根据同样一份 XML 文件检索、排序,为客户提供结果清单,并即时地在地图上相应地显示。XML 的链接语言 XLL(eXtensible Link Language)改进了 HTML 的超文本简单链接,提供了更为强大的功能。它增加了链接可选的行为,支持可扩展的链接和多方向的链接,支持独立于地址的域名、双向链路、环路等,在实现 WebGIS 的资源共享方面可加以充分利用。

WebGIS 在动态显示数据方面可以充分发挥 XML 的诸多功能。Microsoft 最近发布了形式为 ActiveX 的一种 XSL 处理器,用于在浏览器中处理 XML 文件,在客户端建立基于 Java 的虚拟机已不是唯一的选择,相当比例的数据可以通过 XML 交由客户端处理,并且这些数据不依赖于平台、语言等限制,即使在 WebGIS 的一个潜在的市场——通过移动通信领域提供服务,也能够充当关键的角色。

四、结论与展望

南京大学已开始从事 WebGIS 与 XML 应用的一些基础研究工作,致力于使我国的 GIS 数据同 XML 标准化、规范化要求接轨。WebGIS 与 XML 结合优势明显,适应数字地球的潮流与中国 GIS 国情,特别是当前大力发展中国的数字地球之际,意义尤其重大。这既是发展的方向,也是机遇挑战,前景光明,必将进一步地推动我国 GIS 产业的前进。

参考文献

[1] 黄杏元. 地理信息系统概论[M]. 北京:高等教育出版社,1989.

[2] Extensible Markup Language(XML)1. 0. http://www. w3. org/TR/REC-XML.

[3] Geography Markup Language(GML)1. 0. OpenGISGeography Markup Language Specification.

XML— the Solution of WebGIS Development

Zhu Wei-ning   Huang Xing-yuan   Ma Jin-song

Abstract：The paper discusses technical difficulties in face of WebGIS development and the concept and character of the rising language of Web，illuminating the advantage of applying XML and bright development prospect，exemplifying the triplex-structure solution of WebGIS，illustrating appliance synopsis of XML in WebGIS.

Key words：extensible markup language（XML）；WebGIS；Geo-information systems（GIS）

GIS 互操作性初探

吕妙儿　黄杏元

摘　要: 互操作性是 CIS 发展的必然趋势,它实现空间数据和系统操作的共享。实现互操作性是 GIS 用户的要求,万维网的发展为 GIS 互操作性提供了技术基础。分布式空间数据模型和 GIS 部件化是互操作性 GIS 的特征,Open GIS 正致力于互操作性GIS 的空间标准。

关键词: 互操作性;OpenGIS;WebGIS;GIS 数据模型;GIS 部件化

一、GIS 的互操作性

从 20 世纪 70 年代到 80 年代早期,大多数 GIS 应用被认为是信息孤岛。空间数据被收集、数字化,并被存储在不同的数据库中,它们是数据数字化获取、存储、分析和显示的自我包含的独立系统。这些系统由于数据结构、概念模型、软硬件环境等方面原因分散于各种异质环境中,为 GISs 之间的兼容性形成障碍。

信息技术的改进以及 GIS 用户日益要求克服数据获取的瓶颈和费用问题,导致用户通过岛与岛之间的传输来共享数据。这种传输可以通过特定的传输方法,也可以一种源系统与目标系统都能理解的中立格式来实现。不管是哪种形式,都是批量传输,一整个数据组都以文件水平转换和传输。传输最终以物理形式如磁带实现,或更近一点则以电子形式如 Internet 实现。

近几年,用户开始认识到批量传输方法的数据冗余,随着信息系统和分布数据变化表的迅速发展,GIS 用户开始需要可互操作性 GIS,GIS 提供了空间分布 GISs 连接成网络的方式,以便于透明地交换数据及远程登录到 GIS 服务。

互操作是一个系统(或系统控件)之间信息传输和相互合作的能力。它实现了众多相互独立信息孤岛之间的数据和操作的自由交流。可以通过信息系统控件提供服务、资源查找、互操作和执行复杂功能,而不必预先精确知晓有什么资源以及如何获取它们。在过去十年中,互操作性成为信息技术许多领域的一个重要议题。计算机的广泛应用日益需要共享各种诸如数据和服务等资源,尤其是空间信息。

空间信息系统经常被用于集成各种来源的信息——甚至有人认为空间信息集成能力是空间信息系统的一个特定属性(Maguire,1991)。就此而言,互操作性实际上并不是研究领域的一个新概念。只要现在更加强调互操作性,把信息交换、理解信息并与其他信息源相联系的能力作为一个重要的认识论准则。

然而,现实空间信息处理中,互操作性远远没有实现。数据格式、软件产品、空间概念、质量标准、世界模型以及其他的互操作使 GIS 的互操作性成为用户的梦想、系统发展商的梦魇。这个梦想促使软件工业提供解决方法,超越专有、整体的系统,把目标瞄向以规范的互操作标准为基础,基于控件的软件系统。诸如 Open GIS Consortium 等组织正致力于建立这些组件内部操作性的概念和技术。

二、Open GIS——互操作性 GIS 空间信息标准

信息技术标准虽然经常比较枯燥,缺乏灵活性,但是,最好的信息标准直接影响我们的日常生活,改变我们的经商方式,并且确实改变了世界。几何和地理信息标准的出现就是这样。事实上,利用 Open GIS 协会成员执行的 ISO/TC211 标准,许多日常任务和活动将变得更容易、更令人愉快,并且更专业。

1. OGC 应运而生

Open GIS 协会(OGC)是一个非营利性全球商业协会,成员数量有 180 个并继续增长,致力于分散异质环境的地理数据及其处理。建立 OGC 的原因是强调目前地理数据和地理处理环境的封闭性及垂直结构对目前的企业环境的限制。旅游、广告定位、规划、资源管理、设备管理的新算法和最好的方法或类似的法则不能共享,它们受限于固定厂商,不能被广泛的用户使用。即使在一个单一厂商环境里,要在分布式计算机环境里一次性试行远程处理也是极其困难或者根本不可能。Open GIS 研究的目的是保证用户可以存取广泛分布在网络上的 GIS 数据和处理单元。

2. OGC 与 ISO 的合作

OGC 和 ISO 密切合作,以实现 ISO/TC211 提出的各种标准的可互操作实施。

ISO/TC211 和 OGC 之间合作的基本目标是确保商业实施服从 ISO 标准,并取得标准与用户环境的互操作。它的思想是:地理空间信息流动应该与字处理信息一样迅速。

互操作并不是偶然产生的。它需要仔细的计划、统一的过程和所有需要互操作的团体参与。OGC 正好提供了政府、学术界、工业界和商业界的融合。OGC 和 ISO TC211 之间的合作协议以它产生的协作团体的参考条件为基础。这些条件要求持续分析利用任何 OGC 和 ISO TC211 能够合作的机会,使它们成为关注的焦点,并确保有合适的专家从事这些活动。

合作协议的第二个目标是把 OGC 实施说明上到国际标准地位。实施说明是为软件开发者编写的文件,它们包含清楚的、详细的指导,如果它们被两个不同的开发者实施,即成为工作软件,则实施可在相互之间插入和运行。

3. 互操作试验

在马里兰的 Gaithersburg 正在建一个试验点,来促进数据表达技术与网络访问通道的互操作,这也许是最有趣的 OGC 发展。这里有半打的发起者已经要求工业界制作基于灾害管理和命令及控制情况的方法。一打以上的技术提供者基于费用平摊的原则自愿参与建立一个整体方案的各个部分。今年夏天将演示最终产品:一个极其灵活的地理数据、数据服务、风格构建、制图服务、服务注册及浏览和出版客户的结构。从这个试验点,有效的界面将得到认可,独立于它们的规格,服从 OGC 的统一处理。

这是 GIS 组件拥有一个巨大、漂亮的全新结构的基础。

三、Web GIS——互操作性 GIS 的技术基础

1. 万维网的兴起

因特网被认为是未来高速公路的雏形。早期的交互网只能提供电子邮件、远程登录、文件传送 FTP 等,且主要为面向字符的服务。1989 年欧洲粒子研究中心(CERN)的科学家 Tim Berners-Lee 提出万维网的概念,并推出一个基于超文本 HyperText 和 HTTP 的信息查询工具,1992 年公开发表了万维网。最初的万维网仅是为了满足高能物理学家的信息需要,但现已发展成为一个包含各类信息面向各种用户的信息系统,成为因特网最精彩的部分。

因特网的迅速发展，使得在因特网上实现 GIS 应用日益引起人们的关注，建立万维网 GIS 服务器及实现相关技术成为研究 GIS 的热门技术。传统封闭式的 GIS 系统及其服务功能、应用功能是有限的，GIS 系统大投入和低产出的矛盾在传统的 GIS 系统模式中不可能得到解决。

2. 互联网体系下 GIS 技术的主要变化

（1）操作平台的变化

由大型主机与多个用户终端相连接的集中式平台，主机之间相互独立；经典的 C/S（客户机和服务器）系统中，主机改成服务器，与多个客户机相连接成局域网，服务器功能比较弱，仅仅存放数据，主要功能集中在客户端；分布式操作平台是由多台服务器及多个用户终端，利用互联网相互连接成网络，数据、软件等资源分布在不同的服务器上，合理分配和共享。

（2）软件技术的变化

部件对象化：软件分为几个功能模块，还可与其他软件系统实现无缝连接。

实现分布式系统的主要技术有三种：OMG 的 CORBA（Common Object Request Broker Architeture）、Microsoft 的 DCOM（Distributed Component Object Model）和 SUN 的 Java。其中 CORBA 和 Java 又被紧紧地绑在一起（Javasoft 将在 Java 内支持 CORBA 的 IIOP——互联网 ORB 间协议）

（3）数据组织的变化

能够存储和管理大量空间信息，允许用户访问和快速响应，降低了数据散发成本，提高了地理数据共享程度，避免了信息资源的重复生产。大容量、多种类型数据的组织，包括大型数据库、高性能空间数据提取、分布式数据管理、数据和系统紧密结合。

（4）用户群的变化

使 GIS 由专业人员使用的系统转变为公众信息系统，并利用感知论来设计用户界面。通过 Internet，没有 GIS 专业知识的人可以在任何地方操作网络 GIS 应用系统，享用地理空间信息服务。

（5）GIS 功能变化

结合信息高速公路设施，可以构造跨地区、跨部门的地理信息服务网络，进行信息发布、空间分析、模型分析和制图、数据采集和编辑，成为社会协调工程。

四、GIS 数据模型——互操作性系统 GIS 的数据分布

分布式 GIS 包括数据分布和操作分布。数据分布是指各种数据信息分布在不同的主机上，实现数据信息的共享；而操作分布是把一个计算分布在不同的主机上处理，实现 GIS 服务的共享。GIS 数据模型从开始的关系数据模型演化到适应于互操作的分布空间数据模型。

1. 关系数据模型

20 世纪 80 年代，由于地理模型本身的复杂性，空间坐标和空间关系（也称拓扑结构）被存在一系列私有数据文件中，而语义信息或专题数据却以二维表格形式存在主流关系数据库中。在空间文本文件中每一个以这些数据模型表达的地理特征与关系数据库表中的一个相应记录共享一个唯一的公共编码器，由此把空间数据和属性数据连接成一个完整的地理实体。这种地理信息模型通常称为混合数据模型。

2. 面向对象数据模型

用关系数据系统解决 GIS 领域问题时，建模和编程可能变得比较困难，面向对象的数据库在处理复杂对象所需的建模能力、数据结构可扩充性、动态绑定（Dynamic Banding）和可消除失配的一体化语言等方面明显优于关系系统，有助于扩展数据库技术的应用范围和提高生产率。但是，一方面，面向对象的数据模型发展还不成熟，表达复杂的空间对象还不完善，而且面向对象概念本质上比较复杂；另一方面，以前的 GIS 数据模型大都是关系数据模型，考虑到兼容性问题，一般采用关系数据库与 OODB 的结合：对象—关系数据模型。

3. 对象—关系数据模型

对象—关系数据库系统是通过对传统的关系系统做某些延伸而实现的。第一个延伸是用户能生成空间数据对象，它们可以被存在关系表的一个字段里。第二个延伸是完全支持更适合空间数据的索引机制，如 R 树和四叉树索引。这些二维索引方法优于原先的一维索引，提供了空间接近搜索的改进性能，可以在一个大的空间范围内获取一个小物体。对象—关系数据库的第三个延伸是支持空间关系功能和用户自定义功能，它能被写进扩展对象—关系标准查询语言（SQL），或者如 C、C++等汇编语言，来满足

地理数据分析和操作的特殊要求。然而,对象—关系数据模型是目前在使用真正的面向对象数据库模型之前的权宜之计,面向对象数据模型会更好。

4. 分布式空间数据模型

分布式空间数据管理系统和联合空间数据库是国际上关于分布式空间数据模型的两个主要研究方向。前者是将空间数据库技术与计算机相结合,其主要问题包括空间数据的分割、分布式查询、分布式并发控制;后者则是在不改变不同来源的各空间数据库管理系统的前提下,将非均质的空间数据库系统连成一体,形成联合式的空间数据库体系。

分布式地理数据搜索、查询的技术问题,目前大致有两种基本解决方法。

(1)将各个站点的地理数据编排、整理成为结构化的数据目录,网络用户以数据目录为依据,对不同厂商和格式的空间数据采用不同的软件系统进行调用和显示。

(2)采用空间数据库技术,把各个信息源与用户需求和决策支持有关的空间数据,预先经过提取、转换、过滤和合并,按主题存放在中央数据库中,当用户进行查询时,可以直接访问中央数据库。

五、WebGIS 的部件化结构——互操作性 GIS 的操作分布

最初,在工业界和应用部门使用的是大型的基于主机系统的 GIS 软件和应用,这些系统都包含各自独特的显示单元、功能单元和数据存取单元。它们基本上不能与其他系统共享数据。

这种低效和高代价的巨无霸系统很快让位于关系数据库技术和客户——服务器模型的系统,它通过利用网络、个人计算机、图形用户界面和关系数据库把原来的巨无霸系统分解成两个仍巨大的系统,系统的建立管理和维护仍然是一件艰难的事情。

接着从经典的客户——服务器计算模型转变到以构件开发为基础的分布式计算模型。新的模型把两段庞大的客户——服务器 GIS 分解成可自我管理的构件,这些构件之间可以跨网络和跨操作系统进行互操作,应用开发人员可以很容易通过这些构件的组装去发展新的应用和软件。这种转变与互联网的快速扩张和普及密切相关,互联网提供了分布式软件构件的应用市场。

GIS 的部件化把已有的 GIS 分解成可互操作和自我管理构件,它们建立在分布式的对象结构基础之上,应用了最新的分布式技术(CORBA/DCOM 和 Java)。

部件对象模型促进软件的交互,允许两个或多个应用程序或部件方便地合作,部件化结构是软件发展的趋势,体现了完全面向对象的思想和原则。GIS 基本部件有:数据获取部件、数据管理部件、空间查询部件、SQL 查询部件、空间分析部件、专题制图部件和显示部件等。这些部件都是分布在同一网络环境下的不同主机上,通过建立事件通道把自我管理的构件动态地相互连接,从而实现理想的"即插即用"GIS 模型。

六、结束语

互操作性是 GIS 发展的一个重要议题,本文分别讨论了实现 GIS 互操作的空间信息标准、技术基础以及互操作性 GIS 的数据分布和操作分布。

参考文献

[1] Vckovski A. Special issue:Interoperability in GIS[J]. International Journal of Geographical Information Science,1998,12(4):297－298.

[2] 陈刚. GIS 中超媒体信息组织与表达初步研究[D]. 南京:南京大学,1998.

[3] Cliff Kottman,Vice President. Open Gis consortium[C]//Geospatial Standards Move Toward Implementation and Interoperability,1999.

[4] 张锦,王励. 万维网地理信息系统实现的相关技术问题[J]. 测绘学报,1998(1).

[5] 张犁,林晖,李斌. 互联网时代的地理信息系统[J]. 测绘学报,1998(2).

地理信息系统支持区域土地利用决策的研究

黄杏元　　倪绍祥　　徐寿成　高　文

提　要:本文以江苏省溧阳市为例,研究地理信息系统技术在区域土地利用多目标规划中的应用,着重探讨地理信息系统支持的区域土地利用决策原理和方法。研究表明,在地理信息系统的支持下,通过单项适宜性评价模型和生产布局决策模型的建立与运行,可以有效地进行研究区合理的土地利用布局和为区域土地管理提供依据。

关键词:土地利用;区域规划;地理信息系统;决策技术

一、问题的提出

本实验区为江苏省溧阳市,它位于宁、镇丘陵山区的南端,全县总面积为 $1533\ km^2$,境内三面环山,地形复杂,有低山、丘陵、岗丘和平原圩区,其中低山、丘陵约占全县总面积的 65.1%,海拔不超过 500 m。土壤包括黄棕壤、石灰岩土、潮土、沼泽土和水稻土等多种类型。年平均气温 15～16 ℃,年降水量为 1 100～1 150 mm。这里的自然生态和开发历史曾经形成"山地林木,岗坡茶和果,旱地栽桑,塝田轮作粮食和棉花,冲田、平田和圩田是成片米粮川"的土地利用格局,历来享有亚热带经济林果木生产基地的盛誉。然而,在 20 世纪 60 年代末至 20 世纪 70 年代过分强调发展粮食生产,经济林果木面积日趋减少,导致经济效益下降,而且引起水土流失的加剧。

为扭转这种状况,必须在土地评价的基础上开展土地利用的合理规划,而土地评价和规划的方法,以往一般都是由长期从事土地科学和农业科学的工作人员通过实地调查,然后结合经验分析的方法进行评价和规划。这种常规方法的调查工作量大,标准较难统一,空间定位精度稍差,有一定的主观随意性,不容易进行定量研究。而采用地理信息系统方法,有利于将立地条件调查与数据库管理相结合、土地评价实施与空间分析方法相结合、地域布局决策与应用模型库设计相结合,增强了空间分析和实时更新的能力,提高了地域的空间决策水平,特别是对于多目标和多因子的土地利用决策研究,具有广泛和潜在的优越性。

二、试验方法

区域土地利用决策研究是区域生产规划的组成部分,它通过土地适宜性评价及不同评价结果的比较,阐明现有土地利用方式是否合适,并在此基础上寻求土地持久利用的最佳方式与结构,为制定区域生产规划提供依据。由于影响最佳土地利用方式与结构的因子众多,既有时间与空间的因素,而且随着政策和规划的目标而发生变化,因此按其目标性质来说,区域土地利用的决策是属于空间型的非常规决策。本试验采用的空间型非常规决策程序及其相应的决策技术如图 1 所示。

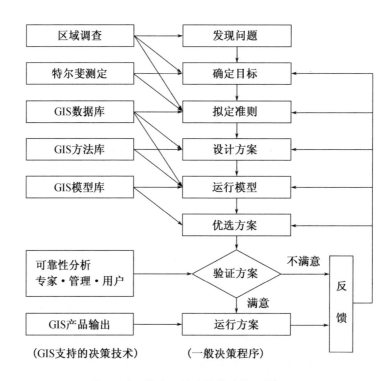

图 1　地理信息系统支持的决策工作流程图
Fig. 1　Flowchart of land use decision-making process supported by GIS

1. 准备阶段

准备阶段包括区域调查和特尔斐测定,其目的是发现问题,确定目标和拟定立地因子准则。在调查和预测的基础上,确定本研究所希望达到的结果为:选择茶果、板栗、桑树、杉竹和马尾松等五种经济林果木为研究对象,对其进行土地适宜性分级和规划布局试验,以便为区域土地利用规划和农业结构调整提供科学依据。确定目标是空间决策的起点。

为了落实该项目标,深入研究区域调查评价对象在不同地域的立地条件、产量及历年变化趋势,在面上调查的基础上,从中选择好、中、差三种类型做进一步的典型调查,先后调查了五种经济林果木的 25 个地区的 41 个不同样点,并结合采用特尔斐测定法,分别确定了它们的评价因素(x_i)、指标值(u_i)和权重准则(w_i)。以茶树为例,如表 1 所示。该表是适宜性评价和选择方案的基本判据。

表 1　茶树的评价因素及其权重
Table 1　Evaluation factors and their weights for tea trees

等级	土层厚度/cm	pH值	土壤质地	坡度/(°)	渗排能力	有机质/%	含石量/%	地貌类型	参考产量/(kg·ba⁻¹)
	0.24	0.20	0.18	0.15	0.10	0.08	0.05		
1 级	>70	4.5~5.5	砂壤 轻壤 中壤	3~10	好	>1.5	无	岗地 山麓 绥坡	>12
2 级	70~50	5.5~6.0	重壤 轻黏	10~15	较好	1.5~1.0	<5	中缓坡	12~6.6
3 级	50~35	6.0~7.0	中黏 砂土	15~25 <3	差	1.0~0.5	18~5	中坡	6.6~3.6
4 级	<35	>7.0	重黏 粗骨土 砾石土	>25	很差	<0.5	>18	陡坡 低洼地	<3.6

2. 数据库管理

地理信息系统支持的决策技术,其数据管理的任务是提供作为上述因素准则数据的存储器,同时为方案设计、模型运行和产品输出提供所需要的数据。空间决策所需要的数据包括点、线、面实体的坐标数据以及与这些实体相联系的属性数据。根据计算机处理能力和研究区的空间轮廓,本研究的空间数据按图幅单元管理,图幅的比例尺为1:5万,共划分为六个图幅单元。为适应空间决策过程的数据保障,每个图幅单元的数据组织如图 2 所示。本文提出的这种数据组织的特点是矢量与栅格数据的相互兼容以及允许数据层次的递归调用。矢量数据包括多边形、链段和结点。每个多边形由 N 条链段组成,每条链段有两个结点,同时邻接两个多边形,每个结点连接两条以上的链段,链段和结点均由基本的坐标数据构成。这种矢量数据有利于决策目标及其空间因素的图形精确化。而栅格数据包括数字地形模型和游程编码数据,这种栅格数据有利于多因子的叠加分析和决策过程的信息复合分析。

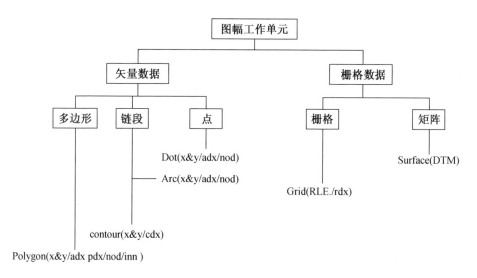

图 2　图幅单元的数据组织
Fig. 2　Data organization of each coverage

关于与实体相联系的属性数据采用二维表结构的管理方法,因为这种二维表结构不但便于反映实体与属性之间的关系,而且由于将这种二维表文件的第一个字段设为相关字段,还便于图形与属性数据的联合查询,保证了决策过程多种信息的连接和互访。

3. 方法库管理

方法库是地理信息系统的核心,当地理信息系统支持决策研究时,它提供设计决策方案的依据、支持模型构建的工具和作为派生分析数据的器件。根据面向土地利用决策研究的问题性质,本方法库由以下三类软件组成:

(1) 数据处理软件。完成土地评价因素原始图形或数据的几何纠正、投影变换、类型转换、数据连接和边沿匹配等,以获得供决策分析所需要的规范化的数据文件。

（2）空间分析软件。作为空间型非常规决策的构模工具和生成供模型分析所需要的数据。例如土地适宜性评价模型中需要利用叠置分析和再分类分析方法来计算评价单元的分值,同时需要利用数字地形分析和扩散分析方法来生成如表1所列的坡度、渗排能力和地貌类型等评价因子及其属性值,而这些评价因子及其属性值按照常规的地貌调查方法是很难获得的,这是地理信息系统支持的空间决策区别于一般决策技术的一个显著特点。图3列出空间分析软件的类型及其功能。

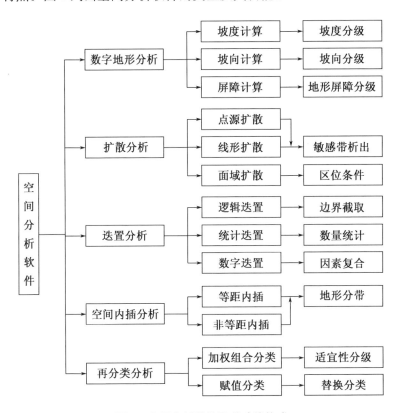

图3 空间分析软件及其功能构成
Fig. 3 Composition of spatial analysis softwares and their functions

（3）辅助分析软件。例如统计分析、欧氏距离分析、市场需求分析、经济效益和环境效益分析等,它为多目标的生产布局决策提供方案比较、可行性评价和信息反馈。

4. 模型库管理

模型库是提供决策优选方案的基础。本研究首先构建土地适宜性评价模型,分别对目标 T_1（茶果）、T_2（板栗）、T_3（桑树）、T_4（杉竹）和 T_5（马尾松）做单项适宜性评价,确定各个目标的不同适宜级(S_j,$j=1,2,3,4$),然后构建生产布局决策模型,对研究区域进行多目标的规划布局,如图 4 所示。

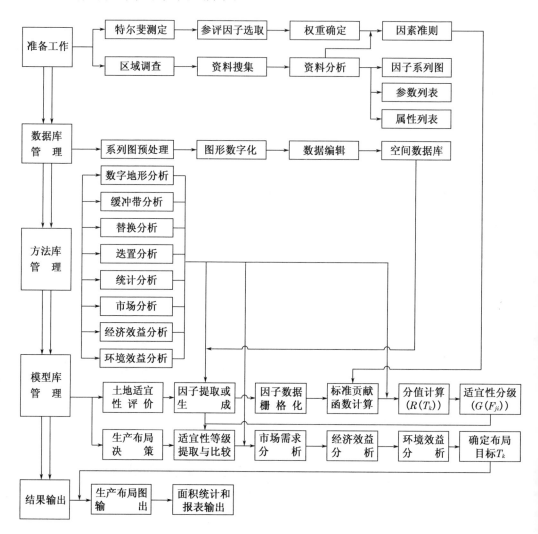

图 4　地理信息系统支持的决策程序结构图

Fig. 4　Structure of decision-making program in the land evaluation and production layout

(1) 土地适宜性评价模型。设 $T_k(k=1,2,3,4,5)$,每个 T_k 对应一组参评因子 x_1、x_2、x_3、$\cdots$、x_m;每个因子对应一个属性集 V_i:

$$V_i = [v_{i1}, \cdots, v_{ij}, \cdots, v_{in}]$$

$$i = 1, 2, \cdots, m; j = 1, 2, \cdots, n$$

显然，每个因子的属性集都是一个对指定的 T_k 从优到劣的全序集，且满足：

$$v_{i1} > \cdots > v_{ij} > \cdots > v_m$$

这些参评因子及其属性值的取得由数据库提取或由空间分析软件生成。这些因子按其属性值的优劣，可用下列矩阵表示：

$$\boldsymbol{R} = \begin{bmatrix} w_1 F_{1i} & \cdots & w_i F_{1i} & \cdots & w_m F_{1m} \\ \vdots & \ddots & \vdots & & \vdots \\ w_1 F_{j1} & \cdots & w_i F_{ji} & \cdots & w_m F_{jm} \\ \vdots & & \vdots & \ddots & \vdots \\ w_1 F_{n1} & \cdots & w_i F_{ni} & \cdots & w_m F_{nn} \end{bmatrix}$$

式中：F 为 x_i 对 T_k 的贡献函数值；w 为 x_i 对 T_k 的权重值。F 值的确定根据贡献函数方程 $F(x_i) = Ax_i + B$ 进行计算，并约定：当参评因子 x_i 的属性值在 T_k 的 S_1 要求区间或以上时，$F(x_i) = 100$；当在 S_3 要求的区间之外或以下时，$F(x_i) = 0$；当介乎前述两者之间时，首先根据表 1 的指标值确定常数 A、B，然后再根据因子的实际属性值求取它的贡献函数值。

有了上述矩阵数据和方法库软件的支持，可以求出每个栅格单元的评价分值。

$$R(T_k) = \frac{1}{100} \sum_{i=1}^{m} F_{ji} w_i$$

然后根据使：

$$G(F_{ji}) = 1 - |R(T_k) - F_{ji}/100|$$

的值为最大时的 F 所对应的 j，即为所求的适宜级 S_j。显然，当适宜级为 S_2 或 S_3 时，必须同时确定其限制性因子。限制性因子的计算公式为：

$$L(x_i) = f\left[\max_{1 \leqslant i \leqslant m} \{(100 - F(x_i)) w_i\} \right]$$

（2）生产布局决策模型。根据单项适宜性评价模型，对于所有的 T_k 都能求出空间域（即栅格单元）对它们的适宜性等级。当一种以上的 T_k 对同一空间域具有相同或相近的适宜性等级时，必须通过辅助分析方法或软件为多目标的生产布局决策确定最终的目标 T_k。例如，当单纯考虑土地本身的生产潜力时，通过将同一空间域 m 个因子的实际属性值 V_{ij} 与相应 T_k 最佳要求的指标值 u_{i1} 进行比较，分别求出它们的欧氏距离 d：

$$d_k = \left[\sum_{i=1}^{m} (V_{ij} - u_{i1})^2 \right]^{\frac{1}{2}}, k = 1,2,3,4,5$$

显然,根据最小距离 d 所对应的 k,便可以找到最佳选择的 T_k:

$$P(T_k) = \min\{d_k\}$$

直至经过如图 4 所示的分析过程,最后输出最佳选择的 T_k,作为区域多目标空间布局的依据(图 5)。

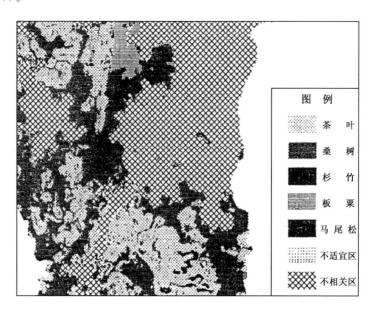

图 5 计算机输出的多目标土地利用布局图

Fig. 5 Production layout map generated from automatic multi-purpose land use planning

三、结果与讨论

根据由计算机运行得出的各单项评价图及与同一地区的地貌图、土壤图和土地利用现状等进行比较,着重研究评价结果在总体格局上与这些土地组成要素和现状土地利用的协调程度,同时通过抽样实地调查,对评价结果进行验证。结果表明,输出的评价图在总体上基本符合研究区土地的特征与利用状况。个别评价单元与实际情况有些出入,重新调整了评价因素的指标与权重,直至取得满意的结果。同理,对生产布局图也进行了类似的验证和反馈处理。

通过这一研究,取得了如下结果:

(1) 深入调查和分析了该县的土地资源,完成了该县土地资源数据的记录、存储和科学管理,这些数据包括土壤类型及其相关属性、地貌类型、高程、坡度、坡向、微地形(地形屏障条件)、水文条件、各种气候指标、土地利用、各项限制性因子、人口和行政区等。

(2) 对该县五种主要经济林果木分别进行了土地适宜性评价,分出每一种评价目标的最适宜级、中等适宜级、临界适宜级和不适宜级的空间域,并统计了它们所占的面积和百分比。

(3) 该研究使土地评价与土地利用调整和商品性生产基地建设研究相结合,提出开发茶园基地 3 个、板栗生产基地 5 个,旱地和居民点附近栽桑、山地为林木的布局格式。

(4) 建立了县级区域规划与管理信息系统。该系统以推广型微机为基础,采用工具化的设计思想,以空间分析为核心,由人机交互数据采集、图形自动编辑、数据库管理、方法库管理、模型库管理、多功能彩色屏幕显示与绘图等多层次的模块所组成,融矢量与栅格数据于一体,提供全汉化用户界面与多窗口的查询检索,便于用户二次开发和操作,是土地利用规划与管理的有力工具。

这些成果表明,地理信息系统支持的区域土地利用决策研究,可使土地评价更为灵活、有效。由于它很方便地对自然、生态、经济诸因素进行综合,从而十分有利于一个地区在土地适宜性评价的基础上进行多目标的布局研究;在系统数据库和方法库的支持下研究人员通过用户界面可以快速查询和了解任一地点的土地特征、限制性因子和社会经济条件等。

参考文献

[1] 上海铁道学院管理科学研究所. 决策与咨询[M]. 上海:上海交通大学出版社,1985:9 - 10.

[2] 彭钊安,胡萌夫,于仲吾. 对低山丘陵作物地形小气候利用等级的评判[J]. 气象,1984(10): 39 - 40.

[3] FAO. A framework for land evaluation[J]. Soils Bulletin,1976(32):17 - 18.

Study on Regional Land Use Decision Making Supported by GIS

Huang Xing-yuan   Ni Shao-xiang   Xu Shou-cheng   Gao Wen

Abstract: Taking Liyang county of Jiangsu province as an example, this paper deals with the application of GIS technology in the multi purpose regional land use planning, with its emphasis on the principle and method for regional land use decision making supported by GIS. This study was divided into several phases: (1) Determination of the economic trees including tea, Chinese chestnut, mulberry, China fir and masson pine as the targets of land suitability evaluation and identification of their land use requirements utilizing the Delphi technique; (2) design of the spatial data bases and analysis software system consisting of the data structure conversion, neighborhood analysis, buffer operations, overlay analysis, interpolation, and reclassification; (3) modeling of the land suitability evaluation and the production layout decision making by applying the mathematical methods.

The study has shown that using GIS technology in land suitability evaluation will make the evaluation more flexble and efficient than the conventional methods. Based on GIS technology the conventional land suitability evaluation will easily be extended to the production layout decision-making. Finally, GIS technology will be in great favour of putting forward efficient measures for sustainable land use in a region on the basis of land suitability evaluation.

Key words: land use; regional planning; gegraphic information system; decision making technology

地理信息系统支持的城市土地定级方法研究

黄杏元　高　文　徐寿成

摘　要:本文探讨根据城市土地定级因素所具有的空间特征和相关性,采用地理信息系统(GIS)的技术和方法,运用空间数据库存储、管理和操作各类与城市土地定级估价有关的信息和数据。并根据 GIS 空间分析的类型和功能,设计土地定级因素空间分析软件,包括空间内插、数字地形分析、空间扩散和叠置分析等,在这些定级软件的协调下,自动完成土地定级因素的量化、空间分析、分值计算、分级评定及土地定级图件等的输出,为城市土地等级评估提供一种全数字的方法。

关键词:城镇土地;土地定级;地理信息系统

一、概述

我国改革的大潮激发了土地的经济活力,土地市场正在急速发育。随着我国土地市场的复苏、运行和发育,迫切需要一套与现行地产评估体系相适应的量化土地经济和自然属性的现代化手段和方法,以便既能科学地评定和划分城镇土地等级,又能大大地加速城市土地定级工作的步伐,其中应用计算机和地理信息系统技术正日益受到普遍的重视。

地理信息系统是由计算机硬件、软件和方法库组成的高新技术系统,它具有采集、管理、处理、分析、建模和显示空间数据的功能,主要用于解决复杂的规划、管理和地理相关问题。根据《城镇土地定级规程》,土地定级因素有 5 大类 30 多个因子,大部分因子具有时间和空间特征,所有因子的综合分析和评价都必须在确切的空间域内进行,其内容涉及面广,分析处理的数据量大,运算和定位的精度要求比较高,应用地理信息系统技术来完成城镇的土地定级,有利于按统一的质量标准和综合原则来处理定级因子,便于采用数据库技术来存储、管理和更新与土地定级估价有关的数据和信息,可以利用定级软件系统来自动完成土地定级因素的分析、计算、评价和定级成果的输出,从而大大减少手工工作量,加快定级工作的进程,提高定级成果的精度和质量,尤其是便于定级估价成果的动态管理、更新和应用。

二、定级的方法和过程

运用地理信息系统技术来完成城镇的土地定级，旨在从根本上改善定级工作的环境，它既与常规作业方式不同，也与计算机辅助方法不同，其技术关键是在透彻分析《城镇土地定级规程》的标准和要求的基础上，建立实用和高效的计算机化的地理信息系统，即城镇土地定级信息系统。该系统摆脱手工编制作用分值表和直接利用地图覆盖并按地块进行简单或机助叠置分析的做法，充分利用地理信息系统的基于计算机、空间数据库管理和空间分析的技术优势，将定级因素确定、资料定量化处理、数据管理、定级单元划分、分值计算、土地级评定、级差收益测算、面积量算和成果图输出等综合为一个共同的数据流程，实行全数字式的信息处理模式，其系统的数据处理流程如图1所示。

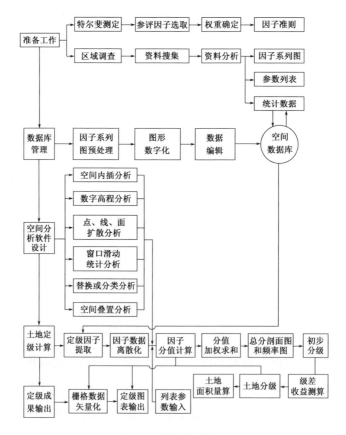

图1 系统数据流程图

Fig. 1 Flowchart for processing land rating data

　　采用信息系统技术来进行土地定级工作,要经过数据采集、数据编辑、定级因子分析、因素复合、级别划分、面积量算统计和成果图输出等技术过程,因此土地定级信息系统就由相应的这些子系统组成。在每个子系统中,各有若干个功能模块,这些功能模块以命令形式运行,并可采用嵌入主语言的方法构成新的用户界面,系统的功能结构如图2所示。

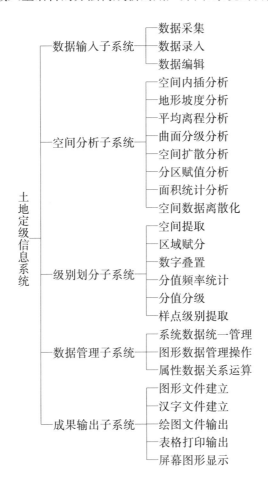

图 2　土地定级信息系统功能结构

Fig. 2　Function structure of urban land rating information system

　　(1) 数据输入子系统。作为系统各级定级数据的入口,由采集、录入和编辑模块组成。采集和录入的对象是定级因子的点、线、面图形及其相关属性。例如商业服务中心,除了输入它的轮廓范围,还有它的级别、规模指数和影响半径等。编辑模块完成原始定级因子图形数据的拓扑一致性检验和编辑处理,编辑的线段可达 32 750 条,精度为 0.1 mm。属性数据采用边输入边编辑的方式由键盘录入。

（2）空间分析子系统。专门设计来对定级因子进行分析，以确定各因子对定级单元的作用分值，其分析对象为点位、线段和面域的空间数据（包括部分属性数据），而且所有的分析均基于图幅的分层要素，同一层次的数据属于相同的空间实体。它是系统最主要的组成部分，具体内容见本文第四部分。

（3）级别划分子系统。级别划分子系统由定级因素复合操作和分值分级操作两部分组成。定级因素复合操作是将因子层作用分值进行复合，生成因素层作用分值，尔后再将因素层作用分值进行复合得出总分值，复合操作由数字叠置模块完成。分值分级操作是将复合操作得出的总分值进行统计分析，生成总分频率直方图，供初步确定分级界线时参考，然后由分级程序对分值数据进行分级，形成定级数据。对于分值或分级数据还可采用样点属性提取程序提取样点所在位置的分值或级别，为级差收益测算及微观区位修正提供依据。

（4）数据管理子系统。它提供系统数据文件的统一管理，包括文件目录显示、修改和删除。图形数据（矢量和栅格）文件以图幅为单位，实现图幅的各种操作，包括内容更新、分割和拼接。属性数据文件以要素层为单位进行各种关系运算，包括选择、投影和连接，以保证系统数据的有效性和适应性。

（5）成果输出子系统。定级成果从类型上分为定级图、因素图和因子图，从形式上分为晕线图、色块图、等值线图和立体图等。所有矢量图使用批处理方式，分层叠置组合，由绘图机输出；点阵图采用各层次数据合成，由打印机输出；彩色屏幕可以实现图形的排版操作，色彩丰富，成图速度快，特别适于数据的查询和检索。

三、定级信息系统的数据库

如前所述，土地定级涉及的因素众多，数据之间的关系复杂，因此如何组织、管理和使用这些数据是建立土地定级信息系统的关键步骤。

首先，根据对定级因子的分析，确定定级因子几何实体的类型及有关的属性（表1），以便建立相应的数据文件，因为不同的数据文件具有不同的存储方式、存储内容和操作要求。

表1　土地定级因子的几何类型及其相关属性

Table1　Category of spatial and attribute data

因素或因子	几何类型	相关属性
商服中心	POLYGON	中心规模指数、级别、影响半径
道　路	POLYGON	道路规模指数、级别、影响半径
公交站点	POINT	站点规模指数、级别、影响半径
火车站　汽车站　码头	POINT	点位规模指数、级别、影响半径
供水管道分区　排水管道分区	POLYGON	区域规模指数
供气分区　电讯分区	POLYGON	区域规模指数
医院　粮站　煤店　液化气站　中学 小学　幼儿园　菜场　金融机构	POINT	点位规模指数、级别、影响半径
大气、水和噪声污染	POINT	采样点指标
图书馆　博物馆　影剧院　文化宫 体育场馆　公园	POINT	点位规模指数、级别、影响半径
地形高程	CONTOUR	高程值
地基承载力分区等	POLYGON	区域规模指数

　　其次,为便于数据的处理、分析和应用,要研究和确定系统数据库采用的数据结构。根据土地定级因子的空间数据和非空间数据都占有很大的比重,本系统采用空间数据与非空间数据分别管理的策略,即空间数据利用拓扑数据模型管理,非空间数据利用关系模型定义,两者之间通过采用内部代码和用户标志码作为公共数据进行连接,其数据结构如图3所示。其中,点位数据仅由点位文件组成;线段数据由线段索引文件、坐标文件和结点文件组成;面域数据由面域索引文件、线段索引文件、坐标文件和结点文件组成;平面栅格数据由行索引文件和列编码文件组成;曲面栅格数据则仅由曲面栅格文件所组成。它们均采用面向图幅的操作和存储形式,每一图幅的要素数据包括一图幅控制文件及上述一组相关的数据文件,从而保证了数据存储的规范化和图幅操作的统一性。

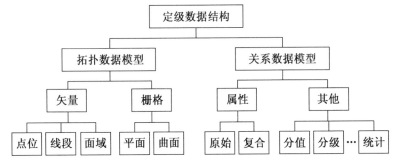

图3　定级数据结构图

Fig. 3　Data structure of the system

四、定级信息系统的空间分析模型

空间分析是地理信息系统区别于其他类型信息系统的主要标志,也是土地定级信息系统智能效应和速度效应的重要体现。利用定级信息系统来代替常规的定级方法,其关键步骤是确定和设计与不同定级因子对应的空间分析模型和算法。根据笔者的分析和试验,得出与各因子对应的分析模型如图 4 所示,它们包括如下 6 种分析模型及算法。

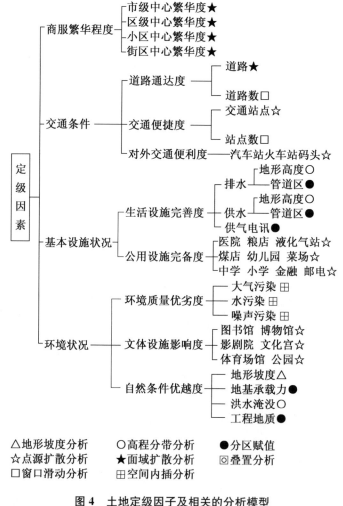

图 4   土地定级因子及相关的分析模型

Fig. 4   Land rating factors and relevant analysis models

（1）空间数据离散化。空间数据离散化就是将呈面状分布现象的特性赋予呈规则排列的栅格的过程。该栅格即为评定土地级的基本空间单元,其算法为:

$$\begin{cases} y = y_0 \\ (y - y_1)/(x - x_1) = (y_2 - y_1)/(x_2 - x_1) \end{cases}$$

$$\begin{cases} I = y \mathrm{div} D + 1 \\ x_i \mathrm{div} D + 1 < J \leqslant x_{i+1} \mathrm{div} D + 1 \end{cases}$$

式中:y_0 为行中心的纵坐标值;(x_1, y_1)、(x_2, y_2) 为弧段相邻节点的坐标值;I 为行号;J 为列号;D 为栅格单元边长;div 为整除运算符。

（2）空间内插分析。空间内插分析是通过逼近函数(多项式函数),拟合一组已知的空间数据,然后根据拟合模型推求有效范围内其他任意点的值,其算法为:

$$\sum_{i=1}^{N} Q_i^2 = \sum_{i=1}^{N} W(d_i)(f(x_i, y_i) - z_i)^2 = \varphi(a_0, a_1, \cdots, a_5) = \min$$

该式称为按距离(d_i)加权(W)最小二乘内插算法,一般在山林城市或具有明显地形起伏的城市区域,都需要通过该式来生成数字高程模型。

（3）数字地形分析。数字地形分析是根据数字高程模型,求取各格网单元的坡度和平均高程等,以确定区域洪水淹没和边坡稳定性等自然条件的优劣状况,其算法为:设地表单元的四个格网点值(x_i, y_i, z_i)、$(x_i, y_{i+1}, z_{i,j+1})$、$(x_{i+1}, y_i, z_{i+1,j})$ 和 $(x_{i+1}, y_{i+1}, z_{i+1,j+1})$,则单元的坡度和平均高程分别为:

$$SP = \mathrm{arc}(\cos z \cdot \boldsymbol{n})/(|z| \cdot |\boldsymbol{n}|))$$

$$AH = (z_{i,j} + z_{i,j+1} + z_{i+1,j} + z_{i+1,j+1})/4$$

式中:

$$\boldsymbol{n} = \boldsymbol{a} \cdot \boldsymbol{b}$$

$$\boldsymbol{a} = \{\Delta x, \Delta y, z_{i+1,j+1} - z_{i,j}\}$$

$$\boldsymbol{b} = \{-\Delta x, \Delta y, z_{i,j+1} - z_{i+1,j}\}$$

（4）曲面分级分析。曲面分级分析是对坡度或高程值按定级因子的级别界限进行分级,其方法是将单元的地形分析结果与分级区段表中的级别界限值做比较。如果分析结果介于某一级的上下限之间,则用该级的值替换分析结果,即:

$$\begin{cases} F = f(i) \\ (z_i)_{min} < z \leqslant (z_i)_{max} \end{cases}$$

式中：i 为级别；z_i 为分级区段表的界限值。

(5) 空间扩散分析。它用于计算呈扩散影响的因子对定级单元的作用分值，例如各级商服中心、交通条件和文体设施等，其算法由重力模型和缓冲区分析两部分组成。重力模型程序采用 $f = f_0^{(1-r)}$ 来确定分值区段所对应的半径(r)，根据该半径就能自动生成定级因子点、线、面实体周围一定距离的缓冲区，并赋以对应的分值或代码。

(6) 叠置分析。该分析是逐次地将两个因素或因子的数据按数字加权叠置，以生成新的因素或因子数据，其算法为：

$$P = W_1 F_1 + W_2 F_2$$

通过空间分析，系统自动生成每个栅格单元内的作用分值，通过对不同定级因素作用分值的逐层叠置求取综合评分值。算出综合评分值后，就可以根据综合评分频率曲线和分级要求确定栅格单元的土地级别，最后输出土地定级图(图5)。

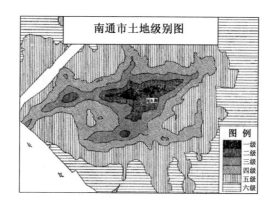

图5　南通市城区土地级别图

Fig. 5　Land rating map in Nantong city output from computer

五、结果与讨论

根据本文提出的方法，开展了南通市城区及唐闸镇、天生港和狼山开发区共100余平方公里土地的定级估价任务，完成了南通市土地定级信息系统的设计，建立了土地定级估价数据库。在定级信息系统和数据库的支持下,在主城区划分出 6 个土地级别,其他区域划分出 3～4 个土地级别,并在这基础上进一步开展了地价评估,建立了基准地价体系,与此同时,输出 1∶10 000 的各类地图近 50 幅,各类统计报表数十份,完成建库的数据量包括原始数据(1 兆)、定级因子数据(5 兆)、定级过程数据(80 兆)、面积量算数据(1 兆)和各类统计数据(0.5 兆),总数据量近 90 兆字节。

通过本研究,有以下几点结论:

(1)为科学准确地进行土地定级,必须建立与《城镇土地定级规程》相配套的技术系统。由于该系统是以地理信息系统的理论和计算机技术为依托,运用空间数据库方法存储、管理和操作各类与土地定级有关的数据和信息,并在定级软件的协调下,自动完成土地定级,因此明显地提高了土地定级工作的效率和成果的精度与质量。

(2)由于城市土地定级因素与定级估价成果具有明显的动态变化特征,经常需要对其进行修订和更新,而地理信息系统和数据库的应用,有利于对定级成果的动态管理和应用。

(3)1988 年以来,各地开展的土地定级一直沿用综合定级法,即用同一标准来评定城市各类用地的级别,这显然不合理。但是,如果根据城市内的主要用地类型,例如商业、住宅、工业和旅游区等,分别根据影响它们价值的因素做单独分类定级,那么在手工运作的条件下有很大困难。相反,在地理信息系统运作的条件下,只要通过参数修改,就能很快实现从土地综合定级到土地分类定级的转换。

(4)土地定级的目的在于揭示土地价值的差异,影响土地价值差异的因素涉及社会、经济和自然等方面,因此利用地理信息系统进行土地定级,不可忽视对这些影响因素的深入分析,尤其要尽可能合理地选择定级因子和确定其权重值。

(5)根据统计,我国共有城市(含县城)2 188 个,为适应对这些城市实施科学的地产管理措施,需要尽快建立一个以基准地价和标定地价为核心的地价体系,并在此基础上开发城市土地定级估价信息系统,实现定级与估价的计算机化,这对加速我国城市土地定级估价工作的进程具有十分重要的意义。

参考文献

[1] 国家土地管理局.城镇土地定级规程(试行)[M].北京:农业出版社,1990.

［2］黄杏元等. 地理信息系统概论［M］. 北京:高等教育出版社,1989.

A Study on Urban Land Rating Supported by GIS

Huang Xing-yuan   Gao Wen   Xu Shou-cheng

Abstract: Based on the spatial character of environmental variables and their relationship to land rating the authors have developed a automated method of urban land rating. The method first analyses the procedures of land rating in applying GIS, and then presents a set of spatial analysis models for the derivation of rating values. These models consisted essentially of spatial interpration, digital terrain model, buffer and overlay analysis. The study reveals that the key technique of automated method is to establish a practical and efficient information system of urban land rating under the penetating analysis of "Rules of Urban Land Rating"and the main steps of establishing this system are to manage the rating factors and design the analysis models.

Key words: urban land; land rating; GIS

基于 ArcInfo 的开放式组件 GIS 的开发探讨

廖凌松　黄杏元

摘　要: Open GIS 是一门发展迅速的 GIS 软件方法。随着 GIS 技术的不断发展和软件的日益复杂化,GIS 商品软件对于二次开发者的要求越来越高。以 ArcInfo 8 为例,在分析 COM、OLE、ActiveX 等技术的基础上,应用 Open GIS 的方法对 ArcInfo 的 COM 软件结构和二次开发方法进行了探讨,并应用 ArcInfo 提供的控件和开发对象接口进行了相关的二次应用软件的开发工作。

关键词:地理信息系统;组件对象模型;Open GIS

一、GIS 系统集成的发展历程

回顾地理信息系统的发展过程,可以看出地理信息系统的集成在技术上可以分为如下几种形式:

① 同一 GIS 软件系统不同模块之间或不同系统之间相对独立,单独运行,各部件之间采用 Import/Export 的磁盘文本文件交换形式进行联系。它适用于任意系统之间的数据和模型集成,但效率最低。

② 采用二次开发语言,提供二次开发环境。如 ArcInfo 的 AML、MapInfo 的 MapBasic 等。但由于二次开发环境对系统核心进行了封装,用户只能调用二次语言本身所提供的功能,不便开发新功能,也不能和其他系统实现系统级集成。

③ 采用应用程序接口(API)的形式进行集成。如 ArcInfo 提供 RPC 接口实现客户端与服务器端的通讯,提供 ArcInfo 与 ArcView 的集成。同时用户可以遵循 RPC 规范开发应用模块以实现系统集成。

④ 开放式的 Open GIS。为了解决异构数据源和不同空间操作方法之间的无缝集成,真正实现资源共享,有关的软件团体推出了 Open GIS 标准模型,许多 GIS 软件商推出基于或接近于 Open GIS 的软件,如 ESRI 的 ArcInfo 8 软件产品。

二、基于 COM 的 Open GIS 技术

1. Open GIS 的技术体系

《Open GIS 指南》(Open GIS Guide)中对 Open GIS 定义如下：Open GIS 的目标是实现这样一种技术，它使得一个应用系统开发者能够利用任何地理数据和任何地理数据处理功能或方法，并逐步实现数据资源共享，鼓励软件开发商和系统集成者坚持 Open GIS 的要求、规范与标准，逐步地开发出一系列的工具、数据库和信息交流系统，以最大限度地共享资源并充分利用技术先进性[1]。

传统的 GIS 软件的缺陷在于：数据和对数据的操作方法是分离的，如果系统要处理某种特定格式的数据，则系统中必须存在对应于这种数据的操作方法；否则，必须修改系统方法或增加相应的数据格式转化模块。目前已有的数据格式种类繁多，特定的商用 GIS 所能处理的只是其中的一小部分，实现真正的数据共享对于传统 GIS 开发模式来说，无疑是遥不可及的。数据和操作方法的统一，是 Open GIS 所要解决的技术难题，而面向对象方法的出现，为解决这一问题提供了新思路。

面向对象方法把现实世界中的事物抽象成对象，如地理实体抽象成点、线、面三种基本对象和在此基础上的复合对象，对地理实体的操作封装在对象里面。当我们获得一个对象时，同时也获得了这个对象的操作方法。

OGIS 实现数据共享的方法是：把多数据源的地理数据(Geodata)转化为单一的、综合性的、基于数据模型(Data Model)的对象，而这种对象能够在应用(Application)中通过基本的工具集(Tool Set)或简单的操作直接获取[2]。Open GIS 规范中的软件部件，不管它的数据格式、应用、地理数据模型、格式转换方式、用户模型都是一个对象，均由对象管理器操作。在开放的 GIS 环境中，OGIS 提供了包容多种功能种类的框架，描述了地理信息数据模型，以及定义了应用软件和系统的接口的服务的概念。这样，开放的 GIS 体系就能提供健壮的方法以获取不同软件环境下不同格式的地理数据[3]。

OGIS 的另一个目标是实现不同程序间的互操作，特别是异构环境下的互操作。所谓互操作，就是指两个或两个以上的实体，尽管它们实现的语言、执行的环境和基于的模型不同，但它们可以相互通讯和协作，以完成某一特定任务。这些实体包括应用程

序、对象、系统运行环境等。通过互操作,可以完成不同系统间的功能互补,实现系统的无缝集成[4]。

OGIS 针对数据组织模型和相关的处理方法,推出了 CORBA、COM、SQL 三个版本。其中,由于 COM 的成熟性而得到相当数量厂商的支持,许多国内外 GIS 软件厂商纷纷推出基于 COM 的开放式 GIS 软件。

2. COM 简介

COM 的全称为组件对象模型(Component Object Model),是微软公司提出的一种开发和支持程序对象组件的框架。COM 由一些对象和对象的接口组成。接口由一个或多个相关的方法、属性和事件组成。COM 对象是封装好的,用户不需要了解其内部构造,只需使用接口对其进行操作[5]。

(1) 基于 COM 的 OLE、ActiveX 组件技术

OLE 是一个基于对象的服务结构,OLE 的诸多特性中包括连接、嵌入、就地激活或可视编辑、组件对象模型(COM)、结构化存储、复合文件、拖放支持、统一数据传送、自动化、自定义控制项等[6]。OLE 自动化是使某一个应用程序可编程化,即其他程序语言能够使用该程序提供的各种服务,也就是允许从应用程序的外部操纵该应用程序的对象。自动化服务器以对象的形式提供可被其他程序使用的属性与方法,并以此调用相应的内部函数,实现外部程序对其数据及功能的操作。

OLE 控件是一种建立在 OLE 自动化基础上的实现若干标准接口的 COM 对象。随着网络功能的加入,OLE 控件(OCX)同时被改成为 ActiveX 控件。控件的内部功能包括 4 个方面:提供数据成员的属性、提供函数的方法、与容器通信的事件以及十分重要的可被容器使用的用户界面(如一个命令按钮或图形窗口)。可以看出,事件和用户界面是控件与自动化的主要区别。控件的应用进一步改变了人们编制程序的方式,从而使组件式软件成为新一代的软件开发目标[7]。

(2) 基于 COM 的组件技术具有的特性

① COM 组件可以二进制的形式发布,因此 COM 组件是与语言无关的,任何过程性语言都可以用来开发组件。

② COM 是面向对象的,它提供了对象的属性、方法、事件的封装和接口的调用。

③ COM 组件可以被具有相同接口的组件替换,组件之间仅通过接口发生关系。

④ COM 组件可以透明地在网络上被重新分配位置。

⑤ COM 支持互操作性,通过自动化方式组件之间可以互相提供方法的调用。

COM 的这些特性为构建 Open GIS 提供了技术基础。

三、ArcInfo 8 的系统集成方案

ArcInfo 8 是 ESRI 最新推出的组件式 GIS 软件,对 Open GIS 提供了广泛的支持。组成 ArcInfo 的所有 COM 组件称为 ArcObjects,这些组件一起完成 ArcInfo 的所有功能。ArcMap 和 ArcCatalog 是 ArcInfo 开发者利用高级语言调用 ArcObjects 的接口,来实现 ArcObjects 基本功能的应用程序,它提供用户与 ArcObjects 进行交互的环境。

ArcObjects 对数据集成和方法集成提供了一系列解决方案。

1. 数据集成

OLE 的一致数据访问(Universal Data Access,UDA)技术为关系型或非关系型数据访问提供了一致的访问接口,为企业级 Intranet 应用多层软件结构提供了数据接口标准。一致数据访问包括两层软件接口,分别为 ADO(Active Data Obiect)和 OLE-DB,对应于不同层次的应用开发。ADO 提供了高层软件接口,可在各种脚本语言(Script)或一些宏语言中直接使用;OLE-DB 提供了低层软件接口,可在 C/C++语言中直接使用。ADO 以 OLE-DB 为基础,它对 OLE-DB 进行了封装。一致数据访问技术建立在 Microsoft 的 COM(组件对象模型)基础上,它包括一组 COM 组件程序,组件与组件之间或者组件与客户程序之间通过标准的 COM 接口进行通讯。OLE-DB 对数据记录进行了封装,屏蔽了数据格式的若干细节,实现了数据记录的对象化操作。

由于 ADO 建立在自动化(Automation)基础上,所以 ADO 的应用场合非常广泛,不仅可在 Visual Basic 这样的高级语言开发环境中使用,还可以在一些脚本语言中使用,这对于开发 Web 应用,在 ASP(Active Server Page)的脚本代码访问中数据库提供了捷径[8]。

ArcInfo 8 中对多源数据的访问和操作采取 OLE-DB 的方式,这使得数据集成的效率和灵活性得到极大的提高。

ArcInfo 8 的 OLE-DB 支持四种格式的数据:Personal Geodatabase 数据库(﹡.

mdb 文件)、ArcSDE 数据库、Shape 文件、Goverage 图层。同时 ArcInfo 提供了这些文件格式标准的技术说明,以及现有数据格式之间相互转化的数据模型和方法。

2. 功能集成

(1) ODE 的开发方式

ArcInfo 原有的开发环境是 AML 解释语言(ArcInfo Macro Language),优点是代码简单高效,但因为是解释执行的,其效率较低。AML 虽然提供了与外部应用的接口,如 IAC、TASK 函数等,但效率偏低。

ODE(Open Development Environment)是在 ArcInfo 组件技术的基础上提供给用户的一种新的开发方式。在 NT 上已作为 Custom ActiveX Control,可嵌入 VB、VC、Delphi 等开发环境中,通过 ActiveX 控件与 ArcInfo 打交道,它为开发者提供的是一组可编程的对象,包括可视的用户化控件。在 ODE 环境中,ArcInfo 中的所有命令和函数都封装在 arcplot. ocx、arcedit. ocx、grid. ocx、arc. dll、string. dll 控件和动态链接库中,用户通过 ODE 对象来间接调用和实现 ArcInfo 的各个功能。由于 ODE 程序是编译执行,所以执行效率比 AML 高。

(2) VBA 开发方式

ArcCatalog、ArcMap 和 ToolBox 是 ArcInfo 提供的应用程序。通过这三个应用程序,用户可以完成绝大部分的日常工作。ArcCatalog 和 ArcMap 都内嵌了微软公司许可授权的 Visual Basic for Application(VBA)。微软设计的 VBA 为整个应用程序提供了一个符合工业标准的无缝集成的开发环境。通过 VBA 能利用各种 ArcInfo 组件对象的接口,创建新的窗口和控件,实现用户所要求的特定功能;并可将工作保存在地图文档(MXD)文件和地图模板(MXT)文件中。

除 ArcInfo 本身所带的应用程序外,其他支持的 COM 的应用程序也能够引用 ArcInfo 组件对象,如 Microsoft Office 中通过 VBA 对 ArcInfo 对象的引用与在 ArcInfo 自身应用程序中完全一致。

(3) 创建客户化的应用程序和控件

以上两种方法是利用中间部件来间接调用 ArcInfo 的功能接口,这使得开发受到一定的限制。同时,在 VBA 中,由于二次开发的脚本程序对地图文档文件来说是本地的,因此原代码就会暴露给用户,这是一些开发者不愿意看到的。在实际应用中,我们可利用支持组件的开发语言来直接调用 ArcInfo 组件对象接口,实现更强大、更灵活、更有效率的用户开发。开发者可以用组件式的开发方法,像搭积木一样搭起新的 GIS 应用,在新的应用中可添加新的除 ArcInfo 本身所提供的界面元素以外的多文档风格界面、工具条、状态条及树形列表等[9]。

开发时采用 VB、C++、Delphi 或类似的开发语言,参考 ArcInfo 对象进行编程,创建动态链接库、ActiveX 控件(OCX),或者利用 ArcInfo 对象的属性和方法创建可执行文件。

ArcInfo 8 为开发提供了几个 COM 对象库:esrimx. olb, esrigx. olb 和 esricore. olb,在 VB、VC 环境中需要手工加入参考进去。

以创建动态链接库为例,说明开发方法。

VB 中创建动态链接库的步骤如下:

① 在 reference 菜单中将需要的对象库文件参考进系统。

② 为需要实现的接口添加代码,要创建在应用程序中使用的任何一个命令,必须实现 command 接口,如果要创建工具,还必须实现 tool 接口,然后对接口中的每一个属性和方法在类中都要有一个相应的实现,不管它是否需要完成。

③ 为实现的具体功能添加代码。

④ 编译该 DLL。

⑤ 注册、加入应用程序系统中。

创建 ActiveX 控件的过程与上述类似;创建可执行文件则相对简单一些,只需在 reference 菜单中将需要的对象库文件参考进系统,然后就可以直接在程序中通过创建对象实例来调用对象的接口。

四、基于 COM 的 GIS 开发实例

笔者采用 ArcInfo 8.02、VB6.0 和 Oracle 8 参与了"江苏省国土综合信息系统"的开发工作。"江苏省国土综合信息系统"是以数字地图为载体,综合反映江苏省的人文、资源、经济、社会与环境等各个领域的综合状况,为省政府领导机关服务,支持社会化信息的综合信息系统。

系统功能需求：

① 图形数字化和编辑。制定完备的数字化作业规范，制定有关信息分层规范和标准化信息编码体系。

② 提供与其外部可交换文件(如 DXF、MIF 和 DGN 等)的接口。

③ 图形信息建库。包括图幅拼接、地图投影转换、数据精度控制、图幅快速索引等，保证有关图层的无缝拼接。

④ 数据库管理。包括空间数据和属性数据的管理。

⑤ 信息检索、查询和浏览。

⑥ 图形输出。

⑦ 辅助决策。

整个系统分为系统管理员端与客户端两部分。下面以客户端为例来说明。

1. 编写系统框架

首先进行用户需求分析。客户端的最终用户为各级决策者。使用本软件的目的是随时了解本省国土的基本情况，为各类决策提供参考。因此，客户端软件重点是加强查询检索和统计分析的功能，这两个模块也就成为软件开发的重点。各模块功能如下：

① 用户界面。完成用户与应用程序之间的交互操作，包含各个功能模块的调用、用户选择项目的输入、分析结果的输出显示等。

② 查询、显示模块。完成用户对空间和属性数据的查询检索，以及查询结果的可视化显示。

③ 分析模块。根据不同应用层次的具体要求而设计，充分利用 ArcInfo 及其扩展模块 Network. TIN 的分析功能，设置各种专用模块，如定性分析、定量分析、相关分析、多边形叠加分析、线状网络分析、地表和地形分析等。

④ 数据管理模块。应用数据库提供的功能，根据应用要求建立目标实体与描述实体的数据结构之间的关系，从而实现对空间和非空间属性数据的管理要求。

⑤ 图表输出模块。针对不同应用层次的具体要求，利用 ArcInfo 的功能，从数字地图库中裁剪出满足具体应用要求的局部地图数据，通过输出转换，分别以 DLG(Digital Line Graphs)格式和 Oracle 表格式向其他应用系统提供空间数据和属性数据的外部数据交换。

2. 模块的实现

(1) 使用 OLE 控件

ArcInfo 提供了若干 OCX 控件，涉及数据管理、编辑、图形显示、输出等方面。根据系统设计要求，引用 esriDemoMc. ocx 实现地图显示，esriDemoTocc. ocx 选择浏览数据，esriDemoPP. ocx 完成结果的预览和打印。由于 ArcInfo 提供了相关控件源代码，在实际使用时，我们对源代码进行了优化工作。

(2) 制作自己的 COM 组件

分析模块是应用程序中重要的部分，要求效率高、速度快、使用方便。因此，在设计过程中，采用 VB 直接调用 ArcInfo 组件接口的方法，整个分析涉及 ArcInfo 的多个组件。

① 数据接口

数据 I/O 采用 ArcInfo 提供的 OLE-DB 技术，实现应用程序与关系数据库 Oracle 之间的数据交换。过程如下所示：

```
Public Function openSDEWorkspace(Server As String, Instance As String, User As String, _
    Password As String, Optional Database As String="", _
    Optional version As String="SDE. DEFAULT") As IWorkspace
    On Error GoTo EH
    Set openSDEWorkspace=Nothing
    Dim pPropSet As IPropertySet
    Dim pSdeFact As IWorkspaceFactory
    Set pPropSet=New PropertySet
    With pPropSet
        • SetProperty "SERVER", Server
        • SetProperty "INSTANCE", Instance
        • SetProperty "DATABASE". Database
        • SetProperty "USER", User
        • SetProperty "PASSWORD", Password
        • SetProperty "VERSION", Version
```

End With

Set pSdeFact＝New SdeWorkspaceFactory

Set openSDEWorkspace＝pSdeFact. Open（pPropSet，0）

Exit Funcition

EH：

MsgBox Err. Description，vbInformation，"openSDEWorkspace"

End Function

② 空间分析

空间分析引用了多个模块的接口。在 ArcInfo 中，几何体对象（Geometry Object）由点（Points）、多点（Multipoints）、多义线（Polyline）、多边形（Polygon）等几何对象组成[10]。应用程序通过几何体对象接口，对其属性和方法进行操作。各个对象由 Feature 对象的 Shape 属性返回。

与 Feature 对象相关的对象：WorkSpaceFactory，WorkSpace，FeatureCursor，FeatureClass，Fields，Field 等。

与 Feature 对象相关的主要接口：IWorkSpaceFactory，IFeatureWorkSpace，IFeatureClass，IFieldsEdit，IField，IFeatureCursor，IFeature，IGeometry 等。

应用程序空间分析的流程图如图 1 所示。

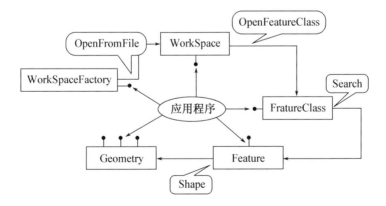

图 1　空间分析流程图

应用程序首先调用 COM 服务器，产生 WorkSpaceFactory 对象；然后应用程序获得对象的 IWorkSpaceFactory 接口，通过接口，应用程序操纵 WorkSpaceFactory 对象的 OpenFromFile 方法，使其调用 COM 服务器，生成 WorkSpace 对象；WorkSpace 对象返回给应用程序 IFeatureWorkSpace 接口，通过该接口调用对象的方法 OpenFeatureClass，从而生成 FeatureClass 对象。这样通过几次调用相关的对象和 COM 服务器，最终生成 Geometry 对象。

几何体对象空间操作的主要接口：ITpolotgicalOperator，IRelationalOperator，IPoximityOperator；这三个接口分别完成空间分析中的拓扑操作、关系操作、距离操作，进而完成特定的专题分析。

③ 数据组织

综合省情 GIS 地理数据库是一个多层次的、综合性的空间信息数据库，是综合省情地理信息系统的骨干和心脏，其内容涉及江苏全省的基础地理信息、自然资源、社会经济和社会环境等各个方面，包括基础地理数据、国土信息数据、社会经济数据、资源环境数据、专题地图数据、政务数据以及卫星影像数据和 DEM 数据等。这些数据有些是控件（地理）数据，有些是属性数据，其数据组织形式如图 2 所示。其中空间数据库由矢量数据库、影像数据库和 DEM 数据库三部分组成；属性数据库由国土基础数据库、社会经济统计数据库、地名数据库以及政务数据库四部分组成。数据库的组织和编辑由系统管理员端负责；客户端与系统管理员段实行数据共享。

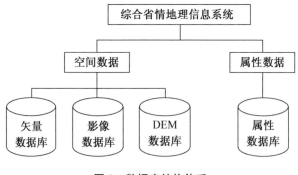

图 2　数据库结构体系

④ 系统组装、数据导入

在对各个模块进行单独调试之后，需要将其组成成品软件，进行总体测试。组装前需对基于 COM 的功能模块进行注册,然后在用户界面里面添加相应的引用代码,实现对功能模块的调用。

在样区试验中,对整个数据的格式、结构和编码方式进行验证、修订。最后按照设计标准,将原始数据规范化,录入数据库,完成数据库的组建工作。

五、结束语

实践证明,采用组件式结构的开放式 GIS 结构,对于开发有着不同应用背景和建模目标的软件系统起到了至关重要的作用。它有效地增加了系统的灵活性,提高了模块的内聚度,使系统的开发难度下降,开发效率提高,系统可维护性和可重用性上升,从而增强了系统的开放性、集成性和效率。

参考文献

[1] Open GIS Consortium. The open GIS guide:Introduction to interoperatable geoprocessing and the open GIS specification (Third dition)[EB/OL]. http://www. opengis, org/techno, 1998 - 06.

[2] Open Gis Consortium. Open GIS simple features specification for OLE/COM (Revision1. 1)[EB/OL]. http://www. opengis, org/techno, 1999 - 05.

[3] 韩海洋,龚健雅. 开放地理信息系统的内涵与地理信息互操作性的实现[J]. 测绘通报,1999,(6): 22 - 25.

[4] 丁俊华,董桓,吴定豪等. 软件互操作研究与进展[J]. 计算机研究与发展,1998,35(7):577 - 578.

[5] Microsoft Corporation. Componet object model [EB/OL]. http://msdn. microsoft. com/library/, 2001.

[6] Microsoft Corporation. OLE[EB/OL]. http://msdn. microsoft. com/library/technical articles,2001.

[7] Microsoft Corporation. OLE controls[EB/OL]. http://msdn. microsoft. com/library/technical articles,2001.

[8] ESRI. Developing applications with arcInfo—An overview of ArcObjects[EB/OL]. http://arconline. esri. com/arconline, 2000 - 07.

[9] ESRI. Exploring ArcObjects[EB/OL]. http://www. esri. com/news/arcuser/,2000 - 02.

[10] ESRI. Geometry object model diagram[EB/OL]. http://www. esri. com/devsupport/arcinfo/
samples/arcobjects_online，2000－02.

A Development Strategy of Open
COM-GIS Based on ArcInfo

Liao Ling-song　　Huang Xing-yuan

Abstract：Open GIS is a developing method to GIS solution. The quick development of GIS technology and the complication of software make a higher and higher pressure on the second developer. Based on the technology of COM, OLE, ActiveX, the paper analyses carefully the component structure and development method of ArcInfo, and gives a development example on how to use the COM controls and the interfaces of development objects.

Key words：GIS；component object model(COM)；open GIS

A Chained Data Structure for Efficient Extraction and Display of Information from Polygon Maps

Huang Xingyuan   Hsu Shin-yi

Abstract: In this paper, we presented a spatial data structure for manipulating digital outline of polygon, and described its algorithm in defining an areal cover with chain elements. The structure gives consideration to both retaining the flexibility, comparability and topology, and allowing for simplifing the data organization by the user.

1. Introduction

A spatial data structure is the formal organizational structure by which we may represent spatial data in the computer. A well organized data structure is crucial for any successful operation in computer cartography and spatial analysis. Criteria in designing a spatial data structure were to allow abstraction and representation of graphic data, to facilitate user digitizing and editing, and to provide for data structures that allow efficient manipulation.

The computer mapping and analysis of thematic information pertains usually to polygon area. Various methods have been devised to organize the boundaries of areal units in describing and analyzing cartographic data, such as land use polygon, political boundaries, and watershad basins. The problem is that many of these structures do not give consideration to both retaining the flexibility, comparability and topology, and allowing for simplifing the data organization by the user.

In this paper we presented a spatial data structure for manipulating digital outlines of polygons, and give its algorithm in defining an areal cover with chain elements. A series of chain records constitutes a chain file. The file has several main advantages:

(1) The file was created in such a way that it allows to reduce the distance of pen movement when the file is directly used as the basis for drawing areal boundaries.

(2) The data structure used in this design is convenient for the data organization by the user because each chain record contains all of the necessary topological relations.

(3) For a specified area code it is easy and flexible to define the boundary outline of the polygon in a clockwise order around the polygon.

(4) If an analysis requires the extraction of boundaries between two adjacent polygon, that information can be retrieved directly by providing the code of two adjacent polygons from the chain records.

(5) This data structure will assure that the encoded data can be checked automatically to provide an error-free chain file.

2. A Spatial Data Structure

Before proceeding to a description of the proposed spatial data structure it is important to define the structure elements used in the structure (Figure 1). The basic element of the proposed structure are points, chains, polygon, and boundaries. A point is an atom consisting of an ordered pair (x, y) where x represents latitude and y longitude. A chain is the fundamental unit of the structure with a left side common code, a right side common code, and a set of points that define the chain. A chain CC, thus, could be expressed as $CC = \{LR, RR, PN_i, i=1, 2, \cdots, m$, where LR is a left side common code, RR is a right side common code, and PN is a set of points. A polygon is a closed connected sequence of chains with counter-clockwise closure and with a common arer code.

Either inside or outside the sequence. Similarly, a polygon PL is defined by the form $PL = \{LR$ or $RR, CC_j\}$, $j=1,2,\cdots,n$. A boundary is a polygon plus (possibly

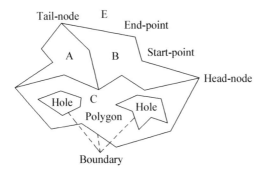

Figure 1   Directed chain 1 (from Head-node to Tail-node): A sequence of vectors with left area code=B, right area code=E

empty) a list of boundaries of interior polygon. Thus a boundary BB can be represented by a form $BB=\{PL, HO_k\}$, $k=1,2,\cdots,t$, where HO represents the hole in the polygon, and may be a list of interior regions (hole). When HO is empty, BB is a polygon or simply boundary. Under these definitions, a chained data structure was presented in Figure 2.

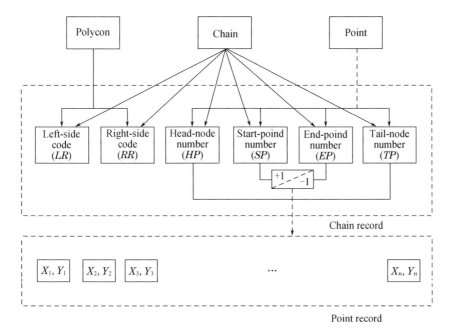

Figure 2   A chained data structure

A example of chain encoding of a polygon map (Figure 3) from the structure is given in Table 1. Notice that the LR and RR in any case exist in two possible relations. When $LR=RR$, that meant this was a imaginary chain with which a hole was properly contained within a polygon. When $LR \neq RR$, this meant the chain was a boundary section. The other four remainder elements in the proposed chained data structure were head-node (HP), tail-node (TP), start sequential point (SP), and end sequential point (EP). Their relations would be of the form:

(1) $SP=0$, $EP=0$ for the chain with no sequential point between nodes.

(2) $SP=V$, $EP=V$ (V is a non-zero number) for the chain with only one sequential point bewteen nodes.

(3) $SP=V_1$, $EP=V_2$ ($V_1 \neq V_2$) for the chain with two or more than two sequential points between nodes, and a sequential number is assigned to these points, so that the point number can be identified by adding (or subtracting) 1 to (or from) the number of its neighbor point.

In arranging these chain encoding it is apparent that one chain identifies a line segment that is either the direct continuation of a prior segment, or the

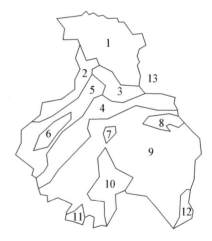

Figure 3　A polygon map

shortest distance from a prior segment in which the plotter pen is raised, in order to eliminate significant waste of pen movement during using a list file of chain encoding as shown in Table 1 for drawing areal boundaries.

Table 1　A list file of chain encoding oltained from Figure 3

LR	RR	EP	SP	EP	TP
2	13	1	2	3	9
5	13	9	10	14	15
4	13	15	9	9	16
5	13	16	17	21	22
11	13	22	23	25	24
9	13	26	27	30	31
10	13	31	32	33	34
9	13	34	35	37	38
12	13	38	35	41	42
9	13	42	43	46	47
8	13	47	9	0	48
9	13	48	8	0	49
4	13	49	50	52	53
3	13	57	1	0	54
1	13	54	55	77	1
1	2	1	78	79	57
1	3	80	81	82	54
4	3	53	104	103	86
5	3	86	85	85	84
3	2	83	83	83	84
5	2	84	87	87	88
5	2	88	85	89	9
5	5	90	0	0	88
5	6	90	96	91	90
5	4	15	97	102	86
9	4	49	105	110	111
5	4	111	112	113	16
9	11	22	114	115	26
9	10	31	116	124	34
9	12	38	125	127	42
9	8	47	140	133	45
9	9	111	0	0	129
7	9	128	129	132	128

with this information, it is possible to:

Organize the mapped area boundaries by passing through only a list file of chain
encoding.

Retrieve the boundary of geographic unit to be mapped or to be analyzed.

Find polygon adjacent to a given polygon by providing a given areal code.

Merge two polygon by deleting a common chain, or split a polygon into two smaller polygons by adding a common chain.

Handle the hierarchy of a region and its holes because when $HP=TP$, then the polygon has holes in it.

3. Algorithms and Applications

Several programs have been designed for sufficient extraction and display of information from a chained data structure. They include:

Outline   produces the outline plot on a pen plotter using a sequential access of the entire structure.

Polygon   defines boundaries of each zone using chain record and point coordinates.

Shaded   produces shading maps in which shading pattern represents the values of data attributed to zones.

Raster   converts vector data to raster format data performing certain tasks such as map overlay.

Vector   converts raster data to vector format data for improving the products in quality.

The basic program for sufficient extraction, analysis, and display of imformation using proposed data structure is Polygon. The following algorithm for generating Polygon includes three main steps:

Step 1 From a list file of chain encoding, extract the chains that belong to the current zone, and unify the direction of chains in the clockwise or counterclockwise direction by exchanging the Values of HP and TP, SP and EP.

Step 2 From the extracted chain list, concatenate the chains in such a way that the value of the first chain TP equals the value of the next chain HP. The values of LR and RR are then compared, if polygon has hole in it, the concatenation process is turned to linking the chains of the hole after the retrieval of a closed connected sequence of directed boundary chains.

Step 3 Find coordinates of the closed boundary chains, and identify number of the point from which the hole begins.

Figure 4 shows the intermediate results of the process in the generation of the Polygon for the region 5 of Figure 3.

The data structure has been used in a number of practical application. An example of these applications was production of a variety of shaded maps, as shown in Figure 5. This shaded map is particularly effective when values of many areas are to be compared.

Process	Description	Example			
Step 1	Chain code	No.	OF	Region	5
		HP	SP	EP	TP
		9	10	14	15
		86	85	85	84
		84	87	87	88
		88	89	89	9
		90	96	91	90
		15	97	102	86
Step 2	Connected chain	No.	OF	Region	5
		HP	SP	EP	TP
		9	10	14	15
		15	97	102	86
		86	85	85	84
		84	87	87	88
		88	89	89	9
		90	96	91	90

Step 3	Boundary data	Polygon	No. of	Region	−5
			X	Y	
			1.310	4.735	
			0.957	4.443	
			0.968	4.030	
			0.810	3.665	
			1.405	3.215	
			1.307	3.032	
			1.470	2.970	
			1.712	3.165	
			1.823	3.323	
			1.778	3.685	
			2.290	4.420	
			2.870	4.870	
			3.260	5.495	
			3.502	5.585	
			3.587	5.872	
			3.157	6.250	
			2.752	5.490	
			1.905	4.880	
			1.535	4.710	
			1.310	4.735	
		Hole	2.015	4.730	
			2.535	5.052	
			2.542	4.837	
			2.120	4.405	
			1.805	3.935	
			1.367	3.805	
			1.565	4.323	
			2.015	4.730	

Figure 4　Intermediate results for region 5

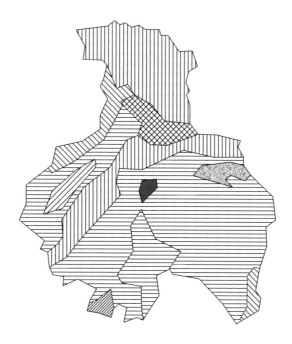

Figure 5   Shaded map

References

[1] Peucker T K, Chrisman N R. Cartographic data structures[J]. American Cartographer, 1975, 2:
    55 – 69.

[2] Nyerges T L. A formal model of a cartographic information base[R]. Auto-Carto Ⅳ, Reston,
    Va, 1979.

[3] Biggs R D. Cartographic data structures for thematic applications of automated cartography[C]//
    Advanced Study Symposium on Topological Data Structures for Geographic Information System.
    Harvard Unversity, 1978.

[4] Haralick R M. A data structure for a sptial information system[R]. Auto-Carto Ⅳ, Reston, Va,
    1979.

应用试验

PART 3

土地资源信息系统及其应用的试验研究

黄杏元　　林增春

　　土地资源信息系统,是在土地资源调查的基础上,在计算机软、硬件支持下,将和土地有关的资源信息和有关参数,按照空间分布或地理坐标,以一定格式输入、存储、检索、显示和综合分析的应用与管理的技术系统。

　　土地资源是制定国民经济和社会发展规划的依据,是进行经济建设、发展农业的物质基础。信息系统为土地综合特性的研究,为合理开发、利用和管理各类土地提供了极为有利的条件。同时,还可以为法律咨询提供素材。因此,建立和应用这样的系统,已经和正在引起世界各国的重视。

一、系统的构成

　　本系统由包括计算机(IBM-PC 微机及其 320 KB 软盘驱动器)、图形与图像输入设备(MYPAD-A3 图数转换仪和输入键盘)、输出设备(EPSON FX-100 行式打印机、FWX4675 多笔绘图仪和彩色显示器),以及相应的处理与分析软件构成(图 1)。输入是指将各种土地资源的原始资料,通过编码,变为计算机可以读取的数字形式,然后按照一定的数据结构加以存储。处理包括数据的加工、土地质量的评价、土地的经济评价、土地生产布局方案的比较分析,以及土地数量的统计计算等。输出是指将各种定性分析、定量分析、从数据库检索和经由系统处理的结果,以便于用户使用的形式,制成各种报表,或者绘成各种专题地图,提供应用。信息系统的这些功能,由已经拥有的四十多个软件加以支持,为土地资源的调查、研究与应用,提供了便利和可靠的技术手段。

二、系统在土地质量评价中的应用

　　土地质量评价是土地资源调查的一项重要内容,需要考虑的因素很多(图 1)。在实际工作中,由于土地类型复杂,因此常规的评级方法常常有顾此失彼的现象,而且主观性较强。采用计算机自动评价，则可克服这些缺点，因而，已经引起许多地学工作者的注意。笔者以福建夏茂地区为例，进行了土地质量计算机自动评价的试验。

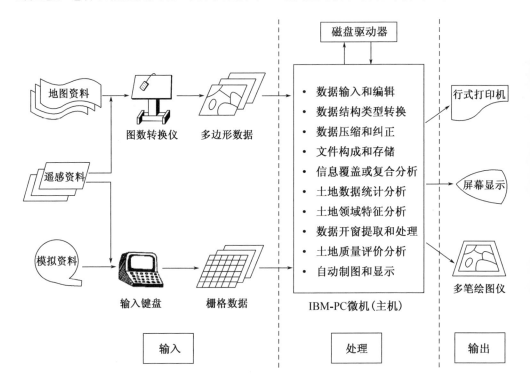

图 1 土地资源信息系统的构成

Fig. 1 Block diagram of land resource information system

1. 数据的获取和编码

试验地区使用的资料以土地调查资料为主，同时，充分利用了计算机处理的中间结果，局部使用了相片解译数据。数字编码的方法是采用规则的格网数据结构，即按 1：5 万地形图的公里网进行格网化，以公里网内部的栅格作为土地资源的最小记录单元，并按块存储，各个公里网之间按行存储。这种行块式的数据存储结构（图 2）既便于信息提取分析，又便于信息综合处理。每个记录单元 R_i 目前由 17 种编码数据（D_i）来描述其特征，即

$$R_i = \bigcup_{j=1}^{17} D_{ij} \, (i = 1,7\,200; j_{\max} = 50)$$

每个记录单元存储的数据项及其场宽如表 1 所示。

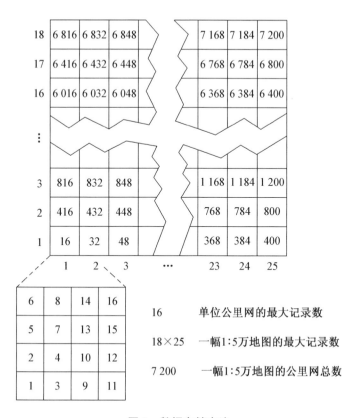

图 2　数据存储方法

Fig. 2　Scheme of data storage

2. 土地评级因素和标准的确定

土地评级因素依评价目的而异。在进行某一地区土地质量评价时,应选取那些对土地质量影响较大和在区域内变异较显著的因素,作为鉴定因素。试验地区的土地评价是为农、林、牧规划决策服务的,根据区域的特点,我们从存储的数据项中选取了八种鉴定因素,即年均温、土壤肥力、土层(或耕作层)厚度、产量或覆盖度、地面坡度、绝对高程、地表岩性和人口密度。然后,根据它们对土地自然生产力影响的性质,分为两组。一组为农业生产潜力因素(相当于适宜性因素),另一组为限制程度因素(相当于限制性因素)。表 2 和表 3 为根据不同等级土地对各个鉴定因素的要求而确定的划分标准。在表 2 和表 3 的基础上,再根据各个鉴定因素对土地质量影响的大小,以及为了适合于计算机的识别和处理,将各个标准代码化和指数化,并通过引入加权因子 W,则得表 4 和表 5。这是土地评级的定量依据。这种根据指数界限值来确定生产潜力和限制程度等级的方法,具有很大的灵活性。

表 1 栅格单元数据的记录
Table 1 Data record for each cell

序号	1	2	3	4	5	6	7	8	9	10	11	12	13	14	15	16	17	…
场宽/字节	4	5	4	2	6	6	3	3	3	3	3	3	3	3	3	3	3	…
数据项	记录码	公里网X坐标	公里网Y坐标	栅格号一~十六	绝对高程	相对高程	坡度	坡向	地形类型	年均温	土壤类型	土壤肥力	土层厚度	产量	岩性	人口密度	土地类型	…

表 2 生产潜力评定因素表
Table 2 Rating factors of productive potentiality

影响因素 / 生产潜力	年均温/℃	土壤肥力/积分		土层或耕作层厚度/厘米		产量/(公斤/亩)或覆盖度/%	
		山地	水田	山地	水田	山地	水田
Ⅰ	>18.8	>25	>75	>100	>15	>30	800~500
Ⅱ	18.8~17.5	25~20	75~65	100~50	15~10	30~20	500~400
Ⅲ	17.5~16.8	25~20	75~65	100~50	15~10	30~20	500~400
Ⅳ	<16.8	<20	<65	<50	<10	<20	400~250

表 3 限制程度评定因素表
Table 3 Rating factors of productive limitation

影响因素 / 限制程度	地面坡度/(°)	绝对高程/米	岩性	人口密度/(人/公里²)
Ⅰ	<3	<200	第四纪砂砾岩	>550
Ⅱ	3~15	200~400	变质岩	550~250
Ⅲ	16~25	401~800	变质岩	251~100
Ⅳ	>25	>800	花岗岩	<100

表4　生产潜力因素指数表

Table 4　Weights and scores for each factor of productive potentiality

影响因素 生产潜力	年均温 W=2	土壤肥力 W=1	土层厚度 W=1	产量 W=0.5	指数和	等级指数 界限值
Ⅰ	8	4	4	2	18	18.0~15.2
Ⅱ	6	2.5	2.5	1.3	12.3	15.2~11.3
Ⅲ	4	2.5	2.5	1.3	10.3	11.3~7.4
Ⅳ	2	1	1	0.5	4.5	<7.4

表5　限制程度因素指数表

Table 5　Weights and scores for each factor of productive limitation

影响因素 限制程度	地面坡度 W=2	绝对高程 W=1	地表岩性 W=1	人口密度 W=0.5	指数和	等级指数 界限值
Ⅰ	8	4	4	2	18	18.0~15.5
Ⅱ	6	3	2.5	1.5	13	15.5~11.3
Ⅲ	4	2	2.5	1	9.5	11.3~7.0
Ⅳ	2	1	1	0.5	4.5	<7.0

3. 土地类型自动分类的建立

土地类型是开展土地评级的基本空间单元。土地类型的划分,一般是根据相应比例尺的土地类型图转绘得到,或者通过野外调查工作来完成,耗费人力和时间很大,而且精度不统一。本系统提供了土地类型的自动分类,并获得了很好的效果,其过程如图3所示。表6为拟定的地形分类决策表。由表6可得到地形的自动分类(图4)。根据地形类型和土壤类型的组合而建立的土地类型分类系统(表7和图5),一共得到14种不同的土地类型,作为土地评级的基本空间单元。如果将得到的土地类型系统,再次与坡向(图6)做一次信息复合处理,可以产生更为详细的土地类型图,可以分出丘间沟谷地、红壤丘陵阳坡地、红壤丘陵阴坡地等。本次试验只产生土地坡向,没有进行此种复合。

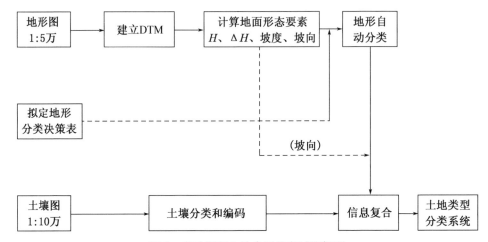

图 3 自动提取土地类型信息过程框图

Fig. 3 Automatic landtype information retrieval process

表 6 地形分类决策表

Table 6 Criteria for classifying landforms

分类方案　　　　　地形类型　地面形态要素	平地	岗丘	丘陵	低山	中山
绝对高度 H/米			<400	400～800	>800
相对高度 ΔH/米		<100	100～200	>200	>200
坡度 S/(°)	<3				

表 7 土地类型分类系统

Table 7 System of landtype categories

一、平地类		四、低山类	
	1. 山间盆地平洋田		9. 红壤低山地
	2. 河谷盆地平洋田		10. 暗红壤低山地
			11. 黄红壤低山地
			12. 黄壤低山地
二、岗丘类	3. 红壤低岗丘地	五、中山类	
	4. 暗红壤低岗丘地		
三、丘陵类			13. 黄红壤中山地
	5. 红壤丘陵地		14. 黄壤中山地
	6. 暗红壤丘陵地		
	7. 黄红壤丘陵地		
	8. 黄壤丘陵地		

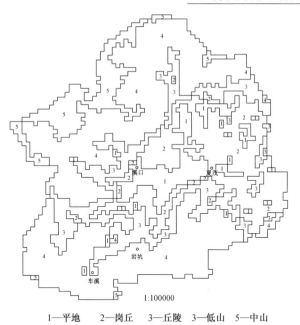

1:100000

1—平地 2—岗丘 3—丘陵 3—低山 5—中山

图4 地形类型图

Fig. 4 Example of landform output

1:100000

1—山间盆地平洋图　　2—河谷盆地平洋图　　3—红壤低岗丘地　　4—暗红壤低岗丘地
5—红壤丘陵地　　6—暗红壤丘陵地　　7—黄红壤丘陵地　　8—黄壤丘陵地
9—红壤低山地　　10—暗红壤低山地　　11—黄红壤低山地　　12—黄壤低山地
13—黄红壤中山地　　14—黄壤中山地

图5 土地类型图

Fig. 5 Example of landtype output

1—平缓坡(<5°) 2—阴坡　3—半阳坡　4—阳坡

图6　土地坡向图

Fig. 6　Map of land aspect patterns

4. 土地质量评价方法

　　土地质量自动评价,是土地资源信息系统应用的一个主要方面,并已建立了各种算法,例如线性组合(加权或不加权)、非线性组合、聚类分析、条件组合和因素组合等。根据地区资料特点和区域地理分析,我们采用了加权因素组合方法,产生土地生产潜力分级值 $E_j(j=1,\cdots,4)$ 和土地限制程度分级值 $C_j(j=1,\cdots,4)$。然后通过土地类型文件的各个栅格,利用以下公式,逐一计算各个评价单元的评价值 G,进行合理的分级。该方法的计算公式可写为:

$$G(L) = \begin{cases} \dfrac{1}{N}\displaystyle\sum_{i=1}^{N}(E_{ij}+C_{ij}) & (1) \\[4mm] \dfrac{1}{N}\displaystyle\sum_{i=1}^{N}(E_{ij}+C_{ij})+K & (2) \end{cases}$$

式中:E_j为生产潜力分级值,C_j为限制程度分级值,j为分级数($j=1,\cdots,4$),L为土地类型序号,N为土地类型L的栅格数,K为土地利用条件差别参数。

土地利用条件差别参数是指考虑到农业、林业、牧业用地不同,或者区域间条件的差异,使得对评价单元的质量有不同的影响和要求,因而引入适当的带符号的调整系数。本研究区域地处山区,土地利用的主要方式是农林结合。根据实验,当K取值为1时,可以反映本区土地按农林用地划分的等级系统。农林的界线一般以岗丘为界。岗丘以下,包括岗丘、平原和河谷两岸,为旱作与产粮带。岗丘以上的丘陵和坡度小于20°的低山,为经济林带。其他低山和中山为林木带。因此,当$L=1\sim4$时,使用公式(1);当$L=5\sim14$时,使用公式(2)。于是得到了各个土地类型单元的评价值$G(L)$。然后根据$G(L)$值,按等差分级方法进行土地等级的划分,其计算公式如下:

分级界限 $T_i=G_{\max}-iD$,$i=1,2,\cdots,N$。其中:级差 $D=(G_{\max}-G_{\min})/N$

式中:N为分级数,$G_{\max}$为土地的最大G值,$G_{\min}$为土地的最小G值。

当土地按4级制划分时,根据上述公式,得到各个等级土地的分级界限值如下:

一等地　　　>6.555

二等地　　　6.555~5.985

三等地　　　5.985~5.415

四等地　　　5.415~4.845

于是,得到土地等级的分级结果(表8)。

表8　土地的G值及其分级
Table 8　G values for classifying the land suitabilities

土地类型	G值	土地等级	面积/平方公里	占总面积百分数
1	7.126	1	14.375	7.05
2	6.167	2	1.500	0.74
3	6.601	1	39.750	19.49
4	6.500	2	0.500	0.25

（续表）

土地类型	G 值	土地等级	面积/平方公里	占总面积百分数
5	6.777	1	26.375	12.93
6	6.407	2	1.687	0.83
7	6.150	2	1.250	0.61
8	5.549	3	4.438	2.18
9	5.829	3	37.375	18.32
10	6.215	2	8.437	4.14
11	5.375	4	19.312	9.47
12	4.871	4	32.000	15.69
13	4.846	4	0.813	0.40
14	4.958	4	16.187	7.94

对评价结果与用地现状的分析表明，机助因素组合的评价方法，可基本反映土地质量的平均等级（表9）。

表9　土地评级结果与用地现状比较表
Table 9　Summary comparision of the land rating result and present land use

利用类型	土地等级	土地类型	用地现状和主要特点
宜农	1	1 3	坡度＜5°，以灰泥、黄泥田为主，壤质土，排水良好，是以稻或稻、油为主的三熟田，亩产量＞500千克，是主要产粮带。该类地占居河谷低丘区的大部分面积
	2	2 4	坡度＜8°，以冷浸田为主，排水条件差，以酸性岩暗红壤为主，亩产400千克，呈零星状分布的产粮区
宜林	1	5	坡度＜15°，以酸性岩红壤为主，土层厚（＞100厘米），占居丘陵地区的大部分面积，是本区主要的经济林带，杂有用材林地，覆盖度达80%以上
	2	6 7 10	坡度＞15°，地表有片蚀现象，为经济林与用材林地
	3	8 9	坡度＞25°，土层较薄，是以马尾松为主的用材林地
	4	11 12 13 14	低中山区，海拔600米以上，粗粒花岗岩为主，坡度较大，年均温较低（＜16℃），寒害严重，是阔叶与针阔混交的水源涵养林地，其间杂有宜林荒山

5. 制图输出

制图输出是将土地质量评价的结果,通过调用系统的绘图库程序,由绘图机自动输出土地质量评价图(图7)。这种地图,是因地制宜地合理利用土地的依据,它对于充分发挥土地的生产力具有指导作用。

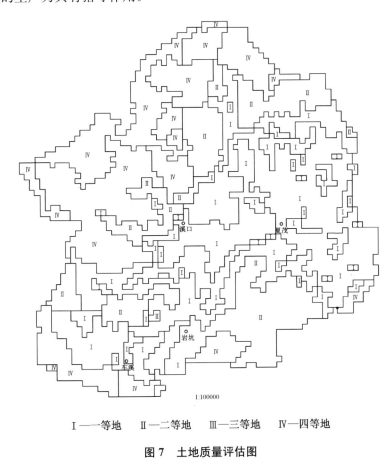

I ——等地　　II —二等地　　III —三等地　　IV —四等地

图 7　土地质量评估图

Fig. 7　Output of land suitability analysis

三、结语

土地资源的调查和分级,是一项综合性和技术性很强的工作。研究表明,在系统的支持下,利用计算机技术,对于充分利用现有的调查成果、加速土地环境的综合研究、土地类型自动分类的建立、保证土地分级和定位的精度、提高研究成果的标准化等方面,都有明显的优越性。但是，输入系统的资料和数据是极为重要的，它是系统整个运行进程的主题，是决定成果质量的关键，必须充分可靠。

参考文献

[1] Tomlinson R E. Computer handling of geographical data[M]. Paris：The UNESCO Press，1976.

[2] 宗延洲.等差指数法在禹县土地质量评价中的试用[C]//1981 年地理学与农业学术讨论会. 北京:科学出版社,1983.

[3] 黄杏元.土地资源图的机助制图方法[C]//1984 年全国第一届计算机地图制图学术讨论会. 北京:科学出版社,1984.

Land Resource Information System and Its Applications in Land Evaluation

Huang Xing-yuan   Lin Zeng-chun

Abstract：This paper describes briefly the components and functions of the land resource information system(LRIS)，and examines its applications in land evaluation by taking a typical experiment in Xiamao，Fujian province.

In this research，the authors give the factor combination method for rating the land types，and accomplish successfully the automatic information retrieval of the land types and landforms.

Finally，the land rating map of analyzing the land resources in the Xiamao area has been generated，which provides the basis for making different rational use of land at various levels of suitabilties according to local conditions.

栅格数据的组织与地学分析模式初探

黄杏元　　徐寿成

摘　要:本文研究作为地理信息系统一种常用数据类型的栅格数据,它适用的有关地学分析模式,以及为实现这些模式的快速运算,如何科学地建立和组织数据,以便提高数据处理的效率,最后以试验样图和分析结果说明模式的具体应用。

关键词:栅格数据;栅格分析模式;地理信息系统

一、实体特征与数据组织

栅格数据是空间数据的表达方法之一,任何以面状分布的对象(土地利用、土壤类型、地势起伏和环境污染等),都可以用栅格数据逼近,栅格数据的每个元素可以用行和列唯一标志,而行和列的数目则取决于栅格的分辨力(或大小)和实体的特征。一般地,实体特征愈复杂,栅格尺寸愈小,分辨力愈高。则栅格数据量愈大(按分辨力的平方指数率增加),计算机处理成本也愈高。因此,一个实用的数据处理系统,必须使组织的栅格数据符合以下基本要求:

(1) 有效地逼近分析对象的分布特征;

(2) 最大限度地压缩存储的数据量;

(3) 以数据串作为数据提取和分析的逻辑单元。

有效地逼近分析对象的分布特征,是指以保证最小图斑的精度标准来获取分析对象的空间数据。凡是用栅格来逼近空间实体,不论采用的栅格多细,与原实体比较,信息都有丢失,这是由于复杂的实体采用统一的格网所造成的,但是可以用保证最小多边形的精度标准来确定栅格尺寸,使建立的栅格数据既有效地逼近实体不规则的轮廓特征,又能减少数据的冗余度。如图 1 所示,设研究区域最小图斑的面积为 A,当栅格边长为 H 时,该图斑可能丢失;当边长为 $H/2$ 时,该图斑可以得到最好的逼近。所以,合理的栅格尺寸为:

$$H = \frac{1}{2}\left(\min\{A_i\}^{\frac{1}{2}}\right)$$

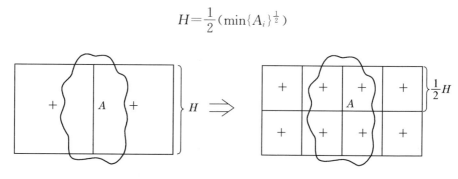

图 1　栅格边长(H)的确定
Fig. 1　Determination of reasonable raster size(H)

按照这个标准建立的栅格数据,其逼近图形的效果(图 2)与原来的图形(图 3)比较,具有很好的相似性。

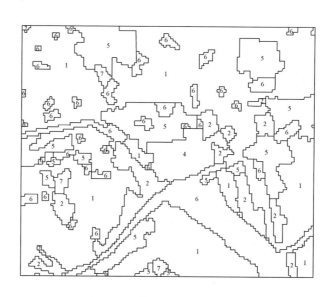

1—水田　2—旱地　3—园地　4—荒地
5—居民地　6—湖塘　7—晒场
图 2　栅格数据逼近的土地利用图
Fig. 2　Approximating land-use map with raster format representation

通过有效地逼近分析对象的图形特征的标准来确定栅格尺寸,这是建立栅格数据的首要条件。考虑到存储空间,还要顾及数据量的压缩,最大限度地压缩存储的数据量,是以不破坏实体的信息内容为前提的,这可以通过以下两种方法来解决。

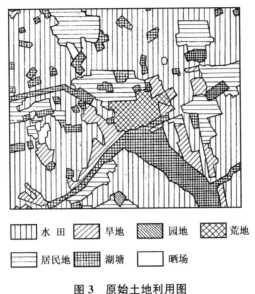

图 3 原始土地利用图

Fig. 3 Original graphic data of land-use

（1）几何法。在很多情况下,研究区的形状是不规则的(图 4),如果对这种不规则的区域仍用单个矩形表示,则建立的栅格数据有很多元素属于空白,造成存储空间的很大浪费。因此,需要根据研究区域的实际形状,将它分割为若干个矩形区,数字化时,对所分割的各个矩形区,分别量化它们对角点的坐标(图 5),并计算其对应的行列值 i_1、j_1 和 i_2、j_2 等,记于表内(表 1),存储时,逐区按照记录顺序进行,每区的记录数:

$$RN_k = (i_{2 \cdot k} - i_{2 \cdot k-1})(j_2 - j_{2 \cdot k-1})$$

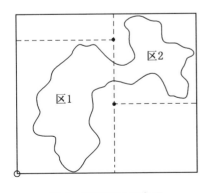

图 4 区域划分示意图

Fig. 4 Principle of hash coding

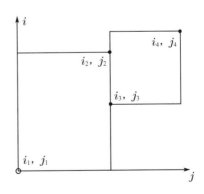

图 5 分区及标志方法

Fig. 5 Adjacent zones and their labels

式中 k 为区号。提取时，首先确定包含当前格网单元的矩形区号，根据格网单元在该区局部的坐标 i'、j' 值，计算其存储地址：

$$ADD=(i'-1)*(j_{2\cdot k}-j_{2\cdot k-1}+j')$$

便可提取出该格网单元的属性值，同时，恢复其统一坐标 i、j 值，以实现格网的拼接。

表1　分区坐标记录格式

Table1　Record format of each rectangular zone

区域	角点号	统一坐标		局部坐标	
		i	j	i'	j'
1	1				
	2				
2	3				
	4				
n	$2n-1$				
	$2n$				

（2）编码法。栅格数据的标准组织格式一般为矩阵文件，设该矩阵的元素为 R（行）$\times C$（列）个，根据矩阵内相邻元素属性值变化的频率 Q，可以计算出该数字矩阵的冗余信息 R_e，即：

$$R_e=1-\frac{Q}{R\cdot C}$$

显然，R_e 愈大，表示该栅格数据的压缩潜力愈大。顾及栅格数据的处理和运算的效率，采用游程编码法（RLE）压缩栅格数据比较理想，该方法的数据结构可以描述为：

$$RLE=(A_i,P_i),i=1,2,\cdots,n$$

式中：(A,P) 代表一个游程，一个游程表示属性值（A）连续相同的若干个象元积（P）；n 为一个矩阵行的游程个数。根据试验，游程编码和直接编码相比，前者可压缩数据量达八倍以上，最大可达数百倍，主要取决于 R_e 值的大小。

栅格数据的压缩，关系到存储空间的运算速度，但是要有效地提高栅格数据处理和分析的效率，关键是使数据提取和分析的逻辑单位由单个栅格单元变为数据串，而游程编码的数据结构提供了这种可能性。设 $(A_i,P_i),i=1,\cdots,n$。如 P_i 表示第 i 个游程的最右面的一个栅格的列号,则可确定每段游程的场宽(P_i-P_{i-1})和地址 $P_{(i-1)+1}-P_i$,对应于该地址的 P_i-P_{i-1} 个同质属性即为一个数据串。显然,以该数据串作为提取和分析的逻辑实体,与以单个栅格单元作为提取和分析的逻辑实体相比较,具有明显的优越性。而且,对于两组以上兼容的游程编码数据,也可以建立直接提供分析应用的合成数据串。设两个兼容的游程编码数据分别为$U=(A_i,P_i)$,$i=1,\cdots,m$ 和 $V=(A_j,P_j)$,$j=1,\cdots,n$,则建立合成数据串的算法过程如图 6 所示。

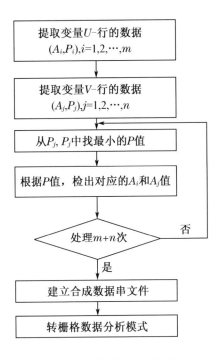

图 6　合成数据串生成过程

Fig. 6　Process of generating a combined raster format data

二、空间数据类型的转换算法

地理信息系统中使用的栅格数据,除了遥感图像数据是栅格型的以外,大部分栅格数据是根据矢量型数据转换生成的。一般地,数据采集和存储采用矢量方式,有利于保证实体潜在信息的负载,而分析应用采用栅格方式,有利于提高数据运算的效率。因此,矢量与栅格数据类型之间的相互转换,是地理信息系统数据处理的基本功能之一。

本文开发了这些转换的有效算法,表示如下。

1. 矢量向栅格的转换

输入:多边形索引文件 $INDEX(i)$,$i=1,\cdots,N$

输出:栅格矩阵或游程编码数据文件

算法:选定栅格边长 H,键入栅格化窗口

for i=1 to N do

读入多边形索引

判断该多边形是否落进栅格化窗口

如果落进窗口,读入线段链数据

求扫描线与线段链的交点和奇点处理

对所有交点排序,构成坐标对

按坐标对计算行(y/H)和列(x/H)

将行列之间的元素填以相应的属性进行从栅格矩阵到游程编码的映射

end if

end do

该算法的关键,一是栅格边长 H 的选定,它关系到实体空间特征逼近的效果和数据的精确度,其选定方法在本文第一部分已做了讨论;二是开窗栅格化方法的确定,它关系到从矢量向栅格转换时,大量的数据与有限的存储区之间矛盾的解决,这种通过任意开窗的方法,将栅格数据体划分为数据段,然后根据需要,或将窗口的栅格数据加入本文第三部分的分析模式,或拼接为统一的栅格数据体,与图像数据相匹配,并加入数据库,为系统数据的操作和应用提供了很大的方便。

2. 栅格向矢量的转换

输入:栅格数据 $I\times y(i,j)$,$i=1,\cdots,n$;$j=1,\cdots,m$

输出:矢量形式的制图结果

算法:for j=1 to m do

if(i=1)then

k1(j)=I×y(i,j)

end if

```
end do

for i=1 to n do

for j=1 to m*2 do

B(i,j)=0

end do

end do

for j=1 to m-1 do

if(k1(j) ≠ k1(j+1),then

B(1,j*2)=1

end if

end do

for i=2 to n do

for j=1 to m do

K2(j)=I×y(i,j)

end do

for j=1 to m-1 do

if(k2(j) ≠ k2(j+1))then

B(i,j*2)=1

end if

if(k1(j) ≠ k2(j))then

B(i,j*2-1)=1

end if

k1(j)=k2(j)

end do

if(k1(m) ≠ k2(m))then

B(i,m*2-1)=1

end if

k1(m)=k2(m)
```

```
end do
```

键入栅格单元的边长 H

```
for i＝1 to n do

for j＝1 to m * 2－1 do
```

对 $B(i,j)$ 判别其值是否为 1

如果为 1，按绝对坐标抬笔至 $(j/2 * H,(i-1) * H)$ 处

调四方向追踪子程序，按相对坐标绘出全部线段

将处理过的 $B(i,j)$ 置零

```
end if

end do

end do
```

栅格向矢量的转换，其目的主要是为了分析结果在矢量绘图装置上的输出，一般不存储这种再生的矢量数据，而作为永久性文件保存的是原始的矢量数据文件，包括节点坐标文件、弧段文件、多边形文件及多边形的内部点文件。因此，本算法建立的 B 矩阵，它由 0 和 1 组成，称为绘图矩阵，它既可与多边形内部点文件和栅格数据矩阵或游程编码数据文件结合使用，为制图输出提供方便，又能直接根据 B 矩阵计算出 Q 值，为栅格数据的压缩处理提供重要参数。

三、栅格数据的分析模式

以栅格方式存储的数据，不仅能用于编制各类地图，而且能用于进行多种地学分析，它和矢量数据相比，具有容易实现空间地区的并和分，容易进行算术运算和布尔逻辑操作，便于建立与影像处理系统之间的连接等特点。因此，栅格数据有关的地学分析模式在地理信息系统中得到了广泛的应用。以下是笔者近年来应用栅格数据进行有关分析所使用的一些模式。

1. 空间聚类

空间聚类是指根据预先设立的聚类条件，从栅格数据中将所有符合标准的区域输出在图上，不符合条件的区域为空白，按照关系运算表达式，可将空间聚类写为：

$$C_e(U) = ((A, P) \in U \mid (A, P) \infty E)$$

式中:$U = (A_i, P_i)$, $i = 1, \cdots, m$;E 为聚类条件,它根据需要设定,本例(图 7)E 的设定表达式为:

$$E = (属性 = '湖塘' \wedge 面积 \geqslant 500\ \mathrm{m}^2 \wedge 湖岸邻接居民地)$$

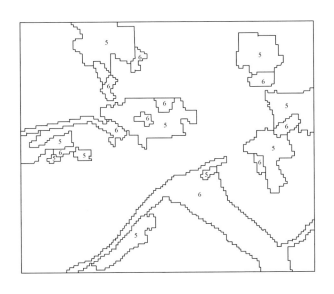

图 7   空间聚类分析输出

Fig. 7   Output of spatial clustering analysis

2. 空间聚合

空间聚合指根据空间分辨力和分类表,进行数据类别的合并或转换,以实现空间地域的并。因此,空间聚合的结果是将较复杂的类别转换为较简单的类别,并且常以较小比例尺的图形输出,当从地点、地区、到大区域转换时,常要使用这种分析方法。图 8 是将研究区的六种土地利用类型聚合为水面和陆地两种类型,以提供水陆面积的比较研究和进行水面综合利用的规划。

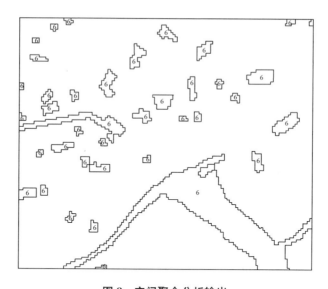

图 8   空间聚合分析输出
Fig. 8   Output of spatial aggregation analysis

3. 类型迭置

它是将两组或两组以上的游程编码数据,通过求它们的"交"集,以建立新的数据文件。实际上,通过求两组数据的合成数据串的过程就是类型迭置的过程,例如,已知 U(表 2)和 V(表 3),则 $U\cap V$ 的结果如表 4 所示。类型迭置是土地适宜性分析的基本手段。

<table>
<tr><td colspan="2">表 2   变量 U 的编码数据
Table 2   A row of compact raster data of variable U</td><td colspan="2">表 3   变量 V 的编码数据
Table 3   A row of compact raster data of variable V</td></tr>
<tr><td>A_i</td><td>P_j</td><td>A_i</td><td>P_j</td></tr>
<tr><td>1</td><td>21</td><td>1</td><td>22</td></tr>
<tr><td>2</td><td>52</td><td>6</td><td>48</td></tr>
<tr><td>3</td><td>61</td><td>5</td><td>61</td></tr>
<tr><td>2</td><td>68</td><td>1</td><td>67</td></tr>
<tr><td>3</td><td>86</td><td>4</td><td>86</td></tr>
<tr><td>1</td><td>120</td><td>2</td><td>120</td></tr>
</table>

表 4 类型选置的合成数据
Table 4 Combined raster data with U and V

P	A_U	A_V
21	1	1
22	2	1
48	2	6
52	2	5
61	3	5
67	2	1
68	2	4
86	3	4
120	1	2

4. 加权分级

加权分级指按照变量对目标分析重要性的不同,分别对变量赋以不同的权(W),然后对各组数据以数据串为处理单位,求对应栅格的属性值之和,即:

$$\text{SUM} = [A_U \cdot W_U] + [A_V \cdot W_V] + \cdots$$

最后根据确定的分级间隔,对 SUM 进行分级。分级的结果表示对分析目标影响的大小(如作物产量)或优劣程度(如土壤侵蚀),作为决策的依据。

5. 动态分析

如果两组数据分别代表同一种要素在不同时期的属性值,则通过建立的合成数据串,它们之差就是该要素在这段时间间隔内的变化。例如土地利用动态监测,常需要使用这种分析方法。

6. 几何提取

通过随机建立的几何图形(圆、矩形或带状区),提取该图形范围内的某种信息。例如,以不同半径的圆作为搜索区,通过建立圆左右边界之间的数据串,与专门内容的属性值做比较,可以快速实现圆范围内信息的提取(图 9)。

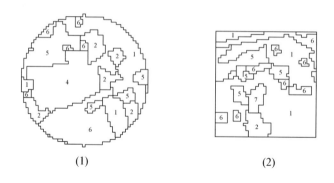

(1)   (2)

图 9   几何(开窗)提取分析输出
Fig. 9   Spatial retrieval of raster data

7. 数量统计

如果一组数据表示自然或行政区域的界线,另一组数据表示专门内容,则通过建立的合成数据串,可以很快地做出各区专门内容的数量统计(含区号、类型和面积)。例如,设图 9 的几何图形为区域界线,则各区(1)和(2)的数量统计如表 5 所示。这种数量统计是通过栅格迭置的方法来实现的。在进行土地资源分析时,常要求系统具有这种功能。

8. 地形分析

栅格数据可用来表示数字地形模型,通过数字地形模型可以提取各种地形因子,例如坡度、坡向(图 10),制作地形或综合剖面图(图 11),自动划分地表形态类型,估计土方、库容和淹没损失等,这种分析在地学研究、工程设计和辅助决策中,有着重要的意义。特别是通过这种分析,又可以为系统提供新的栅格数据,重新加入新的分析循环,以进一步强化系统的分析功能。

表 5   数量统计分析输出
Table 5   Grid cell overlay for area calculation

村号	类型	面积/m²	村号	类型	面积/m²
	1	484		1	1 011
	2	246		2	82
(1)	4	510	(2)	5	219
	5	312		6	233
	6	453		7	55

| 平缓坡 | 阳坡 | 半阳坡 | 阴坡 |

图 10　坡向分析输出

Fig. 10　Aspect analysis

高程(m)

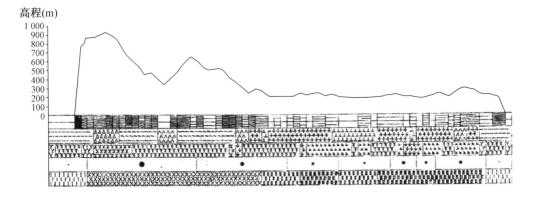

图 11　综合剖面图分析输出

Fig. 11　Integraled geographic profile with raster data

参考文献

［1］ Miller S W. A compact raster format for handling spatial data［C］// Proceedings of ACSM. ACSM，1980.

［2］ Marble D F，Calkins H W，Peuquet D J. Basic readings in geographic information Systems［M］. SPAD Systems,Ltd. ,1984.

［3］ 黄杏元,徐寿成. 自动绘制剖面图的方法［J］. 南京大学学报（地理学专辑）,1988,24:127－136.

A Preliminary Approach to the Data Structure and Geographic Analysis Model for Raster Format

Huang Xing-yuan   Xu Shou-cheng

Abstract：In this paper special research considerations are given to raster data that have been most frequenly used in geographic information system. These considerations include how the data conversion and organization are based on the technique of efficient operation and reduced storage requirement，and which analysis models can be adopted in the application of regional geographic analysis. Finally，the applications and results of raster analysis model are illustrated by using some samples to demonstrate the potential value of raster data in the integrated and quantitative analysis in geosciences.

Key words：raster data；raster analysis model；GIS

基于 GIS 的流域洪涝数字模拟和
灾情损失评估的研究

陈丙咸　杨　戈　黄杏元

张　力　赵　荣　裴志远

摘　要: 非工程防洪措施是减缓洪涝灾害损失的有效方法之一。地理信息系统和遥感技术使多学科综合性的非工程防洪措施成为现实。本文从流域数据库设计、洪水预警数字模拟、河道洪水演进数字模拟、洪泛区洪水演进数字模拟、灾民疏散模型和洪水灾情损失评估 6 个方面,系统阐述了地理信息系统在流域洪涝数字模拟和灾情损失评估上的应用,为今后开展同类工作提供了参考。

关键词: 地理信息系统;流域洪涝灾害;数字模型;灾情损失评估;曹娥江流域

　　洪水灾害是当今世界上主要的自然灾害,防治洪水灾害是世界各国普遍关注的问题。在过去相当长的时间内,世界各国的防洪战略主要是依靠水利工程控制洪水,降低洪灾损失,但随着社会经济的发展,人类不断扩大对自然资源的开发利用范围,洪水出现频数及其所造成的损失也不断地增加,人们逐渐认识到,仅仅采用水利工程措施不能完全抵御洪水,尤其是发生特大洪水时,借助水利工程来保障灾区的安全并不那么容易。20 世纪 70 年代,美国首先提出采用非工程措施(Non-structual measures)的概念,即通过洪水预报、防洪调度、分洪、滞洪、立法、洪水保险、洪水区管理以及造林、水土保持等非工程措施来减缓洪涝灾害,改变损失分摊方法,加强防洪管理,顺应洪水的天然特性,因势利导,以达到防洪减灾的目的。

　　越来越多的研究表明,单一学科、传统的设备和手段,已难以适应和胜任防洪研究和防洪本身的需要。近年来,随着计算机技术的发展,人们已大量地应用遥感(RS)和地理信息系统(GIS)等现代科学技术,从而使多学科综合研究非工程防洪措施成为现实。

　　我国自 20 世纪 80 年代以来,开展了洪水预报调度、洪水损失评估一系列研究,建立了防洪信息系统,相继在永定河、黄河下游、长江荆江—洞庭湖地区、江淮流域得到应用。本文选择在我国东南沿海具有一定代表性的浙江省曹娥江流域为研究区,把 GIS技术与水文学相结合,进行流域的洪水灾害的动态监测模拟和淹没损失评估非工程防洪研究。

一、研究区背景

曹娥江流域位于浙江省钱塘江南岸,东以四明山与甬江相隔,东南以天台山与始丰溪相连,西和西南以会稽山与富春江、浦阳江、东阳江相分开,地理坐标为 120°7′00″E～121°13′38″E,29°07′07″N～30°16′17″N,东西宽约 75.4 km,南北长 127 km。干流澄潭江发源于磐安县尖公岭,由此向南流经新昌、嵊县、上虞等县于绍兴县三江口入杭州湾,全长 193 km。曹娥镇以下为肖绍平原及海塘,曹娥镇以上的流域面积为 4 623 km²,除沿江两岸和嵊县盆地外,均为山地丘陵区,其中山地丘陵区占 83%,平原占 17%。上游支流有长乐江、新昌江和黄泽江,它们从西、南、东三面呈扇形汇集于嵊县盆地,在嵊县城关附近汇入干流澄潭江,使流域面积由 847 km² 骤增至 2 939 km²。各支流源短流急,每逢台风、暴雨,山区易产生山洪,河水暴涨,洪水迅速汇入嵊县盆地,而盆地出口受清风峡谷约束,使盆地中洪水下泄缓慢,导致嵊县城关常遭洪涝灾害,峡谷以下至章镇河而转为开阔,但下游入海口受潮水顶托,于章镇附近形成洪水停滞区,易发生洪涝灾害。

40 多年来,曹娥江流域建成大、中型水库 8 座,控制面积为 685.2 km² 小型水库 39 座,集水面积 46.7 km²,其他小型水库和山塘 10 000 多处。上述水利工程总控制集水面积占流域总面积的 48%,对防止全流域的洪涝灾害发挥了重要作用。近年来,由于社会经济迅速发展,工农业生产规模不断扩大,而人们的防洪意识薄弱,在河流的漫滩地上建设乡镇企业。此外,近几年水利投资锐减,使有些工程无法上马,导致洪涝灾害损失不断增加,如 1988—1990 年 3 次洪水给嵊县造成人民币 5.62 亿元的直接经济损失。上述情况表明,在水利工程措施的基础上,进行非工程措施的研究是十分必要的,两种措施结合,可以加强防洪管理,提高洪水预报的预见期,因势利导,以达到防洪减灾的目的。

二、非工程防洪研究的主要内容

把 GIS 技术应用于流域的非工程防洪研究,其目的是:(1) 提供与洪灾及其灾害评估有关的历史、自然环境和社会经济现状的背景数据;(2) 对区域洪灾的可能性、空间分布、危险程度等进行综合的分析、评价、模拟分析和趋势预测研究;(3) 辅助防灾减灾决策分析,提供灾害快速评估与计算机辅助决策的一种技术方法。

1. 流域数据库设计

设计流域数据库时考虑到几个因素:(1) 数据的来源、表达形式和精度;(2) 专题要素的类型、性质和应用目标;(3) 合适的编码方案和一定的空间逻辑结构。共组织了 11 个专题的数据库(图 1)。

地理问题总是具有区域性,扇形水系汇流和平原地形是曹娥江流域的两大重要特征。在设计数据库时,我们充分考虑了这一点,采取两个措施:一是建立结构化河网数据,用有向图邻接表存储河网数据,可以很方便地提取任何一实测断面的所有直接上下游实测断面信息;二是用分层分段叠置的方法建立流域 DEM,充分反映平坦地区的微地形特性及堤坝水工建筑等。

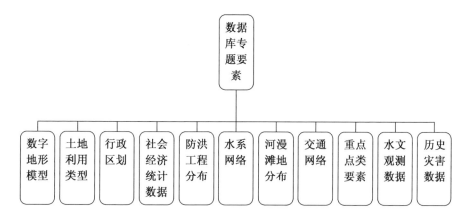

图 1 流域数据库的专题要素

Fig. 1 Thematic components of river basin database

2. 洪水预警数字模拟

我们选择嵊县盆地为研究区。根据该区域降雨特征和径流特征,选用新安江三水源模型,进行产流汇流分析计算,该模型是一确定性概念模型,可以是集合模型,同时也可以是分布模型。模拟的结果是令人满意的。嵊县站的分析结果是采用分块合成模拟而得到的,它比不分块集中模拟成果精度提高较多,故在嵊县洪水位预报后,即根据嵊县的预报水位推算灾区淹没水位,如嵊县三角地工业区的地面高程较嵊县水文站基面高出 1.2 m,东桥地面较嵊县水文站基面高 0.7 m,在嵊县预报的洪峰水位上加上相应高程即为洪水淹没高程,进而可决定防灾对策和采取各种非工程措施。

3. 河道洪水演进数字模拟

河道洪水演进数字模拟包括河道断面流量模拟和河道断面水位模拟。首先运用降水径流预报方法求出河道上游水文站的洪水水位和流量,再采用马斯京根不等分河段连续演算法计算出河道上各断面流量。依据各实测断面的过水面积与水位的关系函数以及流量与过水面积关系式,可动态演示洪水在河道中的演进情形,并参照两岸堤坝的实际高程与洪水水位的差值,判断满溢和可能破堤的地点。

利用 1989、1990、1991 年 3 年的洪水资料进行模拟,其结果与实际调查情况相符。

4. 洪泛区洪水演进数字模拟

洪泛区洪水模拟属于二维水力学问题,我们采用刘树坤等人提出的数字模型,选择一个四周封闭的堤垸作为模拟研究的试验对象。历史上本试验区有多次堤坝决口记录。模拟中选择两个入口,1 号入口位于黄泽江新明堤前化桥附近,该口曾经在 1988 年被冲毁和 1990 年为分洪而人工炸毁,2 号入口是模拟新昌江中爱堤的入口,对两个入口洪水组合,共进行 4 种方案模拟。

(1) 入流条件

① 只有 1 号口入流。为 5 年一遇的洪水,入口流量为 1 030 m^3/s,入口水深为 3.5 m,该处在 1988 年洪水时曾决口 60 m,所以口门宽设 60 m,入流过程为 30 min,分洪水量为 185.4×10⁴ m^3。

② 只有 1 号口入流。入口流量为 2 030 m^3/s,相当于 1988 年 7 月 30 日的洪峰流量,入口水深 4 m,口门宽 60 m,入流过程为 30 min,分洪水量为 365.4×10⁴ m^3。

③ 只有 2 号口入流。入口流量为 483 m^3/s,相当于新昌江 5 年一遇的洪水,入口

水深为 3.5 m,口门宽 40 m,入流过程为 30 min,分洪水量为 86.94×10^4 m³。

④ 方案 1 和方案 3 组合同时入流。

(2) 洪泛区洪水演进特性

试验区由于面积较小,一旦决口,洪水在泛区内推进速度很快,使地面高程 18 m 以下的区域在 1 h 内几乎全被淹没,所以各方案的模拟时间都定为 1 h。

① 方案 1 的洪水演进特性

从零时起,1 号入口开始入流,水流由北向南,并向东西方向流动,洪水到达黄塘村,555 s 时到达下中西村,900 s 时西北角已全部被淹,此时洪水由于受地形阻挡,洪水推进速度减慢,造成地势低洼处的洪水壅积,1 800 s 入口停止入流,洪水继续向前推进,1 830 s 到达莲塘村,2 030 s 到达全化村,2 290 s 到达沿宅村,之后洪水逐渐趋于稳定,地势较高的地方开始陆续退水,向低洼处汇集。在整个洪水演进过程中,洪水淹没水深在 1~3 m 之间,水深的分布为北高南低。模拟结束时受淹面积约有 4.15 km²,其中水深在 1 m 以上的有 1.28 km²,共有 6 个村进水。

② 方案 2 的洪水演进特性

洪水演进路线基本和方案 1 相同,但由于分洪水量多了 180×10^4 m³,使得洪水演进过程中洪水传播的速度加快,淹没水深增大,模拟结束时受淹面积约有 6.13 km²,共有 8 个村进水。

③ 方案 3 的洪水演进特性

从零时起,2 号入口开始入流,水流由南向北,并向东西方向流动。洪水演进的路线与方案 1 相逆。由于试验区地势呈北高南低,且入口口门宽度减小,使得洪水推进速度加快,从而造成了分洪流量比方案 1 小而洪水淹没的范围反而增大的现象,这也说明中爱堤决口所造成的危害要比新明堤大。模拟结束时受淹面积约有 5.20 km²,其中水深在 1 m 以上的有 1.31 km²,共有 7 个村进水。

④ 方案 4 的洪水演进特性

由于分洪流量大大增加,故受淹面积扩大。模拟结束时受淹面积约有 6.44 km²,其中水深在 1 m 以上的有 2.02 km²,共有 9 个村进水。

5. 灾民疏散模型

有组织的灾民疏散往往是一个通过一定交通方式沿着交通网络流的过程,其核心是待疏散居民点与目标居民疏散点之间最佳行进路线的选择,这实际上是一个网络分析过程,其流程如图2所示。

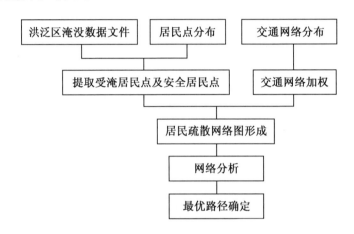

图2 灾民疏散最优路线确定流程图

Fig. 2 Work flow for determining the optimum lines of flooding victims dispersion

6. 洪水灾情损失评估

洪水灾情评估涉及众多的影响因子,这些因子包括区域环境背景因子(如地形、坡度、土地利用)、洪水特征(如流量、水位、洪水重现期)和社会经济因子(如人口、农业、工业)等,其中土地利用类型的分布,洪水淹没水深、历时与范围,以及洪水预报与防御措施等,应作为估算灾害损失的重要因子。

根据本项研究确定的技术路线,采用 GIS 方法,通过调查和生成上述各项影响因子,估算一定水位条件下的洪灾损失。

洪灾损失估算具体流程如图3所示。水稻受淹损失估算输出结果包括受灾面积、成灾面积、绝收面积和水稻损失率及其面积,形成报表,并显示和打印输出,工业损失评估输出数据包括企业名称、停产与半停产损失,以及资产损失等。居民地和设施损失估算结果可在屏幕上显示,或以报表、文本报告形式输出。

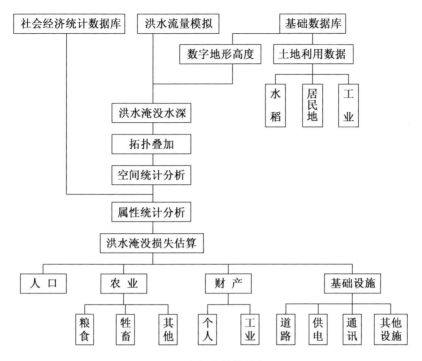

图3 洪灾损失估算流程图

Fig. 3 Diagram of evaluating damage caused by flood disaster

三、结论

（1）本文讨论了运用 GIS 技术进行流域非工程防洪研究的方法和思想，为同类工作的开展提供了基本框架；

（2）这里所建立的模拟系统属于实验型，虽然它可以推广应用，但要建立运行型系统，需要解决硬件配置、数据库更新支持问题。

参考文献

[1] 朱元牲.防洪减灾的研究动态[J].河海科技进展,1992,12(1).

[2] 赵人俊.流域水文模拟[M].北京:水力电力出版社,1984.

[3] 刘树坤.小清河分洪区洪水演进数字模拟[J].水科学进展,1991,3(1).

Study on Digital Simulating Flood-Waterlog and Evaluating Damage Based on GIS

Chen Bing-xian   Yang Wu   Huang Xing-yuan

Zhang Li   Zhao Rong   Pei Zhi-yuan

Abstract: Geographic information system (GIS) and remote sensing make it practicable for nonstructural measures, multidisciplinary, which is one of the effective methods for reducing damage caused by flood and waterlog disaster. The authors make a systematic exposition of application of GIS in digital simulating flood-waterlog harzard and evaluating the loss within river basin from designing of basin database, numeral simulating flood harzard forecasting and flood routing in river course and floodplain, modeling victims dispersion, etc. It provides a basic framework for developing similar research in the future.

Key words: GIS; basin flood-waterlog harzard; digital models; evaluating damage caused by flood-waterlog; Cao-e river basin

小流域管理与规划信息系统研制

沈　婕　黄杏元　钱国华

摘　要:以江苏省溧阳市同官片流域为例,通过建立小流域管理与规划信息系统,探求流域治理新模式,以促进流域经济的良性发展。简要介绍了基于小流域的系统设计和建立方法,系统的功能及其应用实例。

关键词:小流域;管理规划;地理信息系统

一、引言

小流域管理的目的是综合考虑自然、社会经济和环境等因子,通过保护、改良、利用和开发流域内的自然资源,改善人类的生活环境和生产环境,使流域生态经济系统持续稳定发展。由于小流域是一个相对独立的集水区域,内部因子之间的联系非常密切,如何有效地保持水土、保护环境和合理规划利用内部的土地资源,已成为区域经济发展的关注焦点之一。根据调查,国外对小流域的管理与规划已广泛引入高科技手段。例如在美国圣地亚哥地区的农业开发带,选择一小流域,采用资源、经济与生态相结合的系统研究方法,以及计算机管理手段和地理信息系统(GIS)技术,实现对综合开发项目及复杂、渐变的治理过程进行追踪和控制,取得显著的经济效益和社会效益。

本项研究以江苏省溧阳市同官片小流域为例,通过建立小流域管理与规划信息系统,探求流域治理新模式,发展小流域经济,加快山区现代化。

二、信息系统设计和建立方法

小流域管理与规划信息系统是一专业性的地理信息系统,它以地理信息系统和数据库技术为基础,实现流域范围内空间信息的管理、查询、分析和规划应用。设计和建立这样的运行系统,通常必须经过用户需求调研、系统总体方案设计、数据库设计、功能设计和用户界面设计等阶段。其中主要要确定系统目标和任务,进行系统数据库的组织结构以及系统功能和应用模型的设计等。

1. 系统目标和任务的确定

已开发的流域是由自然生态系统和社会经济系统复合而成的生态经济系统,其基本组成要素包括人口、资源、环境、经济、物质、资金、技术等。在流域系统中,各个要素之间相互作用,互相耦合,结成一个功能耦合网。小流域管理和规划信息系统的设计目标,就是根据 GIS 的原理和方法对这个功能耦合网进行仿真设计,并根据区域经济发展的需求,适时地对这个复合系统进行有效地调节和优化组合。

(1) 流域水土流失研究

水土流失是山区流域生态环境日益恶化的主要原因,也是引起土地资源数量和质量下降的根源。进行水土流失的研究,其目的是在对流域侵蚀现状定量分析的基础上,进行土地合理利用规划,并提出水土保持决策和措施。

(2) 土地适宜性研究

应用关联度分析法,选取地貌类型、母质岩性指数、有效土层厚度、肥力等级、水文特征、降雨和径流潜力、坡度和坡向等因素,建立土地适宜性评价模型,进行土地利用选址分析和分区,为流域规划提供依据。

(3) 土地生产潜力预测

应用农业生态区域法和线性规划技术,结合土地适宜性研究结果,确定流域开发项目以及开发项目的最优组合结构,预测作物的最大理论单产和平均理论单产,为作物布局最优化提供依据。

(4) 小流域土地规划

在对土地资源详细调查的基础上划分土地类型,并根据当地社会经济条件、有关方针政策,确定流域内每个地块的土地合理利用方向,小流域内农、林、牧、副等生产事业用地比例和具体位置,以及各类水土保持措施的实施地点和时间安排。

(5) 建立综合治理效益分析评价体系

小流域综合治理是一个综合性很强的系统工程,其效益充分表现在生态、经济和社会各个方面,所以研究小流域优化综合治理效益,要以保持水土资源为基础、生态效益为前提、经济效益为中心、生态平衡为目的,建立效益分析评价体系。

2. 系统数据库的组织结构

系统目标和任务的确定,为系统数据源和数据库组织结构的确定提供了主要依据。系统数据源包括各类属性数据和空间数据,为了便于实现数据库之间以及属性数据和空间数据之间的相互访问、查询、连接与交换,在属性数据库和空间数据库之间必须设定 ID 码或自定义的指针表。数据库的组织结构是指根据系统目标和任务的要求,将收集的各类数据分别建立不同的文件,并确定这些文件之间的联系(图 1)。

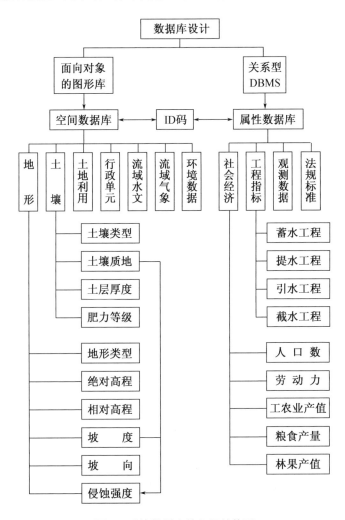

图 1 系统数据库的组织结构图

Fig. 1 Illustration of system database

数据库的设计和建立是小流域管理和规划信息系统的基础工作,建立过程如下:
(1) 对流域 1∶10 000 地形图、1∶10 000 土地利用现状图和 1∶10 000 土壤图进行扫
描;(2) 使用 Intergraph 公司 MGE 软件,人机交互进行矢量化,给每个特征赋予相应属
性值并检查;(3) 在 ARC/INFO 系统支持下构造三角网,并统一按边长 10 m 进行栅格
化,分别建立流域的地形、土地利用现状图和土壤要素数据库等。同官片小流域属性数
据库为综合状况数据库,包括年份、总人口、水土流失面积、耕地面积、粮食总产量等数
据项,其库结构如表 1 所示。

表 1　系统属性数据库的关系表结构
Table 1　Structural components of system database

项目	单位	数值	项目	单位	数值
年份		1994	经济林	km²	3.04
总人口	人	6 445	其他林	km²	0.58
劳动力	人	3 865	荒山草坡	km²	3.55
土地总面积	km²	23.77	村庄道路水域	km²	1.95
耕地	km²	3.62	粮食总产	万 kg	145.00
梯田	km²	2.30	水库数量	座	3
坡耕地	km²	1.32	塘坝数量	座	252
林地	km²	14.65	总收入	万元	6 506.6
水保、用材林	km²	11.03	单位面积产量	kg/hm²	6 315

注:引自横涧水利管理服务站,横涧乡同官片小流域治理规划,1997。

3. 系统功能和应用模型设计

系统功能包括基本功能和应用功能两部分(图 2)。

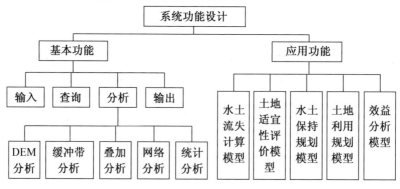

图 2　系统功能结构图
Fig. 2　Illustration of system functions

基本功能主要包括数据获取、编辑和维护,数据结构转换和压缩处理,数据查询和检索,数据分析和输出等。这些功能通常由 GIS 的基本软件通过选择 AML 语言、Foxpro 或 Visual C++等进行模块化程序设计的方法来实现。一般涉及 GIS 空间分析等操作,利用 ARC/INFO 的 AML 语言进行开发;属性数据的处理和统计、分析等,利用 Foxpro 语言开发,有关输入输出的界面设计和数据结构转换处理等,可选择 Visual C++或 Delphi 语言来开发。

应用功能是系统目标和任务实现的重要保证,通常应用模型设计的方法来实现。本系统的应用模型包括流域水土流失计算模型、土地适宜性评价模型、土地利用规划模型、土地生产潜力预测模型和综合效益分析模型等,它们之间的关系如图 3 所示。系统的基本功能和应用功能运行的结果,根据需要可以分别以图形或报表、文字等形式输出。

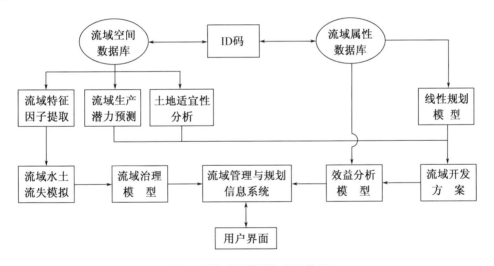

图 3　系统应用模型组织结构图
Fig. 3　Structure of systematical application model

三、系统应用实例

小流域管理和规划信息系统为研究区的信息管理和规划提供了十分便利和有效的技术支持,以下是目前初步应用的几个实例。

1. 流域数字地形模型分析和信息提取

利用系统提供的基本功能模块,可以获取流域治理和规划所需要的丰富信息。如通过数字地形模型分析,可以方便地得到流域的坡度图(图4)和坡向图,而这些信息是流域水土流失计算和流域土地利用规划的重要依据。

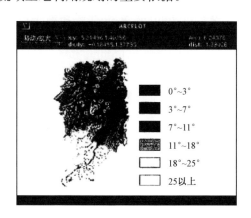

■	0°~3°
■	3°~7°
■	7°~11°
▨	11°~18°
□	18°~25°
□	25以上

图4 同官片流域坡度分级图

Fig. 4 Classification of slope grades in Tongguan small watershed segment

2. 流域水土流失强度分级及治理

应用系统提供的流域水土流失计算模型及数据库中存储的地形和土地利用数据等,可以很快地将流域分为轻度侵蚀、中度侵蚀、强度侵蚀、极强度侵蚀、裸岩和无侵蚀等不同水土流失强度的区域,其中中度侵蚀区所占面积最大,为 1 099 hm²,极强度侵蚀区所占面积最小,为 31 hm²,无侵蚀区所占面积为 195 hm²。根据水土流失强度图,还能方便地查询到各个不同侵蚀区所属的行政区、高程带和目前的土地利用状况,为流域的土地利用规划和治理提供可靠的依据。例如,根据上述分析,可以很方便地将流域划分为 3 种治理类型。

(1) 轻度和中度侵蚀治理区:该区集中于流域的中部,坡度<3°,为冲田类型区。从坡度图上可以看出,该区呈明显的鸡爪状分布。该区的治理目标为着重解决洪、旱、渍害问题;治理措施为采用农田水利工程办法,通过兴建和扩建水库及塘坝,提高蓄水和抗旱能力,开挖和清理环山沟,将山沟分开,使下游农田免受洪水、泥沙和渍害等危害。

(2) 强度和极强度侵蚀治理区:该区位于流域的南部,坡度>25°,为山脊岗坡地。

治理目标是涵养水源和防止水土流失;治理措施是采用生物工程办法,通过充分利用地形、小气候差异和自然生态条件,以林为主,绝对禁止乱砍滥伐,并积极发展茶、板栗和银杏等多种经济林木,达到既防止水土流失,又发展区域经济。

(3) 无侵蚀治理区:该区位于流域河流附近,为村庄类型区。治理目标为充分发挥市级"十强村"的优势;治理措施为加强基础设施工程建设,即结合农村经济发展目标和改善农村经济投资环境,在现有基础设施上,开挖撇洪沟,重新布设道路网,并利用桃树荟水库的自然景色,积极探索和发展旅游业,促进新型农村的发展。

由于小流域管理与规划工作涉及的内容十分广泛,这里所列举的系统应用是很初步的,有待进一步开发,使该系统成为区域信息查询、管理规划和辅助决策的强有力工具。

参考文献

[1] 黄杏元,马劲松.地理信息系统概论[M].北京:高等教育出版社,1990.

[2] 齐实,孙保平,孙立达.持续发展下的流域治理规划模型[J].水土保持学报,1995(4):61-68.

[3] 王治国,王建,肖华仁,等.川中丘陵区小流域优化综合治理效益研究[J].水土保持学报,1997
(1):141-144.

Study on Small Watershed Management
and Planning Information System

Shen Jie   Huang Xing-yuan   Qian Guo-hua

Abstract:Tongguan, a small watershed segment in Liyang city of Jiangsu province, was taken as an example to pursue a new watershed management model for promoting the watershed economical development by establishing small watershed management and planning information system. The methods of how to design and build the small watershed-based information system were introduced, and the system functions and the application examples were also presented.

Key words:small watershed;management and planning;GIS

微机局域网络上的 GIS 客户/服务器模式

马劲松　黄杏元

摘　要:本文通过对基于微机局域网络的 GIS 客户/服务器模式的论述,提出了一种适合中国国情的 GIS 系统应用软件计算模式,并结合实例进行了具体的说明。

一、计算机网络应用是 GIS 的发展趋势

自 20 世纪人类进入信息时代以来,人们迫切地需要加快信息的采集、存储、传递、处理和分配。这种需求促进了信息科学与信息技术的进步。地理信息系统(Geographical Information Systems,GIS) 就是在此背景下产生的运用计算机系统有效地获取、存储、更新、操作、分析和显示地理信息的一门信息科学和技术。

地理信息系统从应用范围的角度来看,已几乎囊括了大到国家宏观经济的规划与决策,小到区域多目标开发和部门事务管理等各个方面,成为经济建设中一门重要的用于科学决策与管理的高技术手段。正是由于其综合、多因素、多目标的分析功能,客观上要求信息源的多样化,也就造成获取的数据的分布特性及其数据类型的多样性,同时对 GIS 数据结构的标准化和多系统、多部门间的地理信息共享也提出了现实的要求。

目前 GIS 软件系统种类繁多,数据格式也各不相同。因此,系统开放性和互操作性等就成为 GIS 软件系统质量的一个重要评价指标,同时也是急需研究和解决的问题之一。而采用计算机网络通信技术来实现各个不同系统间地理信息的传输和共享,是解决此类问题的一个很好的突破口,也构成了 GIS 未来发展的主要方向。

二、适于 GIS 的网络系统模式

计算机技术特别是操作系统的发展已经能够开发出十分成熟的支持多用户网络服务的操作系统。而计算机网络硬件和组网技术也飞速发展。Internet 已经能够提供全球信息服务,而以局域网(Local Area Networks,LAN)、城域网(Metropolitan Area

Networks,MAN)以及广域网(Wide Area Networks,WAN)为主的网络系统正在逐步构建国家未来的信息高速公路。这些客观条件的完善给 GIS 网络服务功能创造了发展的契机。

纵观目前从国外引进的一些支持网络功能的 GIS 或遥感软件系统,大多是采用集中式管理的手段建立在诸如 IBM、HP 等主机系统之上的。用户利用终端或仿真终端直接与主机相连。但这类模式的系统存在明显的不足之处,即应用功能有限,不能自行进行功能扩展和新的应用开发和升级,只能维持其原运行状态,且造价和运行费用都很高。

要解决此问题必须从现阶段计算机技术的发展方向上来考虑。当前计算机领域的新技术只要是集中在 PC 机及其网络方面,使得 PC 机及其网络在功能和性能上都可以同主机系统相媲美。对于那些过去曾经采用分散的单用户 PC 进行 GIS 应用的中小部门和单位而言,采用基于微机局域网络(PC LAN)的网络多用户 GIS 软件系统是全面升级现有设备的一种投资最省而受益最大的途径。

基于 PC LAN 的应用模式最有效的就是客户/服务器计算模式。这种模式集中了 PC 及网络技术中的主要优势,如图形化方式、多媒体技术等,所以也是在 PC LAN 上多用户网络 GIS 软件系统所应采用的一种先进的计算模式。

客户/服务器模式的 GIS 对其最终用户而言,可以方便地在其所熟悉的用户界面下针对具体应用的数据去利用服务器所提供的高级处理功能,并借此访问共享设备和资源的信息,而不用了解信息的具体来源,就像是在本地设备上操作一样。也不需要认识到高级的任务是由谁完成的,这样就将数据和具体的应用程序分离开来,形成一个基于数据而不是基于应用程序的应用环境,使用户将更多的精力都投入到应用之中去。

客户/服务器模式的 GIS 对管理人员和决策者来说,是一种能够充分利用信息的更先进更有效的竞争方式。它可以访问所需的任何信息而不必考虑所采用的是什么网络或什么样的操作平台,使管理与决策者更加超脱地进行规划、决策和管理。

对于 GIS 的系统开发和维护而言,可将应用分解在不同的计算机上执行,使应用更加模块化,且应用多集中在客户端的平台上,为开发者所熟知,故可极大缩短开发周期,提高系统质量。可见,基于 PC LAN 的客户/服务器是网络 GIS 的一个极具前景的发展方向。

三、PC LAN 上的 GIS 客户/服务器系统的组成

从应用的角度可将 PC LAN 上的 GIS 客户/服务器系统分为三个组成部分：

（1）GIS 服务器。它是这样一个进程，一直等待其他进程的请求，以便为其他进程提供服务。GIS 服务器进程的典型过程如下：

GIS 服务器进程在某一台计算机上开始运行，进行初始化建立进程的网络服务地址，然后进入睡眠状态，以监听其他客户进程的调用。

在本系统或网络服务器相连的其他系统上，某一个客户进程开始执行，通过网络客户进程把请求发送给服务器进程要求服务。

GIS 服务器进程接收到客户请求，进行相应的请求处理，并将相应的结果返回给客户进程。

最后 GIS 服务器进程释放与客户进程的连接。

GIS 服务器可划分为两种不同的类型，一是 GIS 的数据库服务器，用以响应对数据查询的服务；二是 GIS 数据处理系统服务器，提供对 GIS 数据库的特殊管理。

作为 PC LAN 上的 GIS 客户/服务器硬件，可以用一台或数台高档微机服务器充当。最好是具有多处理器能提供对称多处理功能，具有大容量内存、超大容量外存储设备、先进快捷的总线结构、快速网络传输性能和完整的安全措施等。

（2）组成 GIS 客户/服务器系统的第二部分是 GIS 客户应用程序。它是运行在客户机上的完成 GIS 数据分析功能的应用程序。它通过初始化与 GIS 服务器的通信过程，指明所需提供的信息类型，从 GIS 服务器获得信息服务，并将结果经过分析反馈给用户。

由于 GIS 客户应用程序通过应用分解，将大多数数据处理任务交由 GIS 服务器完成，充分利用了服务器的软硬件资源，也使系统结构更加明晰，模块化程度更高，既有利于提高系统效率，也使系统开发成本降低。

PC LAN 上的 GIS 客户应用程序需要在 PC 的现有平台上通过商用开发工具进行开发，其质量主要取决于开发人员的水平。

（3）GIS 客户/服务器系统的第三个组成部分是网络连接件。硬件连接是通过 PC

间的组网实现的,而对 GIS 客户/服务器的应用而言,则体现在客户与服务器之间的软件通信方式,即网络协议和应用程序接口。如当前被广泛推崇和采用的开放数据库连接就是一种连接件。

四、基于 PC LAN 的 GIS 客户/服务器系统设计实例

下面以南京大学地理学系 1995 年国家自然科学基金申请项目《基于 GIS 的土地评价、规划与监测技术系统的研究》为例,具体阐述基于 PC LAN 的 GIS 客户/服务器系统的设计思想。

该项目是由黄杏元教授领衔申请的,其最终目标是建立一个城市或区域土地管理信息系统。此系统可以推广建立在土地管理部门的局域网络上,在实现土地管理部门日常事务管理的基础上,进一步实现动态的土地评价、规划和监测等的一体化操作,以高科技力量推动现代管理决策的科学化。

该系统的设计由以下几部分组成:

(1) 客户/服务器的网络硬件。该项目软件的开发是在南京大学大地海洋科学系现有网络设备基础上进行的。PC 服务器采用 Intel 奔腾 90 MHz CPU,32 MB 内存,2 GB 硬盘,PCI 总线结构。客户机为 20 台 486 高档微机。采用 Ethernet 总线型拓扑结构联网,同轴电缆作为网络传输介质。运行 Novell 公司的 Netware 4.0 网络操作系统。这种硬件配置对于市级或县级土地管理部门是完全有能力承担的。

(2) GIS 客户/服务器的软件平台。基于 PC LAN 的 GIS 客户/服务器能够采用的软件平台主要有 NetWare、Windows NT Server、LAN Server 和 UNIX 等。当前以 NetWare 的用户装机量最大。但从发展的趋势来看,以 Windows NT Server 最为适合 GIS 客户/服务器的应用。因为其不但支持对称多处理,而且与 Windows 系统及其应用软件保持着很好的兼容,支持多种网络协议,具有良好的安全性和容错能力。所以,可考虑将 Windows NT Server 选为 PC LAN 上的 GIS 客户/服务器的软件平台。

(3) 数据库服务器平台。由软件开发商提供的数据库服务器平台的种类很多且各有其特点,基于 PC LAN 上的主要有 Oracle、Sybase、Informix 等。其中,我们选择 Oracle 作为管理 GIS 数据库的数据库服务器,是因为其数据库功能强大,提供标准的

SQL 查询,适应多种系统平台并支持开放的数据库连接,且应用较广,是适合的基于 PC LAN 的数据库服务器平台。

(4) 客户机的平台。客户机上的平台可选择的余地较大,也是众多的软件商激烈竞争的领域之一。比较常见的就有 DOS、Windows、Windows NT、OS/2、众多的 UNIX,以及呼之欲出的 Windows 95 等。从 GIS 客户/服务器的应用特点来考虑,则 Windows NT 最为合适。它是一种完全 32 位的操作系统,支持多种处理器系统。它除了实现 Windows 的全部功能外,在文件管理、高可靠性、安全性和一致性等方面,功能都较 Windows 更为强大。所以,对于开发像 GIS 那样的要求充分利用系统资源的分布式客户软件,Windows NT 目前是最佳的选择。

(5) GIS 客户应用开发环境。我们将 GIS 客户应用开发环境分为两部分,一是 GIS 本地数据库开发平台,二是 GIS 的客户应用程序开发环境。前者考虑选择 Borland 公司最新发行的 dBASE V for Windows,后者则用 Borland C++4.5。由于在中国 dBASE 软件的应用极为普遍,各个应用部门和单位都先后自行开发了许多基于 dBASE 的应用程序或系统,基础较为牢固。dBASE V for Windows 可以使原来的 dBASE 应用程序不用修改即可运行,并提供自动转换为 Windows 下执行的程序功能;还提供更多的数据类型,特别是支持 OLE 类型为开发高性能的应用程序提供了极好的途径。此外,还提供了 ODBC 的连接驱动,能自动将 dBASE 查询转换为 SQL 查询以访问数据库服务器,如 Oracle 和 Sybase 等,十分方便。Borland C++4.5 是极其优秀的 Windows 软件开发工具。除了具备完善的集成开发环境以外,还提供多种可视化辅助软件开发工具,支持 OLE 2.0 标准,有 Object Windows 的高度集成的面向对象的 Windows 开发系统。对灵活、快捷地编写大型的 GIS 客户应用软件而言,无疑是理想的工具之一。

五、结论

以上仅仅从几个方面粗略地论述了基于 PC LAN 的 GIS 客户/服务器系统模式的设计思想和系统组成。当然,涉及这一方面的文体还相当多,比如,中心数据库中有关 GIS 空间和时态数据的编码体系、全关系型的空间时态数据库的关系结构和查询方法、

GIS 数据库处理服务器的实现、本地数据库系统的面向对象的数据逻辑建模和几何建模,以及本地数据库系统与客户应用系统之间的 OLE/DDE 的数据通信方式等,都是具体而又必须解决的问题。本文的目的在于抛砖引玉,而寄希望于同行们在此方面投入更多的研究努力,并欢迎交流。

参考文献

[1] 黄杏元,马劲松. 地理信息系统概论[M]. 北京:高等教育出版社,1990.

[2] 张家庆. 大区域分布式 GIS 软件设计的研究[C]//'94 地理信息系统学术讨论会. 北京:中国测绘学会,1994:11 - 18.

基于 Internet 的旅游信息系统研究

黄怡然　黄杏元

摘　要:在全球数字化的影响下,网络已成为人们生活的一部分。基于 Internet 的旅游信息系统已成为新一代旅游信息系统的走向。结合网络 GIS 技术,探讨了基于 Internet 的旅游信息系统的组成、结构、数据流向,并以南京市为例,进行了实践探索。

关键词:旅游信息系统;WebGIS;Internet

一、前言

近年来国际旅游业的统计资料表明,旅游业已取代了汽车和石油产业成为国际型大产业。随着知识经济的发展,信息成为旅游业的命脉,信息化成为推动世界经济和社会全面发展的关键因素。全球化的数字化信息网络将成为人类进行生产、管理、教育、科研、医疗和娱乐等各种社会经济文化活动的一种主要形态。我国的旅游信息市场仍然很不成熟,对于我国的旅游业而言,如何利用这一契机,建立完善的旅游信息系统,促进我国的旅游业面向市场,走向世界,已成为当务之急。

二、建立旅游信息系统

1. 信息在旅游业中的重要性

1979 年美国学者 Gunn 提出了旅游功能系统的概念,在这个动态系统中,"信息与引导"是连接旅游者与目的地的关键环节,如图 1 所示。

信息与引导在旅游功能系统中虽然不是直接创造经济效益的环节,但对开发旅游市场实际上是至关重要的。旅行者在旅行以前需要了解旅游目的地的信息,到了目的地以后还是需要了解这方面的信息,随着旅游业日趋成熟,旅行者的要求日趋多样,客观上使得这种信息的提供越来越重要,也越来越困难。如果旅游信息易于获得,就可以降低在策划和组织旅游线路时所需的费用,从而使得旅游业的市场交易容易达成。因

335

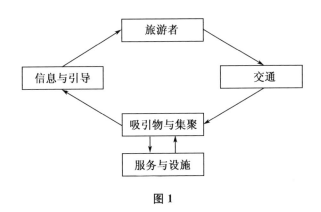

图 1

为关于旅游地与旅游设施的信息获取的难易程度成为衡量当地旅游业是否成功以及游客是否满意的一个重要因素。

旅游信息系统的成功在很大程度上依赖于其所容纳的信息的准确性和新颖性,要保持信息准确无误和新颖是很难的。因为旅游信息时间概念强,特别易于过时而成为无效信息,房价、时刻表、体育比赛以及营业时间每天、每周、每月、每个季度都在变。而且旅游产品需要有相当复杂的产品说明才能把无形产品向潜在的买者讲清楚。如果预定功能也是旅游信息系统的一部分,那么可用性信息的时间概念更强,更要求供应商频繁地提供最新信息。运用信息技术为增强旅游设施信息的可获得性、增加信息的数量、提高信息的质量提供了途径,同时也为旅游者最大限度地降低旅游线路的寻找费用提供途径。

2. 传统的旅游信息系统

传统的旅游信息系统(TIS)是在数据库系统的基础上发展起来的,其内容涵盖了旅游业的六大要素:食、住、行、导、购、游,包括了许多子系统。欧洲国家在这方面有许多成功的例子,比较著名的有奥地利蒂罗尔信息系统、瑞士阿彭策尔信息系统。

传统的旅游信息系统仍然存在一些问题:

a. 没有一个系统采用了图形系统、超媒体系统或其他多重媒介系统。对游客来说,直观的、动态的画面更具有吸引力。

b. 无论是地区性的或国家性的 TIS,都有其区域的局限性,而旅游业作为信息时代的高成长性行业,以跨洲、跨国、跨区流动为产业基础,要求它跨越区域的局限,与国际互联网相融。

c. 传统的 TIS 重在对景区的介绍和对旅游产品的宣传、促销;当今的旅游市场,散客市场份额越来越大,游客的自主性不断增强,因而提供便捷的旅游服务系统,如客房预定系统、票务预定系统,已是势之所趋。

d. TIS 的用户不仅包括游客,还包括旅游规划与管理人员。因此,旅游数据的统计分析、景区环境的动态监测,都应成为 TIS 功能的一部分。

3. Internet 与 TIS

当传统的 TIS 已不能适应旅游者对旅游信息的需要时,Internet——国际互联网的及时出现为 TIS 的建设带来了新的机遇。Internet 是由分布于全球的数千个国际通讯机构的局域网组成的,包括了 13 500 多个不同网络以及 50 多个国家的 20 000 000 多个用户。它迅速发展形成为信息共享与获取的主要媒介。1989 年欧洲粒子研究中心(CERN)的科学家提出万维网这一概念,并推出了一个基于超文本 Hypertext 和 HTTP 的信息查询工具。WWW 是建立在 Internet 网和客户/服务器模型上,以 HTTP 与 HTML 及统一资源定位器 URL 为基础,能够提供各种 Internet 服务,用户界面一致的信息浏览系统。WWW 服务器利用超文本链来连接各信息片段,统一资源定位器用来维持 Internet 上的超文本链路。WWW 的特点是高度的集成性,它能将文本、图像、声音、动画等各种信息和服务无缝地连接在一起。通过 Internet 浏览器,旅游者可以直接从网上看到他们感兴趣的旅游胜地的风景,甚至看到图文并茂的录像。这对于促使旅游者做出选择无疑是十分有益的;旅游信息的获取更加方便:用户可以从任何一台与 Internet 联网的微机上取得信息,而无须电话或者其他形式问询,这使得信息的使用效率与获取速度都得到了提高。

4. TIS 与 GIS

GIS,即地理信息系统,是对地理环境有关问题进行分析和研究的一门学科。它将地理环境的各种要素,包括它们的空间位置、形状及分布特征和与之有关的社会、经济等专题信息(属性数据)以及这些信息之间的联系等,进行获取、组织存储、检索分析并在管理、规划与决策中应用,简言之,是对空间数据进行分析的信息系统。

旅游业是与旅游资源密切相关的,它离不开自然界的地理要素,借助 GIS 强大的地学分析与空间数据管理功能,可以:

(1) 为 TIS 提供的电子地图技术支持,同时提供游客所需的空间及属性信息。通过数据的输入、编辑、建库,对空间数据进行查询、漫游、管理和分析(如最佳路径分析、选址分析、缓冲分析等）。

（2）对旅游数据（客源、客流、游客需求）进行分析，为管理者提供决策依据。

（3）对于一些大面积的自然景观旅游区（如国家公园、原始森林），利用 GIS 技术为景区提供科学管理。如原始森林地区，通过 GIS 与 RS 技术相结合，实时更新景区的遥感数据，进行 GIS 分析，可有效地保护景区的环境质量。又如岩溶景区，由于过量的二氧化碳将造成岩溶景观的破坏，对环境质量进行动态监测，以控制客流量，保护生态环境。

5．WebGIS——万维网 GIS

网络化的 TIS 与 GIS 的结合，离不开 WebGIS。WebGIS 是基于 Internet 的新一代 GIS，其优越性在于：

（1）全球化的客户/服务器应用。全球任意范围一个 www 节点的 Internet 用户都可以访问 WebGIS 服务器提供的各种 GIS 服务，甚至可以进行全球范围内的 WebGIS 数据更新。

（2）真正大众化的 GIS。WebGIS 给更多用户提供了使用 GIS 的机会，降低了终端用户的经济和技术负担。

（3）良好的可扩展性。WebGIS 很容易与 Web 中的其他信息服务进行无缝集成，建成灵活多变的 GIS 应用。

（4）跨平台特性。基于 Java 的 WebGIS 可以做到"一次编成，到处运行"。构建 WebGIS 的主要技术路线有：

① 通过网关接口法（CGI）

如图 2 所示，用户发送一个请求到服务器上，服务器通过 CGI 把该请求转发给后端运行的 GIS 应用程序。由应用程序生成结果交还给服务器。服务器再把结果传递到用户端显示。

图 2

② 利用 plug-in 实现万维网 GIS 的插入

美国网景公司提供的 Netscape 的浏览器提供了一套 API（应用程序接口），叫插入法（plug-in），目的是便于其他软件厂商与万维网应用有关的软件。

③ 利用微软的 ActiveX 与 COM 构造万维网 GIS

主要是利用 COM 与 ActiveX 将一个巨大的 GIS 软件系统分解成相对独立的构件。这些构件通过构件技术和 OLE(对象链接嵌入)、SDE(空间数据引擎)等实现 WebGIS。如 ESRI 公司的 Mapobject 构件包括一个 OLE 控制和 35 个可编程的 OLE 对象,用户可调用这些构件从而构成自己的 GIS 应用。

④ 基于 Java 的 WebGIS

由于使用虚拟机技术(JVM),Java 在目标代码级实现了平台无关性,Java 支持万维网模式,并支持万维网的数据分布和操作分布。对于前者,Java 通过 URL,分布式访问具有 URL 的数据对象;对于后者,Java 通过 Applet 下载到客户端实现应用,即由全部在服务器上运行变为部分运行,另一部分在客户端运行。

几个重要的 GIS 产商争相发布各自的 WebGIS 产品,如 Wapinfo 公司的 Mapinfo ProServer、Integraph 公司的 GeoMedia Web Map、ESRI 的 Internet Map Server(IMS) For Arciew & Mapobject。随着 Internet 技术的发展,WebGIS 软件发展很快。WebGIS 使 GIS 应用走向公众,通过网络将空间信息传至千家万户。香港旅游局正着手建立香港地政署的大型空间数据库,旅游信息则由旅游协会(TA)提供。计划首先在尖沙咀等旅游热点安装触摸屏,游客可以通过它直接了解香港地理环境和查询旅游信息。

三、基于 Internet 的旅游信息系统的构建

1. 系统的组成

图 3 表示了基于 Internet 的旅游信息系统的组成。旅游目的地信息系统包括景区历史文化背景、景点介绍,交通状况(区内交通、到附近主要城市的交通状况),气象(天气预报、48 小时卫星云图)。旅游服务系统主要包括客房预订系统及票务预订系统。这主要通过将旅游信息系统与当地的饭店管理系统及航运售票系统相连来实现。旅游管理系统主要提供专业分析工具,如前文提到的环境质量分析、游客需要分析等,为旅游规划管理人员提供决策依据。旅游咨询系统是一种宣传、促销的手段,并解答游客的问题。该系统是构建于 Internet 与 GIS 基础之上的空间信息系统,有别于传统的以图片与文字介绍为主的旅游信息系统及饭店的管理信息系统,因此下文着重介绍其具有

WebGIS 特色的那部分。

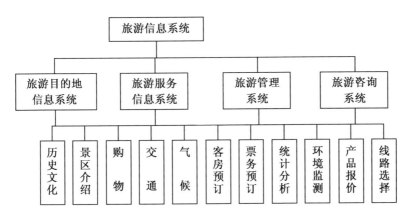

图 3　基于 Internet 的旅游信息系统组成

2. 系统的框架结构

基于 Internet 的旅游信息系统存在于一个 HTTP 服务器。任一计算机可通过网络浏览器与之相连,常见的网络浏览器为 Netscape Navigator 与 Microsoft Internet Explorer。数据库可存在于服务器上或分布在网络上,客户机或服务器可进行旅游信息系统的空间查询或分析。

如图 4 所示,系统可构建于客户/服务器模式之上,主要由提供三种不同服务的相互连接的构件组成,分别为 GIS 服务器、建模工作台和网络浏览器上的图形用户界面。由四大构件组成:

① 目录服务器:提供服务器端的地理信息及特定模型信息的元数据管理,提供各种异构数据的获取。

② 过程分析服务器:提供了基本的空间分析操作。

③ 数据获取软件包:是数据获取引擎。

④ 计算机可视化服务器:是图形绘制引擎。

这四个构件通过内部进程通信联系起来。模型平台由模型目标管理器和模型库组成。它包括关于旅游信息分析的各种特殊模型,并提供选择、修改、操作等的管理工具。用户图形界面是构建于 HTML 与网络浏览器之上的。HTML 文件中嵌入 Java Applet,以连接 GIS 服务器与模型平台。

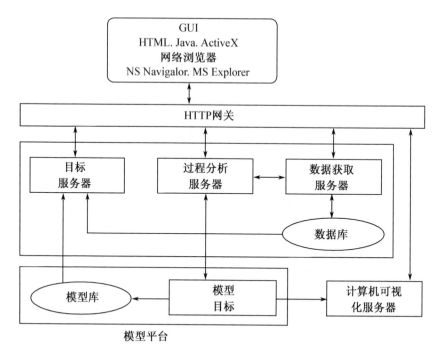

图 4　网络旅游信息系统的框架结构

四、实例分析

1. 系统功能

该系统提供南京市旅游的各类信息,介绍南京市八大景区和主要景点;大型宾馆、饭店介绍及其预订;主要旅行社的产品及服务方式;室内交通及民航、水运、铁路公路运输情况及订票服务;大型商场、购物中心;气候状况;紧急服务等,便于游客进行咨询、预订及网上虚拟旅游,同时提供图形的空间分析与属性查询。

2. 系统设计

系统软件采用 ESRI 公司的 Mapobject Internet Map Server 2.0、ArcExplorer 1.1(图 5、6)。Mapobject 为 ERSI 公司开发的具有图形与 GIS 功能的控件,它支持 32 位图形,可用于任何 32 位的开发环境,如 VB、VC++、Delphi 等。Mapobject IMS2.0 是 Mapobject 的延伸版,提供 Mapobject 的网上应用,其主要功能如下:

① 通过 ArcExplorer 创建图形应用,可以 .aep 文件形式保存,并查看。

② 可制定常规图形应用并上网运行。

③ 为 HTML 及 ActiveX 客户提供图形应用,如漫游、缩放、测量、目标确认、查询、地址匹配、矢量及栅格数据下载等功能。

④ 通过 IMSAdmin 进行图形管理。

ArcExplorer 的数据源可为 ArcInfo 的 coverage、ArcInfo shape 文件、SDE 及影像文件等。

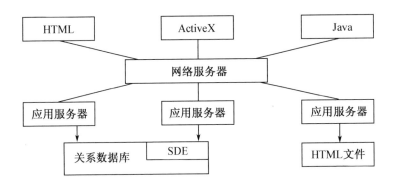

图 5　Internet 上的系统软件及数据

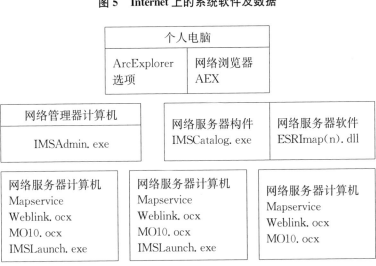

图 6　Mapobject IMS 的系统框架结构

三层结构分别为客户端、中间件、服务器。

系统工作过程如下:客户端只要输入正确的 URL 地址,向 Mapobject IMS 网站申请图形服务,通过 ArcExplorer、HTML 浏览器、AEX 调用地图。在中间件层,

Mapobject IMS 构件将网络服务软件与图形服务构件联系起来,同时通过本地网管理图形服务。Mapobject IMS 的服务器层是图形服务的核心层,支持标准的与常规的图形服务。

图 7 为系统通过 ArcExplorer1.0 调用的南京市全图(矢量图)。图 8 为系统显示的南京市主要景点中山陵介绍。

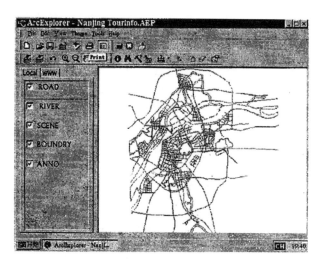

图 7 南京市全图

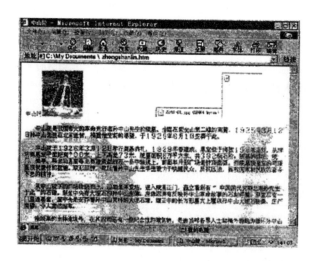

图 8 南京中山陵景区及介绍

图形数据来源于南京市 1∶10 000 交通旅游图,经过矢量化,编辑成为 ArcInfo 的 Coverage,导入 Mapobject IMS 中。

系统硬件采用 PII233(或以上)作为网络服务器,内存在 64 兆以上,硬盘 2.1 G 以上,以 DDN 数字专线局域网互联技术与最近的 Internet 站点相连,并申请域名加入 Internet。

五、结束语

该系统在传统的旅游信息系统的基础上,采用 WebGIS 技术,建成基于 Internet 的旅游信息系统。实现了对旅游信息的网络查询、管理的功能,同时可实现空间分析与操作提供丰富和生动的图像、声音资料及电子地图。它与当地交通、气象、旅游等部门服务系统相连接,将提供更完善的功能。本文讨论了系统的组成、结构与数据流向,并以南京市为实例,进行探讨性研究,还有许多不完善的地方。在全球数字化的趋势下,这种基于 Internet 的旅游信息系统必为新一代旅游信息系统发展的新走向。

参考文献

[1] 何海遥. 基于网络的旅游目的地信息系统建设[D]. 南京:南京大学,1997.

[2] 波林·谢尔登. 旅游目的地信息系统[J]. 武彬,译. 旅游学刊,1995(4):43 - 52.

[3] Kirkby S D, Pollitt S E P. Distributing spatial information to geographically disparate users:A case study of ecotourism and environmental management[J]. Australian Geographical Studies, 2002,36(3):262 - 272.

[4] 毋河海,龚健雅. GIS 空间数据结构与处理技术[M]. 北京:测绘出版社,1996.

[5] 宋关福,钟耳顺,王尔琪. WebGIS——基于 Internet 的地理信息系统[J]. 中国图象图形学报,1998 (3):251 - 254.

[6] 张锦,王励. 万维网地理信息系统实现的相关技术问题[J]. 测绘通报,1998(1):33 - 35.

[7] Lin Hui, Zhang Li. Internet-based investment environment information system:A case study on BKR of China[J]. International Journal of Geographical Information Science, 1998, 12(7):715 - 725.

[8] http://www. esri. com/Mapobject IMS. html.

城市绿地监测遥感应用

吕妙儿　蒲英霞　黄杏元

摘　要:遥感技术的应用领域日益拓广,在城市生态环境方面也见到了遥感应用的足迹。遥感技术在绿地监测领域两个方面的应用,一方面从宏观上监测城市绿地结构布局,另一方面从微观上计算城市绿量和动态监测城市环境。以南京市为例,分析了遥感技术在这两个方面的应用,并结合地理信息系统技术初步讨论了遥感数据的分析与应用。

关键词:城市绿地系统;遥感;绿量

一、引言

城市绿地是城市生态系统中的一个子系统,是城市的主要自然因素,其中的绿色植物是氧气的唯一源泉。相当于自然调节器,具有负反馈作用,它通过一系列的生态效应,对污染物质起净化作用,综合调节城市环境,通过各种反馈调节效应,使城市环境质量达到洁净、舒适、优美、安全的要求。随着经济的发展、工业的进步、人民生活水平的提高,城市环境日趋恶化,城市绿地作为城市环境的调节器,也受到普遍关注。城市绿地的监测和调控成为城市规划的一项重要课题。

遥感技术作为一种综合性探测技术,它能迅速有效地提供地表自然过程和现象的宏观信息,有助于揭示其动态变化规律,并预测其发展趋势,不仅能迅速获得大量丰富的第一手信息和数据,而且能科学、准确、及时地提供分析成果;不仅能提供细部地区的信息,而且能统观全局。遥感技术以其宏观性、多时相、多波段等特征为监测和了解城市提供了一种新型而有效的方法,为城市生态规划提供了科学依据和技术支持。

二、城市绿化监测应用

遥感技术在城市绿地监测方面的应用表现在宏观和微观两方面:宏观上监测整个城市绿地分布结构,微观上分析城市绿地数量和质量。

1. 城市绿化宏观监测

（1）城市绿化覆盖率是城市遥感监测的基本内容

城市绿地的环境功能具有规模效应，具有一定面积以上的绿地才能有效地实现其对环境的调节效应，低层次的散点状绿色分布不能带来良好的绿地调节效应。绿化覆盖率是一个宏观概念，遥感技术宏观性、现势性是遥感技术应用的主要原因，所以应用遥感技术可宏观监测城市绿化覆盖总量以及绿化的集结度、完整性。

（2）城市绿化分布均衡性是城市绿化遥感监测的另一个重要内容

一个城市不仅要有一定的绿化覆盖率，更要实现绿化的均匀分布，其指导思想是实现绿化空间和非绿化空间的相互嵌套，让绿色网络嵌入城市人居环境中去，把绿色空间化整为零，切碎建筑空间，增加绿色空间与非绿色空间的接触线，以形成大范围的局部环流，发挥最大的环境调节功能。

（3）城市绿化的降污实现值是城市绿地有效利用的体现

绿地当然是多多益善，但在绿地面积有限、甚至是紧缺的情况下，应使绿地分布在最需要的地方。而事实上往往在重点污染区域绿地面积反而少，大型绿色空间的污染一般则比较轻，因而绿地的降污实现值不高。绿地系统不像资金一样可以任意移动，必须在城市规划等一些政府决策过程中，有意识利用绿地系统调节重点污染区域。利用遥感方法可以确定一些重点污染区域，把有限的绿地分布在最需要绿地的重点污染区域。

2. 城市绿化微观监测

城市绿化的微观监测，包括城市绿化量的计算和城市绿化量质量的监测。绿色植物是调节城市环境的主体，而绿色叶面又是绿色植物作为调节器的主体，所以城市绿化的微观监测主要是绿色叶面数量的计算和质量的评价。

（1）植被结构

微观监测的一个重要内容是植被结构。植被结构是指乔、灌、草的构成，乔木、灌木和草坪三者在环境调节功能方面存在明显差别，但多层结构绿地能提高城市绿化效应。

（2）树种

除了监测绿量的总数量外，遥感监测还包括树种的构成。不同的树种具有不同的环境净化功能、杀菌功能、遮阴功能等，但某些植物有皮肤过敏等负效应。

（3）植被的长势

植被的长势对植被的环境功能也具有很大影响。植物的叶面受病虫害或污染气体伤害将会大大降低植物的环境调节功能。

三、城市绿地的宏观遥感

1. 绿地系统基本要素的遥感

城市绿地按其形状分为"绿点""绿线"和"绿面",它们是绿地系统的基本要素,也是宏观遥感的主要内容。从形状上看,面积较小、零星分布的绿地表现为"绿点",道路绿化和滨河绿化表现为"绿线","绿面"则是面积较大、树冠密集的绿地。"绿点""绿线""绿面"的区分并不仅仅是它们形状的不同,它们在调节城市环境的功能方面存在更大的差别。

绿面在城市绿地系统中具有不可替代的作用,它面积较大,自成系统,具有综合环境功能,具有一定规模,能满足城市对环境的综合需求,使人与城市生物能够生存和繁衍。尽可能地营造大面积绿地,不仅可大大提高绿化量,而且有了一定规模后,改善环境效果将非常明显。

但是城市毕竟是人类聚集生产生活的场所,城市建筑空间必定占有很大比例。在密集的建筑空间中见缝插针布上绿点,既不妨碍城市经济顺利发展,又能兼顾生态效益。故绿点在城市绿地系统中发挥了不可忽视的作用,虽然它的面积比较小,零星分布,但在大片建筑空间中点缀上一点绿色,犹如沙漠中的绿洲,不仅能改善周围环境,而且令人赏心悦目,提高了视觉感受。

由绿色斑块形成的绿地系统还必须有绿线作为连接的桥梁,绿线一般与城市空间相联系,是以河道和道路为主干道的带状绿化带,这种交通绿道以网络的形式既连接了整个城市系统,又连接了整个城市绿地系统,有意识穿过城市生态环境负荷重、旧区改造、城中热源及热岛效应严重的地区,真正担负起改善城市生态环境质量的重任。在城市绿地系统中,绿点、绿线和绿面都是缺一不可的,它们都是绿地遥感宏观监测的重要内容。

2. 绿地结构布局的遥感

(1)生态防护网

由绿点、绿线和绿面构成的绿地系统网络使城市绿地系统成为自然生态环境的延续,使原先封闭的内部绿地和城市建筑融进绿色空间,这时绿色斑块化零为整,在总体上形成一个功能完整的城市生态防护网。

城市生态防护网是在现有山、水、林、田、城相互交融的自然地理基础上发展与建设的生态防护体系,其中起关键作用的是绿地——即山、林、田、城的绿色覆盖物。它在宏观上形成对主城区及工业区的大中小尺度的包围圈,并以楔形方式穿插于城区之中,一方面,生态防护网确定重点防护目标进行重点治理和保护,另一方面,生态防护网的连续性和完整性是产生生态防护效应的关键,它的性质却取决于全部组成因子的相互作用及其空间连续特征。不仅可以利用遥感技术确定重点防护区域,还可以利用遥感技术宏观监测的特性,监测防护网的完整性,寻找防护缺口,以便及时补绿,修补防护网。

(2)城市外部形态

要把城市生态系统融进绿色大地,城市外部形态起一定的调节作用。一般认为,应尽量拉长城市边界,采用星状形态结构而不是饼状形态结构,一方面,使城市与周围绿色空间有较长的接触边界,形成较大范围的局部小环流,以改善城市环境,另一方面,增大城市半径,把郊区的绿地嵌入城市,大大增加了城市的绿化量。利用遥感手段可以宏观监测城市外部形态及其变迁。

因此,城市绿地遥感的一个重要组成部分就是城市绿地系统结构的遥感,通过遥感首先确定绿地系统的结构,绿点、绿线、绿面的分布情况,一方面,分析城市绿地系统网络分布的合理性,另一方面,监测绿地系统的变迁。通过不同时期的遥感影像判断绿地数量和分布结构的变化,并分析变化趋势,然后结合建筑空间和交通空间的建设情况,对绿地系统做出合理规划,形成切实有效的绿色生态防护网。

四、城市绿地的微观遥感

利用遥感技术对城市绿地进行全面监测不仅包括宏观上的城市绿地分布结构,还包括微观上的城市绿色生物量的计算、监测与预报。

1. 绿量计算

绿化群落美化和改善城市环境、调节城市气候及维持城市地区的生态平衡的功能是毋庸置疑的。绿色植物所具有的吸碳产氧、消声滞尘、净化空气等环境功能是许多人造的环保设备无法取代的。但是,它能降解和吸收的污染物总量是多少? 就这些人造绿化群落的环境功能而言,它能有多少经济效益? 要保证各项环境指标达标,还要在全市范围补多少绿? 对于这些问题,不仅需要有定性的概念,更需要有定量的数据。

为了进行全市范围的绿地环境效益分析和经济产出估算,应引入绿量的概念。"绿量"是三维绿色生物量的简称,指所有生长中植物茎叶所占据的空间体积。植物的叶面是植物产生环境效益的主体,因为绿色植物所产生的一系列环境效益主要来源于植物的光合作用和呼吸作用,而这两种作用过程又都通过绿色叶表面与阳光和周围环境产生交流与相互作用而完成的,所以,要估算植物的环境效益值,就是要测定绿量。

这里对绿量的测算采用"以平面量模拟立体量"的方法。对某一树种而言,其冠径和冠高之间总具有某种统计相关关系,通过回归分析建立相关方程,就可以用该方程根据航空相片上量得的冠径求取冠高,最后求得树冠的体积,即树冠绿量。用计算机模拟计算可以节省大量人力物力,还有助于绿量数据库的建立,以便于数据的存储、管理和应用。通常,计算绿量的主要工作有如下四个部分:

(1) 根据遥感相片上植被的影纹、色调、图案等,再结合实地调查验证来判别城市中植被树种分布。

(2) 判读相片,根据植被的冠径来求取冠高,同一树种、不同生长阶段,其冠径和冠高的关系不同,用"冠径—冠高相关方程"来描述其生长全过程的径高关系。

$$Y=a+b\times x$$

(3) 对于不同树种,分别按与其树冠形态接近的立体几何图形公式计算树冠绿量。

(4) 对于多层结构绿地,分别计算树冠绿量和冠下绿量并以树冠绿量和冠下绿量之和作为总绿量。结合实地考察树种及多层结构绿地的分布,对各树种用电子分色扫描仪量算其面积,然后根据树种冠径—冠高相关方程计算树冠体积,然后可以计算出城市绿量多少及其分布。

2. 预测预报

不同时期遥感资料的对比可以反映出城市绿化的动态变化,这种动态变化不仅仅表现在绿地在数量上的增减或位置上的移动,还反映绿地质量状况的变化,即植被生长状况的好坏。虫害、火灾等多种自然灾害以及人类不合理利用所造成的植被破坏情况,都可通过遥感监测查明或进行预报,以便及时采取有效的植被保护措施,或采取合理的管理措施。在彩色红外相片上,健康的植被、严重受害的植被和枯死了的植被显示不同的颜色,利用目视判读可以轻易识别。利用彩色红外相片不仅能较好地显示出灾害源地的分布和不同等级的受害程度,而且还能预测尚未显现出来的灾害。例如二氧化硫对树木造成损害时,四天以后才能被人们发觉,而彩色红外相片可以在一天后就能显示出受害情况,但普通相片却要在七天后才能显示出来。所以,遥感相片、特别是大比例尺的彩色红外相片对于保护植被极为有效。

五、南京市绿地监测遥感应用

南京是一个历史文化名城,一个风景旅游城市,更是一个集工业、商业、金融、信息、高科技为一体的超大城市,绿地系统作为具有城市环境调节、生态防护功能的自然主体,有不可忽视的作用。

充分利用现有的遥感资料,将航空相片与卫星遥感资料相结合,以航空相片为主,卫星相片作为宏观定位的基础,对南京市进行全面绿地监测。南京市自 20 世纪 30 年代以来进行过若干次航空摄影,20 世纪 80 年代和 90 年代都进行过航空摄影测量,陆地卫星影像更容易得到,再结合实地调查验证,就能得到比较准确、现势性强的遥感信息。

另外,遥感技术与 GIS(地理信息系统)技术的集成是两种技术发展的必然趋势,GIS 技术能使遥感数据发挥更大的威力。

1. 流程图(图 1)

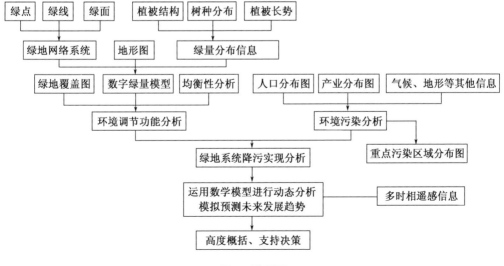

图 1　流程图

2. 特点分析

（1）绿化覆盖率较高,但绿化分布不均匀,特别是东郊风景区一带,林地成片,形成系统,综合生态效应好,这也是南京整个城市人均绿化面积高达 8 m² 的原因。但这里降污实现值低,原因是这里本身的排污量就小,降污效应也低。

（2）在市中心商业区内部绿地少,绿色斑块少而小,在环境调节方面难成气候,良好的绿化系统网络尚未形成,网络的连通性也不是很完美,不能达到降污要求,这些地区急待补绿,以大大提高降污实现值。

（3）市东北部是重要的工业区,区内各类污染比较严重,又处于市区常年主风向上风向,缺乏立体的阻碍物和有效的过滤体,对主城区环境构成威胁。

（4）以主城区为核心,由绕城三环绿带和从主城区出发向外辐射的道路绿化带构成一个成环、成网的环状绿色网络体系,形成粗框,但内部细节还不完善,特别是现有绿道绿化质量并不理想。

（5）市区远、近郊以农、林为基础形成量化的绿色大地,是城市生态系统的丰富且博大的"生态库",城市绿色系统与之相呼应,融进绿色大地,构成完整的绿色生态防护网。

（6）在绿化类型方面,城市绿化包括植草皮、花卉、片林和街道带林,草坪花卉给城市增添美感,但是由于乔木具有立体性,绿色叶面层层相叠,对于改善环境具有优势,1 m² 乔木相当于 5 m² 草坪,在市民广场和一些居民小区,不仅要考虑其观赏性,更要注重其对环境的改善,乔灌草相结合。

参考文献

[1] 南京城市绿地系统生态效应的评价及建设意见,南京市城市生态研究专题之六[Z].南京林业大学,1992.

[2] 严玲璋,陶康华,周国祺.努力创造有利于城市生态质量绿色空间环境[J].中国园林,1999(1):4-7.

[3] 南京城市生态防护网的结构、功能和布局研究,南京市城市生态研究专题之九[Z].中科院南京地理与湖泊研究所,1992.

[4] 陈丙咸.城市遥感分析[M].南京:南京大学出版社,1991.

［5］周坚华,孙天纵. 三维绿色生物量的遥感模式研究与绿化环境效益估算［J］. 环境遥感,1995,10
　　（3）:162－174.

［6］陈钦峦,陈丙咸. 遥感与相片判读［M］. 北京:高等教育出版社,1998.

Applications of Remote Sensing on Urban Greenland

Lyu Miao-er　Pu Ying-xia　Huang Xing-yuan

Abstract: The technique of remote sensing is widely applied to many fields including urban ecology. This paper introduces the application of remote sensing in monitoring greenland. On the one hand, it can be used to monitor the structure and layout of urban greenland, on the other hand, we can calculate greenery quantity and dynamically monitor urban environment based on remote sensing. As an example, Nanjing is analyzed on these two aspects with the technique of remote sensing, then the preliminary conception of ecology is put forward.

Key words: urban greenland system; remote sensing; greenery quantity

鄯善县管理与规划信息系统的设计

黄杏元　高　文　张海波

摘　要:本文介绍新疆鄯善县管理与规划信息系统的设计,内容包括系统的设计思想、软硬件环境、系统的结构及特点、数据库设计,以及系统的功能与主要特点等。

信息作为一种新兴的产业已越来越受到人们的重视,特别是随着我国社会主义市场经济的发展,作为集计算机科学、地理科学、测绘科学、信息科学和管理科学于一体的地理信息系统,已成为政府职能转变和直接为管理与决策服务的现代化技术手段。

以下,就建立鄯善县管理与规划信息系统的若干技术问题,提出初步设计方案,以供讨论。

一、系统的设计思想

鄯善县位于吐鲁番盆地的东部,是新疆经济区中具有举足轻重的一个支撑点。因此,对该县的自然资源、社会经济、生态环境和人口构成等信息进行综合统一管理,对于全区和全县的经济建设与区域发展规划等都具有重要的意义。

该系统的主要目标是为县各级领导部门掌握本县经济动态,提供综合信息服务和决策支持,为县的资源清查和管理提供现代化手段,并辅助制订区域发展规划,以便合理利用资源,发展区域经济。

根据系统目标和地区经济的发展战略,鄯善县管理和规划信息系统分为三个子系统,即绿洲农业规划管理子系统、城镇规划管理子系统和综合信息管理子系统。它们分属三个不同的层次,以实现宏观与微观相结合、综合与专业相结合,构成县级信息咨询服务体系。

二、系统的硬件配置和软件环境

系统的硬件包括主机及其外围设备,用以存储、处理和显示该县的各类信息或数据。为使该系统能比较高效地运行和易于推广,其硬件配置如图 1 所示。

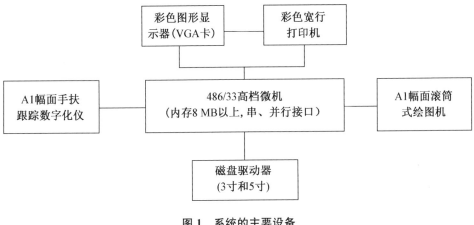

图 1　系统的主要设备

系统开发所依托的软件平台为 C 语言、X-Window、FoxBase 及 GISKEY。因为 C 语言的图形处理功能比较强,X-Window 可以提供多种工具,有利于提高软件的开发效率。FoxBase 是目前广泛使用的数据库管理软件,采用它作为关系型数据库管理系统,便于数据的移植和推广应用。GISKEY 是南京大学地理信息系统课题组开发的 GIS 工具软件,该软件的性能价格比较高,功能强,通用性能好,运行快速,可替代目前进口的 GIS 软件,作为该运行系统的主要支撑软件。

三、系统的总体结构及特点

SMPIS 系统的总体结构如图 2 所示。该系统的设计遵循实用性、兼容性和具有良好的扩充性等原则,分为三个子系统,每个子系统在图形处理系统与 DBMS 之间建立统一的界面,以满足用户双向查询的需要。由于在 GIS 应用中需要大量的二次开发,系统设置了用户二次开发的接口。该系统在强调空间分析功能的同时兼具有办公自动化的特性,以满足县级领导实现规划管理工作科学化的需求。

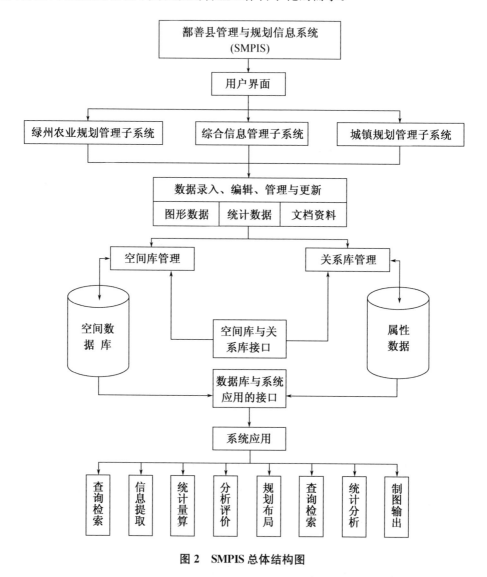

图 2 SMPIS 总体结构图

四、数据库设计

SMPIS 系统的操作对象是数据库,数据存储与数据库管理的任务是为系统应用提供数据保障,以及保证系统的几何数据、拓扑数据与属性数据的合理组织和空间与属性数据的连接,以便于计算机处理和系统用户的查询、更新和理解。

1. 系统的数据库结构

根据管理与规划任务的需求,系统数据库的基本结构和主题层次树如图 3 所示。

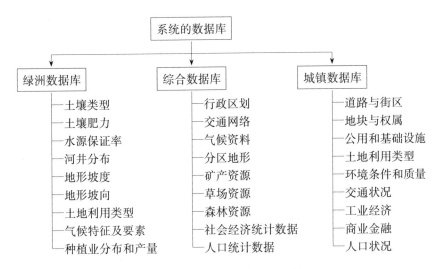

图3 系统数据库的主题层次树

2. 空间数据库结构和要求

空间数据是 SMPIS 系统的主要数据体,必须保证其精度和现势性程度,特别是支持空间定位的基础数据要认真研究其比例尺和成图时间。

根据三个子系统对空间数据操作要求的不同,初步确定绿洲数据库的比例尺为 1∶5万,综合数据库的比例尺为 1∶25 万,城镇数据库的比例尺为 1∶1 万。

为便于数据的存储和分析,采用矢量数据结构作为主要形式,而以栅格数据结构作为辅助形式。栅格数据的分辨力分别为:绿洲数据库 50 米,综合数据库 250 米,城镇数据库 10 米。

根据输入要素的不同,必须分别按照点、线、面图形进行分层和建立文件,并存储于不同的子库中。图形子库以图幅为单位管理,每幅图的图层由上述子库确定的数据体系所组成。图层的信息包括实体的几何位置、实体间的拓扑关系和属性特征等,最后按照拓扑关系自动生成相应的实体。

3. 属性数据库结构和要求

本系统的属性数据主要来自两个方面:与专题地图关联的属性数据(例如土壤类

型、土地利用类型等)和县内各部门的统计数据(例如社会经济报表、人口普查数据等)。

对于与专题地图关联的属性数据,根据原图内容的分类系统,对每一层按类别或名称进行流水编码和输入。

对于县内各部门的统计数据,由于统计表的指标多、数据量大,必须征求政府决策部门的需求,建立社会经济发展数据库的基本数据项,以这些数据项为核心,完成建库、分析和制图输出。

属性数据库处于 FoxBase 的管理控制下,该数据库的结构就是设计二维表格的表头栏目,即用若干个字段的属性来描述表格的栏目,使占用的存储空间最小,又便于应用软件对这种二维表数据进行处理、操作和分析。

存储的各类数据必须有统一的度量标准、分类标准、编码标准和命名规则。

五、系统的功能与应用

根据该系统的设计思想和总体结构,系统应具有图形和统计数据的输出和输入功能,空间与属性数据的存储和管理,空间数据的检索、转换和分析,以及资源评价和辅助规划等功能。

(1)输入编辑:具有输入编辑图形、数字和文本以及外部文件的功能。数据输入包括手扶跟踪和键盘输入等方式。

(2)查询检索:具有空间位置、属性、范围及关系等多种查询检索功能,具体包括空间查询检索工具及属性查询检索工具。

(3)数据转换:支持矢量图转换为栅格图,建立数字高程模型,计算地面参数,支持地学分析和工程应用。

(4)空间分析:包括叠置分析、开窗分析、缓冲带分析和网络分析等,以解决多因素的评价、规划和应用。

(5)制图输出:具有屏幕交互输出、打印机输出和绘图仪输出等功能,支持输出等值线图、立体图、晕线图、彩色分区图、网络图和直方图等图形。

溧阳区域规划与管理信息系统研究

黄杏元　　徐寿成　　高　文　　谭建诚

一、项目简介

本研究项目为《县级区域规划与管理信息系统规范化研究》,是省、市、县三级系统及其规范化研究的组成部分,其研究的任务是根据地理信息系统的原理、方法和功能,在一台优选的计算机及相应的外围设备上建成一个能实际运行的县级信息系统,用来规划和管理该县的人口、资源、经济和环境,并且通过该系统的运行与应用,提出我国县级行政区域规划与管理信息系统的建设方案、系统数据的质量控制、系统软件开发,以及系统的应用等有关的技术规范、标准和方法的基础文本和典型例证,以便为国家规范和标准的制定提供参考依据。

本项目由南京大学承担,试点县选择江苏省溧阳县,该县总面积为 1 535 平方公里,总人口为 74 万人,境内三面环山,地形复杂,自然条件南北对比性强,经济上又位于上海和南京等大城市的经济辐射圈内。通过建立该区域的规划与管理信息系统,有利于区域资源潜力的研究、区域经济的分析和区域生产的规划布局,提高该区域的吸引能力,促进区域经济的发展。

二、系统的开发目标与体系结构

溧阳县区域规划与管理信息系统以推广型微机为基础,采用工具化的设计思想,以空间分析为核心,根据规范化的设计标准,由人机交互数据采集、图形自动编辑、数据库管理、空间操作和分析、应用模型、多功能彩色屏幕显示与绘图等多层次的模块所组成。系统具有灵活方便的图形数据采集与编辑功能,具有较高的空间数据处理与分析效率,采用规范化的数据结构,融矢量与栅格数据于一体,提供接口与界面,便于二次开发和用户操作。

1. 硬件配置

地理信息系统实现地理信息的输入,存储、管理、分析和输出等功能,所以硬件包括处理机、存储设备、输入设备和输出设备。该系统基于微机环境,其硬件构成如下:

主机:IBM PC 系列或其兼容微机,内存 512 K 以上,串、并行接口;

存储设备:软盘(360 K,1.2 M),硬盘(20~40 M);

输入设备:A2 幅面以上的数字化仪;

输出设备:彩色图形显示器(640×380 线以上),配备 VGA 卡或 CEGA 卡,A2 幅面以上的绘图机,宽行打印机。

同时,加配汉卡和 8087、80287 或 80387 浮点运算协处理器。

2. 支撑软件

系统软件采用 DOS(中西文)为操作系统,由于大部分微机用户使用 DOS,且在 DOS 上有许多已开发的软件,因此该软件的基础环境使它能方便地进行多次开发,集成用户运行系统。系统开发的程序设计采用混合语言编程,程序设计语言用 C、Pascal (Turbo 版)和 DBaseⅢ。Pascal 语言和 C 语言都是结构化语言,功能强,移植性好。Pascal 是强类型语言,容易调试和维护,可以用来设计系统的大部分管理和分析程序。C 语言高效、灵活,可以用来编制需要高速运行的图形程序。DSaseⅢ是为国内外广泛使用的数据库管理软件,采用它作为关系型数据库管理系统,有助于系统使用现有的数据与软件功能,便于推广。

3. 体系结构

地理信息系统是分析地理信息的工具,它包括操作方法(软件工具)和操作目标(数据库),用户通过它对现实世界进行分析。软件工具即数据库操作和分析的工具,它包括系统内信息的表示方法和操作方法。

(1) 系统内地理信息的表示方法

地理实体的信息有空间与非空间两大类。空间信息包括定位信息和拓扑信息,采用六种表示方法:点、链段、面域、栅格、曲面和等值线。在各种表示方法中,除了表示定位的坐标,还有邻接、连通以及其他一些拓扑关系,它们可由分析过程得到。非空间信息包括属性信息和概念信息,它们以表格形式存储,表示有字符、数字、日期、逻辑四种方法。空间信息存储于空间数据库内,非空间信息存储于关系型数据库内,两种信息通过接口用对应的标志码进行连接。

（2）软件结构

该系统的软件实现了大部分常用的地理信息操作，包括输入、结构化、管理、提取、分析、输出等功能，同时也提供了合成高层工具和用户运行系统的手段。软件包括接口（分析系统接口、人机界面）、空间库操作、关系库操作和空间分析四部分，同时提供了部分应用分析工具。

软件采用层次结构进行开发，高层次模块调用低层次模块，这样提高了开发效率，保证了数据操作的完整性、一致性和正确性，使得用户对系统的再开发可不必涉及低层次的操作。软件层次结构图如图 1 所示。

```
┌─────────────────────────────────────────────────────────────┐
│ 用户应用系统                                                   │
│  ┌──────────────────────────────────────────────────────────┐│
│  │ 分析工具:数字地形分析、缓冲带分析、泰森多边形分析、叠置分析、网络分析、趋势面分 ││
│  │        析、聚类分析等                                        ││
│  │  ┌───────────────────────────────────────────────────────┐││
│  │  │ 数据库管理系统工具                                        │││
│  │  │ 关系型数据库:管理、记录操作、字段操作、提取、统计、关系集合操作、报表输出 │││
│  │  │ 空间数据库:管理、采集、结构化、图幅操作、几何变换、综合、提取、类型转换、输出 │││
│  │  │  ┌────────────────────────────────────────────────────┐│││
│  │  │  │ 数据库系统核心工具:                                    ││││
│  │  │  │  基本的拓扑组织及类型转换                               ││││
│  │  │  │  ┌─────────────────────────────────────────────────┐││││
│  │  │  │  │ 系统核心与接口:                                    │││││
│  │  │  │  │  空间信息表示方法定义及结构、人机界面工具、关系型数据库 │││││
│  │  │  │  │  接口                                             │││││
│  │  │  │  └─────────────────────────────────────────────────┘││││
│  │  │  └────────────────────────────────────────────────────┘│││
│  │  └───────────────────────────────────────────────────────┘││
│  └──────────────────────────────────────────────────────────┘│
└─────────────────────────────────────────────────────────────┘
```

图 1　软件层次结构图示

（3）模块化设计技术

通过对地理信息的仔细分析，吸收 RISC（精简指令系统计算机）设计的方法，简化了地理信息操作的指令，使指令格式统一，种类较少，同时优化各指令算法，加快运算速度。该系统的所有指令都设计成工具模块形式，各模块有着经济良好设计的接口参数，块间联系采用外部耦合，这样降低了软件的复杂性，提高了软件的紧固性，使功能组合变得简单和高效。这些模块可以以命令方式运行，也可以以嵌入各种主语言（高级程序设计语言和批处理），进行再次开发，构成高层工具和用户运行系统。系统除有命令模块,还有各指令的程序库(目标代码集)。如果用简单易学、功能强大的 Pascal 语言 (Turbo 版)进行集成,可以更有效地提高集成系统的功能和效率。

(4) 数据流程

系统软件可以实现对经过提取、转换、分析后的结果,重新按照系统内部信息的表示方法,再次进行操作。数据流程图如图 2 所示。

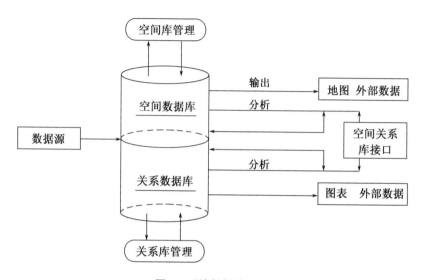

图 2　系统数据流程图

三、系统数据的组织与数据结构

本项研究建立的数据库包括空间数据库和统计数据库。研究区的所有空间目标分为点、线、面三种实体形式,每一种实体形式用一对或一组 x, y 坐标来表示。空间数据库就是用以存储和管理包括点、线、面空间位置关系的数据文件,而统计数据库用以存储和管理与空间数据相联的属性数据,以供空间分析系统的数据处理和应用模型的数据调用。本研究进入空间数据库的数据总量(不包括派生和处理的数据)为 100 万个,约占 2.1 MB。数据的分类和编码如表 1 所示。

表1 系统数据的分类和编码表

数据类型	实体名	文件名	编码
空间数据	土壤	Soil-1~6	1~35
	土地利用	LUSE-1~6	1~24
	地形	LNDFOM-1~6	1~60
	行政界线	ADMN-1~6	1~47
	道路—居民地	ROAD-1~6	1~5
	坡度	SLOPE-1~6	1~7
	坡向	ASPECT-1~6	1~4
	屏障地形	BARIER-1~6	1~5
属性数据	土壤属性	Soilat tr. DBF	字符型和数字型
	土地利用	Land. DBF	字符型和数字型
	人口现状	Popula. DBF	数字型
	耕地面积	Piougn. DBF	数字型
	水资源	RAINSOUR. DBF	数字型

本系统的空间数据按 Coverage 进行管理。根据计算机处理能力和研究区的空间轮廓,共划分为六个 Coverage,它们统一的空间定位编码如图3所示。根据本研究的基本比例尺为1:5万,按照规模要求,格网大小为50公尺(其代码为D),每个 Coverage 可以划分为380×480具有不同属性值的格网文件,包含了本数据文件的各种参数,所有空间数据文件均以二进制形式按子目录方式存放。Coverage 的控制参数见表2,其中图幅类型分别表示如下。

表2 Coverage 控制文件参数

1—点状数据:Dot. (X & Y) adx/nod)
2—线状数据:ARC. (X & Y/adx/nod)
3—面状数据:PolY. (X & Y/adx/pdx/nod/inn)
4—矩阵数据:Surtace. (DTM)
5—栅格数据:Grid. (rle/rdx)
6—等值线数据:Contour. (X & Y/cdx)

参数	场宽/字节
图幅文件名	30
图幅长度(0.1 mm)	2
图幅宽度(0.1 mm)	2
图幅类型(1/2/3/4/5/6)	2
图幅比例尺	4
图幅分辨(0.1 mm)	2
数型指示码(0/1)	2
图幅位置码	12

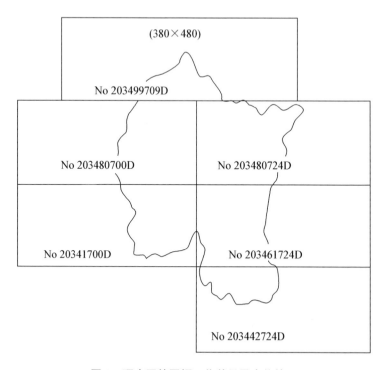

图3 研究区的图幅工作单元及定位编码

因此,空间数据库的数据主要包括矢量数据结构和栅格数据结构两种数据编排格式。矢量数据由数字化文件经过多功能图形编辑软件直接生成链索引文件(adx)、面索引文件(Pdx)、结点文件(nod)、内点文件(inn)、等值线索引文件(cdx)和实体坐标文件(x&y)。

链索引文件采用两个结点间的弧段作为一个逻辑单元,分别记录了起始记录号、终止结点记录号、链段左区码、链段右区码、链段坐标起始记录号、链段坐标终止记录号、链段X坐标最小值、链段Y坐标最小值、链段X坐标最大值、链段Y坐标最大值、左区拓扑连接链段记录号和右区拓扑连接链段记录号。

索引文件的检索信息包括多边形区域码、区域链段数、区域起始链段记录号、区域X坐标最小值、区域Y坐标最小值、区域X坐标最大值、区域Y坐标最大值、区域边界周长和区域面积。

结点文件分别记录各个结点的X坐标和Y坐标。

等值线索引文件供形成等值线数据文件用。等值线数据文件只供生成DEM使用。该索引文件存储的信息包括链段特征值、链段坐标起始记录号、链段坐标终止记录号、链段 X 坐标最小值、链段 Y 坐标最小值、链段 X 坐标最大值和链段 Y 坐标最大值。

内点文件由面状区域码及内点的 XY 坐标所构成。

矢量数据是本系统输入和输出的主要数据类型,但是为了提高系统空间分析的能力和效率,栅格数据是空间分析系统的主要数据类型。例如,DEM 矩阵数据文件和游程编码的栅格数据文件就是为空间分析系统专门制备的数据文件,它们均由系统的数据转换软件自动产生。

本系统的属性数据或非几何数据由 DBaseⅢ系统进行管理,它以 DBaseⅢ数据库文件(DBF)的形式存放在用户工作区,并可用 DBaseⅢ的数据库管理功能进行操作。该属性文件除第一个字段外,其余均可根据需要建立属性字段,而该文件第一个字段为相关字段,此字段为 4 位整型数,它是与空间数据文件连接的依据。

四、系统软件的主要特点

软件按 GIS 功能分为各层次工具,并提供接口、界面,便于开发人员及用户进一步开发,对于需要高效实时系统的单位,可用该工具合成原型系统,进行方案评价、系统试运行、培训人员。在方案确定后,可边开发实用系统,边使用原型系统完成生产、研究任务,并积累经验。

规范化的数据库与数据结构是实现软件强大功能的基础,系统内数据表示方法灵活,同时定义严格,各种操作如提取、类型转换和分析等,其结果都可入库,这样既简化了操作,又保证了数据操作的一致性、正确性和完整性。

系统融失量、栅格数据形式于一体,数据类型范围大,系统采用高效严格的矢量、栅格数据的相互转换,因此系统内许多操作特别是与两图相关的操作均采用离散的方法,这样简化了设计的复杂程度,提高了效率。由于矢量、栅格形式的数据有各自的分析方法,矢量栅格转换扩大了系统的分析功能,可将遥感数据引入系统,以便遥感数据使用该系统的分析功能,同时能实现图形、测量数据与图像数据的复合。

随着计算机技术的发展,例如高效的 CPU、并行处理器、分布计算和高速大容量内外存设备的出现,会使离散处理方法愈来愈显示出其优越性。

系统具有高效灵活的图形输入和图形编辑工具模块。图形输入、编辑是地理信息处理过程的"瓶颈"。图形输入模块采用手扶跟踪方式对矢量数据逐点采集,在采集过程中实现误差粗纠正,并使用图形显示,实现过程监测,输入模块还有初步的查询和编辑功能。编辑模块实现了完整的图形编辑功能,且灵活实用,其功能有图形生成(拓扑关系建立和错误的自动检测)和图形修改(增添、删除、修改、匹配、分割等)等,它在图形编辑同时显示一些数据的状态(数字方式),使得可同时编辑几何图形和其属性,提高了灵活性,增强了功能。编辑模块还将窗口操作融入编辑过程,使编辑更加方便和有效。

系统具有功能比较齐全的图形输出功能。系统实现了结构符号图、象形符号图、晕线图、彩色分区图、等值线图(分层设色等值线图)、三维立体图、网络图等的制图输出。在制图过程中,用户可选择符号、颜色、线型及晕线模式等制图参数,还能对用于制图和数据进行分级处理,立体图还有复合属性信息的特点,因此使用非常方便,图型输出的设备有图形显示器、绘图仪、行式打印机。系统输出主要采用彩色图形显示,它有着速度快、色彩丰实的特点,因此在输出模块中还提供了简单的查询功能,方便了用户。对于大数据量的地理信息来讲,图形显示是很好的手段,为了使制图能在各种绘图机上输出,绘图部分除了驱动现有的绘图机外,还设计了绘图标准文件。在其他型号的绘图机上只要用相应的解释程序就可以绘出图形,行式打印机制图采用点阵制图方式,有硬拷贝和制图两种功能,由于现在使用的打印机点阵很密,因此打印效果接近矢量绘图。硬拷贝保留图形显示的结果,而行式打印机制图对于简单的制图和低档硬件配置的用户是很有效的。系统对图形显示还有一个图形合成器,它将各个制图程序生成的屏幕图形文件重新显示在显示器上,进行移动、缩小、复合标注等操作,从而可以实现图形(像)的排版功能。

系统实现了许多常用的 GIS 数据转换与分析功能,如曲面的形成、分级、地形分析、缓冲带分析、泰森多边形分析、选置分析、网络分析等,另外还有层次分析和聚类分析等系统分析方法,这些分析方法与关系库操作的结合,可向用户提供丰实的派生信息,为建立分析模型提供方便。

该软件具有综合外部数据的功能。栅格为许多用户采用的数据形式,栅格数据可用矩阵这一统一的数据格式表示,该软件可将此数据录入系统,并可实现其向矢量格式的转换,因此外部矢量数据可转换成栅格数据。该数据录入系统后再转换为矢量形式,只要分辨率高,则信息损失不大。系统还实现 ARC/INFO 数据形式与系统数据形式的转换。由于 ARC/INFO 在国外有众多的用户,在国内的用户也日益增多,ARC/INFO 的接口,通过一次或多次转换,可实现该系统与其他系统的转换,因此扩大了系统数据源,实现数据共享,并可利用其他系统的硬件(包括外设)和软件功能,从而实现软硬件共享。

该软件定型的硬件价格便宜,适宜推广。该软件性能价格比较高,功能强,可处理数据量大,在一定程度上可替代国外进口的 GIS 软件,为 GIS 软件国产化提供方法和经验。

五、系统的主要功能

1. 系统核心与接口

系统核心包括空间库和关系库内各种表示方法、数据结构的定义和基本存取过程。接口包括关系型数据库接口及人机界面工具。关系型数据接口使高层程序能直接对关系库进行某些操作。人机界面工具包括多窗口,各种菜单、提示行、对话框等良好的用户界面,为用户操作提供了方便。

2. 空间库操作

(1) 管理:空间库管理功能有图幅的创建、删除、更名、拷贝、检查及控制块的显示、拷贝、修改等,用户可对图幅进行与文件一样的管理操作。

(2) 数据采集:数据采集有三个模块:ImportM,ArcIn 和 Digitize。ImportM 将整型或实型数的栅格矩阵文件录入系统;ArcIn 将 Arc 中 Coverage 转化成为系统内部数据形式;Digitize 模块通过 RS-232 串行口连接数字化仪,使用手扶跟踪方式对点、线、面、等值线四种矢量要素进行采集,此模块在采集的同时能进行误差粗校正及过程监测,另外还有查询和粗编辑的功能。

(3) 数据结构化:数据结构化功能有图形编辑与拓扑组织。图形编辑模块是人机交互图形处理模块,包括图形生成(对数字化数据生成系统文件、拓扑关系的自动建立、错误的自动检测和图形的几何变换等)和图形修改(对图形进行增添、删除、修改、分配、分割处理)两部分,并提供窗口变换功能,以提高局部范围的图形分辨率,以便使光标在指定的视区实施准确的图形编辑操作。除线段丢失外的各种类型的错误都可通过该模块来更改,以便生成净化的数据,供系统使用。拓扑组织是对无错误的数据进行拓扑关系生成。对于图幅更新、迭置及矢量化后数据的拓扑关系的生成,也可由此模块完成。

(4) 几何变换:几何变换有投影控制点生成和变换两个功能。前者可生成高斯—克吕格投影及圆锥投影控制点的平面坐标文件;后者通过多项式拟合实现投影变换和误差精纠正。

(5) 综合和加密:综合和加密可实现空间数据与属性数据的综合和内插加密。综合包括弧段综合、同属性面域边界的消除、裂隙多边形的消除、曲面重采样和信息量的压缩等。加密可将几何数据内插加密,以实现经综合的数据的信息恢复。

(6) 提取:提取实现按属性和空间范围的数据提取,通过与关系表的联合可实现按逻辑条件提取和区域属性的生成。

(7) 类型转换:类型转换即矢量数据(点、线、面域、等值线)与栅格数据(栅格)及介于两者之间的曲面的相互转换,这是该系统离散化处理的基础。转换有矢量栅格化、栅格矢量化、曲面形成和曲面分级。矢量栅格化将点、线、面域转换为以游程编码形式存储的栅格数据,栅格矢量化将以游程编码存储的栅格数据转换为点、线、面域数据,并进行拓扑组织;曲面生成是由等值线数据采用剖面线内插和加权的方法建立曲面数据,同时还具有将面域或栅格转化成派生曲面的能力;曲面分级则将曲面数据(原始及派生)进行分级,生成栅格或面域数据。

(8) 输出:输出包括数据输出与制图输出两种方式。数据输出有输出栅格矩阵数据和将系统数据转换为 ARC 的 Coverage 形式。制图输出有结构符号图、象形符号图、彩色分区图、晕线图、等值线图、分层设色等值线图、立体图、网络图等。在制图过程中用户可选择符号、颜色、线型及晕线模式,还能对数据进行分级处理,输出设备有绘图机、图形显示器和行式打印机等。绘图机程序除能驱动绘图机外,还能生成标准绘图文件;图形显示器制图程序能将生成的图形记入盘中,然后用图形合成器进行移动、剪切、缩小、复合等标准的排版操作;打印机制图可将图形文件输出,也可单独完成制图功能。

3. 关系库操作

关系库操作以 DBase Ⅲ 型为基础,对于 DBase Ⅲ 熟悉的开发人员及用户,可用DBase Ⅲ 进行开发和操作。系统以 RDBI 为基础,开发了一套关系库操作工具,汇集了关系库操作的主要功能,使开发人员及用户可用命令方式对关系库操作,并可嵌入主语言,而不用 DBase Ⅲ 的解释执行。

(1) 管理:管理功能有关系表的定义、删除和拷贝。

(2) 字段操作:字段操作功能包括字段结构的修改、添加、删除、字段值的计算、生成和更新等。

(3) 记录操作:记录操作有记录添加、删除、修改、排序、显示和整理。

(4) 提取:提取功能实现了对关系表按字段和条件进行投影生成视图。

(5) 关系集合操作:关系集合操作有关系的交、并、差运算,这对于关系表分析是关键。

(6) 统计:统计功能包括总和,平均值,最大、最小值的生成,按条件对实体计算,以及按关键字段进行汇总。

(7) 输出:输出有图形输出、报表输出。图形输出有统计图如扇形统计图、条形统计图;报表输出有建立修改报表格式和报表显示和打印。

4. 空间分析

(1) 地形分析:地形分析生成曲面类型的派生矩阵,功能有坡度、坡向、平均高程、坡长、坡面面积、地面粗糙度、相对高程、体积计算和高程变异等。

(2) 缓冲带分析:缓冲带分析对点、线、面域按影响范围的宽度生成缓冲带,缓冲带分析可用于分析某一要素对另一类要素的影响程度,并进行不同的分级。

(3) 叠置分析:叠置分析包括数字叠置、类型叠置和异同分析。数字叠置可以带权,作为专家打分或权重评价模型的工具。类型叠置实现两图的叠加,生成一个对照表,叠置标志有 Union、Intersection 和 Identity。异同分析用于时序系列分析,将相同或不同部分的类型记录下来。

(4) 泰森多边形分析:泰森多边形分析是按点间连线的中分划分影响范围,这常用于水文测站数据的分析。

(5) 网络分析:网络分析有最优路径选择和定位两个功能。最优路径决定资源通过网络的最佳路径,如两点间最短距离的路径或行走时间最短的路径。定位是为结点或弧段寻找耗费最低的服务中心,以实现最佳网络服务,如为某一街道的学生寻找最近的学校等。

（6）其他还有趋势面分析、风向屏障分析、太阳辐射分析等功能。

显然，空间分析是地理信息系统的核心，由该系统空间分析功能生成的数据文件如图4所示。当研究区的任一空间目标或实体经过空间分析系统处理以后，均以 ASCⅡ码形式的分级数据文件存在用户工作区。该分级数据文件由控制信息段、分级信息段和各单元对应级别数所构成。其中控制信息段用以标示面状或栅格数据文件字符型属性项分级或数字型属性项分级；分级信息段表示原属性文件的类型和该类型所对应的级别数。

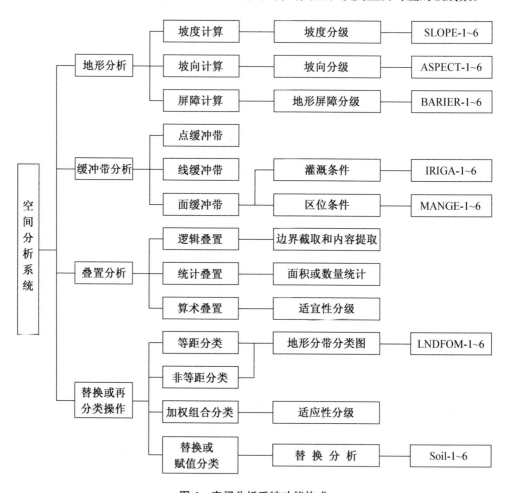

图4　空间分析系统功能构成

六、系统软件编目

1. 系统核心、接口与人机界面

—SYsCore

—Interface

—RDBI

2. 空间库操作

① 系统管理

—CreatCov　图幅名　全称　长度　宽度　类型　比例尺　分辨率　扩充码

—DelCov　　图幅名

—RenCov　　原图幅名　新图幅名

—CopYCov　原图幅名　新图幅名

—LookCov　图幅库名

—CopYHead 原图幅名　新图幅名

—ModiHead 图幅名　全称　长度　宽度　类型　比例尺　分辨率　扩充码

—CheckCov　图幅名

② 数据采集

—ImportM　图幅名　栅格文件名〔标志(I/F)〕

—ArcIn　　图幅名 ArcCo Verage 名

—Digitize　图幅名

③ 数据结构化

—Edit　　　图幅名

—TopologY 图幅名

④ 图幅操作

—Update　更新图幅名　被更新图幅名　生成图幅名〔移位 X　移位 Y〕

—Append　添加图幅名　被添加图幅名　生成图幅名〔移位 X　移位 Y〕

—Erase　　删除图幅名　被删除图幅名　生成图幅名〔移位 X　移位 Y〕

—Clip　　被分割图幅名　生成图幅名　左下角 X　左下角 Y　右上角 X　右上角 Y

⑤ 几何变换

—Transtom　原图幅名　生成图幅名　原图幅控制点文件名　新图幅控制点文件名　参照文件名

—Project　　投影名(Gauss/Conic)　控制点文件名　原点 X　原点 Y

⑥ 综合与加密

—Generate　原图幅名　生成图幅名　容差

—Dissolve　原图幅名　生成图幅名　〔综合对照表〕

—Eliminat　原图幅名　生成图幅名　〔原点 X　原点 Y〕　面积容差/面积长度比

—ReSample　原图幅名　生成图幅名〔原点 X　原点 Y〕

—SPlain　　原图幅名　生成图幅名　容差

⑦ 提取

—At Select　原图幅名　生成图幅名　提取对照表文件名/提取内码

—Sp Select　原图幅名　范围图幅名　生成图幅名　〔标志(IN/OUT)〕

⑧ 类型转换

—Surface　　栅格/矢量图幅名　曲面图幅名　〔原点 X　原点 Y〕〔属性文件名　属性项名〕〔等值线栅格面域→曲面〕

—Raster　　矢量图幅名　栅格图幅名　〔原点 X　原点 Y〕〔矢量→栅格〕

—Vector　　栅格图幅名　矢量图幅名　〔容差〕〔栅格→矢量〕

—SurfClas　曲面图幅名　栅格/矢量图幅名　〔分级对照表文件名　属性文件名　属性项名〕〔曲面→栅格面域等值线）

⑨ 输出

—SSYmbol　图幅名　属性文件名

—Snadle　　图幅名〔属性分级文件名〕

—PtnFill　　图幅名〔属性分级文件名〕

—Isopleth　图幅名

—ColorBnd　图幅名

—Stereo　　曲面图幅名〔栅格图幅名〕

—Composer

—HardCopY 图像文件名　打印机型号　比例

—OutputM　图幅名　栅格文件名〔标志(I/F)〕

—Arcout　　图幅名 ArcCoverage 名

3. 关系库操作

① 管理

—DefineR　　关系名　结构文件名

—PutR　　　关系名　结构文件名〔字段名〕

—EraseR　　关系名

—CopYR　　原关系名　新关系名

—CopYR　　原关系名　新关系名

—DirR　　　关系库

② 字段操作

—Modiltem　关系名　原字段名〔类型　宽度　小数位数〕

—Addltem　　关系名〔字段名＊类型＊宽度＊小数位置〕

—Delltem　　关系名〔字段名〕

—Calculat　　关系名〔字段名＝公式〔条件〕

—RecClass　关系名　分级字段名　级别字段名　分级关系名

—Update　　更新关系名　被更新关系名　生成关系名　关键子段名〔子段名＝
　　　　　　公式〕

③ 记录操作

—AddRec　　关系名　条件〔字段名＝字段值〕〔Before/After〕

—DelRec　　关系名　条件

—MokiRec　关系名　条件〔字段名＝字段值〕

—Sort　　　关系名〔字段名〕

—Pack　　　关系名〔字段名〕

—ReCall　　关系名〔字段名〕

④ 提取

—Select　　　原关系名〔{字段名}〕〔条件〕

⑤ 关系集合操作

—Join　　　连接关系名　被连接关系名　生成关系名　条件〔字段名〕

—Union　　　合并关系名　被合并关系名　生成关系名

—Diferenc　　差关系名　求差关系名　生成关系名

⑥ 统计

—Statiste　　关系名　生成关系名　标志〔字段名〕〔条件〕

　　　　　　标志:Sum/Average/Max/Min

—Count　　　关系名　计数关系名〔条件〕

—Total　　　关系名　汇总关系名　关键字段名〔字段名〕〔条件〕

⑦ 输出

—DGrapn　　关系名

—ListR　　　关系名〔条件〕〔字段名〔Print〕

—CreatRpT　报表格式文件名

—ModiRPT　报表格式文件名

—Report　　关系名　报表格式文件名〔条件〕〔Plain〕〔Heading(表头名称)〕

　　　　　　〔NoEject〕〔To Print〕〔To File(输出正文文件名)〕

4. 空间分析

① 地形分析

—DTM　　　功能　原 DEM　图幅名　生成图幅名

　　　　　　功能:Slope/Aspect/Average/Lengtn/Area/Vol/Coarse/Rel/Mirus

　　　　　　坡度/坡向/平均高程/坡长/坡面面积/体积/粗糙度/相对高程/高程变异

② 缓冲带分析

—Buffer　　原图幅名　缓冲冲带图幅名　缓冲带宽度/缓冲带宽度对照表

　　　　　　文件名〔分辨率〕〔原点 X　原点 Y〕

③ 泰森多边形分析

—Thiessen　原图幅名　泰森多边形图幅名〔分辨率〕

④ 叠置分析

—Noverlay　　叠置图幅名 1　　叠置图幅名 2　　权数 1　　权数 2　　合成图幅名〔分辨率〕

—Toverlay　　叠置图幅名 1　　叠置图幅名 2　　合成图幅名　　合成图幅名〔分辨率〕

〔标志〕

标志：Union/Intersection/identity

—Diferenc　　叠置图幅名 1　　叠置图幅名 2　　差异图幅名〔分解率〕

⑤ 网络分析

—Routine　　图幅名　　耗费表名　　耗费项名　　路径表

—Aliocate　　图幅名　　耗费表名　　耗费项名　　定位表

⑥ 扩充地形分析

—Wind　　　图幅名　　生成图幅名　　风向 X　　风向 Y

—SunLignt　　图幅名　　生成图幅名　　光向 X　　光向 Y　　光向 Z

⑦ 趋势面分析

—Trendenc　　图幅名　　生成图幅名〔原点 X　　原点 Y〕

5. 应用分析工具

① 层次分析

—AHP1　　　重要程度对照表　　权数表

—AHP2　　　（分权数表）总权数表

② 系统聚类分析

—SCluster　　数据文件　　距离或相似程度方法　　聚类结果文件名

③ 多项式函数打分

—Mark　　　100 原图幅名〔替换文件名〕　　打分函数文件名　　生成图幅名

说明：〔　〕为可选项　　｛　｝为参数集合，集合要索间用'&'联结

七、应用模块示例

1. 溧阳县土地开发利用适宜性决策分析应用模块

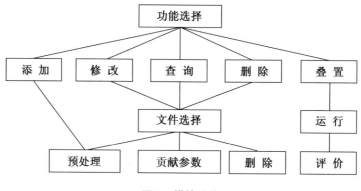

图 5　模块结构

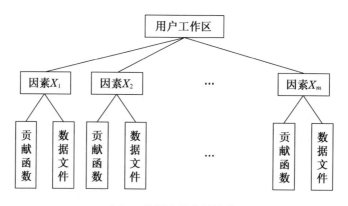

图 6　数据文件存储结构

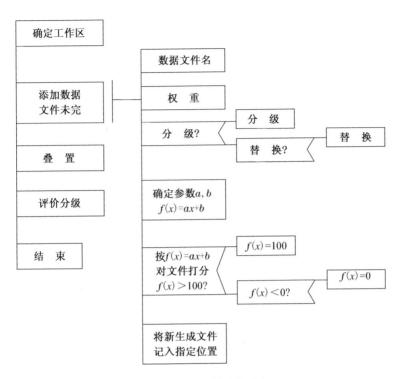

图7 适宜性决策分析流程

2. 溧阳县公路网络路径分析应用模块

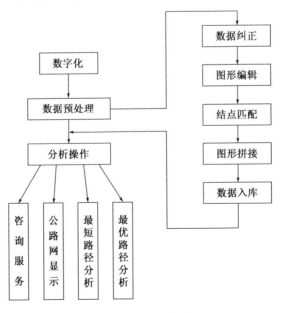

图8 路径分析流程

新一代土地资源信息系统的开发与设计研究

黄照强　　黄杏元

摘　要: 通过在 ARC/INFO 支持下,利用 VB6.0 开发土地资源管理系统,深入讨论了基于 GIS 的土地资源信息系统的开发和设计关键技术,提出了基于 GIS 的土地资源管理系统对土地利用的深远作用和意义,并展望了它的发展前景。

关键词: 地理信息系统;土地资源;空间分析;面向对象;数据模型

一、前言

随着 21 世纪的到来,我国"十五"计划的制定,工业化和城镇化建设的加快,土地资源供给的有限性和社会经济发展对土地资源需求的无限性之间的矛盾不断加剧。与此同时,由于土地资源的不合理利用造成土地污染和退化的问题也是日益突出。如何合理利用有限的土地资源,在国民经济各产业、各部门间合理分配,是实现可持续发展的重大问题。土地资源优化配置是人们根据土地资源的特性和功能,围绕一定的目的,实现对土地资源的开发、利用、保护和改造,其本质体现为人地关系的发展变化。一般来说从以下三个方面进行评价:

(1) 从土地生态属性出发,重视对土地演替机理、分异规律和适宜利用方式的系统分析与评价。

(2) 结合区域发展背景与特点,进行土地利用发展态势与类型转换的科学预测。

(3) 从可持续性角度,对区域土地利用结构与布局进行优化模拟与生态设计。利用迅速发展起来的 GIS 技术对土地资源的优化配置进行评价,已成为土地利用的一个有力的决策支持工具。

以往对土地资源信息系统的研究只是局限在仅仅利用 GIS 平台和关系数据库做一些简单的二次开发,功能的灵活性和健康性弱,它的主要原因归结为没有充分考虑 GIS 平台的特点,以及系统软件开发的生命期和灵活性、规范性,并且规范性和灵活性是辩证统一的。模块化和基于 COM/DLL 组件式的系统集成模式带来了 GIS 系统软件的新发展,本文以江苏省情地理系统土地资源管理子系统为例,通过利用 GIS 的空间分析功能来分析江苏省土地利用情况及对土地资源管理的未来预测,探讨 GIS 在新一代土地资源管理系统方面的应用模型和前景。

二、基于 GIS 的土地资源管理系统应用模型

地理信息系统是 20 世纪 60 年代中期开始逐渐发展起来的一门新的技术,它是从自然资源的管理和土地规划任务开始的,在这个基础上诞生了世界上第一个地理信息系统——加拿大地理信息系统(CGIS)。从此,国内外许多专家和科研院所致力于 GIS 的研究,根据各自的研究成果和心得对 GIS 进行了定义和解释。一般来说,地理信息系统(GIS)是在计算机软件和硬件的支持下,运用系统工程和信息科学的理论,科学管理和综合分析具有空间内涵的地理数据,以提供对规划、管理、决策和研究所需信息的技术系统。随着计算机技术、空间技术、信息技术等的飞速发展,GIS 技术也有了长足发展,并且进入产业化阶段。它的应用从解决比较简单的基础设施的规划问题开始转向更复杂的区域开发问题,如土地的利用、城市的发展规划、环境与资源的评价等,随着 GIS 与全球定位系统、卫星遥感技术的结合,GIS 在工业、农业、军事、环境等领域的应用更为普遍。

1. GIS 的基本功能

地理信息系统是对对象(Object)的空间信息和属性信息管理的空间型数据管理系统,它包括:数据输入、存储、编辑功能;数据的操作与处理,主要操作包括坐标变换、投影变化、空间数据压缩、空间数据内插、空间数据类型的转换、图幅边缘匹配、多变型叠加、数据的提取等;主要的运算有算术运算、关系运算、逻辑运算、函数运算等;数据显示和结果输出;制图功能;地理数据库的组织与管理;空间查询与空间分析功能;地形分析功能等。

2. 数据模型

GIS 的数据模型包括以下大类:(1) 栅格数据模型(Raster)。这种模型是将地面划分为均匀的网格,每个网格作为一个像元,像元所含有的代码代表不同的地理特征,即卫星和航空摄影图片、以栅格模型为基础的数字高程模型(Digital Elevation Model,

DEM)。(2)矢量数据模型。矢量模型通过记录坐标的形式,用点、线、面来表示各种地理实体和地理特征的相互关系,如连接性、邻近性等,矢量数据表示的坐标空间是连续的,如以拓扑矢量模型为基础的三角形不规则网络模型(Triangulated Irregular Network,TIN)。(3)矢量栅格一体化数据模型。由于栅格结构精度低,并难以建立网络拓扑结构,这些缺点正好可以用矢量数据结构加以克服。所以,现在许多 GIS 软件中,既含有栅格结构又保持矢量关系,以形成一种复合数据结构。

江苏省综合省情地理信息系统的土地资源管理子系统数据库是一个多层次的、综合性的空间属性信息数据库,是系统的骨干和心脏,其内容涉及全省土地利用分类及其构成、土地分等定级及地价构成,以及基础地理信息、自然资源、社会经济和环境条件等各个方面。因此,一个标准的能够为政府宏观决策分析提供客观依据的系统数据库应该包括基础地理数据、国土信息数据、社会经济数据、资源环境数据、专题地图数据、政务数据以及卫星影像数据和 DEM 数据等。这些数据有些是空间(地理)数据,有些是属性数据。其中,空间数据库由矢量数据库、影像数据库和 DEM 数据库三部分组成;属性数据库由社会经济统计数据库、地名数据库以及政务数据库等部分组成(图1)。

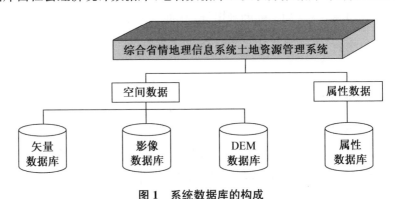

图1 系统数据库的构成

系统采用地理信息可视化平台 ARC/INFO 来建立空间数据库。在它的数据模型和查询语言中能提供空间数据类型,还可进行空间检索、查询等空间分析,系统通过编码和对象匹配在各类数据库间建立联系,利用 Geodatabase 的强大功能实现矢量数据库的建库,系统定义了按土地利用分类编码和地块编码的 8 位编码方法。土地利用分类编码按照国家土地分类标准进行编码;地块编码则定义唯一的 ID 码,在数据初始化过程中采取自动方式对原始数据进行编码。

土地资源管理系统的数据是按县市及年代组织的并分层管理。县级的土地利用现状电子地图采用了 1∶50 000 比例尺,全省采用 1∶250 000 比例尺的地图数据。基础数据包括:行政区域、居民地、铁路、公路、交通设施(机场等)、湖库、河流、水库坝、地区(地级市)界、县界、等高线、高程点、各种注记共 13 层;专题数据库包括:土地利用现状数据库 1 层;另有 DEM 数据库、卫星影像数据库,每层的属性数据采用大型关系数据库(如 Oracle)来管理,这样,属性数据的管理与使用更为灵活,还可以为其他 GIS 系统所使用,图形数据和属性数据之间采用专用的数据接口(如 ARCSDE)进行通信,这样可以提高属性数据的查询速度,历史数据库作为一个基本的数据库存在,这样可根据需要恢复失误的变更或查阅历史档案,还可从历史库中获取一定时期各类土地利用变更信息进行汇总,其历史数据库结构如图 2 所示。

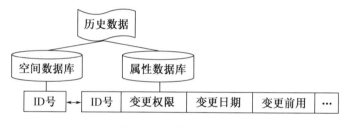

图 2　历史数据库结构

3. 系统的功能设计

根据用户对省情地理信息系统土地资源管理系统的要求及土地利用管理的业务需要,为全省制定区域经济和社会发展规划及招商引资等提供查询检索、统计分析和结果输出等功能(图 3)服务。系统应具有以下功能:

(1) 查询与检索功能

包括对空间信息和属性信息的查询,由于采用 ARCSDE 连接 Oracle 和 ARC/INFO,使得空间信息和属性信息可以同时访问关联,给用户以直观的视觉。

(2) 土地用途管制与指标控制功能

系统根据土地利用变更需求和各类规划图的关系及用途管制规则进行用途管制;指标控制主要是通过有权限的部门对库的定制和用户查询共同实现,系统根据友好的人机会话界面,为用户提供此方面的分析信息。

（3）土地利用变更功能

主要包括变更信息的获取、变更权限的控制、变更流程控制、变更的实现和变更信息的入库。

（4）统计与量算功能

系统需要具有土地现状信息、土地占用信息、补充耕地信息和用地类型、时间等的统计，以及进行长度和面积量算。

（5）辅助分析功能

采用数学模型和空间分析方法（叠置分析、缓冲区分析、拓扑分析、空间集合分析等）对查询、统计的结果进行结构分析、动态分析等，还可进行用地趋势预测、产量预测和人口预测。

（6）输出功能

系统要进行土地利用总体规划及各专项规划的制图输出、查询和预测、统计与量算的报表输出。

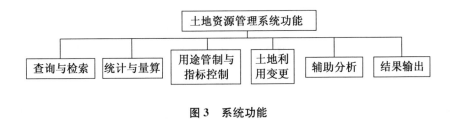

图 3　系统功能

4. 系统实现的关键技术

系统采用 Visual Basic 6.0 作为开发工具，基于 ARC/INFO 平台和大型关系数据库 Oracle 进行的二次开发。主要是采用面向对象的编程方法，利用 DDE（动态数据交换）和 OLE（对象链接与嵌套）技术，采用 ARCSDE 空间数据引擎将 ARC/INFO 空间数据更好地与 Oracle 数据库衔接，开发出基于 Client/Server 体系结构的土地资源管理系统。

（1）面向对象程序设计和面向对象数据模型

面向对象（Object Oriented）技术是近 20 年来计算机技术界研究的一大热点，是目前流行的系统设计开发技术。面向对象程序设计是一种围绕真实世界的概念来组织模型的程序设计方法,它采用对象来描述问题空间的实体,将现实世界中的任何事物均视为"对象",客观世界看成是由许多不同种类的对象构成,每一个对象都有自己的内部状态和运动规律,不同对象之间的相互联系和相互作用就构成了完整的客观世界。面向对象方法学所引入的对象、方法、消息、类、实例、继承性、封装性等一系列重要概念和良好机制,为我们认识和模拟客观世界,分析、设计和实现大型复杂工程系统奠定了坚实的基础。Visual Basic 6.0 是基于 Windows 的、面向对象的图形用户界面应用程序开发工具,它充分利用 Windows 一致的用户接口、设备无关的图形输出以及多任务的特点和基本用户界面对象,开发出系统用户界面美观、简洁、易操作。利用 Visual Basic 6.0 编程具有面向对象编程方法的四个基本特征:抽象、继承、封装、多态性。并且开发时间短、效率高、可靠性高,所开发的程序更强壮。由于面向对象编程的可重用性,可以在应用程序中大量采用成熟的类库,从而缩短了开发时间,同时应用程序更易于维护、更新和升级,继承和封装给应用程序的修改带来的影响更加局部化。在 OODBMS 中,数据和应用程序之间通过现存数据结构的扩展和改进紧密联系,这为模式的发展提供了相当大的机会,促进了应用代码的高效重用,面向对象数据模型(OODM)丰富的能力允许模型语义上的改进可以被严格定义。面向对象数据模型的生成如图 4 所示。

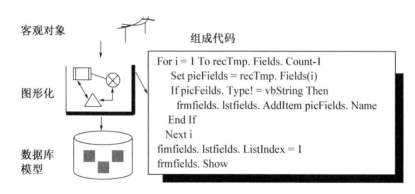

图 4　面向对象数据模型的生成

(2) OLE 技术

系统利用 OLE 技术将 ARC/INFO 作为一个对象链接到 Visual Basic 6.0 开发环境中,这样可利用 ARC/INFO 的内部功能空间图形进行浏览、查询、编辑操作等。

（3）SDE 技术

空间数据库引擎（Spatial Database Engine，SDE）是一个使空间数据可在工业标准的数据库管理系统中存储、管理和快速查询检索的客户/服务器软件，这些工业标准的数据库管理系统包括 Oracle、Microsoft SQL Server、Sybase、IBM DB2 及 Informix 等。SDE 可以很容易地将空间数据和其他的非空间数据集成到一起。SDE 提供了开放的应用编程接口（API），可以管理超大规模的数据库，从基础地形数据到各种专业应用的专题数据都可以放到 SDE 中进行管理；并且支持多用户和提供开放的数据访问。本系统利用 SDE 将 ARC/INFO 空间数据和非空间数据很好地在 Oracle 中组合起来，方便地进行空间分析和操作。SDE 体系结构示意图如图5 所示。

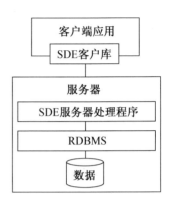

图5　SDE 体系结构示意图

三、结束语及发展前景

利用 GIS 技术和组件技术建立的新一代土地资源管理系统，将更加有效地动态掌握土地利用结构和布局，是信息时代土地资源管理的必然。通过研究土地利用的宏观经济、社会、生态效果，以及土地利用变更前后的社会、经济效益的变化情况，分析土地利用的动态变化趋势，提出改善土地利用的建议，提出提高土地利用率和土地生产力的途径，实现土地利用的可持续利用，真正实现一个以高新技术为支持的空间型信息系统。以数字地图为载体，综合反映全省的经济、资源、社会与环境等信息，为省府有关部门的宏观决策提供技术支持和咨询服务。伴随着 Internet 技术、通信技术的发展，WebGIS 的实现和深化，技术更加成熟，土地资源管理系统将能更加方便地提供决策支持功能，并且将得到广泛的应用，对于土地利用的可持续发展具有深远意义。

参考文献

[1] Jeroen C，Van Den Bergh J M. Ecological economics and sustainable development[M]. Edward Elgar，1996.

[2] 黄杏元.地理信息系统概论[M].北京:高等教育出版社,1989.

[3] www. superfull. com.

[4] 李满春,余有胜,陈刚,等.土地利用总体规划管理信息系统的设计与开发[J].计算机工程与应用,2000,36(8):144.

[5] 倪绍详.土地类型与土地评价[M].北京:高等教育出版社,1992.

[6] 汪成为.面向对象分析、设计和应用[M].北京:国防工业出版社,1992.

[7] Shamin Abmed. Object oriented database management system for engineering[M].JOOP, 1992.

[8] ArcObjects developer's guide[M]. Environmental Systems Research Instiute，Inc. ，1999.

Research of Development and Design on New Land Resource Information System

Huang Zhao-qiang　　Huang Xing-yuan

Abstract：Under the support of ARC/INFO，utilizing VB6. 0 develop the management system of land resource. And it is embedded to discuss the key technique of developing and designing the management system of land resource based on GIS. Lastly，bringing forward that the management system of land resource based on GIS has profound effect and significance for land utilization，and prospecting its prospect.

Key words：geographic information system(GIS)；land resource；space analyse；object oriented；data model

GIS Application in Land Suitability Evaluation

Ni Shao-xiang   Huang Xing-yuan

Hu You-yuan(胡友元)   Xu Shou-cheng

Gao Wen

Abstract: Land suitability evaluation is fundamental in decision-making on land use planning. In 1976, FAO published a framework for land evaluation in which the procedures and methods of land suitability evaluation were explained. However, the framework is basically a qualitative one and it is difficult to make a direct connection of evaluation results with decision-making on land use planning. Dent and Young pointed out that it is possible to conduct an automatic land suitability evaluation by the aid of computer, but the approach is only limited in computer processing or land evaluation data. The present study is an attempt to apply the geographic information system (GIS) technology to improve the efficiency and precision of the evaluation to decision-making on land use planning.

Key words: GIS; land suitability; evaluation

1. Procedures and Methods

The study area of 465 km² is located in Liyang County of Jiangsu Province, an area dominated by the topography of low mountains and hills, and used to be a production base of the subtropical forest and fruit trees in the province. However, the policy deviation during the 1960s and 1970s caused a serious damage to the forest and fruit trees, and a significant decrease in economic profits. Therefore, it is urgent to carry out a land suitability evaluation to provide a scientific base for adjustment and construction of the rational land use patterns.

The procedures and methods of the study are as follows:

(i) Select evaluation targets

Based on the practical situation and the economic development planning of the study area, five evaluation targets were selected, including tea (T1), Chinese chestnut (T2), mulberry (T3), China fir (T4) and Masson pine (T5).

(ii) Define evaluation factors and their rating values

Through the field survey and consulting the relevant material, a number of evaluation factors were selected empirically for each evaluation target. Thus, each evaluation target has its own evaluation factors X_1, X_2, $\cdots$, X_m. At the same time, each evaluation factor was given its rating values corresponding to land class 1 (highly suitable), class 2 (moderately suitable), class 3 (critically suitable), class 4 (not suitable), respectively. Hence, each evaluation factor has its own attribute set V_i:

$$V_i = [V_{i1}, V_{i2}, \cdots, V_{ij}] \quad i=1,2,\cdots,m; j=1,2,3,4$$

where I is the evaluation factor and j is the land suitability class.

The attribute set of each evaluation factor is an overall sequential data set which satisfies

$$V_{i1} > V_{i2} > \cdots > V_{ij}$$

Hence, according to their order, these evaluation factors can be expressed as the following matrix:

$$\boldsymbol{R} = \begin{bmatrix} F_1 W_1 & \cdots & F_1 W_2 & \cdots & F_1 W_m \\ F_2 W_1 & \cdots & F_2 W_2 & \cdots & F_2 W_m \\ \vdots & \ddots & \vdots & \ddots & \vdots \\ F_j W_1 & \cdots & F_j W_2 & \cdots & F_j W_m \end{bmatrix}$$

where F_j is the contribution function value of the evaluation factor X against the evaluation target T, and W_i is the empirically defined weight value of the evaluation factor X against the target T.

(iii) Set up the data base for the evaluation factors

The data base of the system consists of a spatial data base and an attribute one. The former was used to store those evaluation factor data with a spatial distribution feature, which were obtained through graphic digitization or automatically by the spatial analysis system designed in the study. The latter was used to store the statistical data. The system took the grids of 50 m by 50 m as the basic units for storage and analysis.

(iv) Develop the mathematical models for land suitability evaluation

The land suitability evaluation model is

$$R(T) = \frac{1}{100} \sum_{i=1}^{m} F_j W_i$$

Based on the calculated $R(T)$, the following model was used to carry out land suitability ratings for each evaluation unit (gird):

$$S(F_j) = \max(1 - |R(T) - F_j/100|)$$

If j satisfies $S(F_j) \rightarrow \max$, it was taken as the final suitability rating.

(v) Integrate single land suitability ratings into a final one

Because most land suitability evaluation units have different ratings with respect to the five evaluation targets, the following model was used to integrate the single ratings:

$$d_k = \left[\sum_{i=1}^{m} (U_i - V_{it})^2 \right]^{\frac{1}{2}} \quad k = 1, 2, \cdots, 5$$

where d_k is the suitability distance between a given evaluation unit and a given evaluation target, U_i is the attribute values of the evaluation factor $(i=1, 2, \cdots, m)$ in the same evaluation unit, and V_{it} is the optimum index value required by the corresponding evaluation target T. Obviously, k corresponding to the minimum distance d can be taken as the best selected target T from the point of view of land use planning and layout adjustment.

2. Result and Discussion

A comparison of the single land suitability evaluation maps output by computer with the present land use map and soil map of the study area as well as the field sampling check has shown that the precision of the evaluation is as high as over 90%, much higher for tea, Chinese chestnut and China fir and a little bit lower for mulberry and Masson pine. Nevertheless, mistakes in the evaluation were also found in a few evaluation units, resulting from inappropriate defining of the original rating values and weights of some evaluation factors other than deficiency in the evaluation models themselves. Through the adjustment of the rating values of these evaluation factors and their weights according to the practical situation and running again on the computer, satisfying results were obtained.

The following conclusions have been drawn:

(i) Using GIS technology in land suitability evaluation will make it possible not only to integrate spatial land data related to the evaluation with relevant land attribute data, but also to analyse and process these data flexibly, resulting in considerable improvement of efficiency and precision in land suitability evaluation.

(ii) Based on the unique functions of GIS it is convenient to make an integration of the results of single land suitability and to put forward adjustment scheme of present land use patterns and thus to make a further development of the land evaluation methodology described in FAO' framework for land evaluation. The results of the present study have been applied to the production layout adjustment of tea and Chinese chestnut in the study area and to the planning of their commercial production bases. The preliminary results have shown that these measures will have the promising economic benefits in the near future.

(iii) The established system in the study has created a sound base for further study such as data supplement and renewal as well as further land evaluation.

(iv) While using GIS in land suitability evaluation, great attention should be paid to the deep exploration on evaluated land, especially on proper selection of evaluation factors as well as defining there rating values and weights.

References

[1] FAO. A framework for land evaluation: Soils Bulletin 32[R]. Rome: FAO, 1976.

[2] Dent D, Young A. Soil survey and land evaluation[J]. Journal of Ecology, 1982, 70(3):911. pp. 210 - 214.

Raster-Vector Conversion Methods for Automated Cartography with Applications in Polygon Maps and Feature Analysis

Hsu Shin-yi   Huang Xing-yuan

Abstract: In this paper, we discussed the concept of data base conversions between raster format and vector format. With a series of cartographic experiments, we have demonstrated that polygon maps can be generated from raster data without losing the visual quality provided that the editing process is performed to remove the grid cell effect. The methodologies discussed in this paper can therefore serve as a model for using raster data for automated cartography.

1. Introduction

Polygon maps constructed by plotters are usually based on vectorized data sets, each constituting a distinctive, labeled region enclosed by a series of line segments. With a real density or typed symbols, these maps are generally called choropleth maps in the cartographic literature. Using the most popular mapping program SYMAP, as an example, the array of (X, Y) coordinates used to bound a region, called A-conformal line in that program, is in fact a vectorized data set. The quantitative or qualitative measure for that region, called E-values, is the basis for generating the statistical surface with the choropleth method.

Instead of using only the edge information, the cartographer can employ a data set that covers the entire study area with a matrix format for mapping purposes. Such data set is called raster data; digitized imagery is one of the most popular forms.

To use raster data for production of maps with line plotters, the raster data have to be processed, and structured in such a way that they contain only two types of information: edges and the interior, corresponding to the A-conformal line and E-values of SYMAP, respectively.

This paper discusses general methodologies for producing edge and interior information using imagery data as examples, and illustrates the techniques for the generation of polygon maps based on raster data with a series of computer maps.

2. Processing of Raster Data for Cartographic Application

For a given study area, raster data characterizing the statistical surface can be of either univariate or multivariate nature. Using image data for example, digitized black and white imagery can be considered as univariate; whereas multispectral imagery is multivariate. This classification is based on whether merging of two or more data files is needed to create a single file for mapping purposes. Methods for processing these two types of data are discussed below.

(1) Processing of single-channel data for raster-vector data base conversion

The purpose of data processing is to generate distinctive regions and produce edge and interior information for each region. In the context of image analysis, methodologies for such purposes belong to the general concept of supervised classification and scene segmentation or unsupervised classification.

Supervised classification utilizes calibration samples, called training sets in image processing literature, to classify the entire study area according to given categories plus a rejected class. The techniques for performing supervised classification have been discussed by many researchers and can be obtained from standard textbooks in remote sensing such as these by Sabins (1978) and Hall (1979). A simplified version was given by Hsu(1979).

To classify features or terrain types with one channel data, multiple measures for a given point are generally required to obtain a high rate of correct classification. This is because a single measure for the raster data usually does not give enough information for discrimination purposes. To increase the number of measures, spatial information is generally used. This type of approach is one of the forms of texture analysis; a cartographic approach was given by Hsu(1978).

Provided that there exists enough information in the spectral and spatial domains of the raster data, the training sets are properly selected and analyzed, and finally the classification logic is capable of handling the distributional characteristics of the data, a good classification map can be obtained with appropriate data processing techniques.

The final classification map is in fact, composed of two basic cartographic elements: edges enclosing the classified regions, and the interiors representing the characteristics of the regions. In terms of the SYMAP language, edges are A-conformal line, whereas interiors are E-values. Therefore, when these edges and the meterior information of each region are extracted and stored in a different data file from the classified map, we have in fact converted the raster data into vectorized data, which can be used by line plotters to generate polygon maps.

In addition to the above-discussed supervised classification method, a family of image processing techniques based on the concept of segmentation can be utilized to generate distinctive regions. In the remote sensing literature, it is generally called unsupervised classification method.

Scene segmentation can be approached from either edge detection, or region growing point of view. The former technique discovers the boundaries of distinctive region using local statistics from adjacent points, whereas the latter delineates distinctive areas by clustering "homogeneous" data points until the growing process touches the edges where another region begins spatially. A more detailed discussion on these topics can be obtained from Hall (1979).

Similar to the classification map generated by a supervised method, the segmented scene can be coded in terms of the edge and interior information using a vector format. Thus a conversion from raster data to vector data can also be achieved based on scene segmentation techniques.

（2）Processing of multi-channel data for rastes-vector data base conversion

Similar to single-channel data, multi-channel data in raster format like LANDSAT imagery which has four spectral bands, can be processed by means of both supervised and unsupervised classification methods for mapping purposes.

The methodologies for using multi-channel data to classify a scene are essentially the same as those used in the processing of a single-channel data except that number of features variables increases by a factor of equal to or larger than the number of channels. For instance, if there are three variables (one tone plus two texture measures) from each band, the number of variables available for analysis in a 4-channel system is at least twelve because additional variables can be derived from ratio bands between any of two channels.

To segment scenes with multi-channel data, certain types of single-band data must be generated by merging these multi-bands. Above-mentioned ratioing technique is one of the commonly-used methods for merging two frames into one.

Another useful technique is the principal component analysis. As it is well known in the multivariate statistical analysis literature, the number of components is equal to the number of variables; however, only the first few components would provide meaningful information. Using the LANDSAT MSS data as an example, usually the first and the second components provide meaningful information.

For segmentation analysis, the component scores map is used as the base representing a combination of the multiple-band data. The meaning of the component has to be interpreted from the relationship between the component and the original variables. Using the LANSAT data as an example again, the first component usually represents a linear combination of four bands, which is equivalent to panchromatic imagery.

Once the classification or segmentation maps are generated using the above discussed methods with multi-variable data, the same edge and interior extraction algorithm for the analysis of a single-band data can be used to generate vectorized data for plotting polygon maps. The following sections discuss the methods for generating polygon maps using a series of experiments to illustrate the concept of raster-vector data conversion methods as discussed.

3. Experimentation on Raster-Vector Data Base Conversion

(1) The original data base

Our experiments begin with a polygon map constructed by a line plotter showing different soil regions as in Figure 1. Note that each region is composed of a series of line segments enclosing that region. Some line segments are shared by two adjacent regions. This map is therefore based upon vectorized data.

To show that raster data can be utilized to generate polygon maps via a data base conversion method, Figure 1 was first converted to Figure 2 showing the interior information instead of the edge information, and then to Figure 3 conveying the same idea but with a raster data set composed of (65×58) data points.

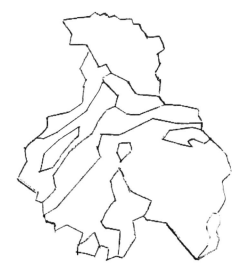

Figure 1   Original soil region Mao with vector data

Figure 2   A easrer data map of Figure 1

(2) From rastes data back to vector data

Figure 4 was generated from Figure 3 to depict the edges and the interior of each

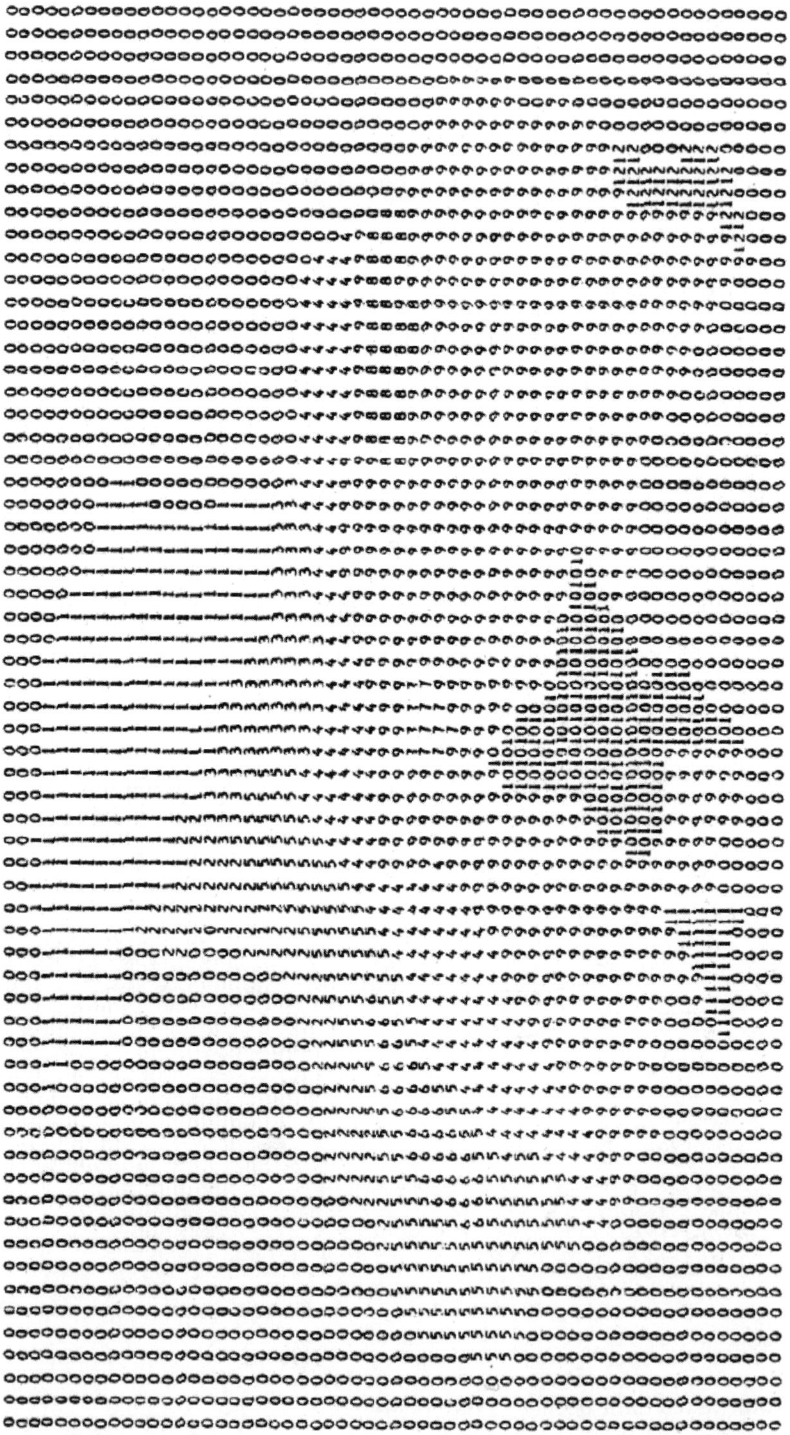

Figure 3　Full lattice map of Figure 1

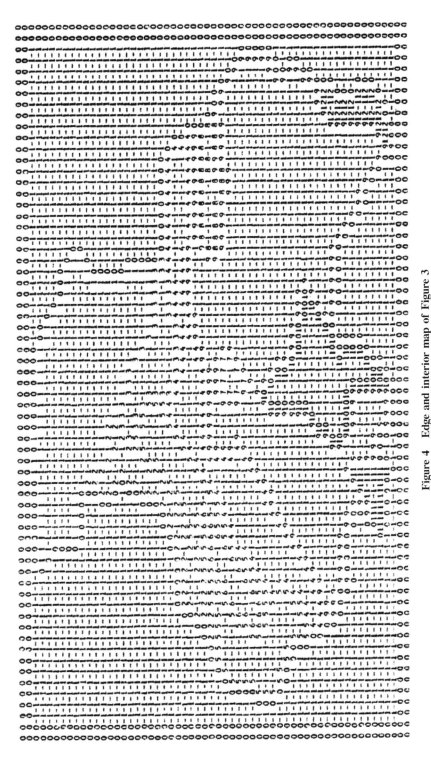

Figure 4   Edge and interior map of Figure 3

region using the following scheme(Figure 5)and algorithm. To extract the edges and interior simultaneously, we need to identify three types of boundaries:

① Exterior boundary separating two regions like that between region 5 and region 6 of Figure 5.

② Interior boundary identifying the inner region like region 6 using "−1" as the region ID code;

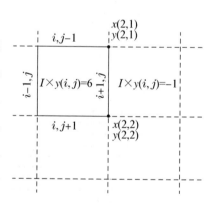

Figure 5 Three types of boundaries identified

③ Common boundary between grid cells of the inner region.

The purpose of using these boundaries is to create the necessary edge information (4 edges) for each control point or raster data point so that the exterior boundary can be determined by identifying and subsequently eliminating the interior and the common boundaries that identify a given region.

For example, in Figure 6 $i \times y(i, j)$ identifies the center point of a given grid; and $(i, j-1)$, $(i+1,j)$, $(i,j+1)$ and $(i-1,j)$ are the ID codes for the four edges of the control point. In addition, $(i+1,j)$, the second edge, is (-1) according to the information given from the adjacent control points, thus it is the interior boundary. Using the same principle, all of the exterior boundaries can be determined, displayed and stored.

Figure 6 ID codes for the center point and four edges of a given grid

The data structure of the stored data is given in Figure 7, Data set 1(Column of Figure 7) is composed of all the distinctive regions. Each region is subdivided into three sections:

① Left-hand side is the mother region.

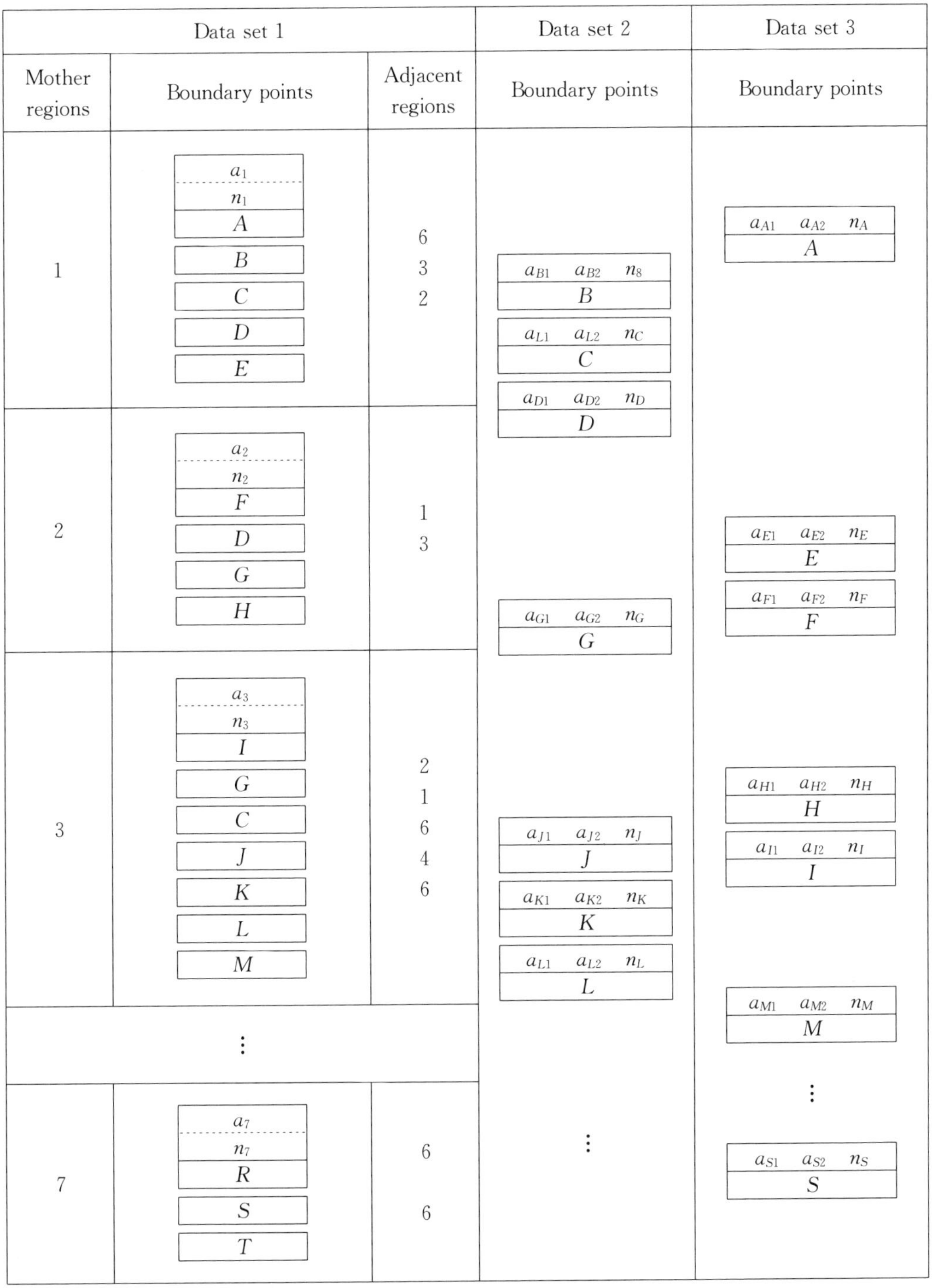

Data set 1			Data set 2	Data set 3
Mother regions	Boundary points	Adjacent regions	Boundary points	Boundary points
1	a_1 / n_1 / A / B / C / D / E	6 / 3 / 2	a_{B1} a_{B2} n_8 / B ; a_{L1} a_{L2} n_C / C ; a_{D1} a_{D2} n_D / D	a_{A1} a_{A2} n_A / A
2	a_2 / n_2 / F / D / G / H	1 / 3	a_{G1} a_{G2} n_G / G	a_{E1} a_{E2} n_E / E ; a_{F1} a_{F2} n_F / F
3	a_3 / n_3 / I / G / C / J / K / L / M	2 / 1 / 6 / 4 / 6	a_{J1} a_{J2} n_J / J ; a_{K1} a_{K2} n_K / K ; a_{L1} a_{L2} n_L / L	a_{H1} a_{H2} n_H / H ; a_{I1} a_{I2} n_I / I ; a_{M1} a_{M2} n_M / M
⋮			⋮	⋮
7	a_7 / n_7 / R / S / T	6 / 6		a_{S1} a_{S2} n_S / S

Figure 7   Data structure

② Right-hand side indicates adjacent regions.

③ Center part are the (x, y) coordinates for all of the boundary points; and the boundary points are further identified by the condition whether they belong to one or two adjacent adjacent regions. For instance, A is boundaries points without adjacent regions, whereas B, C and D are points shared by region 1 (mother region) and adjacent regions 6, 3 and 2, respectively. Such information is extracted and given in Data set 2 (Column 2 of Figure 7). Data set 3 (Column 3 of Figure 7) identifies line segments that are shared by two or more adjacent regions.

Figure 8 is constructed from Data set 1 of Figure 7, indicating that boundaries separating adjacent regions are plotted (repeated) twice because of the raw data of the boundary points are used.

To eliminate such double-plotting of boundaries, and to be able to extract individual regions, the data structure composed of Data set 2 and Data set 3 has to be utilized based on the fact that.

① No overlapping line segments exist in Data set 2.

② Boundaries either belonging to a single region or shared by two regions are identified in Data set 3.

③ Data points shared by two or more line segments are identified.

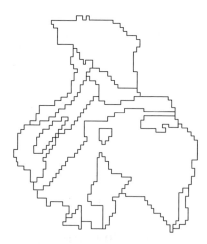

Figure 8　Raw vector-plotter map from Figure 7

(3) Refinement of the polygon map

As can be noted on Figure 8, the edges between adjacent regions are darker than the border lines because they are drawn twice by the plotters based on the fact that these line segments are used by two adjacent regions by the plotter.

The polygon map in Figure 8 can be refined first by removing the second plotting on the border line segments as shown in Figure 9 where line weight is even throughout the entire map.

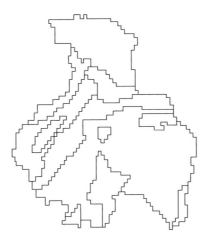

Figure 9   Refined vector-plotter map from Figure 8

Since Figure 9 is based on raster data, the grid-cell effect exists between nodes of line segments as compared to the original, vector based map of Figure 1. To produce a visually-pleasing map, Figure 9 was edited by "chiseling" corners produced by grid cells according to the method illustrated in Figure 10. To eliminate corner points, every 3-point series is examined to determine the existence of corner points. Intermediate points are eliminated by examining the slopes between every two adjacent line segments (each segment is defined by two points). If slopes are equal, the center point is eliminated, and vice versa. The final polygon map is shown in Figure 11, and it is almost identical to Figure 1, the original map based on vector data. This proves that our methodologies for raster-vector data base conversion are very effective.

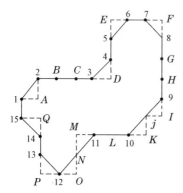

Corner points eliminated: A, D, E, F,
I, K, M, O, P, Q

Intermediate points eliminated: B, C, G,
H, J, L, N

Points stored: 1, 2, 3, 4, 5, 6, 7, 8, 9,
10, 11, 12, 13, 14, 15

Figure 10   Points edited and stored

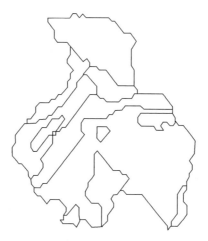

Figure 11   The final, edited map from Figure 9

4. Applications in Feature Analysis

In image processing, polygons determined by distinctive edges usually represent unique features, such as soil, vegetation, cultivated fields, etc. Once the edges of these features are determined, the texture and tone information of these features can be extracted from the pixels in the interior enclosed by the polygons.

For feature analysis, we in fact utilize the raster data and the vectorized data simultaneously; the former is the interior and the latter is the edge. This model's analysis is applicable to multi-channel and multi-temporal image data sets.

References

[1] Sabins F F. Remote sensing, principles and interpretation[M]. San Francisco: W. H. Freeman and Company, 1978.

[2] Hall E. Computer image processing and recognition[M]. New York: Academic Press, 1979.

[3] Hsu S. Exture analysis: A cartographic approach and its applications in pattern recognition[J]. The Canadian Cartographer, 1978, 15(2): 151 – 166.

[4] Hsu S. Automation in cartography with remote sensing methodologies and technologies[J]. The Canadian Cartographer, 1979, 16(2): 183 – 194.

A Preliminary Research on Land Resource Information System and Its Application in Land Evaluation

Huang Xing-yuan   Lin Zeng-chun

Abstract: This paper describes briefly the components and functions of the land resource in formation system(LRIS), and examines its applications in land evaluation by taking a typical experiment in Xiamao, Fujian as an example.

By doing this research, the authors give the factor combination method for rating the land types, and accomplish successfully the automatic information retrieval of the land types and landforms.

Finally, as a result, the land rating map of analysing the land resources in Xiamao area has been generated which provides the basis for different rational use of land at various levels of suitabilities according to local conditions.

1. Introduction

The land resource information system (LRIS) is a computer-assisted research oriented system with which the land resource data and the related parameters can be input, stored, retrieved, displayed for local land inventory and land use decision-making.

Land information contains extensive variables, such as physical, biological, social, and economic data. It is the most vital resource of any area, and has effects on all aspects of a region's well-being, i. e. its economic development, its culture, etc. In order to better utilize and manage each class of land, governmental agencies and other interested groups must first turn to make a thorough investigation of the land resources, then store the spatial data on a uniform grid of longitudes and latitudes, and finally provide a reliable assessment on the quality, quantity and distribution of the land resources within the study area. To accommodate these ideas, the LRIS can be used as an efficient tool not only for application purpose of land use decisions, but also for research purpose of land science which deals with the comprehensive characteristics of land. Thus, great attention has been paid to developing and implanting such a system.

2. System Configuration

The system is composed of three parts: input, manipulation and output (Figure 1). The IBM-PC (with 320 KBytes of memory and two disk drivers) is chosen as the central processing unit for the present purpose because it is the most popular micro-computer in China. A MYPAD-A3 digitizer is applied to transferring data from the source documents into digital form using manual line following technique. The topological data structure is adopted for polygon storing in which all line segments representing polygons are stored only once. Included in manipulation is the following:

Conversion of a data file to the standard editing format;

Conversion form arc segment polygon structure to grid cells of a specified size;

Production of area summary statistics from polygon or grid cell data;

Overlay operations in land quality analysis;

Neighborhood operations which measure topographic characteristics;

Land capability classifications based on the quality assessment of the land resources;

Windowing technique for selecting data from the files for closer consideration.

The system displays the data, tabular information, and thematic maps on an EPSON FX-100 line printer, a FWX-4675 pen plotter with the size of 345 mm × 260 mm, and a color monitor.

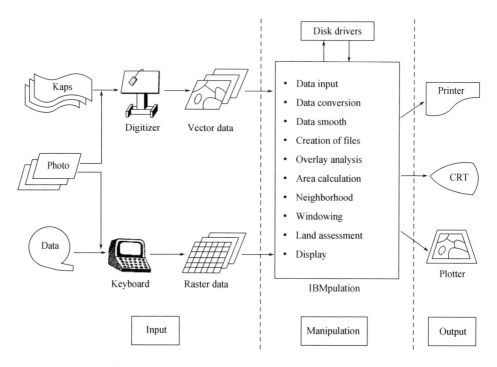

Figure 1　Land resource information system configuration

Figure 1 summarizes the various relationships of the hardware and software development of the system. At present，the software includes nearly 40 programs developed by the participants of the project. It permits the user to handle the spatial data ranging from application of land inventories to the analysis which provides information for research.

3. System Application to Land Evaluation

A vital task of the land resource inventory is to determine land suitabilities for specific uses. The most frequent solution to this determining has been using an empirical standard directly through field observation. This determining skill is inadequate while giving consideration to a large number of foctors that affect the homogeneity of regions and the suitability analysis. Therefore，the use of numerical rating scheme by computers has aroused many geo-scientists' attention. The authors made an experiment of land quality evaluation in the Xiamao area (Figure 2) to demonstrate the practical application of the system. The project procedures involved are as follows.

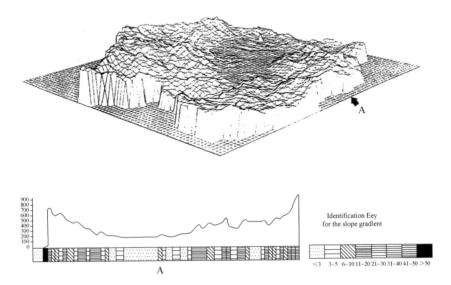

Figure 2   3-D diagram and a profile for the study area

(1) Data acquisition and input

Most of the data used in the study area were obtained in the course of field surveying the rest from the intermediate results of manipulation, and the aerial photographs. In order to store them, a grid system with 0. 062 5-square km (2 500 m ×250 m) cells was devised and related to the unified square coordinates system(i. e. kilometer grid) of the topographic maps at the scale of 1 ∶ 50 000. The data were organized in such a way that the grid cells within the square coordinates were used as the smallest unit for recording the land resources. A sheet of topographic map at the scale of 1 ∶ 50 000 is made up of 7 200 cell units, as shown in Figure 3. For the present, each record unit (R_i) contains 17 data elements (D_j) as follows:

$$R_i = \bigcup_{j=1}^{17} D_{ij} \, (i=1,2,3,\cdots,7\ 200; j_{max}=50)$$

where j_{max} means that the storage format allows space for a total of 50 data items for each cell.

The data items and the size of data fields for each cell are illustrated in Table 1.

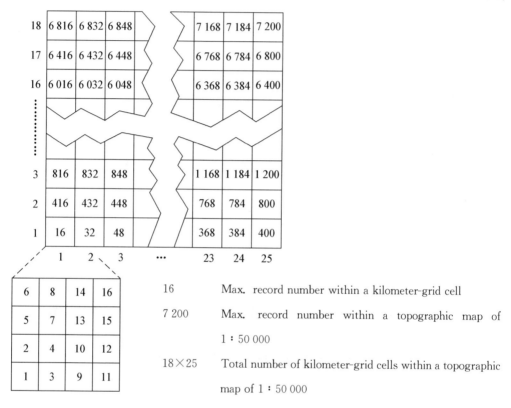

16   Max. record number within a kilometer-grid cell

7 200   Max. record number within a topographic map of 1 : 50 000

18×25   Total number of kilometer-grid cells within a topographic map of 1 : 50 000

Figure 3   Scheme of data storage

Table 1   Data record for each cell

Item No.	1	2	3	4	5	6	7	8	9	10	11	12	13	14	15	16	17	...
Field size	4	5	4	2	6	6	3	3	3	3	3	3	3	3	3	3	3	...
Data items	record code	x-coordinate of square grid	y-coordinate of square grid	cell number (from 1 to 16)	absolute elevation	relative elevation	slope class	asrect type	landform type	mean annual air temperature	soil type	soil fertility	soil depth	yield	Lithology	population density	land type	...

(2) Rating factors and grading

The rating factors selected for determining the land suitabilities vary with the purpose of the land suitability analysis. When rating the land for a particular regin, we must make use of the variables which have an apparent variability in areal differentiation and a great impact on the land qualities. This study is for the planning of agriculture and forestry, so eight variables such as mean annual air temperature, soil fertility, soil depth, yield, slope, elevation, bedrock and population density were selected after analysing the geographical environment in the area. These variables were then divided into two categories, the productive potentiality category and the productive limitation category, according to their influence upon the land natural productive forces.

Tables 2 and 3 show these categories followed by the corresponding variables, the classes of categories, and the quantitative or qualitative values for each variable.

Tables 4 and 5 derived from Tables 2 and 3 respectively indicate the process of encoding by which the respective weights were assigned to each variable, the indices were calculated, and the class intervals were produced.

Table 2 Rating factors of productive potentiality

Potentiality levels	Rating factors							
	Mean annual temperature /°C	Soil fertility		Soil depth/cm		Yield/(kg/mu) or coverage/%	
		Dry farming land	Paddy field	Dry farming land	Paddy field	Dry farming land	Paddy field
1	>18.8	>25	>75	>100	>15	>60	1 600—1 000
2	18.8—17.5	25—20	75—65	100—50	15—10	60—40	1 000—800
3	17.5—16.8	25—20	75—65	100—50	15—10	60—40	1 000—800
4	<16.8	<20	<65	<50	<10	<40	800—500

Table 3   Rating factors of productive limitation

Limitation levels	Rating factors			
	Slope class/ (°)	Absolute elevation/ m	Lithology	Population density/ (person/km²)
1	<3	<200	Quaternary deposit	>550
2	3—15	200—400	Metamorphic rock	550—250
3	16—25	401—800	Metamorphic rock	251—100
4	>25	>800	Gramite	<100

Table 4   Weights and indices for each factor of productive potentiality

Potentiality levels	Rating factors					
	Mean annual temperature $W=2$	Fertility of soil $W=1$	Soil depth $W=1$	Yield or coverage $W=0.5$	Sum of indices	Class limits
1	8	4	4	3	18	18.0/15.2
2	6	2.5	2.5	1.3	12.3	15.2/11.3
3	4	2.5	2.5	1.3	10.3	11.3/7.4
4	2	1	1	0.5	4.5	<7.4

Table 5   Weights and indices for each factor of productive limitation

Limitation levels	Rating factors					
	Slope class $W=2$	Absolute elevation $W=1$	Lithology $W=1$	Population density $W=0.5$	Sum of indices	Class limits
1	8	4	4	2	18	18.0/15.5
2	6	3	2.5	0.5	13	15.5/11.3
3	4	2	2.5	1	9.5	11.3/7.0
4	2	1	1	0.5	4.5	<7.0

The latter two tables represent the criteria to yield the thematic data upon which the calculation of the G value for classifying the land suitabilities is based (see Table

8). Note that the adoption of class intervals provides the flexibility for any further subdivision of classes as desired.

(3) Automated generation of landtype regions

Land type identifies the spatial units of the land evaluation. Usually, they are derived from the large-scale landtype maps. or completed through field observation. But these traditional methods are found to be too costly, time-consuming, and laborious.

The system provides the capability of automatic landtype information retrieval (Figure 4). A list of decision for classifying the landforms of the study area is shown in Table 6. A total of 14 landtypes, as illustrated in Table 7 and Figure 5, have been extracted by combining the landforms and the soil types. If the automated process of overlaying the existing landtypes onto the aspect map (Figure 6)is implemented, more detailed categories of these landtype regions identified as the rating units to classify the land.

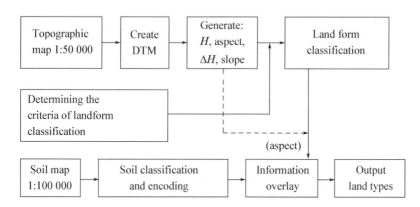

Figure 4   Automatic landtype information retrieval process

Table 6　Criteria for classifying landforms

Topographic features	Landform types				
	Flat land	Hillock	Hill	Low mountain	Moderate mountain
	Classification criteria				
Absolute elevation			<400	400—800	>800
Relative elevation		<100	100—200	>200	>200
Slope	<3°				
Aspect					

Table 7　Landtypes around Xiaomao area

1. Flat land
    (1) Cultivated flat field within intermontane basin
    (2) Cultivated flat field within valley basin
2. Hillock
    (3) Red soil low hillock
    (4) Crimson soil low hillock
3. Hill
    (5) Red soil hill
    (6) Crimson soil hill
    (7) Yellow-red soil hill
    (8) Yellow soil hill
4. Low mountain
    (9) Red soil low mountain
    (10) Crimson soil low mountain
    (11) Yellow-red soil low mountain
    (12) Yellow soil low mountain
5. Moderate
    (13) Yellow-red soil moderate mountain
    (14) Yellow soil moderate mountain

(The landtypes identified are shown in Table 7)

Figure 5   Example of landtype output

(4) A procedure of land quality classification

One of the more important applications of the system list in the automated evaluation of land quality. The various algorithms for land assessment have been developed, such as linear combination, nonlinear combination, cluster analysis, logical combination, and factor combination. By analysing the environment in support of the study, the factor combination algorithm was considered as the basis for generating overall land suitabilities. The processes to obtain a final system of land classification are the following:

① Using a series of factors to derive intermediate thematic values, namely the productive potentiality value E_j and the productive limitation value C_j (see Tables 4 and 5).

② Employing a mathematical expression, as shown below, to determine the combination of values

1—Flat area(5°)　2—Shady area　3—Semi-sunny area　4—Sunny area

Figure 6　Map of land aspect patterns

$$G(L) = \frac{1}{N}\sum_{i=1}^{N}(E_{i,j} + C_{i,j}) + K$$

where E is the productive potentiality value; C is the productive limitation value; j is the number of classer($j=1,2,3,4$); N is the number of cells within the same landtype regions; L is the landtype region number; and K is a parameter depending on the land use planning utilities.

③ Selecting the class breaks to divide the rang of G values into different classes.

In this example, 0 was assigned to K for land type number from 1 to 4, and 1 assigned to K for land type number from 5 to 14. There are several reasons for this:

The fact that the study area is a mountainous district suggests that the chief concern must be with land use in agriculture and forestry, and the different land use requires the different choices of K values.

In general, the hillock roughly separates the cropland that includes the landtype number from 1 to 4, from the forest land that represents the landtype number from 5 to 14.

Table 8 shown the resulted G values from which the land has been ranked by using the class limit scheme of equal-steps.

Table 8 G values for classifying the land suitabilities

Land type	G value	Land class	Area/km²	Percentage
1	7.126	1	14.375	7.05
2	6.167	2	1.500	0.74
3	6.601	1	39.750	19.49
4	6.500	2	0.500	0.25
5	6.777	1	26.375	12.93
6	6.407	2	1.687	0.83
7	6.150	2	1.250	0.61
8	5.549	3	4.438	2.18
9	4.829	3	37.375	18.32
10	6.215	2	8.437	4.14
11	5.375	4	19.312	9.47
12	4.871	4	32.000	15.69
13	4.846	4	0.813	0.40
14	4.958	4	16.187	7.94

The comparision of the land ranking result with present land use illustrates that the factor combination method can be used to analyse the overall natural capability of land, as seen from Table 9.

Table 9 Summary comparision of the land rating result and present land use

Land suitabilities	Land classes	Land types	Areal features and land use status
Agricultural use	1	1 3	Landform with a slope of less than 5°; deep soil; high natural fertility; well-drained triple-crop system; yield over 1 000g of grain per mu; a major farming area
	2	2 4	A slope of less than 8°; poorly drained; yield about 800g of grain per mu; add pieces of cropland
Forestry use	1	5	A slope of less than 15°; deep soil; a governing orchard and economic forest land
	2	6 7 10	A slope of over 15°; somewhat shallow soil; a economic and fuel wood forest land
	3	8 9	A slope of over 25°; with slight erosion damage; masson pine occupies an important position
	4	11 12 13 14	Low or moderate mountain with a elevation of over 600 m, and a slope of over 35°; land use for commercial forest and conserving the source of water

(5) Graphic output

The land classes derived can be mapped, as shown in Figure 7, using package of the system. This map provides the basis for making rational use of land resources at various levels of suitabilities according to local conditions.

Ⅰ—Class 1 land   Ⅱ—Class 2 land   Ⅲ—Class 3 land   Ⅳ—Class 4 land

Figure 7   Output of land sutiability analysis

4. Conclusions

The integrated survey and evaluation of land resources are multidisciplinary research projects. The experiment made in this study indicated that computer assisted land resource information system is a very useful tool in multivariate analysis but not readily achieved by a conventional technique, in automated classification of land types, and in aid to better, more economical, faster mapmaking. However, it should be pointed out that emphasis must be placed on analysis of the data because the data are the key to deciding the quality of results.

A Preliminary Approach to the Data Structure
and Geosciences Analysis Model
for Raster Format Data

Huang Xing-yuan   Xu Shou-cheng

Abstract: In this paper special research consideration are given to raster data that have been most frequently used in geographic information systems. These considerations include how the data conversion and organization are based on the technique of efficient operation and reduced storage requirement, and which analysis models can be adopted in the application of regional geographic analysis. Finally, the applications and results of raster analysis model are illustrated by using some samples to demonstrate the potential value of raster data in the integrated and quantitative analysis in geo-sciences.

1. Entity Features and Data Organization

As one of the spatial data expressions, raster data can be used to approach any entity with surface distribution (i. e. land use, soil type, undulated terrain and environment pollution etc.). Every element of the raster data may be uniquely identified with rows and columns, and the raster resolution (or size) and entity features determine how many rows and columns are needed. Generally, the more complicated the entity features are and smaller the size of the raster grid and higher the resolution is, the larger the raster data are needed (increased by the ratio of square index) and the more the computer processing will cost. Therefore, a practical data processing system should enable the raster data organization in conformity with the following requirements.

① Effective approach of the feature distribution of the entity for analysis.

② Compression of the data storage to the minimum.

③ Use of data strings as logical units for data access and analysis.

The effective approach of the feature distribution of the entity for analysis means obtaining spatial data of the entity to the standard of the minimized data points. While approaching spatial entity with raster data, we will lose some of the information in comparison with the original no matter how thin the raster is applied due to the unified grid used for the complicated entity. However, with the raster size specified by the smallest polygon, the established raster grid can effectively approach the features of the abnormal entity and reduce data redundance. As illustrated in Figure 1, A is the size of the smallest polygon in the research area. The polygon might be lost if H is the side length of the raster, but can be best approached if it is $H/2$. So, the reasonable raster size should be

$$H=1/2(\min(A_i))^{1/2}, i=1,2,\cdots,n$$

where n is the number of polygon in the research area. With the raster data established accordingly, the approached graph (Figure 2) has better similarity with the original(Figure 3). Specifying the raster size by means of effective approach of graph features of the entity for analysis is the most important step for establishing raster data. In regard to storage space, we should also take the compression of data into consideration. The compression of the data storage to the minimum should be done on the basis of ensuring the completion of the information in the entity. The following are two methods.

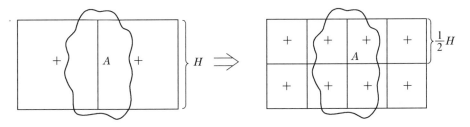

Figure1　Determination of reasonable raster size(H)

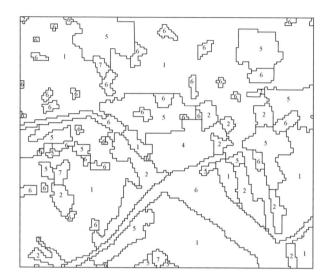

1—Paddy field; 2—Dry farming land; 3—Garden; 4—Wasteland;
5—Settlement; 6—Lake & reservoir; 7—Sunning ground

Figure 2   Approximating land-use map with raster format representation

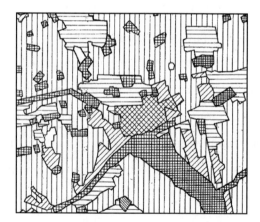

Figure 3   Original graphic data of land-use

1) Geometric modelling

The research areas are usually abnormal in appearance, and if the single retangle still applied, big waste of the storage space would be caused due to the blankness of many elements of the established raster data. Therefore, it is necessary to divide the research area into certain retangles according to its appearance. To represent the retangles in digital form, we may quantify the coordinates of the diagonal points and calculate the corresponding determinant value i_1, j_1 and i_2, j_2 for the record in the format (Table 1). Store the data in order of the record number area by area which is:

$$RN_k = (i_{2,k} - i_{2,k-1})(j_{2,k} - j_{2,k-1})$$

where k is the area number. For data extraction, we should firstly identify the number of the retangles which include raster units and calculate the storage address on the basis of the local coordinate (i,j) of the raster unit in the area:

$$ADD = (i'-1) * (j_{2k} - j_{2k-1}) + j'$$

and then extract the attribute. In the meanwhile, we recover the united coordinates (i,j) for the linkage of the raster network.

Table 1   Record format of each rectangular zone

Area	No. of corner points	United coordinate		Local coordinate.	
		i	j	i'	j'
1	1				
	2				
2	3				
	4				
$\vdots$	$\vdots$				
k	$2k-1$				
	$2k$				

2) Encoding modelling

Usually, matrix file is the standard format for raster data. Suppose there are the elements $R(\text{Rows}) * C(\text{Columns})$ in the matrix. According to the frequency (Q), the changing attribute of the adjacent elements in the matrix, the redundance information (R_e) of the data matrix can be calculated.

$$R_e = 1 - Q/R * C$$

Apparently, the bigger the R_e is, the more potentials of the compression the raster data have. On account of the processing and operation, the ideal method for raster data compression is run-length-encoding (RLE). The data structure of the method can be described as

$$RLE=(A_i, \ P_i), i=1,2,\cdots,n$$

In the format, (A, P) is one run length, which represents certain same consecutive pixels(P) with attribute value(A); n represents the amount of the run lengths in a line of the matrix. It is proved through experiments that RLE may compress the data for over nine times, depending on the size of the RLE value, even several hundreds times more than the direct encoding method can do.

The compression of raster data plays important part in space storage and operation speed. However, the key to effective improvement of raster data processing and analysis efficiency is to converse the single raster unit into data strings as the logistic unit for data extraction and analysis. It is RLE that provides the possibility. Suppose (A_i, P_i), $i=1,2,\cdots,n, P_i$ represents the column number of the very right raster of the run length, we may calculate the field width (P_i-P_{i-1}) and address $(P_{i-1}+i\cdots P_i)$. The attributes of same quality as many as P_i-P_{i-1} for the address constitute one data string. Remarkable advantages can be made in data extraction an analysis by means of data string rather than single raster cell as logistic unit. Furthermore, combined data strings can also be established for direct analysis and application of the compatible RLE data of two groups or more. Suppose two compatible RLE data:

$$U=(A_i,P_i), i=1,2,\cdots,m$$

and

$$V=(A_j,P_j), j=1,2,\cdots,n$$

then following is the algorithm for establishing combined data strings(Figure 4).

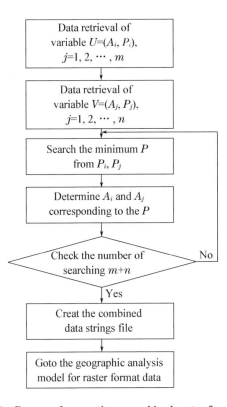

Figure 4   Process of generating a combined raster format data

2. Algorithm of Conversion for Spatial Data Type

Most of the raster data used in geographic information system are from vector form through conversion, except for remote sensing graphic data. Generally, vector form can help ensure the load of potential information in the entity for data gathering and storing, and raster can help raise the data operation efficiency for the purpose of analysis and application. Therefore, the mutual conversion between vector and raster data is one of the basic function for data processing in geographic information system. The following are some effective algorithm of conversion explored by the authors.

1) Conversion from vector to raster data

Input: the data file of polygon index

Output: raster matrix or RLE data file

Algorithm:

① select the side length H of raster grid

② specify the window for cell encoding

③ for $= 1$ to n do

④ read the polygon index data

⑤ judge if the polygon fall into the raster window

⑥ if so, read the chain data

⑦ seek for intersection of the scaning line and chain line

⑧ make processing of odd points

⑨ put all intersection points in order to be coordinates

⑩ calculate rows(Y/H) and column(X/H) on the basis of the coordinates

⑪ fill the attribute to the elements respectively in the rows and columns

⑫ introduce the representation from raster data to RLE

⑬ end if

⑭ end do

The key of the algorithm is as follows:

① Select the side length H of the raster grid, which influences the approaching effect of entity spatial features and data precision. The method for the selection has been covered in the first part of the paper.

② Define the window, which plays important part to the settlement of contradiction between the large amount of data and limited storage space in the conversion from vector to raster data. This method of random window opening provides great convenience for the application of systematic data operation by means of dividing raster data into many parts, and then, putting the raster data into the analysis pattern which will be illustrated in the third part of the paper, or being combined into data body and merged into data bank together with the corresponding graphic data.

2) Conversion from raster to vector data

Input: raster data in the form $I{\times}Y(i,j)$, $i=1,\cdots,n$; $j=1,\cdots,m$

Output: vector representation

Algorithm:

```
for j =1 to m do
if(i=1) then
k1(j)=I×Y(i,j)
end if
end do
for i=1 to n do
for j =1 to m * 2 do
b(i,j)=0
end do
end do
for j=1 to m−1 do
if(ki(j)≠ki(j+1)) then
b(1,j * 2)=1
end if
end do
for i=2 to n do
for j= 1 to m do
k2(j)=I×Y(i,j)
end do
for j= 1 to m−1 do
if (k2(j) ≠k2(j)) then
b(i,j * 2−1)=1
end if
k1(j)=k2(j)
```

```
end do

if (k1(j) ≠k2(j)) then

b(i,j * 2-1)=1

end if

k1(j)=k2(j)

end do

if (ki(m) ≠k2(m)) then

b(i,m * 2-1)=1

end if

k1(m)=k2(m)

end do

input H

for i= 1 to n do

for j=1 to m * 2-1 do

if (b(i,j)=1) call plot(j/2 * H,(i-1) * H,3)

call TRACE

call PLOT(x,y,2)

b(i,j)=0

end if

end do

end do
```

The purpose of this conversion is mainly for the output of analysis result on the vector devise. The forever kept files are not the reproduced vector data but the original file including node coordinate, arc, polygon and label points. Therefore, the **B** matrix established on the basis of this algorithm from zero to one is named graph matrix, which may provide convenience for the graph-making output in joint use of the documents with points inside polygon, raster matrix or RLE file, and supply important parameter for raster data compression processing in calculating the value *Q* directly on the basis of matrix **B**.

3. The Analysis Models of Raster Data

The data stored with raster can be used in making different kinds of graphs and many types of geographic analysis. Compared with vector data, raster data is characterized as easy gathering and separating of the space area, easy arithmetic operation and Boolean logical operation and convenient connection among the image processing systems. So raster data concerned geographic analysis model are widely applied to geographic information system. The following are some models applied by the authors in some concerned analysis with raster data in recent years.

1) Spatial clustering

With presupposed clustering factors, the model outputs the areas from raster data which fit the factors on the map and leaves blanks for those unfit. With the relative operation representation, the spatial clustering can be described as

$$Ce(U) = ((A,P) \in U | (A,P) \text{ fit } E)$$

where E is factors supposed depending on need. The supposed representation for the example (Figure 5) is:

E=(type='Lake'˄ area≥'525 m² '˄Lake adjoins' the residential area')

This type of analysis model is often applied to side selection.

2) Spatial aggregation

The model is for the realization of space accumulation by means of combination and conversion of classified data on the basis of space resolution and classification list. So, the result of the accumulation is a conversion of the categories from complexity to simplicity comparatively, and often with the graphic output in smaller scale. This method of analysis is often used for the conversion from place and region to bigger area. Figure 6 is the example of accumulation of six kinds of land use pattern for the research area to two patterns of water and land, providing the comparative study on

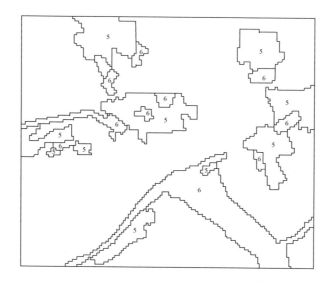

Figure 5   Output of spatial clustering analysis

water and land size and comprehensive planning for the use of the water area.

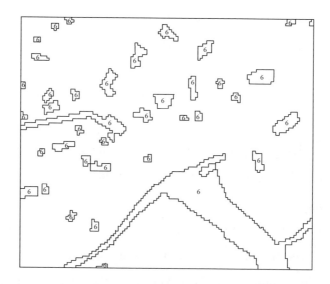

Figure 6   Output of spatial aggregation analysis

3) Type overlay

Type overlay is used to establish new data file on the basis of the joining class of two or more two groups of RLE data. Actually, the settlement of the type overlay is in the course of combining two groups of data to data strings. For instance, with U (Table 2) and V (Table 3), we can obtain the result of shown in the Table 4. Type overlay is the basic method for land suitability analysis.

Table 2 A row of compact raster data of variable U Table 3 A row of compact raster data of variable V

A_i	P_i	A_j	P_j
1	21	1	22
2	52	6	48
3	61	5	61
2	68	1	67
3	86	4	86
1	120	2	120

Table 4   Combined raster data with U and V

P	A_u	A_v
21	1	1
22	2	1
48	2	6
52	2	5
61	3	5
67	2	1
68	2	4
86	3	4
120	1	2

4) Weight grading

It means giving different weight value to the variables, and seeking then for attributes sum of the corresponding raster grid in accordance with the difference of their importance to the analysis on the basis of the data string representing data. The expression of weight grading is:

$$\text{SUM} = (A_U * W_U) + (A_V * W_v) + \cdots$$

Finally, the sum will be graded according to the defined gradation. The grading consequence serves as basis for the decision-making on how much the influence on the object for analysis(i. e soil erosion) will be.

5) Dynamic analysis

If each of the two groups of the data represent the attributes of the same element in different periods, the difference of the established combined data string is the variation of the element within the period. It is often applied to dynamic monitor of land use.

6) Geometric extraction

This model is for the extraction of some information through randomly established graph (circle, rectangle or strip). For instance, the extraction of information within the circles (Figure 7) in different radius as research area can be rapidly achieved through the comparision between the data strings among the two boundaries of the circles and the attributes with special content.

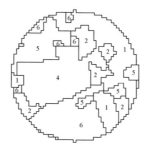

Figure 7　Spatial retrieval of raster data

7) Quantity statistcs

Suppose a group of data represent natural or administrative division of a region and another group of data represent special content, the quantity statistics(including region number, type and size of the region)may be done rapidly on the basis of the established data strings. For instance, suppose the geographic graph in Figure 7 is the regional boundary, so the quantity statistics of each region is shown in Table 5. The quantity statistics is made through type overlay of raster data. This method is often required in analysis of land resources.

Table 5 Grid cell overlay for area calculation

No. of region	Type of land-use	Area/m²
(1)	1	848
	2	246
	4	510
	5	312
	6	453
(2)	1	1 011
	2	82
	5	219
	6	233
	7	55

8) Terrain analysis

Raster data can be used to describe digital terrain model, extract various terrain factors, i. e. slope, aspect (Figure 8), plot terrain or integrated geographic profile, classify landform, evaluate volume in cut-and-fill, estimate flood loss, etc. This kind of analysis is of big significance in geographic research, engineering design and assistant policy decision-making. It is especially important through using the analysis method in further strengthening analysis function of the system by supplying new raster data and rejoining new recycling of analysis of the system.

Figure 8 Aspect analysis

References

[1] Miller S W. A compact Format for handling spatial data [C]//Proceedings of ACSM. ACSM, 1980.

[2] Marble D F, Calkins H W, Peuquet D J. Basic readings in GIS[M]. SPAD Systems Ltd. , 1984: 1 - 46.

Application of GIS Technology in Regional Multipurpose Land Suitability Evaluation

Ni Shao-xiang   Huang Xing-yuan   Xu Shou-cheng

Abstract: This paper, taking the southern Liyang County in Jiangsu Province of China as an example, presents the procedures how to use GIS technology in multipurpose land suitability evaluation and regional production layout decision-making. The results have showed that through construction and operation of the single land suitability evaluation models and the production layout decision-making one, it is possible to provide a scientific foundation for the regional reasonable production layout and sustainable land use management.

1. Introduction

There are many different ways to achieve sustainable land use management in a region which include land suitability evaluation. The main purpose of the land suitability evaluation is to clarify the fitness of current land use pattern for the land by means of a comparison of the evaluation results for different targets.

Based on the evaluation, the optimum land use pattern capable to achieve sustainable land use will be identified.

One of the most significant progresses in land evaluation in recent years is to use GIS technology in the evaluation. It will greatly facilitate forming of a reasonable land use layout and, therefore, sustainable land management as well.

2. The Study Area

The study area with an area of 465 square kilometers is located in the southern

Liyang County of Jiangsu Province in China (Figure 1). The topography is dominated by low mountain and hill less than 500 metres in elevation. The annual mean temperature is 15—16 ℃ and the annual mean precipitation is 1100—1150 mm. This is a famous region in Jiangsu Province for its subtropical economic trees including some fruit trees. However, owing to the inappropriate development of cereal crops in late 1960s and early 1970s the economic trees have greatly decreased in area, resulting in decreasing of the economic benefits and aggravating of soil erosion. Therefore, it is an urgent task to identify and define an appropriate land use pattern.

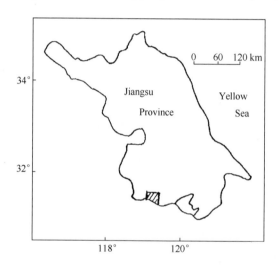

Figure 1   Location map of the study area

3. Methodology

The major study procedures are showed in Figure 2. It includes the following steps:

(1) To select the targets for the land suitability evaluation and define their land use requirements.

Through the field survey and consultation with the local farmers the following economic trees were selected as the evaluation targets: Tea, Chinese chestnut, mulberry, China fir and masson pine.

In the meantime, by means of field survey in conjuction with using Delphi testing method the evaluation factors and their weights were determined, tea, for example, is showed in Table 1.

Table 1   Evaluation factors of tea and their weights

Factor ratings	Factor and weight/%						
	Soil depth/ cm	Soil reaction (pH)	Soil texture*	Slope angle/ (°)	Soil drainage	Organic matter/%	Stoniness, topsoil/ %
	24	20	18	15	10	8	5
S1	>70	4.5—5.5	SL, LL or L	3—10	very good	>1.5	absent
S2	50—70	5.5—6.0	HL or LC	10—15	good	1.0—1.5	<5
S3	35—50	6.0—7.0	MC or SS	15—25 or <3	poor	0.5—1.0	5—18
N	<35	>7.0	HC, StS or PS	>25	very poor	<0.5	>18

* HC—Heavy clay; HL—Heavy loam; L—Loam; LG—Light clay; LL—Light loam;
MC—Medium clay; PS—Primitive soil; SL—Sandy loam; SS—Sandy soil; StS—Stony soil

(2) To set up the data based and spatial analysis system. The data bases used in this study are consisted mainly of the spatial data base and attribute one. The former is used to store and manage the data files of spatial position relation in the form of point, line and polygon. The latter is used to store and manage the attribute data relevant to the spatial data. The total data volume of the spatial data bases is one million except from the derived and processed data.

The spatial data are managed according to the coverages. The study area is divided into six coverages labeled with their spatial position encodings (Figure 3). The size of grid expressed by code D is 50 m×50 m, and each coverage has 182 400 (380×480) grid files with different attribute values including all parameters of the data files. The controlling parameters of each coverage are showed in Table 2.

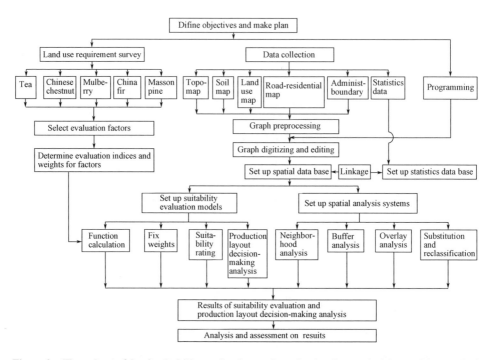

Figure 2   Flow chart of land suitability evaluation and production layout decision-making analysis

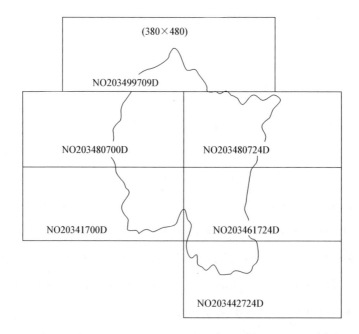

Figure 3   Coverage divisions of the study area and their spatial position finding encodings

Table 2   Controlling parameters of each coverage

Parameters	Field width/byte
Graph file name	30
Graph length (0. 1 mm)	2
Graph width (0. 1 mm)	2
Graph types (1/2/3/4/5/6)*	2
Graph scale	4
Graph resolution (0. 1 mm)	2
Indicator of numerical type (0/1)	2
Graph position code	12

* 1—Dot data: Dot. (X&·Y/adx/nod); 2—Line data: ARC. (X&·Y/adx/nod); 3—Poligon data: Poly. (X&·Y/adx/pdx/nod/inn); 4—Matrix data: Surface. (DTM); 5—Grid data: Grid. (rle/rdx); 6—Contour data: Contour. (X&·Y/cdx).

The data structure of the spatial data base has two formats, namely, the vector data structure and the raster one. The former is the principal data type used for data input and output in the system whereas the latter is the fundamental data type in the spatial analysis system.

The non-geometric attribute data are managed by dBase. In other words, this sort of data are stored in the coverages as the format of dBase Ⅲ data base files, and the different operations are conducted by use of dBase Ⅲ data base.

The spatial analysis system is consisted of the spatial analysis orders and the basic spatial operators. Its main functions are showed in Figure 4. Any spatial target or entity in the study area is stored in one of the coverages as a land rating data files in the form of Code ASCⅡ after it is processed in the spatial analysis system.

(3) To establish the mathematical models of land suitability evaluation and production layout decision-making. It includes the following major steps:

(a) Construct the standard weight functions.

The main function of the standard weight functions is to define the suitability values of the different evaluation factors against each evaluation target. The

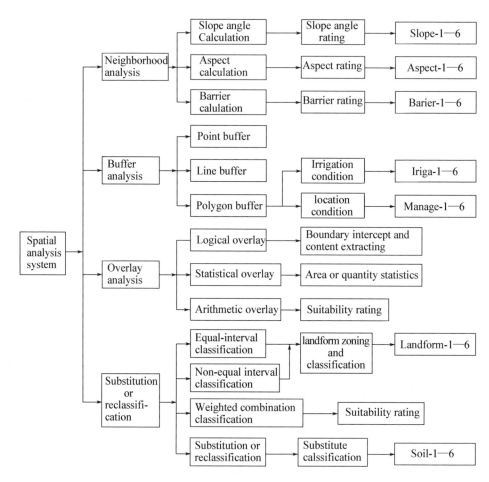

Figure 4   Main fuctions of spatial analysis system

calculating equation is

$$F(X) = AX_i + B \quad i = 1, 2, \cdots, m$$

where $F(X)$ is the standard weight function value of a given evaluation factor against a given individual evaluation target, X_i is the evaluation factor, as well as A and B are the constants. It is stipulated that $F(X_i)$ equals 100 when X_i is within the optimum value range required by the evaluation target whereas $F(X_i)$ equals 0 when X_i is outside of the critical value range of the evaluation target.

（b）Establish the single target suitability evaluation models. The suitability evaluation targets of the study area include T_1 (Tea), T_2 (Chinese chestnut), T_3

(mulberry), T_4 (China fir) and T_5 (masson pine). Each of them has a group of evaluation factors X_1, X_2, $\cdots$, X_m. Each evaluation factor has an attribute value set V_i:

$$V_i=[V_{i1},V_{i2},\cdots,V_{ij}] \quad i=1,2,\cdots,m;j=1,2,3,4$$

The attribute value set of each factor is an ordered set from good to bad against a setted T and is satisfied to

$$V_{i1}>V_{i2}> \cdots >V_{ij}$$

Hence, these factors can be expressed by the following matrix in its descending order of size:

$$R=\begin{bmatrix} F_1W_1 & \cdots & F_1W_2 & \cdots & F_1W_m \\ F_2W_1 & \cdots & F_2W_2 & \cdots & F_2W_m \\ \vdots & \ddots & \vdots & \ddots & \vdots \\ F_jW_1 & \cdots & F_jW_2 & \cdots & F_jW_m \end{bmatrix}$$

where F_j is the weight function value of evaluation factor (X) against the evaluation target (T), and w_m is the weight value of X against T. Therefore, the single target land suitability evaluation models in which raster are taken as evaluation units can be expressed as:

$$R(T) = \frac{1}{100}\sum_{i=1}^{m}F_jW_i$$

where $R(T)$ is the single target suitability values. After $R(T)$ is obtained the land rating can be carried out using the following model:

$$S(F_j)=1-|R(T)-F_j/100|$$

where $S(F_j)$ is the land suitability rating of a given single target, which is corresponding to FAO's land rating, namely, S_1 (Highly suitable), S_2 (Moderately suitable), S_3 (Marginally suitable) and N (Not suitable) (FAO, 1976). Thus, for any evaluation target T, its suitability rating of any spatial domain (a grid) can be derived.

(c) Build production layout decision-making model.

The results of the single target land suitability evaluations have showed that a spatial domain usually has same or similar suitability grades for more than one target. The main function of the production layout decision-making model is to determine an evaluation target mostly suitable for the spatial domain.

The principle of the production layout decision-making model is to compare the attribute values(U_i) of the evaluation factors($1,2,\cdots,m$) in a spatial domain with the optimum index value (V_{il}) required by the corresponding evaluation target, leading to derive their suitability distance(d):

$$d_k = \left[\sum_{i=1}^m (U_i - V_{il})^2 \right]^{\frac{1}{2}}, k = 1,2,\cdots,5$$

Obviously, based on k value corresponding to a minimum distance optimally chosed T can be identified. In other words, the production layout suitability decision-making model can be expressed as:

$$P(T) = \mathrm{Min}\{d_k\}$$

4. Results

The whole operations of the system were run on IBM/PC computer. The single target evaluation maps of a coverage as an example are showed on the Plates 1—5. The evaluation results of the study area were taken to compare carefully with the geomorphological map, soil map and the present land use map of the same area in order to show the consistency between the evaluation results and these consisting elements as well as the current land use pattern. In addition, the evaluation results were checked also through the field sampling investigation. It has been showed that the evaluation results are coinciding almost with the land characteristics and the present land use pattern. However, it has been found that there are some discrepancies between the evaluation results and their real situation in a few evaluation units(grids). Therefore, it is inevitable to take some necessary feedbacks, namely.

To read just the rating values of the evaluation factors and their weights as well as to run them on the computer until the satisfying results were obtained. On the basis of which and according to the running results of the production layout decision-making model the necessary adjustment of the production layout of the economic trees in the study area was carried out and has been putting into effect. It is anticipated that this adjustment will not only exert good economic benefits, but also be in great favour of the sustainable land use and management in the study area.

5. Conclusions

The following conclusions have been drawn from the study:

(1) Using GIS technology to carry out the land suitability evaluation, especially the multi-purpose land suitability evaluation, will make the evaluation more flexible and efficient than the conventional one. Therefore, it has a very good perspective in future.

(2) Based on GIS technology the conventional land suitability evaluation will easily be extended to the production layout decision-making research, which not only is very helpful to further development and deepening of FAO's land suitability evaluation approaches, but also will enable the suitability evaluation to be incorporated with the land use adjustment and construction of commodity production bases etc.

(3) GIS technology will give us a great help to integrate the ecological land factors with the economic ones, and thus, will be in great favour of putting forward efficient measures for sustainable land use in a region on the basis of land suitability evaluation.

Reference

FAO. A framework for land evaluation: FAO Soils Bull 32[R]. Rome, 1976.

GIS 教育与人才培养

PART 4

泰国北部安康山地研究站访问记

毛赞猷　黄杏元

　　我们参加了在曼谷召开的第一届亚洲遥感会议之后，应泰国国家研究委员会的邀请，访问了泰国北部皇家安康山地研究站，这个研究站是按照泰国国王的北部计划建立的山区农业试验站之一，它位于泰、缅、老边界"金三角"地区的西侧，距离曼谷八百多公里，而距离我国云南边境约有二百公里。

一、从曼谷到"金三角"

　　我们乘坐旅行车从曼谷向北疾驰，沿途领略了泰国深秋的景色。

中国遥感代表团和泰国朋友在一起

　　泰国属热带季风气候带。由于三面环山，泰国中部的雨量不算多（全年降水量1 200～1 350 毫米），但雨季和旱季都很明显。每年四月为最热月，五月至十月的月雨量都在 150 毫米以上，湄南河河水泛滥带来了肥沃的冲积土，也使灌溉面积增加。七八月份是水稻播种的时节，到了十一月，湄南河下游望不到边的稻田，一片葱绿，由于当年雨量充沛,预示着要有一个好年成。

湄南河是泰国最主要的河流,泰语称"湄南—昭披耶",意即河流的母亲。下游又称昭披耶低地。沿高速公路的两岸,地势低洼,居民都把木板房建筑在水泥立柱的顶部。这样既可防潮,又避免洪水为患。每当经过集镇时,造型优美的寺庙从车窗掠过。泰国居民多笃信佛教,沿途庙宇是常见的建筑物。

车过那空沙旺,我们沿着湄南河的西支滨河剥蚀平台上行进。这里所种的水稻多是直播的,正像我国南方低丘陵区一样,收成决定于饮水灌溉的条件。沿台地渐次出现了灰岩的孤丘、成片的次生常绿林和村边杂木林。这里的村庄不大,人口不多。达府是滨河岸边的一个重要城市,也是西部和北部山区货运与木材的集散地。泰国皇家土地发展局在附近建立了农林试验站,进行树种和农业的改良工作。

汽车在怀安转入 106 号公路,开始在高丘陵的顶部行驶,湿润多雨的热带气候使得这个地区的红壤表层有机质淋溶强烈。在公路两侧的混交林中常有成片刀耕火种的迹地,光秃秃的剩下一些残枝。

入夜,我们到达了泰国第二大城市清迈。清迈濒临滨河,海拔三百多米,人口约六万多人。公元 13 世纪,清迈曾经是一个独立的邦国。古迹和庙宇很多,这里还有泰王国的夏宫——普平王宫、国家博物馆、清迈大学。著名的手工业有制伞、木雕、银器和丝纺织业。因为一年四季气候宜人,近郊林木茂盛、鸟语花香,素有玫瑰城之称。

我们在清迈度过了凉爽的一夜,第二天便换乘越野汽车,向北部边境——我们的目的地进发。

泰国北部与缅甸、老挝交界的大片地区,就是所谓"金三角"地区。对"金三角"这个名词有着不同的解释。在西方记者的报道中,因为这里大量种植鸦片获取暴利而称为它为"金三角"。泰国人民则认为,泰北边境有着古老的文化遗存,丰富的物产和森林中许多名贵的树种(如柚木、见血封喉等),这里是像金子般的土地。

许多旅行者都想去"金三角"一游,到这名噪一时的地方探奇。从地图上我们可以看到,由清迈出发,到金三角有两个途径可供选择,一条是坐旅行车沿 107 号公路经芳镇到达打栋,然后划船在风景如画的科克河流中抵达清莱,这一段公路上的地理景观十分美丽。

清莱以北,山深林密,那里有一些象征泰国古老文化的石窟,有许多少数民族的聚居地,从清莱的 110 号公路北行抵湄昌,转入 1016 号公路向东行车 28 公里,是湄公河畔的昌盛镇,顺湄公河北行几公里,便到达金三角的中心地区。

安康山研究站在"金三角"地区的西部。我们从清迈经 107 号公路北上 130 公里到达芳镇附近,虽然这里已是海拔八百多米,但还盛产荔枝、香蕉和椰子等热带水果,泰北有名的柚木也茂密地生长着。越野汽车向西经过 22 公里盘旋翻越了几座山梁,就到达了安康。这里海拔 1 500 米。这个山地研究站是泰国皇家北部计划的一个样板。

二、皇家北部计划

近几十年来,泰国山林的破坏是相当严重的。20 世纪 50 年代的地理著作描述,泰国森林面积占全国面积的 60%。这次遥感会议上,泰国皇家林业局介绍,根据 1961 年航空相片量测,全泰国森林面积为 273 640 平方公里,而 1972—1973 年卫星图像量算得森林覆盖面积减少为 200 750 平方公里,平均每年递减 3.2%,到 1977 年,森林面积占全国面积的 38%。

在泰国北部,高原和山地面积占这个地区总面积的 2/3 以上,今年过度的砍伐破坏了生态平衡,我们沿路随处可以看到没有更新的迹地,刀耕火种的结果,造成水土流失加重,随之而来的山洪毁坏了森林和可耕地,这个地区的山民大量种植鸦片,随后又任意弃耕,更加速了农业经济的恶性衰退。泰国国王普密蓬·阿杜德在 1970 年提出一个北部开发计划的设想,其主要任务包括:

(1) 通过介绍梯田、等高耕作和其他控制土壤侵蚀的方法,阻止森林和流域分水岭的破坏;

(2) 通过种植其他收入更高的作物来逐渐阻止鸦片的种植;

(3) 北部山区的地势高峻,高程达到 1 000 米以上,是热带国家中的亚热带和暖温带区域,种植亚热带和温带的作物可以补充和调节市场的需要。

要推行这项发展计划自然会遭到许多客观的困难,例如高原地区缺少勘察资料、投资不足等。国王为了能使这项计划顺利实施,他亲自出面号召,并到了泰北宣布这项计划,鼓励山民组织起来,向外国政府和私人募捐;动员大学、研究机构和一些中央部门直接参与开发工作。

美国农业部、扶轮国际以及其他机构给了这个计划以财政支持,泰国成立了高原农业研究协调委员会以便实施大部分研究工作,来自清迈大学、曼谷卡瑟萨大学、应用科学研究公司和政府农林各部门的志愿人员,通过暑假或请假,也参加了这里的短期义务劳动,从事作物栽培、品种改良和土地规划。

目前这个计划进行的工作可以分为四个方面:

(1) 在清迈府、清莱府组织了十个研究站,开展农业栽培的试验。试验的作物多种多样,包括:热带的咖啡、紫胶、亚热带的茶叶,温带的马铃薯、烟草、谷物和油料作物,同时还进行育种、消灭病虫害等工作。试验饲养的家畜包括骡、马等大牲畜。

(2) 稳定农民的收入、扩大农业规模。这个地区的山民在获得经济上的帮助,发展了家畜、果树和可以赚钱的作物以后,才可能取代鸦片的种植。所以,要有大量的外国财政援助才有可能使泰国政府控制山民的流动和着力于农业建设。

(3) 进行水土保持,改善环境质量,对于已经受到砍伐和火烧的林区,进行重新造林和适当的土地管理,他们分配来自灌溉部门的志愿人员负责水源管理,来自森林部门的志愿人员负责重新造林和流域条件的改善,来自土地发展部门的志愿人员负责土地利用的工作。

(4) 解决僻远地区的社会福利,建立学校,培养边境巡逻人员从事小学教育,组织教育部的教学管理人员经常巡视各个学校,在边区的小镇上建立医务所,当国王在山区访问时,他带有一支医疗队看病施药。按照北部计划,每几个村庄还设立一个米铺,待到收获后再归还,执行北部计划的主任拜萨泰耶亲王自己负责米铺的筹划工作。

三、安康山地研究一瞥

安康山地研究站是一个行政上直属于北部计划的多结构工作站,北部计划中许多试验项目都在这里进行。

安康山区的岩层由泥盆系——石炭系的灰岩、页岩交替组成,沿南北向平行延伸到缅甸境内,周围山高约 2 000 米,安康河谷的高程也有 1 400 米。谷地长 5 公里,宽 3 公里,而槽谷—平坝的宽度则不超过 200 米。沿着河谷,低矮的灰岩孤峰和岩溶漏斗散布各地,峰丛—盲谷—溶蚀洼地迭置。灰化红壤结构良好,是这个区域中最肥沃的土壤之一。由于地势高峻,这里是泰国境内气温最低和霜冻期最长的地区。

安康附近是泰国少数民族的住地,拉祜部族占有三个村庄:柯东在北面,诺腊宿营地在西北面,克昏在地区的中部。槽谷南端的木峦是从我国云南迁移来的汉、回族和邻近的瑶族村庄。

山地研究站本部坐落在谷地的溶斗和峰林之间,周围都是果园和苗圃。研究站的经费大部分由美国农业部援助。利用这些资金,他们在世界各地采集适宜于温暖山区的树苗和种子培育。岩溶地区的灌溉水源是个问题,负责区域设计的皇家水利局从东山坡上构筑了两个小水库,全年都可以引灌,而且建成了一个每天发电 1~2 小时的 15 瓦小水电站。

研究站的主要农业试验项目有:落叶果树、油料作物、紫胶、驱虫植物、燃料植物、药草、绿肥作物、草莓、土豆、菜籽、养蜂和野蚕培育。也进行家畜品种改良,这些都是有卡瑟萨大学农业各系参与试验的。由皇家森林局在山岭上开辟的松林,成片的松树长势良好。山下芳镇附近还有一个规模较大的水电站和果品加工厂,专门接受附近农村的鲜果加工,但并不是全年都生产。

高原农业研究协调委员会主任拜萨泰耶亲王在安康接待了我们,他是经常到这里工作的,门前栽的一株云南带来的桃树,花枝招展地迎着我们,亲王诚恳地希望和我国云南进行农业科技交流。

研究站试验的目的在于改造北部地区,因而它必须讲求经济效益,例如山区的谷物生产不能同平坝生产的谷物竞争,若同时在市场出售单只运输费用就使得成本提高,因而必须栽培经济作物。一些山民被动员试着种植桃树和其他作物,但是如果产量低,质量差,卖不出去,他们还是要靠种植鸦片作为经济来源。引进品种优良的桃树以后,产品能进入清迈的旅游市场,这种桃的收入增加了,种植鸦片的面积就可能降下来。此外,经济作物轮作的季节又要适时控制,要研究出一部分作物的收获期与鸦片的收获期相同,使没有种鸦片的山民在那个季节里也能得到一笔收入,以调节他们的生活费用。

主任告诉我们,由于国王和泰国政府采取了多种措施,北部计划已经收到了效益,研究站的科技人员对自己的成就和献身精神也引以自豪。我们也祝愿他们在区域改造方面取得更大的成绩。

曼谷市中心的国民议会广场,右侧矗立的是泰国历史上功勋显赫朱拉隆功国王铜像,后为国民议会大厦

泰国重要城市清迈一角

清迈北部海拔 800 米的阔叶林

湄南河低地的渠道和耕地

曼谷湾岸边潮浸的水稻田和田埂上的椰林

曼谷郊外古城公园一角

海拔 1 600 米的安康山地，远景为山间平坝，种

植水稻、香蕉、荔枝等

地理信息系统的发展与人才培养对策

黄杏元　李满春

地理信息系统(GIS)作为一门新兴的高技术,已经引起我国科技界,特别是地理学界和测绘学界的广泛重视,为了进一步促进我国 GIS 事业的发展,这里就 GIS 发展和人才培养大家共同关心的问题,提出来与大家一起讨论,这些问题包括:地理信息系统的定义和范畴,我国 GIS 的发展和面临的挑战,以及 GIS 人才培养的任务和对策等。

一、地理信息系统的定义和范畴

地理信息系统简称 GIS,关于它确切的名称,多数人认为是 Geographical Information System,也有的人认为应该是 Geo-information System,国际上现发行的两种主要的专业杂志,就是各自采用不同的全称,前者是英国出版的季刊的全称,后者是德国出版的季刊的全称。那么,什么是 GIS 呢? 对于不同的部门和不同的应用目的,其定义也不尽相同,有的侧重于 GIS 的运作过程,有的则是强调 GIS 的基本功能,至今未取得共识。为了能更具体地认识和真正了解 GIS 的内涵,笔者推荐美国联邦数字地图协调委员会(FICCDC)关于 GIS 的定义,该定义认为"GIS 是由计算机硬件、软件和不同的方法组成的系统,该系统设计来支持空间数据的获取、管理、分析、建模和显示,以解决复杂的规划和管理问题"。根据这个定义,我们可以得出关于 GIS 如下基本认识:

(1) GIS 的物理外壳是计算机化的技术系统,该系统由优良的硬件环境、多功能的软件模块、能准确地描述地理实体的空间数据和便于沟通人机联系的用户界面所组成,使系统达到结构、功能和效率的高度统一。

(2) GIS 的操作对象是空间数据。所谓空间数据,是指点、线、面或三维要素等地理实体的位置及相关的属性数据和拓扑数据。地理信息系统操作和处理空间数据,这是它区别于其他类型信息系统的根本标志,同时也是它最大特点和技术难点之所在。

(3) GIS 的技术优势在于它的数据综合、地理模拟与空间分析的能力,在于它集空间数据的获取、管理、处理、分析、建模和显示于共同的数据流程,而用可以通过地理空间分析产生常规方法难以得到的重要信息,以及实现在系统支持下的空间过程演化模拟和预测,这既是 GIS 的研究核心,也是 GIS 的重要贡献。

(4) GIS 与地理学有着密切的关系,地理学是以地域为单元研究人类环境的结构、功能、演化以及人地相互关系的科学,它广泛涉及人类居住和研究的环境,这与 GIS 的研究对象是一致的。地理学中的空间分析历史悠久,而空间分析正是 GIS 的核心,地理学作为 GIS 的理论依托,为 GIS 提供引导空间分析的方法和观点,因此美国学者把地理学称为 GIS 之父,这是不为过的。反过来,GIS 是以一种全新规划、设施布局、选址分析、灾害监测、全球变化等,解决这些复杂的空间问题,并推动地理学由分析向综合、由定性到定量、由区域科学向信息科学方向发展,这是 GIS 要实现的目标和要完成的主要任务。

二、我国 GIS 的发展和面临的挑战

国际 GIS 的发展始于 20 世纪 60 年代,我国 GIS 研究与应用起步较晚,从 20 世纪 80 年代初开始仅有十几年的历史,但是取得的进步是非常深刻和显著的:(1) 设计建立了一批全国、省、市、县和大区域的数据库和信息系统实体,成功地解决了建立大数据量的空间数据库的一系列技术方法及应用问题;(2) 设计和开发了一批地理信息系统功能软件,这些软件的算法研究、功能建立和界面设计等方面具有创新性;(3) GIS 作为管理、规划和辅助决策的现代化手段,在资源调查、洪水防治、水土保持、环境生态分析和生产布局调整等广泛的应用领域,已取得显著的效益;(4) 提出了管理地理信息标准的规范方案,部分已形成国家标准,为信息共享和系统兼容做了重要的基础工作;(5) 许多大学的地理信息系统教育从无到有,不仅开设了 GIS 课程,而且设立了相应的专业,有力地促进了 GIS 人才的培养和 GIS 的普及教育。

但是随着 GIS 的发展,我们也应该看到由此带来的一系列挑战,例如:(1) GIS 的应用不断扩大,必然要求解决大量的数据、复杂的模型、快速的数据更新和多时相数据的对比分析等一系列属于四维 GIS 的技术难题;(2) 随着要求对复杂地学问题的解决,需要将数据库与知识库连接、模型建造与方法库连接,必须使 GIS 向集成化和智能化

方向发展,技术的复杂性要求知识的更高综合及学科之间的广泛联合与密切合作;(3)面对大量的几乎来不及处理的数据源,我们面临如何解决图形、图像和文字数据的自动采集和自动更新问题,而目前数据输入是困扰 GIS 发展的重要瓶颈问题之一;(4)目前 GIS 的研制者和用户并没有十分重视 GIS 数据的精度和质量,如何确定空间数据库的误差和 GIS 函数的误差传播,这关系到输出产品的可靠性和实用性,是急待解决的重要课题;(5)尤其值得指出的是,GIS 既是一门新兴的高科技技术,又是一门集多学科于一体的新兴边缘科学,它既依赖于地理学、测绘学、统计学等这样一些基础学科,又取决于计算机软硬件技术、航天技术、遥感技术、人工智能技术以及新近发展起来的虚拟现实技术等。这就是说它位于地学与技术科学的边缘,正在形成一门新的学科——地理信息科学(Geo-information),这必然给人才的培养提出更高的要求,在教学中不但要博彩相关学科的精华,而且要认真研究本学科的基础理论、学科内容体系和开拓应用领域,这是 21 世纪地理信息系统人才培养面临的新任务和新课题。

三、GIS 人才培养的对策

随着 GIS 的发展及应用的日益广泛,GIS 作为一门新兴的信息产业已经深入各个行业,一个接踵而来的紧迫问题是 GIS 的管理及人才的培养。美国早在 20 世纪 70 年代就注意到,为了有效地发展 GIS,迫切需要在地理学和计算机科学两个领域同时受到良好训练的专门人才,当时 GIS 的发展还处于巩固时期,已经就预见到这个领域的理论研究和技术发展将十分迅速,因此 D. F. Marble 教授指出:"GIS 人才的培养不仅为了今天的急需,更主要是为了明天的需要",这是非常有远见的,并指出了关于"机助制图与 GIS 综合教育"的思想。目前在全球范围内已有 2 000 多所高等学校计划或已经开设了 GIS 的有关课程,特别是在欧美各大学地理系,GIS 的教学已相当普及,例如美国纽约州立大学布法罗校区地理系设有"GIS 与地图学"专业,其附属的地理信息与分析实验室是全美第一个用 GIS 命名的实验室,与此同时,世界各国高等院校中的许多测绘类系科也纷纷设立了 GIS 专业或开设了 GIS 的有关课程。

本文限于篇幅,着重讨论地理系统中 GIS 专业人才的培养,包括 GIS 人才的知识结构、专业课程设置、GIS 教学内容体系以及人才培养的对策等。

1. GIS 人才的知识结构和课程设置

如前所述,GIS 是传统科学与现代技术相结合的边缘科学,它明显地体现多学科交叉的特征,这些学科包括地理学、地图学、计算机科学、数学、统计学等,因此,GIS 人才的知识结构必须具备这些相关学科的基础知识。课程设置必须明确基础理论、专业基础知识和专业知识三个层次的不同比重,并确定课程的划分,笔者建议的课程构成如表1所示。

表 1　GIS 专业课程结构表

		先行课	后行课
基础理论	地理学	自然地理学原理 经济地理学概论	
	数学	高等数学 (空间)统计学	
专业基础理论	计算机科学	计算机程序设计语言	计算机图形学 数据结构与数据库 人工智能导论
	地图学与遥感	地图学 遥感原理与方法	地图设计 计算机制图
专业知识	地理信息系统	地理信息系统概论	地理信息系统设计 空间决策支持系统 地理系统工程 (地理模型空间分析)

2. GIS 课程教学内容体系和要求

由于地理信息系统技术性较强,其教学既要注意到对于基本理论、原理及概念的理解,又要考虑对基本的系统操作的掌握,两者的有机结合及适当的学时配备是培养合格人才的关键。本课程关于理论教学与系统操作的时间比,建议定为 6∶4,总学时为 76学时。

理论教学的内容以地球科学和环境科学为基础,介绍运用系统科学和信息理论和方法,进行空间数据的采集、处理和科学管理;地理信息的数值分析和空间关系研究;系统分析模型和专家系统知识;地理信息系统的设计、评价和输出以及地理信息系统在规划、管理和决策中的应用等。

3. 人才培养的对策

高等学校的根本任务是培养合格的人才,对于 GIS 这样的新兴交叉学科,如何适应当前我国国民经济蓬勃发展的新形势,为社会培养更多高质量的人才,这里提出一些不成熟的意见,仅供讨论。

第一,我们认为深化改革是专业整顿和全面提高教学质量的关键,笔者所在南京大学地海系地理信息系统与地图学专业是在原有地图学专业的基础上设立的,现基本保持原专业的课程结构,其中测绘类课程占有较大的比重,与国外同类专业的课程设置相比距离较大。所以,必须全面分析本专业人才的培养规格,通过深入改革,逐步调整课程结构,使课程设置与人才培养规格相一致。

第二,要加强学科建设,形成以学科建设带动人才培养的良性机制。由于 GIS 是一门应用性很强的学科,目前该学科发展的基本态势是,技术应用迅猛发展,而基础理论研究相对滞后,这显然不利于人才的培养,也不利于学科的自身发展。但是学科建设能否取得成就,我们认为在很大程度上有赖于学校人、财、物的支持,特别是对于像 GIS 这样技术性和实践性都很强的学科,其中理论不研究就没有内聚力,但是如果缺乏专有技术设备和专门实验室,那么,学科的发展和人才的培养也将是一句空话,这必须引起有关领导的高度重视。

第三,改变传统的旧模式,形成开放的人才培养新格局。过去地理系人才的培养都是按照专业培养模式,这种培养模式已不能适应多学科交叉的需要,不利于知识和技术的全面提高,对于 GIS 人才的培养、必须形成流动和开放的格局,包括引进高层次的人才和送出去培养等有效途径。对于学生也可以采用系际交叉,以培养具有真正的知识技能型和后劲型的人才。

第四,积极开展科学研究,努力增进学术交流。目前在全球范围内,GIS 以前所未有的发展速度在学术界、商业界推广应用,GIS 的研究领域涉及地理系统、信息理论、数据结构、时空复合、空间分析、数据精度、人工智能、专家系统、遥感技术,以及多媒体和可视化等,这些研究不但有利于学科水平的提高,而且关系到教学内容的更新。同时,必须积极参与国内外学术交流,以利于了解本学科的前沿性课题,及时发现人才培养之不足,寻找差距,使教学和学科取得同步发展。

高校 GIS 专业人才培养若干问题的探讨

黄杏元　　马劲松

摘　要:在对我国高校 GIS 专业和教育现状初步调查的基础上,对当前我国 GIS 人才培养中面临的若干重要问题进行了探讨。首先,根据 GIS 学科特点和人才条件,提出 GIS 人才应具备的 3 大素质特征,并设计了相应的课程设置框架。其次,根据世界高教发展趋势,指出 21 世纪高校 GIS 人才的 3 类不同培养目标及其相应的培养模式,力求与国际 GIS 教育相衔接。第三,为有效提高教学质量,就当前 GIS 教育面临改革的具体任务提出了意见等,保证我国 GIS 人才培养能够沿着健康的轨道发展,以适应我国经济建设和科学发展对人才的迫切需求。

关键词:高等教育;人才培养;教学改革;地理信息系统

一、引言

地理信息系统从 20 世纪 60 年代问世以来,已经跨越了 30 多个春秋。随着 GIS 社会需求空间的不断增加,GIS 人才培养已逐步呈现多元化、层次化和规模化的发展格局。据初步统计,目前我国设置 GIS 专业的一级学科包括地理学、测绘学和计算机科学,设置 GIS 专业的院校有近 50 所,大批相关的硕士点和博士点正在不断获准建立,GIS 教育发展形势空前活跃和兴旺。面临这种形势,GIS 人才应具备的素质特征、GIS 人才的培养模式、专业培养目标与课程体系如何构建,以及教学内容和教学方法如何适应 21 世纪人才培养的要求等,已经提到议事日程。因此,必须认真研究和讨论,统一认识,使 GIS 专业建设和人才培养能够沿着健康轨道发展,以适应我国经济建设和科学发展对人才的迫切需求。

二、GIS 学科发展特点

地理信息系统是管理和分析空间数据的科学技术,是集地理学、计算机科学、测绘学、空间科学、信息科学和管理科学等学科于一体的新兴边缘学科,因此它的发展和应用具有多学科交叉的显著特征。

在 GIS 的相关学科中,首先是地理学。地理学是以地域为单元研究人类环境的结构、功能、演化以及人地的相互关系,它广泛涉及人类居住的地球和世界,这与 GIS 的研究对象是一致的。地理学中的空间分析历史悠久,而空间数据和空间分析正是 GIS 的核心,地理学作为 GIS 的理论依托,为 GIS 空间数据建模和引导空间分析提供了理论、方法和思路。同时,地理学也是 GIS 的核心学科。

测绘学及其分支学科,如大地测量学、摄影测量学、地图学等,不但为 GIS 提供高精度的基础地理数据和空间数据,而且他们中的误差理论、地图投影理论、图形学理论、许多相关的算法等,可直接用于 GIS 空间数据的处理,保证空间数据的几何精度和质量,以及 GIS 产品的开发的输出等。

GIS 是地理空间数据与计算机技术相结合的产物,例如计算机科学的信息论,为 GIS 数据的组织、编码、存储、检索和维护等,提供了信息模型、信息结构和数据管理的方法论依据,使得各种形式的空间数据能够在计算机中表示,数据库管理系统提供了各种用户共享而具有最小的冗余度和较高安全性的机制保证。

数学的许多分支学科,包括几何学、统计学、运筹学、数学形态学,图形代数、拓扑学、图论和分形分维理论等,已经广泛地应用于 GIS 空间数据的分析和许多应用模型的构建等,特别是根据矢量图形复杂程度的不同,分别应用欧几里得(Euclid)几何学中的点、线、面及其组合体和分形几何学(Fractal Geo-metry)中的分数维来表达和描述它们,解决了规则空间实体和不规则空间实体的不同表达方式,这是数学对 GIS 做出的贡献。

正是以上这些传统科学与现代技术的结合,形成 GIS 的理论基础、知识结构、技术体系和功能特征,成为当代科学的前沿和一个跨学科的科学领域,在 GIS 教育和人才培养中,必须体现 GIS 学科发展的交叉性、前沿性和实践性等重要特征。

三、GIS人才素质特征和课程体系

根据 GIS 学科发展特点及国家对人才培养的要求,GIS 人才素质特征应该包括以下主要方面:

(1) 合理的知识结构。知识结构由基础理论、专业基础知识和专业知识 3 个基本层次组成,并确定相应的课程体系。随着 GIS 学科的发展,已形成自身独立的知识结构,它包括:人对空间世界的认知;地球的表示;有关地理问题;时空概念和空间关系;要素、图形和地理变量;地理参照和坐标系统、空间统计;地图表示和设计;图像图形学;基础语言;数据结构和空间数据库;数据处理与分析;模拟与模型;多媒体和网络技术;GIS 原理、方法和应用;GIS 规范、标准和设计;GIS 软件工程等。

(2) 良好的基本技能。GIS 是技术性和实践性很强的学科,培养和提高 GIS 人才的创新思维能力、实际操作能力及应用能力是 GIS 人才的重要素质特征,它包括:综合运用专业知识解决实际问题的能力;计算机操作和使用,应用通用程序语言进行 GIS 应用模块的开发;根据基础 GIS 平台进行应用系统的二次开发;基于 COMGIS 的应用开发;基本的数据分析和地学建模能力;以及至少掌握一门外语,善于开展调查、具有资料搜集和分析能力等。为此,必须鼓励学生参加社会实践、科技活动和科学研究等实践环节,通过各种手段激发学生的学习主动性和创造性。

(3) 高尚的道德品质。全球化是当今世界发展最为突出的趋势之一,在全球化大背景下,世界高等教育和人才培养呈现出普及化、信息化、市场化和终身化的发展特点。GIS 人才培养要适应这些特点,将提高人才的道德品质作为人才素质特征的指标之一,笔者认为这是非常必要的。特别是随着科技的加速发展,为适应日益激烈的竞争形势,GIS 人才不但要有丰富的专业知识、良好的基本技能和外语水平,而且还应具备高尚的道德品质,包括明理诚信、团结友善、服务热忱和敬业奉献等。在 1990 年北京第二届国际 GIS 会议上,日本科学家在谈到 GIS 的特殊意义时,提出了博大·智能·微笑(Gentleman like · Intelligence · Smile),其含义是:一位 GIS 科学工作者需要遵循共建、共享、开发、创新和热忱为用户服务的社会准则,内涵是很深刻的。

根据以上 GIS 人才的素质特征,提出 GIS 专业课程的基本框架如表 1 所示。

表 1　GIS 专业课程设置表

课程类别	课程名称	课程类别	课程名称
通修课	······ 思想道德修养 ······ 大学英语 高等数学 计算机科学 ······	选修课	······ 空间数据库 多媒体技术与应用 虚拟现实技术 GIS 专题讲座 GIS 专业英语 ······
基础课	······ 地理学 地图学 遥感原理方法 基础语言 数据库技术 计算机图形学 GIS 概论 ······	专业课	······ 应用型 GIS 开发和设计 网络 GIS GIS 软件工程 数字高程模型 地图设计与编制 遥感图像处理与分析 ······

四、培养目标和模式

21 世纪高校 GIS 人才培养目标不应再是传统的单一型,而应着眼于国际大市场的供需状况,顺应 GIS 人才市场化和多元化的发展格局。人才培养目标总体上以复合型人才为主,形成以下各具特色的培养目标。

(1) 以地理学为依托的 GIS 专业。突出 GIS 应用的优势,包括与专业(城市规划、土地利用、环境管理等)地理模型构建相结合,建立面向可持续发展决策支持的 GIS 等。

(2) 以测绘工程为依托的 GIS 专业。突出信息获取和数据处理方面的优势,包括地图与遥感技术结合、3S 集成,以及建立多尺度和时空 GIS 等。

(3) 以计算机科学为依托的 GIS 专业。应突出 GIS 软件和系统开发与集成的优势,注重解决系统的开放度、集成度、互操作、一体化、数据建模和数据库管理等关键技术。

为了与上述培养目标相适应,将 GIS 学科交叉的发展特点与人才培养模式相结合,以及克服目前高等教育人才培养周期较长,对人才需求变化的反映相对滞后等不利状况,建议应进行 GIS 人才培养模式的改革,即由目前单一的培养模式,转向逐步采用以下多种培养途径。

(1) 双学位制。学生取得 GIS 专业学士学位之后,推荐学习计算机科学和其他专业的课程,实现学科交叉,优化知识结构。

(2) 主辅修制。例如主修 GIS 专业,根据市场需求因素和学科发展动态,同时辅修跨学科其他专业的课程,以培养需求对路的合格人才。

(3) 委培或联培制。学校接受用人单位委托培养,或与用人单位联合培养所需的人才,这是多层次 GIS 人才培养和现有测绘队伍实现高新技术转换的有效形式。

(4) 二年制专科教育,根据市场需求,采用 2 年制和技术学校的教育形式,在美国称为 2-year community and technical colleges,以培养能力为主,培养 GIS 空间数据采集和处理的岗位型人才,为数据公司输送人才。

(5) 联读制。这是指随着空间科学和信息科学的发展,需要在中学教育中引进有关空间科学和信息科学方面的课程,形成从中学到大学的 GIS 全程教育,在美国称为 Articulation of GIS education across the educational spectrum elementary school to post graduate programs,这可作为培养少数高层次 GIS 人才的试验工程。

五、教学内容和方法的改革

GIS 是理论、技术与应用相结合的学科,因此教学内容的安排必须也要坚持各门课程的理论性、实践性与前沿性的统一。在教学过程中,融入本学科前沿性的知识和教师的科研成果,给课程注入新鲜血液,让学生了解学科近年来的发展现状和趋势,可以激发学生的学习热情,调动学生的想象力,以有利于学生创新思维能力的培养和提高。

根据教学计划,GIS 专业课程体系大致由数理基础、测绘学、地球科学、计算机科学和 GIS(含遥感)5 大板块构成。虽然不同的培养目标,各个板块的课程构成可以不同,但是根据 GIS 人才的知识结构,板块之间的内容和课时分配大题应为 1∶1∶2∶2∶2。如前所述,由于 GIS 是实践性很强的学科,其中计算机科学和 GIS 课程两大板块的理论教学和实践教学的课时分配大体应为 2：1。总体上，一个 GIS 专业学生在校要安排 1/3 左右的学时进行实践教学，才能与当今强调学生动手能力和创新精神的要求相适应。

教学是在教师的引导下学生学习的过程，在教与学之间，教师起主导作用，因此教师的教学态度和教学方法的改革直接关系到教学效果，关系到学生的培养质量。我们认为，教学方法的改革首先取决于教学内容的改革，其次是坚持启发式的教学原则，第三是坚持采用多样化的教学方法。只有这样，教学方法的改革才能取得实效。

教学内容的改革，必须落实在建设配套的 GIS 课程教材上。高质量的教材是专业建设的关键，是人才培养质量的重要保证。当前急需建设的符合 21 世纪 GIS 专业使用的配套教材应包括：GIS 原理、GIS 技术与应用、应用型 GIS 的设计、高级 GIS 教程、网络 GIS、GIS 软件工程、GIS 空间数据库等。坚持启发式的教学原则，就是重点、难点的问题要讲深讲透，易懂的问题让学生自学，鼓励学生通过阅读参考文献，撰写课程论文，开展课堂讨论，调动学生主动学习的积极性。

采用多样化的教学方法，包括采用先进的教学手段，例如多媒体、网络浏览器等，笔者开设的《地理信息系统概论》已建成网络课程，可以利用"天空教室"开展教学活动，让教师在一种轻松的气氛中步入网络教学殿堂，与学生共享教学资源和完成教学互动过程。

六、结束语

本文在对我国高校 GIS 专业和教育现状初步调查基础上，对当前我国 GIS 人才培养中面临的一些新问题进行了探讨。

（1）根据 GIS 学科发展特点和国家对人才培养的要求，提出了 GIS 人才应具备的 3 大素质特征，并设计了相应的 GIS 专业课程设置的基本框架。

（2）根据世界高等教育的发展趋势，指出 21 世纪高校 GIS 人才培养目标不应再是传统的单一型，而应该顺应 GIS 人才市场化和多元化的发展要求，建立和形成 3 类各具特色的培养目标，并采用 5 种不同的培养途径，造就多层次的 GIS 人才，满足社会需求，并与国际 GIS 教育形式相衔接。

（3）为有效提高教学质量，就当前 GIS 教育面临改革的具体任务提出了意见和建议，包括急需建设的 GIS 系列教材、5 大板块课程的教学内容和学时分配、GIS 教育与互联网、GIS 教学新技术的应用和教学方法改革等。现在我国已顺利加入 WTO，全球化进程的加快将使得我国教育的人才培养面临巨大挑战和机遇，特别是 GIS 领域，知识和技术更新的速度快，因此对教师 GIS 继续教育和人才终身学习的要求不可忽视，建议应对 GIS 专业认真构建终身教育体制和体系，保持与国际 GIS 教育和人才培养相接轨。

参考文献

[1] Building Foundation for Expanding GIS Education Locally and Globally[C]//Third International Symposium on GIS in Higher Education Towson University，1997.

[2] 王永兴. 我国部分高校 GIS 本科课程体系的比较研究[C]//教育部 21 世纪高校 GIS 发展战略研讨会论文集，2001.

[3] 黄杏元，李满春. 地理信息系统的发展与人才培养对策[J]. 高教研究与探索，1995(2)：33 - 35.

[4] 黄杏元，马劲松. 地理信息系统概论(修订版)[M]. 北京：高等教育出版社，2001.

A Discussion on the Talents Education of College GIS Specialization

Huang Xing-yuan   Ma Jin-song

Abstract：This paper discusses some important problems that China is facing in GIS specialty talents education based on a primary investigation into the present situation of China's college GIS specialization education. First，according to the disciplinary characteristics and talents conditions of GIS，three major characteristic features that GIS talent need possess are presented，together with the corresponding designing of the course framework. Second，in accordance with the trend of world higher education development，this paper puts forward three different targets and their corresponding modes for college GIS talents education in the 21st century，with an aim to connect with the international GIS education. Third，in order to promote the quality of education effectively, this paper also advances some opinions on the tasks in today's upcoming education reformation, so as to ensure the development of China's GIS talents education in correct direction and hence to meet the urgent needs of specialists in China's economic construction and scientific development.

Key words: higher education; talents education; teaching reform; GIS

建立各省地理信息库和地理信息系统

对科技规划的建议(第 0403 号)　教育部科技司编印

在现代地理学领域中,学科的分化和综合化的发展趋势日益明显,学科分化的结果,导致部门新生学科向逐步深入的方向发展,在学科不断分化的同时,学科之间相互渗透、相互依存的关系也更加突出,从而产生一系列带有综合性的边缘学科。其中地理信息系统就是产生在电子计算机技术、信息理论和地理学之间的一门边缘应用技术学科。

所谓地理信息系统,就是一个拥有地理环境要素的地理信息库,同时具有定向提取和分析能力的一个计算机数据处理系统,如下图所示。

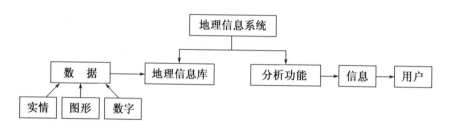

我国要实现国家经济振兴,地学可以做很多工作,例如资源调查、国土整治、经济区划等。而所有这些工作不但必须,而且应该由地理信息系统来提携。

国外从 20 世纪 70 年代以来,已经建立的大大小小的地理信息系统约有 100 个,其中比较著名的有加拿大地理信息系统(国家级)、纽约州土地利用和自然资源信息系统(省级)、明尼苏达州土地管理信息系统(省级),以及美国橡树岭地区模型信息系统(地区级)。根据这些系统的运行和使用,它们的经济意义和学术意义是十分明显的:

(1) 进行地理学的定量化和综合方法的研究;

(2) 实现地理现象的计算机模拟研究;

(3) 环境保护、环境质量评价和环境预测预报研究;

(4) 城市和地区土地利用适宜性和规划研究;

(5) 进行选址分析,例如核电厂、新建筑群、公共设施选址可行性的地理论证;

(6) 进行市场预测、制订销售计划、拟定税收方案;

（7）基本地理数据的自动量算、制表统计和结果输出；

（8）自动输出各种专题地图，并能进行开窗处理；

（9）可以进行地理信息的快速检索、快速更新（例如公路改线、地址变迁、人口移动……）；

（10）可以从各个方面了解国情、省情，为经济规划、管理和决策提供可靠的依据；

（11）利用系统分析的能力，随时回答用户提出的问题，包括灾害性情况的分析预报（洪水、涝情、旱象……）。

由于地理信息系统具有广泛的学术意义和经济意义，因此从 20 世纪 70 年代末开始，它已经和商业数据处理系统并列有电子计算机的两个同时发展的领域。地理数据处理和商业数据处理具有共同的一些特征，这就是他们都以数量大和数据元素之间的关系复杂为特征；他们的处理功能和经济效益都取决于数据库技术的完善和数据库的建立；它们都必须使用交互信息提取的方法和具有可靠的系统保证。因此，建立地理信息系统的主要科学问题和研究项目包括：

（1）地理信息库的建立：地理信息库的内容取决于系统的功能。例如加拿大地理信息系统主要用于对与经济、地理以及土地利用现状和土地利用潜力的社会学研究有关的综合信息进行经济而简便的检索，因此收入数据库的内容包括十大要素，其中土地利用就分为五类十四级。地理信息库的建立要研究数据结构、数据编码和存储方法、数据类型和检索，以及数据库管理系统等专门课题。

（2）系统分析功能软件的研制：包括地理模式分析程序、要素覆盖分析程序、统计分析程序、地形分析程序、空间包含关系分析程序等。

（3）系统图形处理和输出功能软件的研制：包括制图数据类型转换和处理、各种专题地图自动输出软件等。

（4）系统设计、评价、维护和使用。

以上列举的一些主要科学问题和研究项目，国外有可借鉴的技术资料，在国内的一些单位也已形成某些方面的明显优势，但由于缺乏协作，技术力量存在局限性，经费短缺，因此各单位目前都只能在一个有限的范围内进行试验。为此，建议在国家统一规划下，拟制订全国的、各省的，或重点地区的（如重点生态保护区、重点经济建设区、重点灾害性不利因素防治区等）地理信息系统的建立。国外，以加拿大地理信息系统为例，从

1963年调研,1965年开始研制,1969年检索与系统第一次表演,至1975年全面运行,前后历时13年,系统投资一千万美元,所有人力相当于三百人一年的工作量,目前为该系统配备的专职人员为26人。可见,进行此项工作事不宜迟。

我国地域辽阔,自然条件十分复杂,不仅因时因地而异,而且按照需要,也有不同的变化。我国远在两千多年以前,封建帝王就已经知道按照禹贡九州来制订征索贡品的蓝图,何况,科学技术现代化的今天,不采用自动化手段,还是依靠纸上的文献,那是永远不能满足要求的。

南京大学具备从事这方面工作的初步条件,现有的计算机中心可以提供试验的某些方便,地学和环境科学可以为数据分类和分析工作提供背景资源和论证依据,现有的遥感、计量地理和制图自动化实验室具有功能软件研制的初步能力,我们愿为地理学直接面向生产和社会发展服务贡献力量。

黄杏元

1983.6

计算机大百科全书有关词目

一、地理信息系统

　　地理信息系统(Geographic Information System，GIS)支持空间数据的采集、管理、处理、分析、建模和显示的一种应用软件系统，主要用于地理信息的查询和空间问题的规划、管理和决策等。空间数据指含有坐标、属性和拓扑结构等数据。GIS 以空间数据作为主要操作对象，这是它区别于其他类型信息系统的主要特征。

　　地理信息系统萌发于 20 世纪 60 年代初。1960 年，加拿大 R. F. Tomlinson 提出"把地图变成数字形式，以便于计算机处理和分析"的新思想。1965 年，W. L. Garrison 正式提出地理信息系统这一术语，1971 年加拿大土地管理局建成世界上第一个用于开展土地资源调查的加拿大地理信息系统(CGIS)。20 世纪 70 年代和 80 年代，随着计算机技术，特别是网络技术的发展，GIS 在自然资源和环境数据处理中得到应用，并出现了 ARC/INFO、GENAMAP、MICROSTATION 和 SYSTEM9 等 GIS 工具软件。GIS 的应用从解决基础设施的规划，转向更复杂的区域开发和全球性的问题，例如全球可居住区的评价、厄尔尼诺现象及酸雨、核扩散等对世界环境潜在的影响等。20 世纪 90 年代，网络服务技术的出现和发展，为实现基于 Web Service 的信息共享与空间数据互操作奠定了基础。进入 21 世纪以来，GIS 在资源、环境、交通、电信、能源、农业、林业、水利、国防、公安、航空航天以及数字省区、数字国土和数字海洋等领域得到广泛应用，并开创了网格 GIS 和移动 GIS 发展的新格局，正朝着地理信息服务(GIService)的方向不断延伸和发展。现在，GIS 经过 50 年的发展历程，涉及的学科和产业已发展为颇具生命力的地理信息科学和欣欣向荣的地理信息产业。

　　在地理学理论依托下，GIS 主要研究内容有：空间实体的表达和建模，空间数据的获取和管理，空间数据的处理和转换，空间信息的查询和分析，GIS 应用模型的构建，GIS 的系统设计与评价，地理信息标准化研究，空间信息基础设施建设，GIS 产品的可视化方法，以及地学信息传输机理的不确定性(多解)与可预见性(多维)的研究等。

地理空间的特征实体包括点、线、面、曲面和体等多种类型，它们具有空间、属性和时态等特征，反映这些特征的数据称为空间数据。因此空间数据的最根本特点是每一个空间实体都按统一的地理坐标或格网进行编码，实现对其定位、定性、定量和拓扑关系的描述，提供作为 GIS 处理和操作的主要内容。分析空间实体的信息特征、研究空间实体的数据建模方法、如何以结构化和半结构化数据表达实体的特征以及空间数据分类、编码、组织和管理等，是 GIS 的基础性研究课题。

GIS 由图 1 所示的五个组成部分构成。系统硬件用以存储、处理、传输和显示地理信息或空间数据。系统应用软件支持数据的采集、处理、存储管理和可视化输出，用于执行 GIS 功能的各种操作。数据包括图形和非图形数据、定性和定量数据、影像数据和多媒体数据等，以及实现对其管理的空间数据库管理系统。应用模型是根据具体的应用目标和问题，使观念世界中形成的概念模型具体化为信息世界中可操作的算法和过程。用户是系统服务的对象，分一般用户和从事系统建立、维护、管理和更新的高级用户。

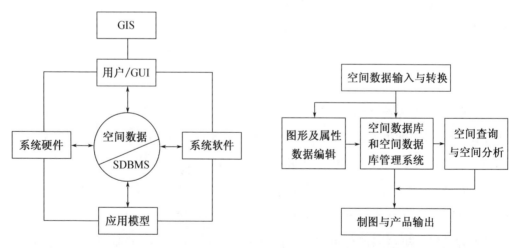

图 1　GIS 基本构成示意图　　　　　图 2　GIS 基本功能的主要模块

GIS 的基本功能见图 2 所示的五大核心模块或五大子系统。数据输入子系统将现有地图、外业观测成果、航空相片、遥感数据、文本资料等转换成数字形式，并利用相应的输入设备，将数据归化后进入空间数据库中。图形及属性数据编辑子系统用于编辑修改原始输入数据的错误，进行图形变换和装饰，建立拓扑关系和图形接边，输入属性数据,以及实现图形数据与属性数据的连接等。空间数据库管理子系统涉及地理空间实体的坐标数据、拓扑数据和属性数据的组织和管理。空间查询与分析子系统通过空间查询语言和空间分析算法,使之支持位置查询、属性查询和拓扑查询,以及数字地形模型分析、空间叠合分析、缓冲区分析、网络分析、集合分析和决策分析等。制图与产品输出子系统将系统处理的结果数据最终加工成各类地图图形输出,也包括图像、图表和文字说明等形式的输出。

GIS 涉及的学科除计算机科学外,还有地理学、测绘学和数学等,明显地体现出多学科交叉的特征。计算机科学为 GIS 提供了系统构成、软件设计、数据组织、数据管理、图形生成和系统建立等的理论和方法,计算机领域的许多新技术如面向对象技术、多媒体技术、三维技术、虚拟现实技术、图像处理和人工智能技术等,都与 GIS 的发展有着密切的联系。地理学广泛涉及居住的地球和地理空间,这与 GIS 的研究对象是一致的,其中的空间分析是 GIS 的核心。测绘学及其分支学科,如大地测量学、摄影测量学、地图学等,不但为 GIS 提供各种不同比例尺和精度的定位数据,它们中的误差理论、地图投影理论、图形学理论、许多相关的算法等可直接用于 GIS 空间数据的变换和处理以及 GIS 产品的开发和设计等。数学的许多分支学科,包括几何学、统计学、运筹学、数学形态学、图形代数、拓扑学、图论、分形分维理论等,已经广泛应用于 GIS 空间数据的分析、应用模型的构建和空间实体的表达。

当前,随着数字地球和信息化浪潮的兴起,GIS 正向着集成化、产业化和服务化的发展方向迈进。

参考书目

[1] 陈述彭. 地球系统科学[M]. 北京:中国科学技术出版社,1988.

[2] 中国科学技术协会主编,中国测绘学会编著. 测绘科学与技术学科发展报告(2009—2010)[R]. 北京:中国科学技术出版社,2010.

[3] 黄杏元,马劲松. 地理信息系统概论(第三版)[M]. 北京:高等教育出版社,2008.

二、遥感信息处理

遥感信息处理(Remote Sensing Information Processing)从接收和记录遥感器探测所反映地物波谱特性的原始数据,至回放出客观反映地面或对象状况的图像,所涉及的图像复原、几何校正、图像变换、图像增强、图像分类、统计分析、信息提取等技术和方法的统称;其目的是使图像变成便于理解和使用的形式,或提取某些特征信息供进一步分析使用。处理所涉及的主要理论与技术包括空间定位、目标重建、影像匹配、模式识别、图像解译、数据库管理、空间信息理论、语义和非语义信息提取、知识工程、人工智能与专家系统及计算机视觉等。

遥感信息是由飞机、卫星等飞行器上的探测装置,从空间不同高度探测和收集地表物体反射或辐射的电磁波信息。各种不同的卫星和遥感平台,载有不同的传感器,探测不同的目标物,获取不同的信息,分别有陆地、海洋、气象和地球资源卫星遥感信息以及红外、微波、多光谱和高光谱遥感信息等。

随着 1957 年第一颗人造卫星升空,1972 年第一颗地球资源卫星发射成功,其多光谱扫描仪(MSS)影像用于对地观测,使遥感技术迅速得到广泛应用。近些年来,印度、日本、韩国高分辨率遥感卫星不断出现,其全色波段的地面分辨率均达到 1~2.5 m,而美国于 2008 年发射的 GeoEye-1 卫星地面分辨率则高达 0.41 m。我国风云 1 号和 2 号气象卫星、国土资源普查卫星和"尖兵"三号卫星,开展了无人机的摄影测量等,有效促进了我国遥感技术的发展。遥感所得到的研究对象的特征信息通常是图像形式的遥感数据,具有时相多、内涵丰富和信息量大等特点,例如,一颗卫星每天可获取几千兆字节的遥感信息。因此,遥感信息处理主要是针对图像形式遥感数据的处理,主要包括:

(1)图像复原。指通过去除图像模糊、减弱噪声效应等,将图像重建成接近于或完全无退化的理想图像,使卫星遥感数据能较真实地反映地球表面特征。一般复原过程包括退化效应模型化、复原处理器设计、空域或频域上执行运算等步骤。

(2)几何校正。对遥感图像的几何畸变进行校正处理。由于遥感器姿态角变化、扫描速度不稳定和地形起伏等因素,使图像产生几何形式或位置的失真。几何校正包括粗校正和精校正两种。前者是对图像的变形规律或遥感器在飞行时的位置和姿态进行模拟和解算,求出变换参数,再用这些参数改算所有点;而后者则通过采集地面控制点,建立校正多项式,求取各内插点的改正数,以达到校正目的。

（3）图像变换。按一定规则将一帧遥感图像加工成另一帧图像的处理过程。变换方法有主成分分析、色度变换以及傅里叶变换等,还包括一些针对遥感图像的特定变换,如缨帽变换等。通过变换,增强所需的目标信息,使之便于识别、分析或做进一步处理。

（4）图像增强。指应用计算机或光学设备改善图像视觉效果,并没有增加信息量的处理。增强处理的内容包括反差增强和滤波。前者常用的方法有对比度扩展、彩色增强、多谱段图像组合和变换,其目的在于改善图像上类别的判读效果;后者分为空间域滤波和频率域滤波,其目的是为了提取或抑制图像的边缘、细节特征或消除噪声等。

（5）图像分类。指将图像中所含的多个目标物利用计算机进行识别和区分开的遥感信息处理方法。计算机分类的基本原理是计算图像上每个像元的灰度特征,然后根据不同的准则进行分类。遥感图像分类又分为监督和非监督两类。前者需要事先确定各个类别的标准及其训练区,并计算训练区像元灰度统计特征,然后将其他像元归并到相应的类别;常用的监督分类算法有最小距离法、波谱曲线匹配法、Fisher 线性判别法等。后者是一种未知类别标准的分类方法,它直接根据像元灰度特征之间的相似性和相异性进行合并与区分,形成不同的类别,常用的非监督分类算法有聚类法和分裂法等。近年来,专家系统分类法和神经网络分类法已在遥感图像分类中获得较好的分类效果。

（6）图像融合。指将多种遥感平台、多时相遥感数据之间以及遥感数据与非遥感数据之间的信息组合匹配技术。不同尺度遥感影像间的自动配准仍然主要基于点和线特征,在点匹配方面目前主要是寻找最优化搜索策略,而线特征匹配是当前的研究热点。在融合方法方面,除改进传统算法外,已出现许多新的融合方法,如小波变换、多尺度变换和智能变换等,这种多源遥感数据融合技术大大提高了遥感信息的可应用性和更加有利于地学综合分析。

随着计算机图像处理技术的发展,遥感技术取得了长足的进步;遥感技术的发展和应用,对卫星图像处理技术也提出了更高的要求。卫星图像处理技术分为预处理技术和应用处理技术两大类。预处理技术主要针对遥感数据获取的特色,进行一系列的校正,以消除引入的误差和干扰等,使遥感数据能较真实地反映它所代表的物体结构、光谱等方面的信息。应用处理技术则从研究对象的地学、生物学或环境科学等方面的综合知识入手,研究其波谱特性及其在探测和处理过程中的变化,结合遥感基础理论和基础知识,并通过图像融合技术,使得能从卫星遥感记录中获得研究对象的丰富内容,提取到能反映研究对象本质特征的专题信息。如何才能有效地进行这种处理,是一个富有吸引力和具有潜力的研究方向。

参考书目

[1] 陈述彭. 遥感大辞典[M]. 北京:科学出版社,1990.

[2] 陈述彭. 地球系统科学[M]. 北京:中国科学技术出版社,1998.

[3] 中国科学技术协会主编,中国测绘学会编著. 测绘科学与技术学科发展报告(2009—2010)[R]. 北京:中国科学技术出版社,2010.

三、全球定位系统

全球定位系统(Global Positioning System,GPS)利用在轨卫星向位于地球上任意点的接收机发送无线电信号,并通过三边测量方法对地球上相关物体进行定位的信息系统。从应用软件系统的视角看,GPS的核心是实现全球定位所必需的信息处理。

美国国防部从1973年开始研制GPS,耗资300亿美元,于1993年完成全球覆盖率高达98%的24颗卫星的发射,建成号称第三大航天计划的宏伟工程,其开发和运营实现了人类在地球上的导航和定位,带来了巨大的经济和社会效益。

GPS由三大部分组成:

(1) 空间部分,由24颗卫星组成,其中工作卫星21颗,备用卫星3颗,它们均匀分布在6个相互夹角为60°的轨道平面内,即每个轨道上有4颗卫星。卫星高度离地面20 200公里,绕地球运行一周的时间是12恒星时,即一天绕地球两周。卫星的这种空间配置,保证了在地球上的任何地点和任何时间都可以至少同时观测到4颗卫星,并通过应用软件系统的信息处理,形成全球性、全天候、三维定速定时的定位系统。

(2) 地面控制部分,美国的 GPS 由一个主控站(位于美国科罗拉多州)、3 个注入站(分别位于太平洋的卡瓦加兰岛、印度洋的狄哥·伽西亚和大西洋的阿松森岛)、5 个监测站(除位于上述 4 地外,再加上夏威夷群岛)以及通讯辅助系统组成。地面控制部分的主体是应用软件系统,其任务是计算出每颗 GPS 卫星在任一时刻的空间位置,实现对 GPS 卫星运行的监控。

(3) 用户装置部分,由 GPS 信号接收机和应用软件组成。接收机的任务是跟踪接收 GPS 卫星发射的信号、测量信号从卫星到接收机天线的传播时间、解译 GPS 卫星发送的导航信息等,然后通过应用软件实时地计算出接收机所在的三维空间位置和高程。如果接收到三颗卫星的信号,GPS 接收机可以利用三球定位原理,计算出接收机所在位置的经度、纬度和高程。如果接收到四颗或者更多卫星的信号,GPS 接收机还可以获得定位时间及更高的定位精度,从而达到精确定位的目的。

当今,除了美国的 GPS,还有俄罗斯的 GLONASS,以及正在建设中的欧洲伽利略全球卫星导航系统(GALILEO)和中国的北斗二代(BD)。2007 年中国的北斗导航卫星发射成功,标志着中国开始了组建北斗二代导航系统的历程,并预计在 2020 年形成覆盖全球的卫星导航定位系统。

GPS 的主要用途有:① 陆地应用包括车辆导航、地球观测、地球物理勘探、地壳运动监测、地质灾害预报、大地控制网建立、工程测量、出租车调度与管理等;② 海洋应用包括船舶调度与导航、海面变化监测、海洋石油钻井定位、海洋救援、海洋资源探测等;③ 航空航天应用包括飞机导航、航空遥感姿态控制、导弹制导、低轨卫星定轨、航空救援等。

当前,卫星定位技术的主要研究热点是与应用软件系统紧密相关的网络 RTK(Real Time Kinematic)和精密单点定位技术。尤其是利用网络 RTK 技术,在较大区域内建立连续运行基准站网系统(CORS),实现全天候、全自动和实时地为用户提供不同精度的定位导航信息。对于精密单点定位技术,主要研究非差相位精密单点定位的新思路及其实现方法。未来卫星导航定位技术的发展将是多种卫星导航系统的信息组合导航技术以及多传感器信息的融合导航技术。前者如由 GPS/GLONASS/GALILEO/BD 组合而成的网络化导航系统。后者如由惯性导航、天文导航、多普勒导航、地形匹配导航、影像导航等融合而成的导航系统。这种组合或融合的卫星导航定位系统,具有不受单一系统控制、改善单一传感器观测信息的几何局限性,能及时识别传感器的异常信息等优点,从而有效提高导航定位的可靠性和精度,具有重要的发展和应用前景。

参考书目

[1] 中国科学技术协会主编,中国测绘学会编著.测绘科学与技术学科发展报告(2009—2010)[R].北京:中国科学技术出版社,2010.

[2] 周忠谟,易杰军.GPS全球定位系统原理及其应用[M].北京:测绘出版社,1997.

| 附　　录 |

　　附录介绍笔者在从事 GIS 教学和科研活动 40 多年中所取得的一些教学科研成果。为便于按图索骥,首先按学术年表、出版著作、科技论文目录和承担的教学科研项目,进行列表和统计;其次对这些成果做了初步的分析和总结;最后是后记和一些彩色图片,其中图片比较真实地记录和展示了我所取得的一些获奖证书,以及从事社会活动所留下的场景和影像等。

（一）学术年表

1956 年

6 月,毕业于福建省立建瓯中学(现为建瓯第一中学)高中部。

9 月,被录取入南京大学地理学系学习。

1961 年

8 月初,任教于南京大学地理学系,师从李海晨教授和韩同春先生等。

1977 年

8 月,在开展《制图自动化》项目试验的基础上,与《制图自动化》研制小组一起,在北京中国科学院地理研究所实验室,利用计算机绘出我国第一幅全要素数字地图,获得当年江苏省优秀科技成果二等奖。

1979 年

发表论文 1 篇:《用行式打印机自动绘制地图的方法》,刊于《测绘通报》第 4 期。

1980 年

发表论文 1 篇:《用晕线自动绘制分级统计图的方法》,刊于《测绘通报》第 6 期。

11 月,在泰国曼谷参加第一届亚洲遥感国际学术会议,并在会上做了《遥感数据计算机处理与制图方法》的学术报告,参观了泰国北部金三角西部的安康山地研究站,访问了泰国皇家林业局和泰国满凯王技术学院等单位。

1981 年

6 月,赴美国纽约州立大学宾汉顿校区(SUNY-Binghamton)地理学系做访问学者。

1982 年

4 月,在华盛顿参加美国地图学年会,提交论文《栅格—矢量数据转换方法及在自动制图和特征分析中的应用》,刊于《AUTO - CARTO V》第 5 期。

8 月,在马里兰参加美国摄影测量学会年会,提交论文《多边形图形信息有效提取和显示的一种链式数据结构研究》,刊于《ACSM-ASP》,1982 年。

11 月,离美回国。

1983 年

合著出版《机助地图制图》,测绘出版社。该书属测绘新技术丛书,是在开展《制图自动化》项目试验基础上写成的。书中的图 63(江县地图)是由多个编程软件在由计算机控制的绘图机上输出的数字地图。

1984 年

发表论文 1 篇:《机助专题制图中面向多边形地理要素的数据结构》,刊于《南京大学学报(地理版)》第 4 期。

1985 年

1 月,加入中国共产党。

1986 年

发表论文 4 篇:《土地资源信息系统及其应用试验研究》,刊于《环境遥感》1 卷 3 期;《计算机制图的空间数据结构》《土地资源图的机助制图方法》和《点值图的机助制图方法》,均刊于《全国第一届计算机制图讨论会论文集》,科学出版社。

1987 年

2 月,晋升副教授。

1987—1995 年,任地图学教研室副主任、主任。

合著出版《计算机地图制图》,测绘出版社。该书属于全国高等学校试用教材,获得国家测绘局 1986—1989 年度优秀测绘教材二等奖。

1988 年

发表论文 1 篇:《自动绘制地理剖面图的方法》,刊于《南京大学学报(地理版)》第 9 期。

1989 年

发表论文 1 篇:《地理信息系统发展趋势》,刊于《地理学报》44 卷 2 期。

1990 年

出版《地理信息系统概论》,高等教育出版社。该书是国内首次正式出版的 GIS 教材。从第一版的高等学校试用教材,到第二版的面向 21 世纪课程教材,进展到第三版为普通高等教育"十一五"国家级规划教材。该书于 1995 年获《全国第三届优秀测绘教材一等奖》。

发表论文 3 篇:《栅格数据的组织与地学分析模式》,刊于《南京大学学报(地理版)》第 11 期;《栅格数据的组织与分析方法》,刊于《地理模型与 GIS 研究》;《计算机辅助地图集设计的内容和方法》,刊于《地图集设计研究》。

1991 年

总结国家"七五"科技攻关项目"遥感技术开发"专题《省、市、县区域规划与管理信息系统规范化研究(编号:75 - 73 - 03 - 06)》的研究成果。主编《省、市、县、区域规划与管理信息系统规范化研究》专著,南京大学出版社。该专著于 1993 年 11 月被评为江苏省遥感学会本年度的优秀著作。项目成果于 1992 年 7 月获国家教委科技进步三等奖。

1991—1995 年,任系教学委员会主任。

6 月,受江苏省国土资源厅委托,主持开展《江苏省镇江市土地定级估价》项目试点,提出了"基于 GIS 的城镇土地定级估价"新方案,当年 11 月项目任务完成后,成果经省级专家组技术鉴定为"国内领先水平",于 1992 年获得省国土厅科技进步一等奖。2007 年 12 月获省土地学会所颁"在全省土地统一管理事业的开创和建设时期作出了重要贡献"的荣誉证书。

1992 年

2 月,升任教授。

1993 年

8 月 19 日至 22 日,往北京参加《第三届北京国际地理信息系统学术讨论会》。

发表论文 2 篇:《地理信息系统支持的区域土地利用决策研究》,刊于《地理学报》49 卷 2 期;《GIS 支持的城市土地定级方法研究》,刊于《环境遥感》8 卷 4 期。

1994 年

4 月,被选为中国地理信息系统协会首届理事会理事。

4 月,完成国家自然科学基金项目《区域土地利用决策模型与空间布局》,成果获国家教委科技进步三等奖。

发表论文 4 篇:《GIS 的内涵和发展》《GIS 的构成和设计》《GIS 的功能和操作》《GIS 的现状和展望》,分别刊于《江苏测绘》第 1、2、3、4 期。

1995 年

发表论文 4 篇:《区域土地利用决策模型与空间布局》,刊于《南京大学学报(自然科学)》31 卷 2 期;《鄯善县区域管理与规划信息系统设计》,刊于《GIS 协会首届年会文集》;《GIS 在区域规划与管理中的应用研究》,刊于《地球信息》第 1 期;《GIS 的发展与人才培养对策》,刊于《地理信息世界》第 1 期。

开展了《地理信息系统概论课程的建设与改革》项目研究,取得了项目建设的系列成果,于 1997 年 10 月获得省教委教学成果一等奖、省高校一类优秀课程奖和国家级教学成果二等奖(奖状及奖章)。

10 月,受聘为中国地理信息系统协会培训和教育委员会副主任委员。

1996 年

1 月,受聘为中国地理学会地图学与 GIS 专业委员会副主任委员。

9 月,因在 1995—1996 学年教学工作成绩显著,获南京大学奖教金特等奖。

11 月,受聘为国际标准化组织地理信息/地球信息业技术委员会(ISO/TC211)国内专家组第二组召集人。

11 月,获宝钢教育基金理事会所颁"优秀教师"称号。

1997 年

5 月,往浙江省苍南县主持《GIS 支持下的苍南县土地利用总体规划》项目评审会。

任南京大学地理信息系统与遥感研究所所长。

9 月,受聘为国家技术监督局全国地理信息标准化技术委员会委员。

1998 年

2 月,受聘为江苏省教育委员会地理信息科学重点实验室学术委员会委员(聘期三年)。

3 月,受聘为江苏省国土管理局城镇土地定级估价技术指导组副组长。

3 月,增列为博士生导师。

7 月,获省教育委员会和学位委员会所颁"江苏省第五届优秀研究生教师"称号。

发表论文 1 篇:《GIS 动态缓冲带分析模型与应用》,刊于《中国图象图形学报》3 卷 10 期。

9 月,受聘为南京师范大学地理学学科专业博士生指导教师评审小组成员。

11 月,获建设银行湖北省分行尊师重教联合会 1998 年度"优秀研究生导师"称号。

1999 年

完成国家自然科学基金项目《江苏省宜溧丘陵区水土流失过程动态模拟研究》(49671062),成果获专家评审通过。

1 月,经国家统一考试认证,具备土地估价师资格,持有中华人民共和国土地估价师资格证书(换证后编号:93100017)。

9 月 14 日,往无锡中汇参加全国高校测绘类教学指导委员会工作会议暨第四届优秀测绘教材评审会。

10 月,受聘为中国科学院南京地理与湖泊研究所高级职称评审委员会委员。

编制《世界名胜地图册》中的图幅 91~92《美国》、图幅 93~94《美国国家公园》、图幅 95《美国五大湖地区》、图幅 97~98《美国名城(一)》、图幅 99~100《美国名城(二)》。主编为金瑾乐、端木杰,由中国地图出版社出版。

受聘为江苏省遥感与 GIS 学会常务理事。

2000 年

1 月,完成国家自然科学基金项目《东南丘陵区中小流域洪水和防洪减灾研究》,成果经专家组的科技鉴定,获中华人民共和国教育部科技进步三等奖。

2 月,受聘为江苏省土地估价师协会副会长。

2001 年

9 月,受聘为江苏省第二批高校省级重点实验室验收组专家。

11 月,受聘为国家测绘局第五届高等学校测绘学科教学指导委员会(2001—2005 年)委员。

2002 年

发表论文 1 篇:《高校 GIS 人才培养若干问题的探讨》,刊于《国土资源遥感》第 3 期。

4 月,受聘为无锡市人民政府信息化建设咨询专家。

2003 年

合著出版《地理信息系统概论》(电子教案),高等教育出版社、高等教育电子音像出版社。

7月,往苏州工业园区主持《园区土地定级估价和地价动态监测体系研究》项目评审会。

2004 年

发表论文 1 篇:《我国地理信息系统建设及进展》,分三期刊于《现代测绘》27 卷 2、3、4 期,于 2005 年 4 月获华东地区第九次测绘学术交流会优秀科技论文一等奖。

完成高校博士点基金项目《基于 GIS 的地理实体随机表达方法研究》(编号 20010284011),成果获专家评审通过。

2005 年

主编《地理信息技术应用》(普通高中课程标准实验教科书),人民教育出版社。

5月,受聘为中国地理学会地图学与 GIS 专业委员会顾问及江苏省土地学会《江苏土地》顾问。

2006 年

1月,受聘为省土地估价协会的专家库成员。

10 月 30 日至 31 日,往武汉参加第六届全国地图学与 GIS 学术会议,在 31 日上午的 GIS 应用分会场上做了《GIS 内涵的发展》学术报告。

2008 年

发表论文 1 篇:《GIS 内涵的发展》,刊于《测绘与空间地理信息》31 卷 1 期。

受聘为教育部科技发展中心 2008—2009 年度教育部科技奖励评审专家。

2010 年

发表论文 1 篇:《GIS 理论的发展》,刊于《现代测绘》33 卷 3 期。

2011 年

12 月,获江苏省遥感与地理信息系统学会所颁"特别贡献"奖。

2012 年

3月,受聘为南京师范大学"211 工程"三期验收组专家。

2015 年

6月,受邀往江苏东海参加《江苏省土地学会第五次老土地工作者座谈会》。

2021 年

12 月 10 日至 12 日,往湖南省长沙市参加第九届中国高校 GIS 论坛,并获颁"中国 GIS 教育终身成就奖"(荣誉证书及奖杯)。同时获奖的还有武汉大学的李德仁院士和北京大学的方裕教授。

（二） 教学科研成果

1. 出版著作与教材

1. 黄杏元、孙亚梅、王瑞林，《机助地图制图》（测绘新技术丛书），测绘出版社，1983.

2. 金瑾东、黄杏元，《地景素描与块状图的绘制原理和方法》，测绘出版社，1983.

3. 胡友元、黄杏元，《计算机地图制图》，测绘出版社，1987.

4. 黄杏元、汤勤，《地理信息系统概论》，高等教育出版社，1990.

5. 陈丙咸、黄杏元，《省、市、县区域规划与管理信息系统研究》，测绘出版社，1990.

6. 黄杏元、陈丙咸，《省、市、县区域规划与管理信息系统规范化研究》，南京大学出版社，1991.

7. 黄杏元、马劲松、汤勤，《地理信息系统概论》（修订版），高等教育出版社，2001.

8. 胡鹏、黄杏元、华一新，《地理信息系统教程》，武汉大学出版社，2002.

9. 黄杏元、马劲松，《地理信息系统概论》（电子教案），高等教育出版社、高等教育电子音像出版社，2003.

10. 黄杏元，《地理信息技术应用》（普通高中课程标准实验教科书），人民教育出版社，2005.

11. 黄杏元等，《教师教学用书（地理信息技术应用）》，人民教育出版社，2005.

12. 黄杏元、马劲松、徐寿成，《地理信息系统教学参考程序》（地理信息技术应用教学用书配套光盘），人民教育电子音像出版社，2006.

13. 黄杏元、马劲松，《地理信息系统概论》（第三版），高等教育出版社，2008.

2. 科技论文目录

1. 黄杏元，用行式打印机自动绘制地图的方法，测绘通报，第 4 期，1979.

2. 黄杏元,用晕线自动绘制分级统计图的方法,测绘通报,第 6 期,1980.

3. 毛赞猷、黄杏元,泰国北部安康山地研究站访问记,地理知识,第 11 期,1981.

4. 黄杏元,栅格—矢量转换方法及在自动制图和特征分析中的应用(英文版),Auto-Carto,第 5 期,1982.

5. 黄杏元,机助专题制图中面向多边形地理要素的数据结构,南京大学学报(地理版),第 4 期,1984.

6. 黄杏元译,数字化和交互图象系统在大比例尺制图中具有同等重要的作用,中国测绘学会《论文译文选辑》,1986.

7. 黄杏元、林增春,土地资源信息系统及其应用的试验研究,环境遥感,Vol. 1,No. 3,1986.

8. 黄杏元,计算机制图的空间数据结构,全国第一届计算机制图讨论会论文集,科学出版社,1986.

9. 黄杏元,土地资源图的机助制图方法,全国第一届计算机制图讨论会论文集,科学出版社,1986.

10. 黄杏元、孙亚梅,点值图的机助制图方法,全国第一届计算机制图讨论会论文集,科学出版社,1986.

11. 黄杏元、林增春,土地资源信息系统及其在土地评价中应用的初步研究(英文版),87'IWGIS,1987.

12. 张文忠、黄杏元,微型计算机在土地资源调查中的应用,地域研究与开发,Vol. 7,No. 1,1988.

13. 张文忠、黄杏元,土地面积量算和数据管理微机系统的设计,遥感信息,第 4 期,1988.

14. 黄杏元、徐寿成,自动绘制剖面图的方法,南京大学学报(地理版),第 9 期,1988.

15. 黄杏元、陈丙咸,地理信息系统发展趋势,地理学报,Vol. 44,No. 2,1989.

16. 黄杏元、徐寿成,栅格数据结构与地学分析模式的初步研究(英文版),90'IWGIS,1990.

17. 黄杏元、徐寿成,省、市、县区域规划与管理信息系统的规范化研究(英文版),

90'IWGIS,1990.

18. 何隆华、黄杏元,栅格数据的四叉树编码方法及应用,省、市、县区域规划与管理信息系统论文集,测绘出版社,1990.

19. 黄杏元,建立县级区域管理与规划信息系统若干问题的探讨,省、市、县区域规划与管理信息系统论文集,测绘出版社,1990.

20. 张文忠、黄杏元,多元信息迭加分析的网格软件,省、市、县区域规划与管理信息系统论文集,测绘出版社,1990.

21. 黄杏元、徐寿成,栅格数据的组织与地学分析模式,南京大学学报(地理版),第11 期,1990.

22. 黄杏元、徐寿成,栅格数据的组织与分析方法,地理模型与 GIS 研究,科学出版社,1990.

23. 黄杏元,计算机辅助地图集设计的内容和方法,地图集设计研究,科学出版社,1990.

24. 倪绍祥、黄杏元,GIS 技术在区域多目标适宜性评价中的应用(英文版),90'IWSLM,1991.

25. 徐寿成、黄杏元,GIS 图形编辑软件的设计及应用,全国高校遥感应用讨论会论文集,万国学术出版社,1991.

26. 倪绍祥,黄杏元,GIS 在土地适宜性评价中的应用,科学通报,第 15 期,1992.

27. 黄杏元、倪绍祥,城镇土地定级信息系统初论,中国土地科学,Vol. 6,No. 4,1992.

28. 徐寿成、黄杏元,GIS 图形编辑功能与软件设计,地理科学,Vol. 12,No. 3,1992.

29. 倪绍祥、黄杏元,GIS Application in Land Suitability Evaluation, Chinese Science Bulletin, Vol. 37, No. 22, 1992.

30. 黄杏元,溧阳县区域规划与管理信息系统的开发及应用,地理与经济建设,1992.

31. 黄杏元、倪绍祥,地理信息系统支持的区域土地利用决策研究,地理学报,Vol. 48,No. 2,1993.

32. 黄杏元、高文、徐寿成，GIS 支持的城市土地定级方法研究，环境遥感，Vol. 8，No. 4，1993.

33. 黄杏元，GIS 的内涵和发展，江苏测绘，第 1 期，1994.

34. 黄杏元，GIS 的构成和设计，江苏测绘，第 2 期，1994.

35. 黄杏元，GIS 的功能和操作，江苏测绘，第 3 期，1994.

36. 黄杏元，GIS 的现状和展望，江苏测绘，第 4 期，1994.

37. 马劲松、黄杏元，GIS 空间时态数据库系统 STBASE 的设计与实现，94'GIS 论文集，1994.

38. 黄杏元、高文，GIS 的发展与人才培养对策，地理信息世界，第 1 期，1995.

39. 黄杏元、高文，鄯善县管理与规划信息系统的设计，GIS 协会首届年会文集，1995.

40. 马劲松、黄杏元，微机局域网络上的 GIS 客户机/服务器模式，中国 GIS 协会首届年会文集，1995.

41. 黄杏元、马劲松，GIS 中平面三角化的优化算法，地图与地理信息系统，第 4 期，1995.

42. 陈丙咸、黄杏元，Receasch on Nonstructure Measures to Control and Defend Flood on GIS，Proceedings. of Geoinformatics' 95，Hong Kong，1995.

43. 黄杏元，区域土地利用决策模型与空间布局，南京大学学报（自然科学），Vol. 31，No. 2，1995.

44. 黄杏元，GIS 在区域规划与管理中的应用研究，地球信息，第 1 期，1996.

45. 李满春、黄杏元，试论 GIS 设计，地理信息世界，第 4 期，1996.

46. 陈丙咸、杨戊、黄杏元，基于 GIS 的流域洪涝数字模拟和灾情损失评估的研究，环境遥感，Vol. 11，No. 4，1996.

47. 黄杏元、李满春，面向 21 世纪 GIS 人才培养模式的探讨，地球信息，第 2 期，1996.

48. 蒲英霞、黄杏元，空间统计信息可视化的符号选择，地图，第 1 期，1997.

49. 范珺、黄杏元，GIS 题库的设计，地图，第 3 期，1997.

50. 蒲英霞、黄杏元，GIS 关系数据模型的设计与实现研究，中国 GIS 协会第 3 届年会论文集,1997.

51. 黄杏元、徐寿成,GIS动态缓冲带分析模型及应用,中国图象图形学报,Vol. 3,No. 10,1998.

52. 吕妙儿、蒲英霞、黄杏元,城市绿地监测遥感应用,中国园林,Vol. 16,No. 71,2000.

53. 马劲松、黄杏元,GIS空间时态对象关系数据库模型研究,地理信息世界,第4期,1998.

54. 沈婕、黄杏元,小流域管理与规划信息系统研制,农村生态环境,Vol. 15,No. 1,1999.

55. 吕妙儿、黄杏元,基于GIS的缓冲区生成模型理论和方法,青年地理学家,Vol. 15,No. 1,1999.

56. 吕妙儿、黄杏元,GIS互操作初探,计算机应用研究,Vol. 17,No. 1,2000.

57. 黄怡然、黄杏元,基于Internet的旅游信息系统研究,计算机应用研究,Vol. 17. No. 1,2000.

58. 吕妙儿、黄杏元,基于GIS的缓冲区生成模型和方法,科技通报,Vol. 16,No. 5,2000.

59. 马荣华、黄杏元,基于GIS和RS的海南西部土地沙化/土地退化动态趋势研究,生态科学,Vol. 19,No. 2,2000.

60. 马荣华、黄杏元,矿山地理信息系统中巷道模型的研究,测绘学报,Vol. 29,No. 4,2000.

61. 朱谓宁、黄杏元,XML——WebGIS发展的解决之道,江苏测绘,Vol. 23,No. 3,2000.

62. 马荣华、黄杏元,海南生态环境现状评价与变化分析,南京大学学报(自然科学),Vol. 37,No. 3,2001.

63. 马荣华、黄杏元,基于RS和GIS的海南植被变化分析,北京林业大学学报,Vol. 23,Vo. 1,2001.

64. 马荣华、黄杏元,数字地球时代"3S"集成的发展,地理科学进展,Vol. 20,No. 1,2001.

65. 宋雪生、黄杏元,国家海量级空间地理数据库建设研究与设计,计算机应用研究,Vol. 18,No. 5,2001.

66. 马荣华、黄杏元,综合省情 GIS 地理数据库的数据组织,地理研究,Vol. 20,No. 3,2001.

67. 卢振千、黄杏元,不规则三角网(TIN)在流域坡面汇流分析中的应用,测绘科学,Vol. 26,No. 4,2001.

68. 马劲松、黄杏元,海岸地貌可视化建模和潮流虚拟现实(英文版),中国科学通报,Vol. 46,2001.

69. 卢振千、黄杏元,基于 COM 和 ARC/INF08 的系统开发及应用研究,科技通报,Vol. 18,No. 1,2002.

70. 廖凌松、黄杏元,基于 ARC/INFO 的开放式组件 GIS 的开发探讨,计算机应用研究,Vol. 19,No. 2,2002.

71. 戴洪磊、夏宗国、黄杏元,GIS 中衡量位置数据不确定性的可视化度量指标族探讨,中国图象图形学报,Vol. 7,No. 2,2002.

72. 马荣华、黄杏元,用 ESDA 技术从 GIS 数据库中发现知识,遥感学报,Vol. 6,No. 2,2002.

73. 高云琼、徐建刚、黄杏元,一种城市三维建模的集成处理方法,中国图象图形学报,Vol. 7,No. 3,2002.

74. 黄杏元、马劲松,高校 GIS 人才培养若干问题的探讨,国土资源遥感,第 3 期,2002.

75. 黄照强、黄杏元,新一代土地资源信息系统的开发与设计研究,计算机应用研究,Vol. 20,No. 1,2003.

76. 马荣华、黄杏元,大型 GIS 海量数据分布式组织与管理,南京大学学报(自然科学),Vol. 39,No. 6,2003.

77. 黄杏元、毛亮、马劲松,GIS 网络多媒体教学系统的设计与运行,地球信息科学,第 2 期,2003.

78. 朱渭宁、马劲松、黄杏元,GIS 中投影加权 Voronoi 图及竞争三角形生成算法研究,中国图象图形学报,Vol. 9,No. 3,2004.

79. 朱渭宁、马劲松、黄杏元,基于投影加权 Voronoi 图的 GIS 空间竞争分析模型研究,测绘学报,Vol. 33,No. 2,2004.

80. 黄杏元,我国地理信息系统建设及进展(1),现代测绘,Vol. 27,No. 2,2004.

81. 黄杏元,我国地理信息系统建设及进展(2),现代测绘,Vol. 27,No. 3,2004.

82. 黄杏元,我国地理信息系统建设及进展(3),现代测绘,Vol. 27,No. 4,2004.

83. Shinyi Hsu, Xingyuan Huang, Raster-Vector Conversion Methods for Automated Cartography with Applications in Polygon Maps and Feature Analysis,《Auto-Carto V》, P. 407, 1982.

84. Shinyi Hsu, Xingyuan Huang, Construction of Polygon Maps with Raster-Vector Database Conversion Method,《ACSM-ASP》, P. 212, 1982.

85. Xingyuan Huang, Shinyi Hsu, A Chained Data Structure for Efficient Extraction and Display of Information,《ACSM-ASP》,1982.

86. 黄杏元,美国(图幅 91-92),《世界名胜地图册》,中国地图出版社,1999.

87. 黄杏元,美国国家公园(图幅 93-94),《世界名胜地图册》,中国地图出版社,1999.

88. 黄杏元,美国五大湖地区(图幅 95),《世界名胜地图册》,中国地图出版社,1999.

89. 黄杏元,美国名城(一)(图幅 97－98),《世界名胜地图册》,中国地图出版社,1999.

90. 黄杏元,美国名城(二)(图幅 99－100),《世界名胜地图册》,中国地图出版社,1999.

91. 邓敏、刘文宝、黄杏元、孙电,空间目标的拓扑关系及其 GIS 应用分析,中国图象图形学报,Vol. 11,No. 12,2006.

92. 蒲英霞、马荣华、黄杏元等,江苏省区域趋同的空间特征与成因分析,现代经济探讨,第 7 期,2005.

93. 蒲英霞、马荣华、黄杏元等,基于空间马尔可夫链的江苏省区域趋同时空演变,地理学报,Vol. 60,No. 5,2005.

94. 蒲英霞、葛莹、黄杏元等,基于 ESDA 的区域经济空间差异分析,地理研究,

Vol. 24，No. 6，2005.

95. 蒲英霞、马荣华、黄杏元等，江苏县级区域趋同的时空变化（英文版），中国地理科学，Vol. 15，No. 2，2005.

96. 蒲英霞、马荣华、黄杏元，基于马尔可夫链的江苏省"俱乐部趋同"演变特征，南京社会科学，第 7 期，2005.

97. 马荣华、黄杏元，GIS 认知与数据组织研究初步，武汉大学学报（信息科学版），Vol. 30，No. 6，2005.

98. 黄杏元、黄平，GIS 内涵的发展，测绘与空间地理信息，Vol. 31，No. 1，2008.

99. 黄杏元，GIS 理论的发展，现代测绘，Vol. 33，No. 3，2010.

100. 黄杏元等，地理信息系统；全球定位系统；遥感信息处理，《计算机科学技术百科全书》（第二版），《计算机科学技术百科全书》编辑委员会，2006.

101. 黄杏元、李满春，地理信息系统的发展与人才培养对策，高等研究与探索，第 2 期，1995.

102. 邓敏、黄杏元等，矢量 GIS 空间方向关系的计算模型，地理信息系统博士学术论坛论文集，2001.

103. 黄杏元、徐寿成、高文、谭建诚，溧阳县区域规划与管理信息系研究，省、市、县区域规划与管理信息系统研究论文集，南京大学出版社，1991.

3. 承担的教学科研项目

1. 张文忠、黄杏元等，微机量算土地详查面积，江苏农业区划办项目，1986—1987.

2. 陈丙咸、黄杏元等，省、市、县区域规划与管理信息系统规范化研究，国家"七五"科技攻关项目（75 - 73 - 03 - 06 专题），1988—1990.

3. 黄杏元主持，区域土地开发利用适宜性决策模型研究，国家自然科学基金项目（4870058），1988—1990.

4. 黄杏元主持，镇江市城市土地定级估价研究，江苏土地管理局项目，1990—1991.

5. 黄杏元主持，新疆鄯善区域规划与管理信息系统研制，横向联合项目，1994—1996.

6. 黄杏元、徐寿成、谈俊忠,启东市区土地定级估价研究,横向联合项目,1996.

7. 黄杏元主持,GIS支持下的苍南县土地利用总体规划,横向联合项目,1996—1997.

8. 陈丙咸、黄杏元,流域洪涝数字模拟和灾情损失评估模型研究,国家自然科学基金项目,1992—1994.

9. 黄杏元主持,江苏宜溧丘陵区水土流失过程动态模拟研究,国家自然科学基金项目(49671062),1997—1999.

10. 黄杏元主持,GIS支持下的流域水土流失数字模拟研究,测绘遥感信息工程国家重点实验室基金项目(WKL9670301),1997—1999.

11. 黄杏元、钱国华,小流域综合开发治理的计算机管理和效益分析研究,江苏省水利科学基金(960080),1997—1999.

12. 徐寿成、马劲松、黄杏元,GIS数据库全信息建模技术研究,江苏省自然科学基金项目(BK97034),1997—1999.

13. 马劲松、徐寿成、黄杏元,GIS全信息对象关系设计模型研究,国家自然科学青年基金项目(49701013),1998—2000.

14. 黄杏元主持,《地理信息系统概论》课程的建设与改革,南京大学课程建设项目,1995—1996.

15. 黄杏元主持,江苏省省情信息系统研制,江苏省测绘局项目,1999—2001.

16. 黄杏元主持,GIS网络课程及课件建设,南京大学985项目,2001—2002.

17. 戴洪磊、黄杏元,GIS和遥感集成中空间实体随机表达理论和方法研究,国家自然科学基金项目(40101022),2002—2004.

18. 黄杏元主持,苏州工业园区土地定级估价和地价动态监测体系研究,苏州工业园区管委会项目,2002—2003.

19. 黄杏元主持,基于GIS的地理实体随机表达方法研究,高校博士点基金项目(20010284011),2002—2004.

（三）业绩总结

从 20 世纪 60 年代初毕业留校任教，至 21 世纪初退休的 50 多个春秋岁月中，归结起来，我主要做了以下几件事：

1. 开展《制图自动化》项目试验

20 世纪 50 年代初期，随着电子计算机技术的应用，有人开始使用计算机给数控机床准备数据。到了 60 年代，这就发展成为计算机应用的一个新领域——机助设计。这时有人提出手工设计方法可以由计算机及其控制下的输入输出系统取而代之，那么地图制图能否同样利用计算机控制的绘图机来实现？经过试验，世界上第一台数控绘图机终于在 1964 年问世，第一次成功地从计算机控制的绘图机笔下绘出了地图，这引起了我们极大的兴趣和重视。

于是当时南京大学地理系的李海晨教授和陈丙咸教授等，很快地召集我们并成立了《制图自动化》研制小组。从此，小组同志全身心地投入学习计算机有关课程，包括跟班学习电子计算机原理、NOVA 汇编语言和程序设计等课程，参观和学习数字化仪及绘图机的操作方法，并结合地图图形和各类地图符号进行具体的编程实践，最后通过师生合作，终于 1977 年 8 月在北京中国科学院地理研究所实验室，利用计算机绘出了我国第一幅全要素数字地图（图 1），取得了制图自动化试验的初步成果，获得当年江苏省优秀科技成果二等奖。

江 县 地 图

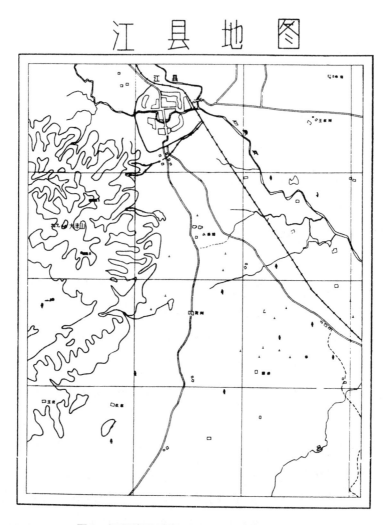

图1 江县地图(原图见《机助地图制图》,1983)

在此基础上，笔者和研制小组一起进行了制图自动化技术的总结，并根据专业教学的需求，合作出版了测绘新技术丛书《机助地图制图》（测绘出版社，1983）、《计算机地图制图》（测绘出版社，1987），其中《计算机地图制图》获得 1991 年全国第二届优秀测绘教材二等奖。

这些试验是第一次将电子计算机技术与地图产品制作相结合，将原来手工制图过程转换为计算机化的数控流程，不但有效提高了地图生产的效率和精度，而且使得地图从此由纸质产品转换为数字产品成为可能，以及便于应用不同的算法来输出各类复杂的图形和不同应用目的的地图（如图 2 和图 3）。因此，这是地图生产的一次革命性变革的试验，适应了科技发展的趋势和不同地图用户的需求，具有重要的实际意义。

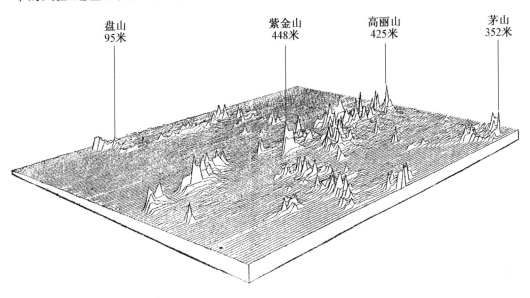

盘山
95米

紫金山
448米

高丽山
425米

茅山
352米

图 2　南京附近地区地形块状图

该图根据成角透视原理，由 calcomp563 自动绘图机绘成。绘制本图所使用的参数：视点距离 25 厘米，图块倾角 45°，视方位角 60°，水平比例尺 1∶350 000，垂直比例尺 1∶200 000。

（原图见《地景素描与块状图的绘制原理和方法》，1983）

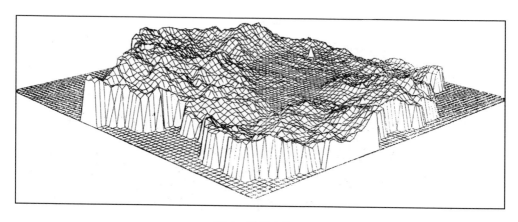

图 3　透视立体图

（原图见《计算机地图制图》，1987）

2. 出版《地理信息系统概论》新教材

　　地理信息系统（简称 GIS）是在计算机地图制图的基础上发展起来的一门新兴学科和高新技术，由支持空间数据的采集、管理、处理、分析、建模和显示等功能所组成的计算机系统，广泛应用于地理空间问题的规划、管理和决策等领域。

　　由于 GIS 作为一门新兴学科，当时已预示着它具有良好的应用前景和需求，表现在该学科的学术活动频繁、研究领域广泛、成果丰富。为了促进我国 GIS 的发展，特别是将该学科引进我国地理学的高等教育，旨在实现地理学传统理论与现代技术相结合，以促进地理科学发展和加速 GIS 人才培养为动力，笔者开始计划编撰该教材。虽然当时国内尚无同类教材可以参考，但在 20 世纪 80 年代初，笔者正在美国纽约州立大学宾汉顿校区学习，有机会涉足该领域的最新进展，因此立即给予了很大的关注，及时调整了原来的学习计划，着手广泛搜集该领域的有关信息和资料，结合教材编撰任务，拟订了该教材编撰的具体技术方案如下：

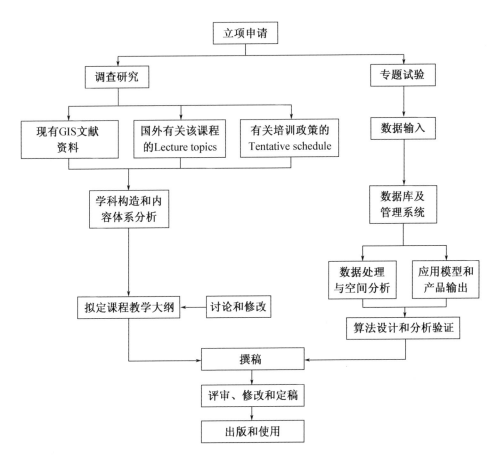

该方案的教材写作思路是将教材内容分为理论和操作两大部分,理论是指 GIS 的基础概念、学科构造框架和内容体系等;操作是指计算机技术与地理空间数据相结合而要解决的一系列关键技术和应用。其中理论部分计划在美国学习期间能完成初稿。操作部分计划回国以后,通过申请国家或横向项目进行专题试验。我于 1982 年回国,1983 年向教育部提出"关于发展 GIS"的第 403 号科技发展建议。接着先后申请和完成了"土地资源信息系统及其应用的试验研究"和"省、市、县区域规划与管理信息系统规范化研究"等,有力支持了课程教材的建设。

根据该方案,确定本书的内容分为 8 章 40 节,首先从地理信息系统的基本概念和历史发展入手,然后按照空间数据的操作流程,系统地介绍 GIS 的基本内容,其中第二章重点理清空间数据的类型和表示方法、空间数据的拓扑关系及其意义,以及三种编码系统与空间数据获取之间的关系;第三章在一般介绍空间数据处理的内容和方法的同时,重点阐明空间数据压缩、转换和内插的科学意义;第四章介绍地理数据库的功能和设计原理,着重掌握和使用 ARC/INFO 的数据组织和管理方法;第五章特别强调空间分析是 GIS 的核心内容,主要讨论数字地形模型分析、空间迭加分析、地理缓冲带分析和网络图形分析等在地学研究中的意义;第六章为了展示 GIS 的应用前景和潜力,列举了五种有代表性的应用实例,分别说明 GIS 在规划管理和决策中的具体应用;第七章通过以国际上第一个具有实用性的地理信息系统为例,说明地理信息系统设计的模式和方法,并根据国际的经验和教训,说明空间数据规范化和标准化的内容及意义;最后一章是有关 GIS 产品的类型和可视化的方法。上述这些内容,是构成 GIS 学科的基础,内容符合教学基本要求,份量适当,根据多年的教学情况,实施效果比较好。

在完成课题试验和成果总结的基础上,于 1987 年完成了教材初稿的撰写任务,1989 年国家教委为该教材的立项专门签发了〔89〕教高厅字 004 号文件,接着在当时理科教材编委会领导下,组织了国内以北京大学承继成教授为组长的五位知名专家对书稿进行评审。经评审,专家一致认为"该教材对高校 GIS 的课程教学、对推动我国地理科学的现代化,具有十分重要的意义,建议通过评审"。书稿经修改定稿后,于 1990 年9 月由北京高等教育出版社正式出版。

该教材为国内第一部正式出版的 GIS 教材,它的正式出版填补了国内的空白,并很快为国内二十余所高校选作地理、测绘、地质、环境、农林业等系科的本科生教材、研究生主要参考书和各类培训班的配套教材。同时被二十余部科技著作和许多科技论文引用为重要参考文献,反映出该教材的适用面广和影响度高等特点。不但获得广大读者的关注和挚爱,也得到很多专家的推崇和好评,例如香港大学城市规划专家叶嘉安院士在评价该书时,认为"中国实在非常需要这类教科书,以提高国内的学术水平。该书有很好的程式流程,方便读者了解程式的要诀,实在是非常难得"等。

该书面世以来,反映该书具有以下显著特点:基础性、系统性、实践性和前沿性特点比较突出;首次给出关于 GIS 的定义,并为许多论文作者所引用;综合建立了 GIS 的学科框架和内容体系,并为后来的同类教材所认同;具体图示空间数据的拓扑关系,并根据图论的拓扑原理建立了封闭多边形的左转算法和右转算法;首次提出合理栅格尺寸的概念,并建立了相应的算式;提出采用扫描线与有关弧段求交的矢栅数据转换算法;提出矢量与栅格兼容的数据库结构概念,并进行了具体的图示;对空间分析功能进行系统的阐述和操作,具有可操作性和实用性;对应用模型进行了较系统的设计和试验,提供的实例具有示范性和实用性等。

该教材于 1995 年获全国第三届优秀测绘教材一等奖,并先后作为面向 21 世纪教材的修订版、国家"十一五"规划教材的第三版等,使得该教材内容一直紧跟学科发展方向,成为南京大学地理信息科学的一部经典教材,其发行量每年 2 万册以上,连续三十年畅销不衰,为学校争得了荣誉。

3. 提出"基于 GIS 的城镇土地定级估价"新方法

在我撰写和出版《地理信息系统概论》课程教材的过程中,同时申请了多项科研课题,包括"省、市、县区域规划和管理信息系统规范化研究""GIS 支持的城镇土地定级估价方法研究""GIS 支持的区域土地开发利用决策模型研究""流域综合开发计算机管理和效益分析研究"等。由于这些项目在当时都属于 GIS 学科的热点应用领域,项目完成后经过成果评审和鉴定,均获得省部级科技进步奖。其中,"基于 GIS 的城镇土地定级估价方法研究"项目是受江苏省国土资源厅的委托,为了启动江苏全省各市镇的土地定级估价工作,要首先在江苏省镇江市开展工作试点,便由我负责撰写该项目的总体设计,主要技术思路如下图所示。

该项目完成后,1991 年经省级鉴定为处于国内领先水平,并于 1992 年获得江苏省国土厅科技进步一等奖和国家土地管理局科技进步三等奖。这是我国首次将 GIS 技术应用于城市的土地定级估价工作,有效提高了工作效率及成果的质量和精度,具有广泛的推广应用价值。当时应用该项技术的省内外城镇有 100 多个,取得了显著的经济和社会效益,我也于 2007 年获得江苏省土地学会颁发的荣誉证书,表彰认为"在全省土地统一管理事业的开创和建设时期做出了重要贡献",我感到十分欣慰。

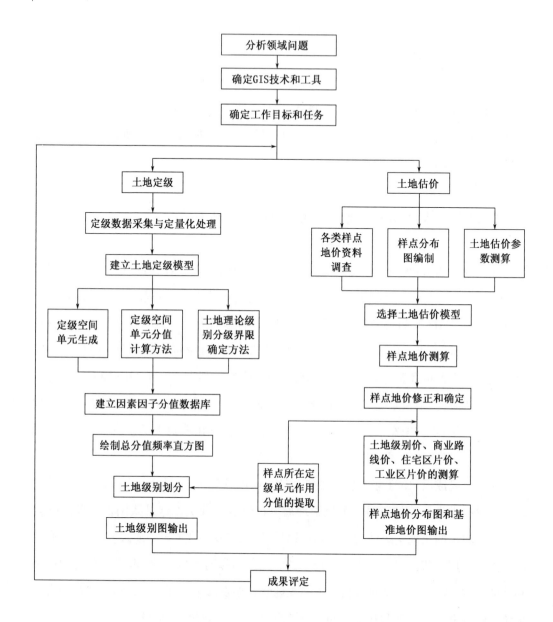

4. 取得《"地理信息系统概论"课程建设与改革》新成果

我的终身职业是人民教师，人民教师的神圣职责就是做好人民交给我的人才培养任务。在我 42 年的教师岗位上，共开设了"海图编制""地图编制""计算机汇编语言""计算机 FORTRAN 语言""专业英语""计算机地图制图""地理信息系统概论""地理信息系统"八门课程。正式出版的教材(含合著)有《计算机地图制图》(测绘出版社)、《地理信息系统概论》(高等教育出版社)、《地理信息技术应用》(人民教育出版社)等。

在教学工作中，我以认真做好本职工作为己任，不但上好每一门课，而且始终坚持课程建设和改革，努力提高教学质量。以《地理信息系统概论》课程为例，在自编和出版该教材的基础上，经过多年的课程建设和改革，取得了课程建设和改革的系列成果。

(1) 提出了与专业人士培养目标和培养规格更加紧密衔接的课程教学大纲；

(2) 出版了教育部面向 21 世纪课程教材和国家级的规划新教材；

(3) 编写了课程教学实习指导书，建立了与教材内容相配套的《GIS 题库》和《GIS 词库》；

(4) 开发和建立了《GIS 课件》、《GIS 网络课程教学系统》及配套的教学研究成果；

(5) 形成了一支素质和年龄结构优化的课程师资队伍及配套的课程管理措施等。

该项成果经校评审委员会专家评审，认为该课程改革力度大，教学质量较高，教学效果好，示范作用强，收益面广。经申报获得了江苏省教育委员会教学成果一等奖、江苏省高等学校一类优秀课程奖和国家级教学成果二等奖等。

这是我几十年来始终坚持敬业教学、始终坚持教材建设和课程建设不放松、始终坚持教学和人才培养质量不懈怠所取得的成绩。这些成绩虽然不惊天感人，但却令我其乐无穷，甘之如饴。

（四） 生活轶事

1. 两地相距甚远的由来

我的出生地是在福建省周宁县泗桥镇,而小学读书地却是在福建省水吉县小湖镇,一在闽东山地,一在闽北山区,两地的直线距离近 200 公里,相距甚远,这是怎么回事呢? 在"文革"期间,据从老家传来的消息,原来这与我的家庭背景有关。我的生父为郑对景,家境贫寒,青年时就参加了我党领导的地下交通员工作,他以裁缝手艺为掩护,经常给组织送信。后来因被当地特务告密,为躲避地主迫害,一天夜里用箩筐挑着我和一些家什,携母亲刘朝雏和我的两位哥哥,一同投奔远在水吉的姑妈家。

到了水吉不久,父亲因病去世,全家走投无路,母亲被迫改嫁。我随母亲到了黄家,大哥跟随姑父学做木匠为生,二哥被送给别人做养子。全家被迫骨肉分离,而且不久母亲也因病去世,卒年仅 39 岁。那年我也才刚满 6 岁,从此我的艰难和曲折的生活历程也就不言而喻了。

2. 小学的一次醉酒纪实

7 岁,我已到了上学年龄,养父终于有一天送我到住地大湖乡的一所初小上学。有学上,这是一件值得高兴的事,我每次到学校就乖乖地坐在自己的课桌旁,很少离开座位,也绝对不会和其他小同学们打闹,如此数月以后,给老师和长辈留下了这孩子会读书的口碑,传到我养父的耳里,他高兴极了。

两年以后,他同意送我到小湖镇去继续读高小,那里离家比较远,每天早出晚归,每趟要走五里的山间小道。记得在读小学五年级的时候,一天,林鸿畴校长要请我们几个小伙伴一起吃饭。听说校长请吃饭,我们高兴极了,当天中午四个小伙伴和校长五人聚在一起,校长问大家将来都有些什么样的打算呀,大家七嘴八舌,有什么说什么。校长听大家说得很高兴,便热忱地招呼大家说能喝的也可以喝一点,手指着桌上摆的米酒。我在家里没有尝过酒的味道,第一次喝酒,觉得很刺激,而且越喝越有劲,不一会儿,我便昏昏然睡着了。

后来听校长说我是喝醉了,而且睡在他的办公桌上。当时同餐的小伙伴们也都吓坏了,以为我出了什么事。从此,我牢记"酒能醉人,很危险!"的信念,再也不敢喝酒了。直到现在,任何场合我都烟酒不沾,反而养成了我的一种好的生活习性。

3. 中学的一次难忘记忆

我在养父的严格教育下,从此不敢有丝毫的等闲和怠慢,求知若渴,终于于 1953 年秋季,我从福建水吉初级中学考入福建省立建瓯中学高中部就读。建瓯中学位于建瓯县城西北的黄华山上,历代文人墨客游览黄华山都留下许多脍炙人口的诗句,黄华山也就成为瓯中人心中的丰碑和学校的标志。

在我就读的那个年代,有高中部建制的学校很少,整个闽北地区只有两所,当时要报考高中的学生,多数云集这所学校,正是"春风欲画无觅处,尽向南园苕药中"。

瓯中成为莘莘学子的向往之地,也是莘莘学子寻梦和追梦的地方,这里学习气氛浓烈,竞争态势涌动。在这种情势之下,自知"一寸光阴不可轻",努力刻苦学习,每门功课都取得了较好的成绩,但我却忘了"阶前梧叶已秋声",我的身体每况愈下,因为高中功课本来就很紧张,加上每日营养不良,天天都是稀饭加咸菜。一次学校体验,医生从我的眼部和血液检查中,发现我有严重的贫血和营养不良症。消息从校医传到班上,引起老师和同学们的关注,第二天下午就召开班会,全班同学要为我募捐,捐款可供我喝三个月的牛奶。这件事是我事先想都不敢想的事,却真实地发生在我读高二的那年十月间,令我无比感动和感激,也在我心中留下了对母校、老师和同学永恒的记忆和难忘之情。

4. 大学的一次讨论印象

　　我于1956年考入南京大学地理学系。这是一所历史悠久、享誉国内外的著名学府,坐落在钟灵毓秀、虎踞龙盘的古都金陵。很久以前,我听说过国立中央大学,可没想到多年后我进入的就是由这所大学演变后的新校——南京大学,而且我是我们祖辈的第一位大学生,能上这所学校,自然倍感欢欣和鼓舞。

　　进校的第一个学期,我就深深地感受到学校的人文关怀和学习条件的优越。例如新生入学第一天,学校有专车到车站迎接我们;进校不久冬天将至,系领导到我们宿舍来嘘寒问暖;当看到我们生活困难,发给我们助学金;学校师资精锐,学风严谨,环境卓越,不但是学子们生活的乐园,更是学子们成才的高阶平台和重要基地。我暗暗地下定决心,一定要充分利用这一切有利条件,在五年的学制内,把自己锻炼成国家的有用人才,将来报效祖国。

　　随着学习的深入和年级的攀升,我发现大学不但是科学的大本营,这里院系多,学科云集,人才辈出,更是学术和思想交锋的竞技场。例如各学科的学术讨论会,不同领域学者名家带来的各式各样的学术大餐,学校礼堂的演讲会,操场草坪的辩论会,甚至班级里千奇百怪的讨论会等,不一而足,可见大学文化的多样性、学术氛围的浓厚和思想个性化等特征在这里无时无刻不展露无遗。

　　这里列举一个班级讨论会的小例子。在我大学二年级初夏的一个下午,系人事秘书为了使大学生助学金工作做得更公平、透明和合理,提议全班同学参与讨论,因为大学入学一年多了,平时大家互相有所了解,开展一次面对面评比会。这是一件好事,大家开始畅所欲言,有的畅谈了自己对党和政府助学金政策的认识和态度;有的因家庭收入有变化,当即表示放弃或降低自己的助学金申请;多数是介绍自己的家庭概况,请老师和同学帮助提出意见,讨论会气氛热烈。突然间,一位来自四川江津地区戴眼镜的同学,情绪有些激动,他介绍自己的父亲是江津地委书记的背景,也谈到新中国刚成立不久,百废待兴,国家有困难等,这些都是很入耳、很顺风的话。接着他话锋一转,认为助学金申请要坚持最低标准和采取表决通过制,这话听上去有些僵硬和苦涩,顿时大家有些茫然,有的说他搅乱了会场。其实,我认为他是说出了自己的心里话,大家真实表达自己的思想,才能体现思想的活跃,而且讨论会上的顺风和逆风的话,都是很正常的,听听不同的风声有助于辨明是非,所谓吃一堑长一智,就是这个道理。这个例子很简单,但是也有值得回味的地方,因此一直印记在我的脑海中。

5. 一枚贺卡的感动

1990 年春节,我收到了陈述彭(中国科学院院士,遥感应用研究所名誉所长,中国资源卫星应用中心总设计师等)先生的一封来信,打开一看,原来是一枚制作精美的贺卡,其内容饱含大师律己、铭谢、奋发和祝福的真挚情感,读后,令我内心万分震撼!

这些深情的语言,所留的手迹和精美的印章,也十分值得我永久收藏和纪念。

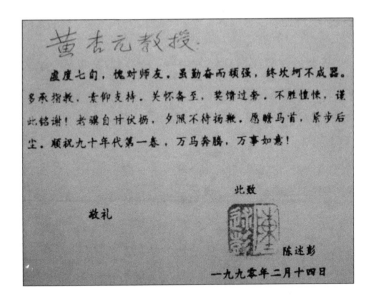

后　记

按照孔子将人的一生分为少年、壮年和老人三个阶段,我把它称为人生的三大阶梯。关于人生的这三大阶梯,每个人大体相同,但是各人在这三大阶梯中所处的环境、机遇和表现,以及最后获得的结果,可能是大不相同,或者千差万别。

我从少年到老年,八十多年过去了。我这八十多年的人生经历,少年是苦难的。壮年时代从 20 世纪 60 年代到 21 世纪初,是我人生的青春期,我埋头苦干,开拓进取,总想力争做出一点成绩,为国家和家庭争光。我从 65 岁退休,那年正逢 2003 年 12 月,因此我将 2004 年元旦作为我老年生活的起点。

既已进入老年期,我清醒地认识到应该按照老年人的特点来合理安排和规划自己的工作与生活。根据我的体验,对老年人的以下三点要求是很重要的:一是戒之在得,这是老人暮年最曼妙的风景;二是做事要善始善终,这是老人最应该操守的品格;三是认真保护自己的健康,这是老人暮年最重要的课题。我是这样做的,而且持之以恒,取得了很好的效果。

总之,我的人生经历是凄苦与甜美同在,汗水与收获相伴。今昔对比,天壤之别。今天我走在阳光大道上,我的老年生活是幸福的。在这幸福和迈入新时代的时刻:

首先,我要真诚感谢党的教育和培养,使我从痛苦的童年,成长为一位人民教师,并加入了党组织,这是党的阳光普照和雨露滋润的结果。为此,我要呼唤我的子孙后代,当前要认真学习新时代中国特色社会主义思想,永远听党的话,跟党走,为党的事业而奋斗。

其次,我要跪拜我的生父母,因为一百年前,是他们参加革命,遭遇家庭破裂的种种不幸,带领我们从黑暗中走了出来。虽然现在情况不同了,但是我要警示家庭的每位成员,要经常忆苦思甜,牢记今天幸福生活得来不易,不忘继承先辈的革命传统,全心全意为人民服务,努力做好本职工作。

最后,我要祭拜我的养父母,因为是他们挑起一家的重担,为我创造了读书上学的机会。今天虽然他们不在了,但是养父母的教导,一字字,一句句,始终如同一盏盏燃烧的明灯,悬挂在我们看不见的地方,我和我的子孙们一定要时常利用它们来照耀和敲击自己的灵魂,作为自己克服缺点和勾画新梦的利器。

部分论著成果

证 书

南京大学《地理信息系统概论》课程于二○○二年度被评为一类优秀课程，特发此证。

该课程主要建设者：黄杏元 马劲松 徐寿成 李满春 蒲英霞

No. 2002022

宝钢教育奖证书

黄杏元 荣获一九九六年度

优秀教师奖，特颁此证。

宝钢教育基金理事会理事长

一九九 年 月

学校：南京大学

教字第96ll37号

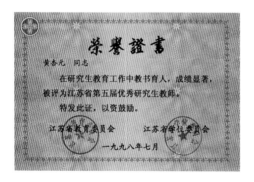

榮譽證書

黄杏元 同志

在研究生教育工作中教书育人，成绩显著，被评为江苏省第五届优秀研究生教师。

特发此证，以资鼓励。

江苏省教育委员会 江苏省学位委员会

一九九八年七月

国家级教学成果奖获奖证书

获奖成果：《地理信息系统概论》课程的建设与改革

获 奖 者：黄杏元 李满春 徐寿成 谈俊忠 马劲松

获奖等级：二等奖

证 书 号：1997-2-168-1

中华人民共和国国家教育委员会主任 朱开轩

一九九七年十月二十四日

江苏省普通高等学校教学成果奖

获奖证书

证编号：96005

获奖成果：《地理信息系统概论》课程的建设与改革

获奖者：黄杏元 李满春 徐寿成 谈俊忠 马劲松

获奖等级：壹等

江苏省教育委员会

一九九 年 月

榮譽证书

教材名称：《地理信息系统概论》

奖励等级：一等奖

主 编：黄杏元、汤 勤

特发此证

一九九

教学成果获奖证书

荣誉证书
HONOR CERTIFICATE

黄杏元同志：

您在全省土地统一管理事业的开创和建设时期作出了重要贡献，特发此证，以资纪念！

江苏省土地学会
二○○七年十二月

为表彰在促进科学技术进步工作中做出重大贡献，特颁发此证书。

获奖项目：东南丘陵区中小流域洪水和防洪减灾研究

获奖者：黄杏元（第二完成人）

奖励等级：三等

奖励日期：2009年1月

证书号：99-104

荣誉证书

黄杏元同志：

你参加的 镇江市城市土地适城估价研究 项目获江苏省一九九一年度土地管理科技成果二等奖。

江苏省土地管理局
一九九二年四月

为表彰在促进科学技术进步工作中做出重大贡献，特颁发此证书。

获奖项目：东南丘陵区耕地利用与管理信息系统研在比研究

获奖者：黄杏元

奖励等级：三等

奖励日期：1992年7月

证书号：91-16101

为表彰在促进科学技术进步工作中做出重大贡献，特颁发此证书。

获奖项目：区域土地利用决策模型与空间布局

获奖者：黄杏元

奖励等级：三等

奖励日期：1994年4月

证书号：93-09801

奖证字第（02173）号

黄杏元同志

参加的 镇江市城市土地定级估价研究 项目获一九九二年度局级科技进步 三 等奖。特发此证，以资鼓励。

国家土地管理局
一九九二年六月 日

部分科技成果获奖证书

荣誉证书

黄杏元 同志:

　　为表彰您在中国GIS教育领域的突出贡献，特授予您高校GIS论坛"中国GIS教育终身成就奖"。

中国测绘学会系统（G……
高等院校地理信息系统（GIS）论坛组委会
二〇二一年十二月十六日

颁奖词

黄杏元先生

　　回溯一个甲子的 1961 年，他是南京大学地图学专业创办后的首届毕业生；回望近半个世纪的 1977 年，他和同事们研发了我国第一幅计算机绘制的全要素地图；回想四十年前 1981 年的光阴岁月，他负笈远行于大洋彼岸探寻国际先进的 GIS 技术；回首三十载春秋之前的 1989 年，他编著出版了我国第一部高校 GIS 教材。他毕生致力于我国 GIS 的科研、教学与应用服务，他的著作将万千莘莘学子领进 GIS 的恢弘殿堂。

　　让我们致敬"第二届 GIS 教育终身成就奖"获得者——南京大学黄杏元先生！

聘 书

兹聘请 黄杏元 同志

为全国地理信息标准化技术

委员会委员

一九九二年元月 日

聘 书

黄杏元教授：

特聘请您为国际标准化组织地理信息/地球

信息业技术委员会（ISO/TC 211）国内专家组第二

组召集人。

国家测绘局

一九九六年 月 日

聘 书

黄杏元 教授：

特聘请您为 2008～2009 年度教育

部科技奖励评审专家。

教育部科技发展中心

中国地理学会
聘 书

黄杏元 同志：

为了做好学术交流工作，促进地理科学事业

的繁荣与发展，我会八届理事会研究决定，聘请

您担任 地理学与GIS专业委员会 副主任委员。

任期四年。

中国地理学会

2009年01月

證 书

黄杏元同志：

您被选为中国地理信息系统协会

首届理事会理事。

特颁此证

中国地理信息系统协会

一九九四年四月

聘 书

兹聘 黄杏元教授 为江苏省地

理信息科学重点实验室学术委员会

委员（聘期三年）

江苏省 委员会

一九九八年二月

部分聘书展示

参加 1980 年 11 月在泰国曼谷举行的第一届亚洲遥感国际学术会议的中国全体成员

在泰国满凯王技术学院参观学习

美国纽约市曼哈顿地区

在 SUNY-B 的中国访问学者聚会

美国纽约市自由女神纪念馆

在美华人快餐店参观

在 SUNY-B 与台湾同学合影

在美国康奈尔大学校园

在林肯纪念堂前瞻仰区

在 SUNY-B 大学图书馆三楼查阅图书

在 SUNY-B 校园的入口处

在美国马里兰大学校园

在泰国曼谷参观古建筑群

在泰国北部金三角地区参观访问

在泰国曼谷参观鳄鱼馆

在泰国曼谷第一届亚洲遥感学术会议上作学术报告

在泰国曼谷第一届亚洲遥感学术会议的合影

在 SUNY-B 的部分各国留学生聚会

在 SUNY-B 地理系主任（右一）家作客

在庆祝会上表演二胡节目

SUNY-B 的中国访问学者庆祝祖国国庆节

在系主任家进餐

美国莫里森教授在我系参观
访问

美国 vestal 小镇

美国莫里森教授参观我系教
学科研成果

在从美国回国的飞机上

少年、青年、中年的演变过程

女儿和儿子与妈妈在一起

女儿与外孙在南京玄武湖

在台湾高雄

参加 2010 年度江苏省土地管理优秀学术论文专家评审会

参加全国高校测绘类教学指导委员会工作会议暨优秀测绘教材评审会

老同学聚会留影（浙江杭州）

作者家庭合影